化学工业出版社"十四五"规划重点出版物

MEITAN QINGJIE
GAOXIAO LIYONG

煤炭清洁高效利用

闫龙　李健　王玉飞　范晓勇　著

化学工业出版社

·北京·

内容简介

本书集合了洁净兰炭与污染控制创新团队近年来的研究成果，主要介绍煤炭清洁高效利用技术。全书分四篇共 22 章，第一篇（第 1～6 章）主要介绍 SJ 型低温干馏方炉的温度与压力场；第二篇（第 7～12 章）主要介绍粉煤成型-干馏双效黏结剂制备及作用机制；第三篇（第 13～16 章）主要介绍神府煤低温定向催化热解及机理相关内容；第四篇（第 17～22 章）主要介绍兰炭废水酚/氨组分制备多孔炭结构调控及储电储热性能。

本书适合从事煤炭、清洁能源等相关技术工作的人员阅读参考，也可作为高等院校相关专业师生的参考书。

图书在版编目（CIP）数据

煤炭清洁高效利用/闫龙等著 . —北京：化学工业出版社，2023.12

ISBN 978-7-122-44607-7

Ⅰ.①煤… Ⅱ.①闫… Ⅲ.①清洁煤-煤炭利用 Ⅳ.①TD849

中国国家版本馆 CIP 数据核字（2023）第 231745 号

责任编辑：金林茹　　　　　　　　　　文字编辑：袁　宁
责任校对：李雨函　　　　　　　　　　装帧设计：王晓宇

出版发行：化学工业出版社
　　　　　（北京市东城区青年湖南街 13 号　邮政编码 100011）
印　　装：高教社（天津）印务有限公司
787mm×1092mm　1/16　印张 20¼　字数 496 千字
2024 年 4 月北京第 1 版第 1 次印刷

购书咨询：010-64518888　　　　　　售后服务：010-64518899
网　　址：http://www.cip.com.cn
凡购买本书，如有缺损质量问题，本社销售中心负责调换。

定　　价：128.00 元　　　　　　　　　　版权所有　违者必究

前言
PREFACE

能源安全是关系国家经济社会发展的全局性、战略性问题，建设现代化国家必须要有安全可靠的能源供应作保障。我国能源资源禀赋和富煤贫油少气的国情，决定了煤炭是中国能源安全供应的基石。党的二十大作出"立足我国能源资源禀赋，坚持先立后破，有计划分步骤实施碳达峰行动""深入推进能源革命，加强煤炭清洁高效利用"等重要部署，说明煤炭在未来能源供应体系中依然扮演着重要角色，同时也为煤炭行业持续深入推进能源革命、全方位推动高质量发展指明了前进方向和发展路径。

煤炭分质利用是根据低阶煤的物质构成及其物理化学性质，采用中低温热解技术生产兰炭（又称半焦）、煤焦油和煤气的一种煤转化形式，是目前较切合我国国情的煤炭利用模式。陕西省榆林市是兰炭的发源地和全国最大的兰炭产地，目前产能已达到 4000 万吨/年，初步形成了煤—兰炭—硅铁—金属镁—航空材料、煤—兰炭—煤焦油—燃料油、煤—兰炭—兰炭干馏气—化肥（碳酸氢铵）、煤—兰炭—兰炭干馏气—电力四大循环产业链，逐步形成了以煤炭加工利用为主的煤化工产业集群，具备了发展精细煤化工、新型材料加工利用的优势条件。正是在此情况下，组建于 2012 年的榆林学院洁净兰炭与污染控制创新团队（先后获批陕西省首批高校青年科技团队、陕西省重点科技创新团队）充分结合我国煤炭资源以及利用转化技术的进展，尤其针对丰富的低变质煤生产兰炭、焦油和高热值煤气的产业现状，组织团队成员共同努力，精心编撰了本书，以期为进一步延伸产业链，提高资源综合利用率，减少环境污染提供重要的参考。

本书共分四篇，包括 22 章内容，主要集合了洁净兰炭与污染控制创新团队近年来的研究成果，由闫龙统稿。具体内容分工如下：第一篇 SJ 型低温干馏方炉的温度与压力场研究由范晓勇组织编写，第二篇粉煤成型-干馏双效黏结剂制备及作用机制由闫龙编写，第三篇神府煤低温定向催化热解及机理研究由李健编写，第四篇兰炭废水酚/氨组分制备多孔炭结构调控及储电储热性能研究由王玉飞编写。西北大学淡勇教授对第一篇 SJ 型低温干馏方炉的温度与压力场研究进行了指导，中国科学院大连化学物理研究所史全研究员对第 11 章粉煤成型干馏的产品评价进行了指导，中国科学院上海高等研究院赵虹研究员对第 12 章粉煤微波热解及制备电石性能评价进行了指导，刘倩倩参与了第 14~16、19 章的编写工作，王献杰、张裕、米文星、钟祥等研究生参与了本书的资料收集、实验摸索、文本输入和校对工作；同时，在本书的编写过程中，参考了国内外煤化工领域同行的相关著作，并得到了许多领导、老师的关心和支持，也受益于学术同仁提出的很多中肯的意见，我们在此一并表示诚挚的谢意。

本书的出版得到中国科学院洁净能源创新研究院-榆林学院联合基金（LLJJ10）的资助。

本书虽经多方面努力，但由于笔者水平有限，缺点和不足在所难免，敬请广大读者批评指正，以便再版时修订完善。

著者

目录

CONTENTS

第 3 章   兰炭炉热平衡计算   019

第 4 章   SJ 型低温干馏方炉温度和压力的模拟   030

第二篇　粉煤成型-干馏双效黏结剂制备及作用机制

第三篇　神府煤低温定向催化热解及机理研究

第 13 章　神府煤低温定向催化技术概述 129

第四篇　兰炭废水酚/氨组分制备多孔炭结构调控及储电储热性能研究

第 17 章　兰炭废水酚/氨组分制备多孔炭技术概述　　177

第 18 章　实验部分　　189

第一篇

SJ型低温干馏方炉的温度与压力场研究

第 **1** 章

低温干馏方炉技术概述

1.1 低温干馏方炉发展的背景及意义

在工业化进程快速推进的21世纪，能源是支撑我国经济发展的重要先决条件。基于我国"富煤、缺油、少气"的能源格局，煤炭在能源消耗中的占比达到2/3以上，同时作为优势资源的煤炭在我国能源消费中的主体地位在未来几十年内不太可能发生根本性改变[1,2]。然而在过去很长一段时间内，煤炭发展主要依靠的"扩规模、增产能"的粗放发展模式已经不符合我国当下提倡的环保理念，特别是大量的煤炭直接燃烧是造成近几年"雾霾"污染的重要原因。由于多年来煤炭资源的粗放发展带来的浪费、环境污染等问题违背了国家新形势下的发展战略需求，因此，对我国丰富的煤炭资源进行分级提质的综合开发，不仅可以实现对传统煤化工行业的升级，还可以缓解日益严重的环境污染问题[3]。煤资源转化提质增值延长产业链，既可以做到资源的最大化综合利用，又可以实现清洁化工业生产，同时可以延长煤化工产业链，符合环境友好、资源节约、循环经济的煤化工新型工业化发展战略[4,5]。

陕北地区蕴藏着丰富的煤炭资源，是国家级能源化工基地，其主要煤种为侏罗纪煤，该煤种主要属于不黏、弱黏的低变质煤，其发热量较高、挥发分较高、化学反应性能强、灰熔点低、硫元素和磷元素含量低、氢碳比高等独特性质决定了它是低温干馏原料的不二之选[6]。陕北地区依托当地优质煤炭资源，以低温干馏为核心技术制取兰炭、煤焦油和煤气，是近些年发展起来的新兴煤化工产业。通过低温干馏可以实现煤炭气-液-固的分级分质利用，得到的干馏煤气是低温干馏生产过程中挥发出的一种伴生气体，作为气体燃料其热值在5400kJ/m^{3}以上，可输送至附近电厂，作为化工原料可用于生产甲醇和化肥等；产出的煤焦油是一种含硫、氮、氧的杂环芳烃与多环芳烃的复杂混合物，由于其独特的化学性质，煤焦油用途广泛，用作化工原料可以制取药品和农药，合成塑料与橡胶，提取涂料和燃料等，此外煤焦油还可以通过高温加氢工艺制取汽油、柴油，缓解我国石油短缺的局面；主产品兰炭不仅是一种对环境造成的污染远远低于原煤的高热值清洁燃料，而且因其特有的性质是一种良好的工业原料，如电阻率高、化学活性强、高固定碳比率的特点可以使其用作电石用焦与冶金还原剂，而挥发分少、杂质少、孔隙发达紧密、比表面积大的特点可以使其用来制取活性炭与吸附材料[7]。

目前神府乃至陕北地区的兰炭企业，大多采用水熄兰炭的生产方式，其原理是将炭化后的炽热兰炭经推焦机不断卸入熄焦水槽内，当完成兰炭的熄灭过程后，再由刮板机将兰炭从水槽内刮出，卸给由煤气燃烧供热的烘干机，烘干机烘干后即得到兰炭产品。然而，此工艺中得到的兰炭产品含水率较大，水中捞出的兰炭含水率在30%以上，烘干机烘干后水分仍然在18%左右，这意味着在下游兰炭的使用过程中必须对其进一步干燥，势必在后续操作增加相关操作工序。此外，由于干馏所得的1/3煤气用于烘干，兰炭烘干过程中浪费了大量的煤气，以5万吨兰炭炉为例，每天产出兰炭150吨，烘干消耗煤气7.2万立方米，而且煤气散排放，使其无法得到重复利用，成为兰炭企业的第一大污染源[8,9]。因此，对SJ型低温干馏炉的熄焦方式进行研究具有重大的经济和现实意义。

1.2　煤低温干馏及影响因素

煤在隔绝空气的条件下加热，使其终温一般达到650～750℃，使之热分解，发生脱水、干馏、裂解等一系列化学与物理变化后，从而产生气态（煤气）、液态（焦油）和固态（兰炭）等一系列产物的过程称为煤的中低温干馏[10]。

在对已经问世的各类煤低温干馏工艺的研究中发现，低温干馏技术研究的个性因素大于共性因素，这是因为低温干馏目标产品的分布比率和性质与原料煤的煤化程度、入炉煤粒径、煤中的水分含量等内在因素有直接关系[11,12]。此外，干馏炉的形式、加热终温与温度场的均匀性、初次热解产物在炉内的停留时间、炉内的压力、熄焦方式也对干馏产品的产率和品质有重要影响。目前在我国陕晋蒙地区普遍使用的SJ型内热式直立炭化炉因为采用外部加热方式，在生产过程中要求干馏室内有良好的透气性，且原煤粒度需要控制在30mm以上。因此，开展低于30mm小粒径煤的干馏技术研发是我国热解工艺的一个重点方向。

1.2.1 煤化程度的影响

煤化程度是区分不同煤炭种类的技术指标，也是影响煤炭干馏的关键因素之一。通常情况下煤化程度越高的煤，其开始热解的温度也相应越高，但反应活性随着煤化程度的升高逐步降低。煤干馏的产物与产率也与煤化程度有着重要关系，在同一热解条件下，低煤化程度的煤，其煤焦油和煤气的回收比率高，但结焦性较差；中等煤化程度的烟煤其焦油和煤气的产率相对降低，但黏结性较好可以形成高强度的半焦；高煤化程度的煤只产少量煤气，焦油产量很少或者基本没有，主产品为几乎不黏结的焦粉[13]。不同煤种开始热解的温度见表 1-1。

表 1-1 不同煤种开始热解温度

煤种	泥炭	褐煤	长焰煤	气煤	肥煤	焦煤	瘦煤	无烟煤
开始热解温度/℃	<160	200~290	300	320	350	360	360	380

1.2.2 入炉煤粒径的影响

入炉煤粒径的范围和均匀性对于原煤干馏过程中发生的各类化学反应基本没有影响，但挥发分析出和半焦品质与其有很大关联[14]。当入炉煤粒径分布均匀，热解时所需时间一致，生产能力稳定，且可以提高焦油产率和兰炭质量。当入炉煤粒径大小不一时，大粒径煤分布在炉壁周围，小粒径煤分布在煤层中间，引起炉内煤层孔隙率分布不均匀，边壁周围阻力小于炉中心阻力，造成边壁周围气体上升速度较快的"边壁效应"，致使上升气体分布不均匀，进而导致兰炭质量参差不齐。入炉煤粒径大小对于热解产物有一定程度的影响。随着入炉煤粒径增大，一方面煤的比表面积减小且煤的热导率小，引起煤粒内外受热不均，煤的挥发分不能完全析出；另一方面粒径越大挥发分析出所受的阻力也就越大，则挥发分需要在更高的温度、更长的时间下才能析出，随着析出时间的增加，挥发分发生二次热解的程度就变高，特别不利于焦油的产出。但也不是入炉煤粒径越小越好，当入炉煤粒径太小时，炉内压力增大温度降低，不利于焦炭的生成。所以，炼焦对煤的均匀性和粒度范围有一定的控制。

1.2.3 压力的影响

压力对干馏的影响主要是挥发分发生二次反应造成的。因为压力的提高使热解产物的逸出阻力增大，延长了一次析出物在炉内的运动时间，进而在炉内发生二次分解，特别是焦油组分经历二次热解导致产率降低，煤气和兰炭产率提高[15]。

1.2.4 煤的水分含量

原料煤中的水分含量对干馏产品的产率和质量也有很大影响。当原料煤中的水分含量较低时，在热解过程中半焦层的加热速度缓慢，进而收缩速度的梯度降低，煤的物理-力学性能得到改善；当原料煤中的水分含量较高时，煤的结焦时间将会延长，同时半焦产量下降，热解耗热量也会增加。因此，一般在煤的热解工艺中，规定原料煤的水分含量应低于 10%。由于炭与水蒸气在高温条件下易发生化学反应生成水煤气，反应后生成的一氧化碳和氢气将影响干馏煤气的组成。另外，煤中的水分含量还影响煤气的产率，当煤中含水量低于 11%

时煤气产率随着煤中的水分含量增多而提高，但当含水量超过 11% 后，因为煤中有机物减少，导致煤气产率逐步降低。

1.2.5　热解终温的影响

煤加热终温是划分低、中、高干馏的理论依据，也是影响目标产品产率和性质的关键因素[16]。热解终温是丈量热解反应程度的标尺，随着温度的逐步提高，活化能较高的一些物质才开始热解，煤中的部分挥发性组分随着温度的升高而产率增加，同时生成热稳定性较高的芳烃等。除了对初级热解反应的影响，温度对二次反应也有很大影响，随着温度升高干馏过程中的二次反应加重，导致焦油组分二次热解产率降低。通常情况下，半焦和焦油产率会随着热解终温升高而下降，煤气则因为热解程度和二次反应的加深产率提高。因此，干馏终温是决定热解产品和组成的关键因素。对于兰炭生产其加热终温一般控制在 650～700℃，属于中低温干馏的范畴。

1.2.6　熄焦方法的影响

熄焦是在炼焦过程中将出炉的高温半焦冷却到一定温度，防止出现燃烧并方便运输和储存。常用的熄焦方式主要有干法熄焦和湿法熄焦两种。干法熄焦是指采用惰性气体，将高温半焦降温冷却的一种熄焦方法，湿法熄焦是指采用水浴的方式把炽热的半焦冷却的熄焦方法，湿法熄焦不仅会对半焦蕴藏的巨大热量和水资源造成浪费，而且还会因为大量的兰炭废水造成环境污染。因为两种熄焦方法对半焦的降温方式不同，冷却后的半焦性质存在一定程度的差异。

当湿法熄焦时，半焦冷却速度较快引起的内部热应力和熄焦过程中发生的水煤气反应生成的大量气体，容易造成半焦裂纹增多、孔隙率增高、易碎块化等。相比于湿法熄焦，干法熄焦降温缓慢且没有化学反应的发生，半焦的裂纹和孔隙率下降很多，焦炭的物理-力学性能得到很大提升。另外，湿法熄焦急剧冷却可能引起兰炭的夹生现象。整体来看干法熄焦半焦的表面裂纹少，光滑度高，致密性高，耐磨和力学性能强，粒度均匀，成熟度更高，但反应性能低于湿法熄焦的兰炭。

1.3　低温干馏炉的分类

干馏炉作为承载煤低温干馏过程运行的核心设备，其主要要求干馏过程可操控性强、可适用煤种广、粒度范围宽、对入炉物料加热均匀、对初次逸出的热解产物二次裂解作用小等。

炉子的分类有多种方式，低温干馏炉按提供热量的方式可分为外热式、内热式两大类[17]。

1.3.1　外热式干馏炉

外热式干馏炉，顾名思义其提供给煤料的热量是从干馏室外部传入的。外热式干馏炉的燃烧室和干馏室相间排开，煤气和空气在燃烧室的火道内燃烧并释放大量热量，炉墙作为导热介质将热量传递给干馏室的煤。由于在火道内燃烧产生的大量烟气没有进入干馏室内，煤料在干馏室内的挥发物热值较高，是一种优良的民用燃料。

外热式炉的主要特点：外热式干馏炉的结构，导致外热式炉生产能力低；加热方式和煤热导率小，引起炉墙周围的煤料加热速率快、温度高，越往炉体中心位置温度越低，受热不均匀导致生成的半焦成熟度不一是其缺点；但热解产物没有被稀释，气体产品热值高，焦油组分占比较大，对冷凝设备的要求低，焦油易于冷却，适合处理黏性较强的小粒径煤是其优点。

1.3.2　内热式干馏炉

内热式干馏炉的原理是燃烧后的高温热载体进入干馏室，把热量传给煤料。内热式干馏炉的结构相对简单，干馏室和燃烧室都位于炉腔内且没有明确区分的界限。助燃空气和煤气混合后在燃烧室内被点燃，经过燃烧后产生的高温气体与自由下落的煤料进行逆向换热，进行煤的干馏。

内热式炉的主要特点：由于内热式干馏炉简化了干馏炉结构，热载体直接与干馏煤料接触，导致热解产物被燃烧烟气稀释，煤气热值低，气体中油雾浓度低，不利于冷凝设备运行，一般只适用于不黏及弱黏煤种；但炉子热效率高、热强度大、加热均匀、设备处理能力强是其优点。

内热式干馏炉中目前应用最多的是 SJ 型干馏方炉，该炉是神木三江煤化工公司在鲁奇三段炉的基础上，借鉴国内外有关炉型的优点，并结合当地实际生产经验，并根据低变质煤炭特点而设计的一种"土生土长"的新炉型，其结构简图如图 1-1 所示[18]。

如图 1-1 所示 SJ 型炉主体为空腔设计，空腔最上面部分是脱去水分的干燥段，中下段是温度最高的干馏段，依次往下是兰炭温度逐步降低的冷却段。在工业生产中筛分一定粒径范围的煤块，经送煤皮带运输到炉顶煤斗，煤块从煤斗进入逐渐下降通过空腔，空腔下面为四条完整花墙和两条半花墙，入炉煤气和空气按一定比例混合从花墙两侧均匀打入炉内[19]。部分出炉煤气回流用作入炉煤气并和不足量的氧气在炉内快速反应形成高温热载气体逐层加热煤层，上升的气体经过集气阵伞、上升桥管等排出炉外。煤气离开干馏炉后在文氏管塔与旋流板塔中进行逐步冷却后，部分回炉用作燃气，部分作为燃料外卖，还有部分用来烘干熄焦池的兰炭。在焦油沉淀后被抽入焦油池进行脱水处理即是成品煤焦油。形成的兰炭经推焦机从出焦口落入熄焦池，烘干后就是成品兰炭。

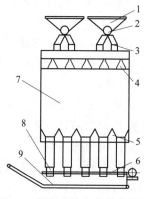

图 1-1　低温干馏方炉结构简图

1—煤斗；2—放煤阀；3—辅助煤箱；
4—集气阵伞；5—布气花墙；
6—推焦机；7—炉腔；
8—导焦槽；9—刮板机

1.4　国内外煤低温干馏研究进展

煤炭的低温干馏技术有近三百年的发展历程，最早的煤低温干馏技术源于 18 世纪的西欧，当时为了制取民用燃料和煤气，英、德等国家研发了烟煤与褐煤的干馏工艺；此后在 20 世纪 30 年代因为战争的需要，德、日等国着重研发了煤焦油的加氢技术以制取短缺的汽油；20 世纪 50 年代后，由于石油开采成本的不断下降，低温干馏技术发展一度因为成本较高陷入停滞；到了 20 世纪 70 年代，世界各国为了获取低阶煤中富含的各类芳香烃和液体产品，又重新给予了低温干馏工艺关注[20,21,22,23]。我国作为一个工业起步较晚的国家，虽然对低温干馏工艺的技术领域的研发历史较短，但是近年来为了提高对低变质煤炭的清洁高效利用，国内各研究机构对低温干馏技术的研究从未停止且取得了不错的进展，有的工艺已经达到了建厂投产阶段。

1.4.1　国内低温干馏技术与产业发展现状

我国的煤低温干馏技术起步较晚，直到20世纪50年代后才开始进行自主研究和开发。历经几代科研工作者的努力，国内多家研究单位相继研发出了多种热解技术，其中较为典型的技术有 MRF（多段回转炉）热解、新法热解、流化床热解等工艺[24,25]。

(1) MRF 热解工艺

MRF 热解工艺是北京煤化所研究开发的多段回转炉煤低温干馏技术，该热解工艺以弱黏煤、长焰煤、褐煤等低变质煤种为热解对象，主要热解产品为半焦、煤焦油和煤气。

MRF 热解工艺是将粒度为 6～30mm 的原料煤，外部加热至 600～700℃下热解，气态热解产物冷却后成为煤焦油和煤气，半焦则被转至 800～900℃ 的增碳炉以制取高含碳量的半焦。

该热解工艺适用于块状原料煤，由于采用外热式，煤气与烟气不混合，煤气热值较高，煤气与焦油易于冷凝分离。

(2) 新法热解工艺

新法热解工艺是大连理工大学煤化所研发的固体热载体煤低温干馏技术，该热解工艺以小于 6mm 的褐煤为热解对象，热解温度控制在 550～650℃，热载体粉焦的温度在 800～850℃ 范围。

该热解工艺适用于小粒度的原料煤，相比于其他低温干馏技术具有易于操作、热解速度快、热解装置的时空效率高、煤气热值高、焦油产率高等特点。

(3) 流化床热解工艺

流化床热解工艺是由我国清华大学与昆明理工大学联合研发的一种采用自产半焦作为热载体的流化床热解和半焦连续气化的技术。该热解工艺利用半焦作为热载体，不仅充分利用了半焦作为热载体的优势，还省去了热载体的制备工序。此外，引入流态化使固体热载体与煤层的传质传热更加均衡充分。

1.4.2　国外低温热解技术与产业发展现状

国外煤低温热解技术起步较早，发展了各种类型的热解工艺，其中比较有代表性的有德国的 Lurgi-Ruhrgas 法、COED（coal oil energy development）法、美国的 Toscoal 法等工艺[26,27,28]。

(1) Lurgi-Ruhrgas 法

Lurgi-Ruhrgas 法，是由鲁尔和鲁奇两个公司联合研发的一种以液态产品为主的多用途低温干馏新工艺[29]。该工艺主要以挥发分在 35%～46% 范围，粒度在 5mm 以下的低变质煤为原料，原料煤与焦炭热载体在重力移动床中混合后进行热解，煤气和焦油经净化后回收，热载体被加热后重新使用。

该工艺具有煤气热值高、操作压力低的优势，但因使用黏性煤种时焦油容易凝结，不适用于黏结性较强的煤。

(2) COED (coal oil energy development) 法

COED 法，是由美国的 FDA 与能源部合作研发的一种将煤转化为半焦、较高热值的煤气和原油的煤干馏工艺。COED 工艺通过多段低压流化床进行煤的热解，其中被加热的固体（干馏碳和煤）与气体热载体均呈逆向运动，因而干馏碳可以被非常高效地加热到干馏所需的温度。该干馏炉通常由四段组成，其段数与煤的种类相关，煤的黏结性越大段数越多。

该低温干馏工艺具有煤种适应性广泛、炉内压力低的优势，但其可操作性较差，在进一步扩大规模上存在问题。

(3) Toscoal 法

Toscoal 工艺是美国油页岩公司（Oil Shale Corp）和 Rocky Flats 研究中心开发的[30]。该工艺选用陶瓷球做热载体，将低变质的烟煤作为原料与回转炉中炙热的陶瓷球接触后快速加热进行热解。热解气态产物经过净化后回收，陶瓷球在机械分离器中与半焦分离，然后被干馏煤气加热后重新回到回转炉。

该工艺适用于无黏性的低品位煤，相比于其他工艺具有焦油产率低，半焦挥发分含量较高的特点。

1.5 CFD 模拟软件 FLUENT 简介

FLUENT 软件是当今世界 CFD（computational fluid dynamics）仿真领域最为全面的软件包之一，它具有广泛的物理模型、先进的数值算法、强大的前后处理功能，同时能够快速准确地得到 CFD 分析结果[31]。

FLUENT 是用 C 语言写的计算机程序，因此提供了动态内存算法、高效的数据结构、灵活的求解控制结构等，可对各种类型的流体流动、三相间的热传递、化学反应和燃烧等很多问题进行模拟。

1.5.1 FLUENT 的软件结构及其求解流程

FLUENT 软件结构主要分为三部分，即前处理器、求解器和后处理器。前处理器主要用来创建 FLUENT 所要计算问题的模型，包括几何建模和网格划分。流体几何模型既可以借助各种 3D 辅助设计软件如 Pro/E、SolidWorks 等创建并导入 FLUENT，也可以通过 ANSYS 自带的 Design Modeler 直接生成。网格划分的作用是对流体的几何域进行离散化，可以通过 ANSYS Mesh 模块中的 ICEM CFD、GAMBIT 等实现。求解器是 FLUENT 仿真模拟的核心，当划分好的网格被读入后需要进行网格的检查、指定材料物理性质、确定符合的边界条件、选择合适的求解模型进行计算。后处理是指在计算结束后，通过 CFD-post 或者 TECPLOT 等后处理软件对结果数据进行列表、图形、动画展现等分析操作，比如对速度和温度实现等值线图绘制、流线图绘制等一系列可视化处理。其处理流程如图 1-2 所示[32]。

1.5.2 FLUENT 在干馏炉中的研究进展

FLUENT 作为国际上一种强有力的数值模拟研究方法，拥有模拟流动、湍流、热传导和化学反应等物理化学现象的能力，被大量应用于各种燃烧炉的温度场和压力场的研究。

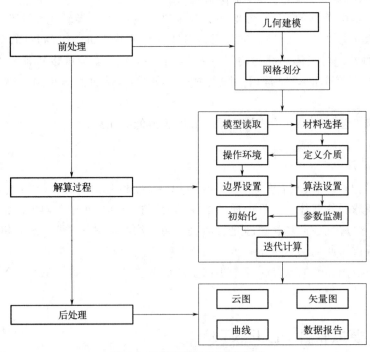

图 1-2　FLUENT 处理流程图

　　Guo Zhancheng 等对炼焦炉的工艺过程进行了数值仿真模拟，得出了焦炉不同时间段内的干馏室内温度场分布；Andrew Slezak 等借助 FLUENT 软件对两段气化炉的过程进行了数值模拟，得出了煤粉粒度、密度与气化炉内流场、出口组分及煤粒在炉内的停留时间的关系[33,34]；史岩彬等对高炉炼铁过程进行了数值模拟，得出了各相的运动轨迹和多相流的热传递情况[35]；刘俊等模拟了对喷式的低温干馏炉燃烧室的燃烧情况，并对自己研发的低温干馏炉的结构进一步改进优化[36]；马士林等通过建立三维数学模型，借助 FLUENT 对不同粒径组的高炉喷吹煤粉燃烧进行了数值仿真模拟，得出了鼓风温度、鼓风水分、鼓风富氧量对温度场的影响[37]；孙宏宇等模拟了在气化剂配风工况下冷态气化床单双层压力场的分布情况，并与实际工况对照[38]；张金艳等对预混合气体在堆积床内的燃烧进行了数值模拟，得出了小球粒度、气体入口速度、当量比和小球分布方式对多孔介质预混合燃烧温度场、压力场的影响[39]。

　　对于 SJ 型低温干馏方炉温度场和压力场的数值模拟很少，只有西安建筑科技大学的张秋利等模拟过不同燃气比下低温干馏方炉的压力场和温度场分布的特征[40]。

1.6　背景及主要内容

(1) 背景

　　陕北煤低温干馏技术有利于当地资源的综合开发，是陕北目前最大的煤转化工业和当地主要经济支柱之一，从煤化工行业的发展现状出发，虽然目前技术可以较好地适应陕北低阶煤种的特点，同时与国内外各类相关技术相比也有自己的特色，然而由于生产技术落后，在生产过程中仍然存在一些问题[41]。

① 陕北现有的低温干馏技术中普遍采用 SJ 型直立内热炭化炉。因为在干馏过程中高温烟气作为热载体需要从下到上穿过煤层，所以炉内的煤层必须有足够的孔隙率，其中 SJ 型干馏炉的入炉煤粒径应控制在 30~80mm 的范围。干馏还需要由原煤破碎和筛分，而机械化采煤以小粒径煤和粉煤为主，仅有 20%~30% 块煤产率，导致大量的小粒径煤无法有效利用。

② SJ 型低温干馏技术是陕北地区在长期实践过程中发展起来的，没有经过中试，缺乏完善的理论支持，主要依靠在生产中累积的经验制定相关工艺参数，所以炉型整体技术含量相对较低，控制系统和相关设备仍然需要进一步优化。比如兰炭产率低，大部分煤气被放空不能有效利用，煤焦油回收率偏低，干馏炉热效率不明确，同时产生的废水、废气、废渣对环境污染严重[42]。

(2) 主要内容

① 现场调研收集 SJ 型方炉的设计参数和生产数据，对干馏炉的物料平衡进行核算并进行汇总分析。

② 在物料核算的基础上，进行干馏炉的热平衡计算并分析热工参数，提出进一步提高干馏炉热效率的措施。

③ 选择适宜于神木三江 SJ 型方炉的几何模型，并借助相关生产数据对此模型进行必要的修正与调整，把建立好的几何模型导入 icem 中，进行网格划分。

④ 利用 FLUENT 读取画好的 icem 网格，选取合适的算法、改变入炉煤的粒径得出不同条件下炉内的温度场、压力场分布，初始化进行迭代计算。

⑤ 进行 FLUENT 后处理，剖析流场的云图、矢量图、曲线、数据报告等，分析 SJ 型方炉流场分布规律并与工业试验数据进行对比分析。

⑥ 建立干馏炉的二维几何模型并进行网格划分，对兰炭干熄焦技术喷水的温度场与压力场进行模拟，得出合适的喷水量范围。

第**2**章
兰炭炉物料平衡计算

物料平衡是根据物质不灭定律进行计算的。炭化炉的物料平衡是指进入炉的原料与干馏产生的各种产品之间的平衡，即：

$$G_{进} = G_{出}$$

干馏炉物料平衡示意如图 2-1 所示，左侧为物料平衡收入项，右侧为物料平衡支出项。

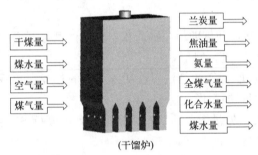

图 2-1 物料平衡示意图

物料平衡是工艺生产中的基础数据，通过计算可以定量地掌握干馏过程中的重要参数，对指导生产和改进工艺等均有重大意义。同时物料平衡是进一步计算热平衡的基础，物料平衡的精确性将直接影响热平衡能否真实反映干馏炉的生产工况，所以原料和各支出项产品的产量与产率应直接测定。但是由于煤低温干馏生产过程的复杂性，直接测定干馏的各种产品产率往往比较困难，或测量的误差范围较大[43]。为保证物料平衡计算的可靠性，本方法用原料煤的元素分析或工业分析的数据与产品产率的相关式进行计算，采用这种方法也能得到较满意的结果。

2.1 工厂采集数据整理

2.1.1 干馏炉主要工艺参数

在物料平衡计算前首先要采集整理炉子在平稳运行情况下的主要工艺参数，主要包括小时装煤量、入炉空气流量、入炉煤气流量、入炉煤温度、入炉煤气温度、入炉空气温度、荒煤气出炉温度、入炉煤气压力、入炉空气压力等，见表 2-1。原煤与兰炭工业成分分析，见表 2-2。经取样测试煤气组分，见表 2-3。

表 2-1　干馏炉主要工艺参数

小时装煤量/(t/h)	11.7
入炉煤温度/℃	20
荒煤气出炉温度/℃	110
入炉煤气温度/℃	65

入炉煤气流量/(m³/h)工况(标况)	5521(4459)
入炉煤气压力/kPa	5.182(表压)
入炉空气流量/(m³/h)工况(标况)	3067(2809)
入炉空气压力/kPa	5.977(表压)
焦炭出炉温度/℃	525

表 2-2 原煤和兰炭的工业成分分析值

样品	空干基挥发分/%	空干基固定碳/%	灰分/%	水分/%
原煤	33.3	55.01	3.61	8.08
兰炭	5.32	82.49	5.12	7.07

表 2-3 煤气组分表(体积分数/%)

H_2	CO	CO_2	CH_4	C_2H_6	C_2H_4	N_2
28.3	16.0	10.0	7.3	0.2	0.3	37.9

2.1.2 煤气热值计算

$$Q_D = X_1 CH_4 + X_2 CO + X_3 H_2 + X_4 C_2H_4 + X_5 C_2H_6 \tag{2-1}$$

式中　Q_D——入炉煤气的低位发热值,kJ/m³;

　　　CH_4——CH_4 的体积分数,%;

　　　CO——CO 的体积分数,%;

　　　H_2——H_2 的体积分数,%;

　　　C_2H_4——C_2H_4 的体积分数,%;

　　　C_2H_6——C_2H_6 的体积分数,%;

　　　X_1——CH_4 的发热值,kJ/m³,$X_1 = 357$kJ/m³;

　　　X_2——CO 的发热值,kJ/m³,$X_2 = 126.3$kJ/m³;

　　　X_3——H_2 的发热值,kJ/m³,$X_3 = 107.4$kJ/m³;

　　　X_4——C_2H_4 的发热值,kJ/m³,$X_4 = 594.5$kJ/m³;

　　　X_5——C_2H_6 的发热值,kJ/m³,$X_5 = 635.6$kJ/m³。

将表 2-3 数据代入式(2-1)求得:

$$Q_D = 357 \times 7.3 + 126.3 \times 16 + 107.4 \times 28.3 + 594.5 \times 0.3 + 635.6 \times 0.2$$

$$= 7971.79 \text{kJ/m}^3$$

2.1.3 煤气密度计算

$$\rho_{mq} = \frac{2 \times H_2 + 16 \times CO + 44 \times CO_2 + 16 \times CH_4 + 30 \times C_2H_6 + 28 \times C_2H_4 + 28 \times N_2}{22.4 \times 100} \tag{2-2}$$

将表 2-3 的数据代入式(2-2)求得:

$$\rho_{mq} = \frac{2 \times 28.3 + 16 \times 16.0 + 44 \times 10 + 16 \times 7.3 + 30 \times 0.2 + 28 \times 0.3 + 28 \times 37.9}{22.4 \times 100}$$

$$= 0.868 \text{kg/m}^3$$

式中　　ρ_{mq}——煤气密度，kg/m^3；

2、16 等——代表氢气、一氧化碳等的分子量；

H_2、CO 等——气体中各组分所占体积分数，%。

2.1.4　煤气实际燃烧量计算

$$CO + 0.5O_2 = CO_2$$

$$CH_4 + 2O_2 = CO_2 + 2H_2O$$

$$H_2 + 0.5O_2 = H_2O$$

$$C_2H_4 + 3O_2 = 2CO_2 + 2H_2O$$

利用以上方程式可以算出理论需氧量 L_{xy}

$$L_{xy} = \frac{0.5CO + 2CH_4 + 0.5H_2 + 3C_2H_4 + 3.5C_2H_6}{100} \tag{2-3}$$

将表 2-3 数据代入式（2-3）求得：

$$L_{xy} = \frac{0.5 \times 16 + 2 \times 7.3 + 0.5 \times 28.3 + 3 \times 0.3 + 3.5 \times 0.2}{100}$$

$$= 0.384 \text{m}^3/\text{m}^3$$

因此，可计算出煤气充分燃烧理论需氧量为：

$$Q_{xy} = L_{xy} \times Q_{mq} \tag{2-4}$$

式中　　Q_{xy}——每小时煤气理论需氧量，m^3/h。

通过表 2-1 可知 $Q_{mq} = 4459 \text{m}^3/\text{h}$，代入可求得：

$$Q_{xy} = 0.384 \times 4459$$

$$= 1712.26 \text{m}^3/\text{h}$$

入炉空气中的含氧量为：

$$Q_{sy} = 0.21 \times 2809$$

$$= 589.89 \text{m}^3/\text{h}$$

$589.89 \text{m}^3/\text{h} < 1712.26 \text{m}^3/\text{h}$，因此可以判断此次燃烧为不完全燃烧。

实际所需的煤气流量为：

$$Q_{smq} = \frac{Q_{sy}}{L_{xy}} \tag{2-5}$$

已知 $Q_{5y} = 589.89 \text{m}^3/\text{h}$，$L_{xy} = 0.384 \text{m}^3/\text{m}^3$，代入式（2-5）可算得：

$$Q_{smq} = \frac{589.89}{0.384}$$

$$= 1536.17 \text{m}^3/\text{h}$$

式中　　L_{xy}——每立方米煤气燃烧需氧量，m^3/m^3；

Q_{sy}——每小时实际氧气流量，m^3/h；

Q_{smq}——每小时实际煤气燃烧量，m^3/h。

吨煤所需煤气量：

$$V_{smq} = \frac{Q_{smq}}{G} \tag{2-6}$$

由表 2-1 可知 $G = 11.7 t/h$，已知 $Q_{smq} = 1536.17 m^3/h$，代入式（2-6）可求得：

$$V_{smq} = \frac{1536.17}{11.7}$$
$$= 131.3 m^3/t$$

$$G_{smq} = \rho_{mq} \times V_{smq} \tag{2-7}$$

代入相关数据可求得：

$$G_{smq} = 0.868 \times 131.3$$
$$= 113.97 kg/t$$

式中　V_{smg}——吨煤煤气燃烧体积，m^3/t；

　　　G_{smq}——吨煤煤气燃烧量，kg/t；

　　　G——每小时入炉煤量，t/h。

综上，上述的计算得到煤气中可燃成分的燃烧热值 $Q_D = 7971.79 kJ/m^3$，入炉煤气的密度 $\rho_{mq} = 0.868 kg/m^3$，实际所需煤气流量 $G_{smq} = 113.97 kg/t$。

2.2　兰炭炉物料平衡收入项计算

本次物料平衡计算以 1000kg 入炉煤量作为计算基准，包括干煤量和煤中携带的水量两项。兰炭炉平衡收入项包括干煤量、煤水量、煤气量、入炉空气量。

2.2.1　入炉煤量

(1) 入炉干煤量

$$G_m = 1000 \times \frac{100 - W}{100} \tag{2-8}$$

由表 2-2 可知 $W = 8.08$，将其代入式（2-8）可求得：

$$G_m = 1000 \times \frac{100 - 8.08}{100}$$
$$= 919.2 kg/t \tag{2-9}$$

(2) 入炉煤带入的水量

$$G_W = 1000 \times \frac{W}{100}$$

将 $W = 8.08$ 代入式（2-9）可求得：

$$G_W = 1000 \times \frac{8.08}{100}$$
$$= 80.8 kg/t$$

式中　G_m——入炉干煤量，kg/t；

　　　G_W——入炉煤水量，kg/t；

　　　W——入炉煤水质量分数，%。

2.2.2　入炉煤气量

$$V_{mq} = \frac{Q_{mq}}{G} \tag{2-10}$$

由表 2-1 可知 $Q_{mq}=4459 m^3/h$，$G=11.7 t/h$，代入式（2-10）可求得：

$$V_{mq} = \frac{4459}{11.7}$$
$$= 381.11 m^3/t$$

式中　Q_{mq}——入炉煤气流量，m^3/h；

　　　V_{mq}——每吨入炉煤所需煤气流量，m^3/t。

$$G_{mq} = \rho_{mq} \times V_{mq} \qquad (2\text{-}11)$$

已知 $\rho_{mq}=0.868 kg/m^3$，代入式（2-11）可计算得：

$$G_{mq} = 0.868 \times 381.11$$
$$= 330.8 kg/t$$

式中　G_{mq}——每吨煤所需入炉煤气质量，kg/t。

2.2.3　入炉空气量

$$V_{kq} = \frac{Q_{kq}}{G} \qquad (2\text{-}12)$$

由表 2-1 可知 $Q_{kq}=2809 m^3/h$，将相关数据代入式（2-12）计算得：

$$V_{kq} = \frac{2809}{11.7}$$
$$= 240.09 m^3/t$$

式中　V_{kg}——每吨入炉煤所需煤气流量，m^3/t；

　　　Q_{kq}——入炉空气流量，m^3/h。

$$G_{kq} = \rho_{kq} \times V_{kq} \qquad (2\text{-}13)$$

其中空气密度 $\rho_{kq}=1.29 kg/m^3$，$V_{kg}=240.09 m^3/t$，代入式（2-13）可求得：

$$G_{kq} = 1.29 \times 240.09$$
$$= 309.72 kg/t$$

式中　G_{kq}——每吨煤入炉煤气质量，kg/t。

2.3　物料平衡支出项计算

兰炭炉物料平衡支出项包括兰炭量、焦油量、氨量、全煤气量、化合水量、煤水量。

2.3.1　兰炭量

$$k_{lt} = 103.17 - 0.75V - 0.0067t_{lt} \qquad (2\text{-}14)$$

其中由实测得 $t_{lt}=525℃$，由表 2-2 可知 $V=33.3$，代入式（2-14）计算得：

$$k_{lt} = 103.17 - 0.75 \times 33.3 - 0.0067 \times 525$$
$$= 74.68\%$$

式中　t_{lt}——兰炭的出炉温度，℃；

　　　V——入炉煤挥发分含量，%；

　　　k_{lt}——入炉煤的兰炭产率，%。

$$G_{lt} = 1000 \times \frac{100-W-A}{100} \times \frac{k_{lt}}{100} \qquad (2\text{-}15)$$

由表 2-2 可知 $A=3.61$，$W=8.08$，代入式 (2-15) 可计算得：

$$G_{lt}=1000\times\frac{100-8.08-3.61}{100}\times\frac{74.68}{100}$$

$$=659.5kg/t$$

式中　G_{lt}——吨煤兰炭产量，kg/t；

　　　A——入炉煤的灰分含量，%。

2.3.2　焦油量

$$G_{jy}=1000\times\frac{100-W-A}{100}\times\frac{k_{jy}}{100} \tag{2-16}$$

取 $k_{jy}=4.5$，已知 $A=3.61$，$W=8.08$，代入式 (2-16) 可求得：

$$G_{jy}=1000\times\frac{100-8.08-3.61}{100}\times\frac{4.5}{100}$$

$$=39.74kg/t$$

式中　G_{jy}——吨煤焦油产量，kg/t；

　　　k_{jy}——入炉煤的焦油产率，%。

当入炉煤挥发分为 30%～34% 时，$k_{jy}=4.2～4.5$，由于 SJ 型干馏炉属于中低温干馏，有利于焦油的产出，取 $k_{jy}=4.5^{[44]}$。

2.3.3　氨量

$$k_{a}=aN\frac{17}{14} \tag{2-17}$$

取 $a=0.16$，$N=0.93$，代入式 (2-17) 可求得：

$$k_{a}=0.16\times0.93\times\frac{17}{14}$$

$$=0.18$$

式中　a——入炉煤氨元素总量的转化系数，一般取 $0.11～0.17$，计算取 $a=0.16$；

　　　N——入炉煤氨元素总量，根据陕北低阶变质煤特点取 $N=0.93^{[45]}$，%。

　　　k_{a}——入炉煤的氨产率，%。

$$G_{a}=1000\times\frac{100-W}{100}\times\frac{k_{a}}{100} \tag{2-18}$$

已知，$k_{a}=0.18$，$W=8.08$，代入式 (2-18) 可求得：

$$G_{a}=1000\times\frac{100-8.08}{100}\times\frac{0.18}{100}$$

$$=1.65kg/t$$

式中　G_{a}——吨煤氨产量，kg/t；

2.3.4　全煤气量

$$k_{jmq}=k\sqrt{V} \tag{2-19}$$

取 $k=3.3$，由表 2-2 知 $V=33.3$，代入式 (2-19) 可求得：

$$k_{jmq} = 3.3\sqrt{33.3}$$
$$= 19.043$$

式中 k——比例系数，k 数值的大小取决于入炉煤的煤种；对于气煤 $k=3.0$，焦煤 $k=3.3$，对于一般配合煤 $k=3.1$。

k_{jmq}——全煤气量，%。

$$G_{jmq} = 1000 \times \frac{100-W}{100} \times \frac{k_{jmq}}{100} \qquad (2\text{-}20)$$

已知 $k_{jmq}=19.043$，$W=8.08$，代入式(2-20) 可计算得：

$$G_{jmq} = 1000 \times \frac{100-8.08}{100} \times \frac{19.043}{100}$$
$$= 175.04 \text{kg/t}$$

$$G_q = G_{mq} + G_{kq} + G_{jmq} \qquad (2\text{-}21)$$

将相关计算数据代入式(2-21) 可计算得：

$$G_q = 330.8 + 309.72 + 175.04$$
$$= 815.56 \text{kg/t}$$

2.3.5 水量

(1) 煤带入的水量

$$G_W = 80.8 \text{kg/t}$$

(2) 化合水量

$$k_h = bO\frac{18}{16} \qquad (2\text{-}22)$$

取 $b=0.42$，$O=9$，代入式(2-22) 计算得：

$$k_h = 0.42 \times 9 \times \frac{18}{16}$$
$$= 4.25$$

式中 b——入炉煤氧元素总量的转化系数，一般取 $0.33\sim0.51$，计算取 0.42[46]；

O——入炉煤氧元素总量，根据陕北低阶煤特点取 $O=9$，%；

k_h——入炉煤的化合水产率，%。

$$G_h = 1000 \times \frac{100-W}{100} \times \frac{k_h}{100} \qquad (2\text{-}23)$$

已知 $k_h=4.25$，$W=8.08$，代入式(2-23) 计算得：

$$G_h = 1000 \times \frac{100-8.08}{100} \times \frac{4.25}{100}$$
$$= 39.066 \text{kg/t}$$

式中 G_h——吨煤化合水产量，kg/t。

2.4 差值

本次物料平衡计算以 1000kg 入炉煤量作为计算基准，包括干煤量和煤中携带的水量两项。

$$\Delta G = G_{\text{进}} - G_{\text{出}} \tag{2-24}$$

$$G_{\text{进}} = G_{m} + G_{W} + G_{mq} + G_{kq} \tag{2-25}$$

$$G_{\text{出}} = G_{lt} + G_{jy} + G_{a} + G_{q} + G_{W} + G_{h} \tag{2-26}$$

式中　ΔG——吨煤差值；

$G_{\text{进}}$——吨煤进料总和；

$G_{\text{出}}$——吨煤出料总和。

代入相关数据可得：

$$G_{\text{进}} = G_{m} + G_{W} + G_{mq} + G_{kq}$$

$$= 919.2 + 80.8 + 330.8 + 309.72$$

$$= 1640.52\text{kg}$$

$$G_{\text{出}} = G_{lt} + G_{jy} + G_{a} + G_{q} + G_{W} + G_{h}$$

$$= 659.5 + 39.74 + 1.65 + 815.56 + 80.8 + 39.066$$

$$= 1636.32\text{kg}$$

$$\Delta G = 1640.52 - 1636.32$$

$$= 4.2\text{kg}$$

差值是判断物料平衡计算误差或生产过程中产品损失率的标准。对于物料平衡的差值一般没有明确范围，但一般不应大于1%，如果误差大于1%就需要核查平衡计算的各收入项和支出项，查明误差过大的原因。

2.5　物料平衡汇总

根据物料平衡的支出项和收入项计算所得数据，对其进行汇总可得表2-4。

表2-4　物料平衡汇总表

物料收入			物料支出		
项目	数值/(kg/t)	比例/%	项目	数值/(kg/t)	比例/%
干煤量	919.2	56.03	兰炭量	659.5	40.2
煤水量	80.8	4.93	焦油量	39.74	2.42
煤气量	330.8	20.16	氨量	1.65	0.1
入炉空气量	309.72	18.88	全煤气量	815.56	49.71
			化合水量	39.066	2.38
			煤水量	80.8	4.93
			差值	4.2	0.256
合计	1640.52	100	合计	1640.52	100

由表2-4可知计算的误差是0.256%，低于物料平衡允许的最大误差范围1%，说明此次干馏炉的物料平衡计算基本符合实际生产工况。

2.6　本章小结

① 对炉子在平稳运行情况下的主要工艺参数进行了采集整理。

② 依据 SJ 型干馏炉的实际生产数据，以 1000kg 入炉煤量作为计算基准，对干馏炉的入炉物料和出炉物料分别进行计算、汇总。

③ 入炉物料包括干煤量、煤水量、煤气量、入炉空气量，出炉物料包括兰炭量、焦油量、氨量、全煤气量、化合水量、煤水量。

④ 物料平衡计算的误差较小，符合实际生产工况。

第 **3** 章

兰炭炉热平衡计算

兰炭炉的热量衡算是以前面物料平衡的计算结果为基础，根据能量守恒定律，各种原料进入到干馏炉携带的能量等于化工产品出炉带出的能量，即

$$Q_{进} = Q_{出}$$

上述等式的成立，是基于两个前提条件的：

① 焦炉热平衡核算中的数据必须是兰炭炉在工况平稳时采集和选取的；

② 在焦炉热平衡的测定与计算中，忽略煤在炉腔的炼化焦化过程中因分解、聚合、与水煤气反应产生的热量。

干馏炉热平衡示意如图 3-1 所示，左侧为热平衡收入项，右侧为热平衡支出项。

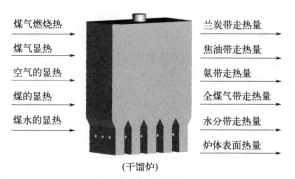

图 3-1　热平衡示意图

兰炭炉是一种大型复杂的加热炉，要评价兰炭炉的热工操作性能，除了要求炉中的煤料受热均衡外，兰炭炉热量的利用效率也是非常关键的指标之一。通过热量衡算具体化兰炭干馏炉的热量分配情况，进一步得出干湿煤的热量消耗量、煤焦比、热工效率等热量技术指标，对陕北兰炭干馏技术的发展和进一步优化炉体结构都有着重要的理论指导意义。

3.1　热平衡收入项计算

热平衡的收入项包括煤气的燃烧热、煤气的显热、空气的显热、煤的显热、煤水的显热。

3.1.1　煤气的燃烧热

$$Q_{A} = V_{smq} Q_{D} \tag{3-1}$$

由式（2-1）可知 $Q_D = 7971.79 \text{kJ/m}^3$，由式（2-6）知 $V_{\text{smq}} = 131.3 \text{m}^3/\text{t}$，将以上数据代入式（3-1）计算得：

$$Q_A = 131.3 \times 7971.79$$
$$= 1046.7 \times 10^3 \text{kJ/t}$$

式中　Q_A——吨煤煤气燃烧热，kJ/t。

3.1.2　煤气的显热

各物质在不同温度下的比热容见表 3-1。

表 3-1　各物质在不同温度下的比热容　　　　　　　　kJ/(m³·℃)

温度/℃	氧气	氮气	一氧化碳	二氧化碳	氢气	水	甲烷	乙烯	乙烷
0	1.3059	1.2948	1.2992	1.6998	1.2766	1.4943	1.5491	1.7162	2.1783
100	1.3176	1.2958	1.3017	1.7086	1.2908	1.5052	1.6412	2.1063	2.5044
200	1.3352	1.2996	1.3071	1.7873	1.2971	1.5223	1.7585	2.3281	2.7973
300	1.3561	1.3067	1.3167	1.8627	1.2992	1.5424	1.8841	2.5294	3.0775
400	1.3775	1.3163	1.3289	1.9297	1.3021	1.5864	2.0139	2.7216	3.3376
500	1.3980	1.3276	1.3427	1.9887	1.3050	1.5897	2.1396	2.893	3.5714
600	1.4168	1.3402	1.3674	2.0411	1.3080	1.6148	2.2609	3.0487	3.8065
700	1.4344	1.3536	1.3720	2.0884	1.3121	1.6412	2.3781	3.1908	4.0159
800	1.4499	1.3670	1.3352	2.1311	1.3167	1.6880	2.4953	3.341	4.2076

煤气中各组分在 t_{smq} 温度下的平均比热容

$$C_{O_2} = 1.3119 \text{kJ/(m}^3 \cdot \text{℃)}; \quad C_{N_2} = 1.2935 \text{kJ/(m}^3 \cdot \text{℃)}$$
$$C_{H_2} = 1.2909 \text{kJ/(m}^3 \cdot \text{℃)}; \quad C_{CO} = 1.3005 \text{kJ/(m}^3 \cdot \text{℃)}$$
$$C_{CH_4} = 1.6412 \text{kJ/(m}^3 \cdot \text{℃)}; \quad C_{C_2H_4} = 1.9568 \text{kJ/(m}^3 \cdot \text{℃)}$$
$$C_{C_2H_6} = 2.3846 \text{kJ/(m}^3 \cdot \text{℃)}; \quad C_{CO_2} = 1.7086 \text{kJ/(m}^3 \cdot \text{℃)}$$
$$C_{H_2O} = 1.57603 \text{kJ/(m}^3 \cdot \text{℃)}^{[47]}$$

$$C_{\text{smq}} = \frac{C_{H_2} \times H_2 + C_{CO} \times CO + C_{CH_4} \times CH_4 + \cdots}{100} \tag{3-2}$$

将表 2-3 数据与煤气中各组分在 t_{smq} 温度下的平均比热容代入式（3-2）计算得：

$$C_{\text{smq}} = \frac{1.2909 \times 28.3 + 1.3005 \times 16 + 1.6412 \times 7.3 + \cdots}{100}$$
$$= 1.3656 \text{kJ/(m}^3 \cdot \text{℃)}$$

式中　H_2、CO 等——入炉煤气各组分的体积分数，%。

$$Q_B = V_{\text{smq}} C_{\text{smq}} t_{\text{smq}} \tag{3-3}$$

已知 $C_{\text{smq}} = 1.3656 \text{kJ/(m}^3 \cdot \text{℃)}$，$V_{\text{smq}} = 131.3 \text{m}^3/\text{t}$，由表 2-1 知 $t_{\text{smq}} = 65 \text{℃}$，代入式（3-3）计算得：

$$Q_B = 131.3 \times 1.3656 \times 65$$
$$= 11.65 \times 10^3 \text{kJ/t}$$

式中　Q_B——吨煤入炉煤气的显热，kJ/t；

C_{smq}——t_{smq} 下入炉煤气的平均比热容，kJ/（m^3·℃）；

t_{smq}——入炉煤气的温度，℃。

3.1.3 空气的显热

通过插值法计算的在 25℃下氧气和氮气的平均比热容为：

$$C_{N_2}=1.295kJ/(m^3·℃)；\quad C_{O_2}=1.3096kJ/(m^3·℃)$$

$$C_{kq}=0.79×C_{N_2}+0.21×C_{O_2} \tag{3-4}$$

式中　0.79、0.21——空气中 N_2、O_2 的体积分数；

　　C_{N_2}、C_{O_2}——N_2、O_2 在 25℃下的平均比热容。

将相关数据代入式（3-4）计算得：

$$C_{kq}=1.298kJ/(m^3·℃)$$

$$Q_C=V_{kq}C_{kq}t_{kq} \tag{3-5}$$

已知 $t_{kq}=25℃$，由式（2-12）可知 $V_{kq}=240.09m^3/t$，已知 $C_{kq}=1.298kJ/（m^3·℃）$，代入式（3-5）计算得：

$$Q_C=240.09×1.298×25$$

$$=7.79×10^3kJ/t$$

式中　Q_C——吨煤入炉空气的显热，kJ/t；

　　t_{kg}——入炉空气的温度，℃；

　　C_{kq}——t_{kq} 温度下入炉空气的平均比热容，kJ/（m^3·℃）。

3.1.4 入炉煤的显热

据有关资料介绍，煤的比热容与煤的挥发分、温度和灰分含量有关。当温度为 24～100℃时，煤的比热容（C_m）与煤的挥发分的相互关系可用下式表示：

$$C_m=1.1013\left(1+\frac{0.008V}{100}\right) \tag{3-6}$$

由表 2-2 可知 $V=33.3$，代入式（3-6）计算得：

$$C_m=1.1013×\left(1+\frac{0.008×33.3}{100}\right)$$

$$=1.1042kJ/(m^3·℃)$$

式中　C_m——t_m 温度下入炉空气的平均比热容，kJ/（kg·℃）。

$$Q_D=G_mC_mt_m \tag{3-7}$$

由式（2-8）可知 $G_m=919.2kg/t$，由表 2-1 可知 $t_m=25℃$，由式（3-6）可知 $C_m=1.1042kJ/（m^3·℃）$，代入式（3-7）计算得：

$$Q_D=919.2×1.1042×25$$

$$=25.38×10^3kJ/t$$

式中　Q_D——入炉干煤显热，kJ/t；

　　C_m——t_m 温度下入炉空气的平均比热容，kJ/（kg·℃）；

　　t_m——入炉空气的温度，℃。

$$Q_E=G_WC_Wt_m \tag{3-8}$$

由式（2-9）知 $G_W = 80.8 \text{kg/t}$，水的平均比热容为 $C_W = 4.1868 \text{kJ/(kg} \cdot ℃)$，$t_m = 25℃$，代入式（3-8）计算得：

$$Q_E = 80.8 \times 4.1868 \times 25$$
$$= 8.46 \times 10^3 \text{kJ/t}$$

式中　Q_E——入炉煤水分显热，kJ/t；

C_W——t_m 温度下入炉水的平均比热容，kJ/(kg·℃)。

3.2　热平衡支出项计算

热平衡的支出项包括兰炭带走的热量、焦油带走的热量、氨带走的热量、全煤气带走的热量、水分带走热量、炉体表面带走热量。

3.2.1　兰炭带走的热量

$$C_{lt} = C_{A_{lt}} \frac{A_{lt}}{100} + C_{C_{lt}} \frac{C_{lt}}{100} + C_{V_{lt}} \frac{V_{lt}}{100\rho_{lt}} \tag{3-9}$$

由表 2-1 可知兰炭的出炉温度为 525℃，在此温度下，$C_{A_{lt}} = 1.0258 \text{kJ/(kg} \cdot ℃)$，$C_{C_{lt}} = 1.3607 \text{kJ/(kg} \cdot ℃)$，$C_{V_{lt}} = 1.6705 \text{kJ/(m}^3 \cdot ℃)$，由表 2-2 可知 $A_{lt} = 5.12$，$C_{lt} = 82.49$，$V_{lt} = 5.32$，取 $\rho_{lt} = 0.868 \text{kg/m}^3$。代入式（3-9）计算得：

$$C_{lt} = 1.0258 \times \frac{5.12}{100} + 1.3607 \times \frac{82.49}{100} + 1.6705 \times \frac{5.32}{100 \times 0.868}$$
$$= 1.277 \text{kJ/(kg} \cdot ℃)$$

式中　$C_{A_{lt}}$——t_{lt} 温度下兰炭干基灰分的平均比热容，kJ/(kg·℃)；

$C_{C_{lt}}$——t_{lt} 温度下兰炭干基固定碳的平均比热容，kJ/(kg·℃)；

$C_{V_{lt}}$——t_{lt} 温度下兰炭干基挥发分的平均比热容，kJ/(kg·℃)；

A_{lt}——兰炭中干基灰分含量，%；

C_{lt}——兰炭中干基固定碳含量，%；

V_{lt}——兰炭中干基挥发分含量，%；

ρ_{lt}——兰炭中挥发分的密度，按出炉煤气计算，kg/m³。

$$Q_a = G_{lt} C_{lt} t_{lt} \tag{3-10}$$

由式（2-15）可知 $G_{lt} = 659.5 \text{kg/t}$，$t_{lt} = 525℃$，由式（3-9）知 $C_{lt} = 1.2773 \text{kJ/(kg} \cdot ℃)$，代入式（3-10）计算得：

$$Q_a = 659.5 \times 1.2773 \times 525$$
$$= 442.25 \times 10^3 \text{kJ/t}$$

式中　Q_a——兰炭带走的热量，kJ/t；

C_{lt}——t_{lt} 下兰炭的平均比热容，kJ/(kg·℃)；

t_{lt}——出炉焦饼的中心温度，℃。

3.2.2　焦油带走的热量

$$C_{jy} = 1.277 + 1.641 \times 10^{-3} t_{jy} \tag{3-11}$$

由表 2-1 可知 $t_{jy}=110℃$，代入式（3-11）计算得：

$$C_{jy}=1.277+1.641×10^{-3}t_{jy}$$
$$=1.277+1.641×10^{-3}×110$$
$$=1.458kJ/(kg·℃)$$

式中　C_{jy}——t_{jy} 下焦油的平均比热容，kJ/(kg·℃)。

　　焦油是由多馏分组成的混合物，其组成与入炉煤种类和操作条件有关。所以焦油平均比热容随其组成改变而变化。焦油平均比热容可通过下面的式子计算：

$$Q_b=G_{jy}(418.68+C_{jy}t_{jy}) \tag{3-12}$$

　　由式（2-16）可知 $G_{jy}=39.74kg/t$，由式（3-11）可知 $C_{jy}=1.458kJ/(kg·℃)$，$t_{jy}=110℃$，代入式（3-12）计算得：

$$Q_b=39.74×(418.68+1.458×110)$$
$$=23.01×10^3kJ/t$$

式中　Q_b——焦油带走的热量，kJ/t；

　　　t_{jy}——出炉焦油的平均温度，℃；

　　418.68——焦油标准状态的蒸发潜热，kJ/kg。

3.2.3　氨带走的热量

$$C_a=2.072+0.775×10^{-3}t_a \tag{3-13}$$

　　由表 2-1 可知 $t_a=110℃$，代入式（3-13）计算得：

$$C_a=2.072+0.775×10^{-3}×110$$
$$=2.157kJ/(kg·℃)$$

式中　C_a——t_a 下氨的平均比热容，kJ/(kg·℃)。

$$Q_c=G_aC_at_a \tag{3-14}$$

　　由式（2-18）知 $G_a=1.65kg/t$，由式（3-13）知 $C_a=2.157kJ/(kg·℃)$，$t_a=110℃$，代入式（3-14）计算得：

$$Q_c=1.65×2.157×110$$
$$=391.5kJ/t$$

式中　Q_c——氨带走的热量，kJ/t；

　　　t_a——出炉氨的平均温度，℃。

3.2.4　全煤气带走的热量

$$Q_d=G_qC_qt_q \tag{3-15}$$

　　由式（2-21）可知 $G_q=815.56kg$，$C_q=1.3656kJ/(kg·℃)$，$t_q=110℃$，代入式（3-15）计算得：

$$Q_d=815.56×1.3656×110$$
$$=122.51×10^3kJ/t$$

式中　Q_d——全煤气带走的热量，kJ/t；

　　　t_q——出炉全煤气的平均温度，$t_a=110℃$；

　　　C_q——t_q 下全煤气的平均比热容，其数值按煤气的平均比热容计算，kJ/(kg·℃)。

3.2.5　水分带走的热量

$$Q_e = (G_h + G_W)C_W t_W \tag{3-16}$$

根据式(2-9)和式(2-23)可知 $G_W = 80.8\text{kg/t}$，$G_h = 39.066\text{kg/t}$，由表 2-1 可知 $t_W = 110℃$，根据表 3-1 按插值法计算得 $C_W = 1.507\text{kJ/(kg·℃)}$，代入式(3-16)计算得：

$$Q_e = (39.066 + 80.8) \times 1.507 \times 110$$
$$= 19.87 \times 10^3 \text{kJ/t}$$

式中　Q_e——水分带走的热量，kJ/t；

t_W——出炉水分的平均温度，℃；

C_W——t_W 下水分的平均比热容，kJ/(kg·℃)。

3.2.6　炉体散热量

对外散热是焦炉在炼焦过程中不可避免的。影响焦炭炉散热的因素众多，其中既包括季节变化、昼夜温差、炉型设计等外在因素，又包括结焦时间、加热方式等内在因素。

按对外散热的输出特点可将炉体散热总量（Q_S）归纳为三部分：①炉体表面与外界发生的对流和辐射换热（Q_{1S}）；②炉体的基建通过热传导带走的热量（Q_{2S}）；③由于出焦、监测等开炉门时对外的散热（Q_{3S}）。

$$Q_S = Q_{1S} + Q_{2S} + Q_{3S} \tag{3-17}$$

在式(3-17)中 Q_{1S} 可以根据相关设计与生产数据进行计算，而 Q_{2S} 和 Q_{3S} 由于客观因素，既不可以计算又很难直接测定，通常是根据相关生产经验进行估算[48]。

(1) 炉体表面温度与环境温度

炉体表面温度用温度计直接测定，本计算根据实测取平均值 $T_b = 75℃$。环境温度的选择，是取炼焦炉四周大气温度的平均值，$T_h = 25℃$。

(2) 总传热系数

总传热系数是指辐射传热系数与对流传热系数之和。辐射传热系数一般用下式计算

$$K_f = \frac{19.38\left[\left(\dfrac{T_b'}{100}\right)^4 - \left(\dfrac{T_h'}{100}\right)^4\right]}{T_b - T_h} \tag{3-18}$$

将 $T_b = 75℃$、$T_h = 25℃$ 代入式(3-18)计算得：

$$K_f = \frac{19.38\left[\left(\dfrac{273+75}{100}\right)^4 - \left(\dfrac{273+25}{100}\right)^4\right]}{75-25}$$
$$= 26.28\text{kJ/(m}^2 \cdot \text{h} \cdot ℃)$$

式中　K_f——辐射传热系数，kJ/(m²·h·℃)；

T_b'、T_h'——炉体表面和环境的绝对温度，K；

T_b、T_h——炉体表面和环境的温度，℃。

对流传热系数：

$$K_d = A\sqrt[4]{T_b - T_h} \tag{3-19}$$

式中　K_d——对流传热系数，kJ/(m²·h·℃)；

A——校正对流传热中散热面在水平向上、垂直于水平和水平向下时的系数，其数值分别为 11.7、9.21、6.28。

根据实测计算得到加热炉表面积：

$$S = S_1 + S_2 + S_3$$

式中　S_1——散热面水平向上的面积，m^2；

　　　S_2——散热面水平向下的面积，m^2；

　　　S_3——散热面垂直于水平的面积，m^2。

根据实测可知 $S_1 = 14.9m^2$，$S_2 = 8.4m^2$，$S_3 = 169.5m^2$。

$$S = S_1 + S_2 + S_3$$
$$= 192.8m^2$$

将以上相关数据代入式(3-19)，根据加权平均法可求得：

$$K_d = \frac{14.9}{192.8} \times 11.7 \times \sqrt[4]{75-25} + \frac{8.4}{192.8} \times 6.28 \times \sqrt[4]{75-25} + \frac{169.5}{192.8} \times 9.21 \times \sqrt[4]{75-25}$$
$$= 24.66kJ/(m^2 \cdot h \cdot ℃)$$

炉体表面散热：

$$Q_{1S} = (K_f + K_d) \times S \times (T_b - T_h)\frac{t_j}{G} \tag{3-20}$$

已知 $S = 192.8m^2$，$T_b = 75℃$，$T_h = 25℃$，由表 2-1 可知 $G = 11.7t/h$，由式(3-18) 和式(3-19) 可知 $K_f = 26.28kJ/(m^2 \cdot h \cdot ℃)$，$K_d = 24.66kJ/(m^2 \cdot h \cdot ℃)$，根据工厂实际工况取 $t_j = 7h$，代入式(3-20) 计算得：

$$Q_{1S} = (26.28 + 24.66) \times 192.8 \times (75-25) \times \frac{7}{11.7}$$
$$= 293.8 \times 10^3 kJ$$

式中　S——相当于兰炭炉体各部位散热的表面积，m^2；

　　　t_j——结焦时间，h。

按经验估算：

$$Q_{2S} = 0.1Q_{1S} \tag{3-21}$$
$$= 293.8 \times 10^3 \times 0.1$$
$$= 29.38 \times 10^3 kJ$$

$$Q_{3S} = (0.07 \sim 0.1)Q_{1S} \tag{3-22}$$

这里选取中间值 0.085 代入式(3-22) 计算得：

$$Q_{3S} = 0.085 \times 293.8 \times 10^3$$
$$= 24.97 \times 10^3 kJ$$

将以上数据代入式(3-17)，计算得：

$$Q_S = 293.8 \times 10^3 + 29.38 \times 10^3 + 24.97 \times 10^3$$
$$= 348.15 \times 10^3 kJ$$

3.2.7　差值

热量核算中的差值是指热量收入项总和与支出项总和的差值，即

$$\Delta Q = Q_{\text{进}} - Q_{\text{出}} \qquad (3\text{-}23)$$
$$Q_{\text{进}} = Q_A + Q_B + Q_C + Q_D + Q_E \qquad (3\text{-}24)$$
$$Q_{\text{出}} = Q_a + Q_b + Q_c + Q_d + Q_e + Q_S \qquad (3\text{-}25)$$

代入相关数据可得：

$$
\begin{aligned}
Q_{\text{进}} &= Q_A + Q_B + Q_C + Q_D + Q_E \\
&= 1046.7 \times 10^3 + 11.65 \times 10^3 + 7.79 \times 10^3 + 25.38 \times 10^3 + 8.46 \times 10^3 \\
&= 1099.98 \times 10^3 \, \text{kJ} \\
&= 1099.98 \, \text{MJ}
\end{aligned}
$$

$$
\begin{aligned}
Q_{\text{出}} &= Q_a + Q_b + Q_c + Q_d + Q_e + Q_S \\
&= 442.25 \times 10^3 + 23.01 \times 10^3 + 0.39 \times 10^3 + 122.51 \times 10^3 + 19.87 \times 10^3 + 348.15 \times 10^3 \\
&= 956.18 \times 10^3 \, \text{kJ} \\
&= 956.18 \, \text{MJ}
\end{aligned}
$$

$$
\begin{aligned}
\Delta Q &= 1099.98 - 956.18 \\
&= 143.8 \, \text{MJ}
\end{aligned}
$$

热平衡差值的大小除了与物料平衡的误差和干馏热效应有关外，还与实测和计算等造成的误差相关。

3.3 热平衡汇总

3.3.1 热平衡汇总表

根据热量平衡的支出项和收入项计算所得数据，对其进行汇总可得表 3-2。

表 3-2 热平衡汇总表

热收入			热支出		
项目	数值/(MJ/t)	比例/%	项目	数值/(MJ/t)	比例/%
煤气的燃烧热	1046.7	95.16	兰炭带走热量	442.25	40.21
煤气的显热	11.65	1.06	焦油带走热量	23.01	2.09
空气的显热	7.79	0.71	氨带走热量	0.39	0.04
煤的显热	25.38	2.31	全煤气带走热量	122.51	11.14
煤水的显热	8.46	0.77	水分带走热量	19.87	1.81
			炉体表面带走热量	348.15	31.65
			差值	143.8	13.07
合计	1099.98	100	合计	1099.98	100

3.3.2 热平衡影响因素

热平衡结果的可靠性主要与统计和测量数值的准确性和代表性有关。在通常情况下影响热平衡结果的主要有以下几个方面。

① 干馏炉运行工况的稳定性。在同一环境、同一时刻下进行热平衡数值的测定和统计是最科学的，但是由于干馏工艺过程复杂、耗时太长以及现场条件制约，在生产中几乎不可能完成。因此，在热平衡测定期间，必须保证干馏过程中操作和热工制度的稳定性，使其前后测定

和统计的数据具有一定的连续性、代表性，最大程度降低因工况稳定性差带来的误差。

② 数据的准确性。数据的准确性既包括测量过程中按照操作章程进行测量，也包括在查阅相关物性参数时的精确对应。

③ 统计数值的合理性。为提高热平衡结果的准确性，在统计有关计量设备的记录数据前必须对其进行校验检查。入炉煤气提供了90%的热量，兰炭带走了一半以上的热量，其统计数据更需要准确。

④ 计算公式应用的准确性。在采集到准确的数据和对数据进行合理的统计之后，选择适合煤低温干馏的计算公式是热平衡计算的关键。公式的选择与干馏温度、干馏的煤种、煤中各元素的含量等相关。

3.4 干馏炉的热工效率

3.4.1 热工效率计算

兰炭干馏炉是一种内热式的加热炉，要对干馏炉热工做出评价，非常重要的一项综合指标就是兰炭炉的热工效率。热工效率是指兰炭炉实际利用能量的程度，即兰炭炉传给干馏产品的有效热（达到工艺要求，理论上必须消耗的能量）与供给的全部热量（不包括物料带入的显热）的百分比，用 η 表示，其计算公式为：

$$\eta = \frac{\sum Q - Q_S - \nabla Q - Q_D - Q_E}{\sum Q - Q_D - Q_E} \tag{3-26}$$

将表 3-2 中的数据代入式(3-26) 计算得：

$$\eta = \frac{1099.98 - 348.15 - 143.8 - 25.38 - 8.46}{1099.98 - 25.38 - 8.46}$$

$$= 53.86\%$$

3.4.2 热工效率分析

热工效率是一个综合性的技术参数，对于改善生产技术，改进兰炭炉的热工性能和降低产能消耗具有现实指导意义。根据本次热平衡结果进行分析，可以从以下几个方面提高干馏炉的热工效率。

(1) 余热的回收

由表 3-2 可知全煤气带走的热量为 122.51kJ，占到支出项总热量的 11.14%，这部分被全煤气带走的热量具有极大的回收利用价值。可以利用这部分热量去加热入炉的空气和煤气，从而进一步提高干馏炉热工效率。

(2) 减少炉体表面散热量

炉体表面散热量为 348.15×10^3 kJ，占到热量支出项的 31.65%。炉体表面的散热量与炉型的大小和结焦时间长短等有关，其单位面积散热量主要取决于炉体的隔热措施和炉体结构。可以通过以下两个方面降低炉体表面散热量：

① 改善炉墙保温材料，降低炉体表面温度，以减少散热损失。

② 加强炉墙自身的严密性，减少炉门的开启，避免炉内热量从各种孔口和缝隙散出。

3.5 炼焦耗热量

3.5.1 湿煤耗热量

湿煤耗热量是指 1kg 的湿煤炼成兰炭消耗的热量，用 q_s 表示，按下列公式计算：

$$q_s = \frac{Q_A}{1000} \tag{3-27}$$

由表 3-2 可知煤气的燃烧热 $Q_A = 1046.7 \times 10^3 kJ$，代入式（3-27）计算得：

$$q_s = \frac{1046.7 \times 10^3}{1000}$$
$$= 1046.7 kJ/kg$$

3.5.2 干煤耗热量

干煤耗热量是指将 1kg 干煤碳化需要的理论热量，用 q_g 表示，按下式计算：

$$q_g = \frac{Q_A}{1000 - G_W} \tag{3-28}$$

将表 3-2 中的 Q_A 与 G_W 代入式（3-28）计算得：

$$q_g = \frac{1046.7 \times 10^3}{1000 - 80.8}$$
$$= 1138.7 kJ/kg$$

3.6 煤焦比（干）

煤焦比是指生产 1kg 的兰炭需要消耗的干煤量，用 B 表示，按下式计算：

$$B = \frac{G_m}{G_{lt}} \tag{3-29}$$

由式（2-8）和式（2-15）得 $G_m = 919.2 kg/t$、$G_{lt} = 659.5 kg/t$，代入式（3-29）计算得：

$$B = \frac{919.2}{659.5}$$
$$= 1.39$$

3.7 主要技术指标汇总

主要技术指标见表 3-3。

表 3-3　主要技术指标

技术指标	单位	数值
热工效率	%	53.86
湿煤耗热量	kJ/kg	1046.7

技术指标	单位	数值
干煤耗热量	kJ/kg	1138.7
煤焦比		1.39 : 1

3.8　本章小结

① 在物料核算的基础上，对干馏炉的热平衡进行计算。

② 提出余热回收、减少炉体表面散热等提高干馏炉热工效率的措施。

第**4**章

SJ 型低温干馏方炉温度和压力的模拟

4.1 几何模型建立与网格划分

本内容以神木市三江煤化工有限责任公司的 SJ-V 型 3# 兰炭干馏炉为研究对象,该炉年产兰炭 5 万吨,其干馏室长度为 7420mm,高度为 7000mm,宽度为 4520mm,干馏室的有效容积为 100m³,其结构如图 4-1 所示。

图 4-1 干馏炉结构图

本内容利用 icem 按照 SJ 型炉的实际尺寸进行三维建模及网格划分。由于 SJ 型炉结构复杂,尺寸较大,在炉内还布置集气阵伞、煤气水封箱、上升桥管、辅助煤箱等,这些设备都参加了换热且对炉内压力分布有一定扰动,如果想要精确模拟出整个 SJ 型炉的流场非常困难。本内容选取整个炉腔作为计算区域,忽略了炉腔内设备的影响,采用这种方法的依据是炉内的燃烧反应在炉腔底部发生,其他设备处没有化学反应,对炉内流场分布影响较小。SJ 型炉的三维模型如图 4-2 所示,网格划分如图 4-3 所示,其中 x、y、z 三个方向分别表示炉的长度、宽度和高度。

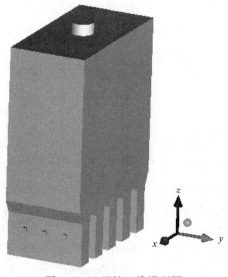

图 4-2　SJ 型炉三维模型图

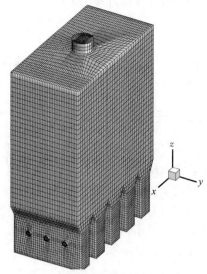

图 4-3　SJ 型炉网格划分图

4.2　数学模型的建立

煤气在干馏炉内的燃烧是一种复杂的多相湍流燃烧过程，其中涉及很多物理和化学反应。炉内流体运动是典型的三维多组分气-固两相湍流流动，燃烧是指多组分气相的燃烧，同时燃烧反应过程和湍流流动相互关联、相互作用。利用计算流体力学 CFD 对炉内过程进行数值模拟时，建立可靠的数学模型尤其重要。

对干馏炉中发生的燃烧与传热过程，可以在流体的守恒定律基础上，借助气相发生湍流时的流动模型，选取适合于煤气燃烧的化学反应模型和热量交换模型，定义炉内煤层为多孔介质模型对其过程进行数学描述，通过对以上定律和模型的数值求解来模拟实际的燃烧和传热过程。

4.2.1　流体流动和传热的控制方程

质量、动量和能量的守恒是所有流体运动过程中最基本的物理关系，干馏炉中流动和传热的控制方程是三大守恒方程在模拟中对其的数学描述形式[49]。

（1）质量守恒方程

$$\frac{\partial \rho}{\partial t}+\frac{\partial (\rho u)}{\partial x}+\frac{\partial (\rho v)}{\partial y}+\frac{\partial (\rho w)}{\partial z}=0 \tag{4-1}$$

式中，ρ 为流体密度；t 为时间；u、v、w 分别为速度矢量在 x、y、z 三个方向的分量[31]。

（2）动量守恒方程

$$\frac{\partial (\rho u_i)}{\partial t}+\frac{\partial (\rho u_i u_j)}{\partial x_j}=-\frac{\partial p}{\partial x_i}+\frac{\partial \tau_{ij}}{\partial x_j}+\rho g_i+F_i \tag{4-2}$$

式中，p 为静压；$\partial \tau_{ij}$ 为应力张量；g_i 和 F_i 分别为 i 方向上的重力体积力和外部体积力[32]。

（3）能量守恒方程

$$\frac{\partial(\rho h)}{\partial t}+\frac{\partial(\rho u h)}{\partial x}+\frac{\partial(\rho v h)}{\partial y}+\frac{\partial(\rho w h)}{\partial z}=-p\,\mathrm{div}\boldsymbol{U}+\mathrm{div}(\lambda\,\mathrm{grad}T)+S_\mathrm{T} \tag{4-3}$$

式中，h 为流体的比焓；$\boldsymbol{U}$ 为速度矢量；λ 为流体热导率；T 为温度变量；S_T 为黏性耗散项[32]。

4.2.2 气体流动模型

湍流和层流是自然界中流体运动的主要形式。流体在运动过程中各层流体之间运动平稳有序，没有相互混掺的态势就是层流；而湍流在运动中不处于分层状态，是一种带有旋转现象且在流动过程中压力、速度、轨迹等不断变化的复杂三维运动。

SJ 型干馏炉内的燃烧是一种典型的湍流燃烧，因为湍流现象是高度复杂的，所以在包含湍流的运动中，不存在可以用一种模型就能全面精确地应对一切湍流问题。FLUENT 中采用的湍流模拟方法主要包括 Spalart-Allmaras 模型、k-epsilon 模型和 k-omega 模型等[50]。湍流模型按照确定黏性系数 t 需要的等式被分为零方程、一方程及双方程模型。零方程模型基于 Prandtl 混合长度理论，一方程模型在零方程模型的基础上考虑了湍流脉动动能的形成、传递及耗散，而双方程模型在前面基础上把湍流长度作为变量，引入耗散率。

Spalart-Allmaras 模型为一方程模型，是一个低雷诺数大网格低成本湍流模型，在计算中需要妥善处理其边界层的黏性影响的区域，适用于模拟中等复杂程度的内流和外流以及压力梯度的边界层流动。k-epsilon 模型属于双方程模型，最常用的是标准 k-ε 模型，随后根据实际问题的复杂性及模拟精度需要，出现了重整化和可实现的 k-ε 模型[32]。其中标准 k-ε 模型在 1972 年被 Launder 和 Spalding 提出，因其稳定性较好，计算精确度高，被大量用于模拟工厂中的各类复杂流场和传热模型中。RNG k-ε 模型由 Akhot 和 Orzag 于 1985 年提出，在标准 k-ε 模型基础上有效改善了精度和可信度，应用于更广泛的流动中，在近壁区域可计算低雷诺数效应。Realizable k-ε 模型由 Shih T H 等人于 1995 年提出，其计算结果更符合真实情况，在模拟边界层的压强梯度，有旋转和分离运动的流体中有很高的可靠性。k-omega 模型是双方程模型，对近壁区域、尾流和绕流计算得比较好，经常用于对边界层计算精度要求较高时，比如计算机翼升力时，一般常用 k-omega 模型。

本内容在参考前人的模拟试验基础上选择了双方程模型中的标准 k-ε 模型，建立描述 SJ 型干馏炉内气相湍流过程的偏微分方程组，湍动能 k 的方程式（4-4）和其耗散率 ε 的方程式（4-5）如下所示：

$$\frac{\partial(\rho k)}{\partial t}+\frac{\partial(\rho k u_i)}{\partial x_i}=\frac{\partial}{\partial x_j}\left[\left(\mu+\frac{\mu_\mathrm{t}}{\sigma_\mathrm{k}}\right)\frac{\partial k}{\partial x_j}\right]+G_\mathrm{k}+G_\mathrm{b}-\rho\varepsilon-Y_\mathrm{M}+S_\mathrm{k} \tag{4-4}$$

$$\frac{\partial(\rho\varepsilon)}{\partial t}+\frac{\partial(\rho\varepsilon u_i)}{\partial x_i}=\frac{\partial}{\partial x_j}\left[\left(\mu+\frac{\mu_\mathrm{t}}{\sigma_\varepsilon}\right)\frac{\partial\varepsilon}{\partial x_j}\right]+C_{1\varepsilon}\frac{\varepsilon}{k}(G_\mathrm{k}+C_{3\varepsilon}G_\mathrm{b})-C_{2\varepsilon}\rho\frac{\varepsilon^2}{k}+S_\varepsilon \tag{4-5}$$

$$\begin{cases}\beta=-\dfrac{1}{\rho}\dfrac{\partial\rho}{\partial T}\\[2mm]Y_\mathrm{M}=2\rho\varepsilon M_\mathrm{t}^2\\[2mm]M_\mathrm{t}=\sqrt{k/a^2}\\[2mm]a=\sqrt{\gamma RT}\end{cases} \tag{4-6}$$

式(4-6)中，β 为热胀系数；M_t 为湍动马赫数；a 为声速[51]。

标准 k-ε 模型的主体理论是输运湍动能的 k 方程和描述能量耗散的 ε 方程，两个方程是经数学上的一些定理与物理理论结合推导得到的。因为该方程的推导过程是以假设流体为完全湍流为前提条件的，忽略了流体运动中分子的黏性，所以标准 k-ε 模型只有在计算完全湍流的流体运动中其模拟结果才有较高的可靠性。

4.2.3 气相燃烧模型

气相燃烧是工业生产中经常遇到的问题，尤其是各种工业炉中气体的燃烧。燃烧作为一种最常见的化学反应，在 FLUENT 软件的发展历程上一直占据着重要位置。FLUENT 具有很强的化学反应模拟能力，为工业实际中经常遇到的各类化学组分输运及反应过程提供了多种燃烧模型。针对本内容中关于兰炭的干馏过程，在参照前人的研究成果基础上并结合兰炭炉自身的工艺特点，选用其中的通用有限速率模型对 SJ 型兰炭干馏炉内煤气的燃烧进行模拟。通用有限速率模型是通过对燃烧中的化学反应机制进行自定义处理，然后以源项的形式控制气相中各组分质量分数输运方程的反应速率，进而对发生的化学反应进行模拟的一种方法。该模型对多组分混合气的输运和燃烧问题模拟效果较好。

本内容研究的 SJ 型炉内燃烧选用通用有限速率模型，可以通过以下四种模型计算其反应速度。

(1) 层流有限速率模型

该模型是以 Arrhenius 表达式为基础推导得出燃烧化学反应的速率，没有考虑湍流能量对反应进程的干扰。因而对于流体是以层流为主的燃烧模拟可以使用该模型，但对于湍流脉动较强的流体燃烧不适用。

(2) 涡耗散模型

该模型是由 Magnussen 和 Hjertager 于 1976 年提出的。涡耗散模型是以燃烧中大部分燃料都可以快速进行反应且所有参加燃烧的反应都有相同的湍流速率为前提条件的。其中全部反应的速率主要依靠湍流混合控制，即涡旋团中燃料、氧气和产物的浓度最小的决定反应速率，而忽略动力学速率在燃烧中的影响。涡耗散模型的前提条件决定了该模型不能考虑到复杂燃烧的动力学机理，只适用于比较简单的单步或双步整体燃烧情况。

(3) 有限速率/涡耗散模型

该模型是前面两个模型的结合体，根据燃烧反应的类型和进程同时考虑两个反应速率，两个中净反应速率较小的作为控制反应进程的因素。

(4) EDC 模型

EDC（涡-耗散-概念）其实就是在涡耗散模型的基础上进一步考虑了燃烧反应中包含的详细化学机理。

本内容选用有限速率/涡耗散模型进行求解。

4.2.4 传热模型

热传递过程是一种复杂的物理现象，按其热量传递过程中物理原理的不同，其被分为辐射、对流和传导三种基本传热形式。在流体中大部分传热是依靠对流和辐射的方式进行，但在静止的液体中热传导是最主要的传热方式。辐射换热是高温条件下换热的主要方式，在兰炭炉的实际生产过程中，炉内最高温度能达到 1100K 以上，因此燃烧烟气与炉内煤层主要以辐射换热为主。

辐射换热在单位时间内发射的辐射能可按斯特藩-玻尔兹曼定律计算，其表达式如下所示：

$$Q = \varepsilon \sigma_b A T^4 \qquad (4\text{-}7)$$

式中，Q 为辐射能量，W；T 为绝对温度，K；A 为物质的表面积，m^2；ε 为物体的发射率；σ_b 为黑体辐射常数，$\sigma_b = 5.67 \times 10^{-8}$ W/($m^2 \cdot K^4$)。

由式(4-7)可知 Q 与 T^4 成正比关系，随着温度的升高其换热能力变强。

FLUENT 提供了五种模型来计算辐射换热问题，不同的辐射问题对应不同的辐射模型。由于炉膛内的辐射换热需要考虑气相和颗粒相两相间的辐射换热，在五种模型中只有 P-1 模型和 DO 模型可用于计算本内容中气体与煤粒之间的辐射换热。P-1 模型相比 DO 模型计算量小，计算效率高，并且能将辐射散射作用考虑到，对于光学厚度大、几何结构较为复杂的燃烧设备更加适合。国内外的研究者在模拟煤在炉内的燃烧时多采用该模型。

本内容选择 P-1 辐射模型来计算高温烟气与煤层之间的换热[52]。P-1 模型是以球谐函数为理论基础，假设传热介质中的辐射强度在空间中以正交的球谐函数趋势变化，同时将输送辐射能的方程转化成易于求解的偏微分方程组，再联立传热中涉及的边界条件及能耗方程，就可以算出空间中的辐射强度和温度。

P-1 辐射模型中对于辐射热流 q_r 可用下式表示：

$$-\Delta q_r = aG - 4a\sigma T^4 \qquad (4\text{-}8)$$

式中，q_r 为辐射热流；σ 为散射系数；a 为吸收系数；G 为入射辐射；T 为温度[32]。

4.2.5 多孔介质模型

SJ 型炉内燃烧后上升的高温烟气与下降的煤料属于气-固两相流运动的范畴，但是在炉内由于煤层结焦时间很长，相比于高温热载体向上运动的速度，煤粒在瞬态几乎处于静止，因此选用两相流模型不符合实际生产情况。考虑到煤是一种孔隙率发达的物质，且炉内煤粒之间也存在大量空隙，因此本研究中将炉内煤层用 FLUENT 中的多孔介质数学模型代替。

多孔介质模型就是通过构建二维或者三维的几何模型，然后设定该区域的孔隙度来定义多孔属性的[53]。FLUENT 在多孔介质区域求解能量输运方程，其动量方程源项和能量方程为：

$$S_i = -\left(\sum_{j=1}^{3} \boldsymbol{D}_{ij} \mu \boldsymbol{v}_j + \sum_{j=1}^{3} \boldsymbol{C}_{ij} \frac{1}{2} \rho \mid \boldsymbol{v} \mid \boldsymbol{v}_j \right) \qquad (4\text{-}9)$$

式中，S_i 是 $i(x,y,z)$ 动量方程的源项；$\mid \boldsymbol{v} \mid$ 是速度大小；$\boldsymbol{D}_{ij}$ 和 $\boldsymbol{C}_{ij}$ 分别为黏性阻力和惯性阻力系数矩阵。

$$\frac{\partial}{\partial t}(\gamma \rho_f E_f + (1-\gamma)\rho_s E_s) + \nabla \cdot [\boldsymbol{v}(\rho_f E_f + P)] = \nabla \cdot \left[K_{eff} \nabla T - \left(\sum_i h_i J_i \right) + (\overline{\overline{\tau}} \cdot \boldsymbol{v}) \right] + S_f^h$$

$$(4\text{-}10)$$

式中，E_f 为流体总能量；E_s 为固体区域总能量；ρ_f 为流体密度；ρ_s 为固体密度；K_{eff} 为多孔介质的有效热传导率，$K_{eff} = \gamma K_f + (1-\gamma)K_s$；$S_f^h$ 为流体焓源项[31]。

4.3 边界条件

边界条件是 FLUENT 在模拟前需要设定的数学物理定解条件。

4.3.1 入口边界条件

在 FLUENT 提供的入口边界条件设置方法中,当已知流场入口处的流量时,可使用质量入口和速度入口边界条件,但速度入口条件不适用于不可压缩流,因此边界条件类型选为质量入口。通过等效面积法取花墙两侧空气与煤气的混合气体喷口截面为入口,根据入炉煤气与空气的流量、混合比例及其体积分数计算出总流量及各个气体的质量分数。入炉煤气的体积组分见表 4-1。

表 4-1　入炉煤气体积组分　　　　　　　　　　　　　　　%

H_2	CO	CO_2	CH_4	C_2H_6	C_2H_4	N_2
28.3	16.0	10.0	7.3	0.2	0.3	37.9

4.3.2 出口边界条件

在 FLUENT 提供的出口边界条件设置方法中,适用于 SJ 型低温干馏炉出口处的边界条件有压力出口条件和自由流两种。由于在实际运行中为了防止高温气体组分从煤料入口处流出,炉子出气口的压力通常设定为稍低于大气压力的数值,这样不仅可以降低炉子的内部压力而且有利于气体的收集,故选压力出口为出口边界条件。

4.3.3 壁面边界条件

FLUENT 在黏性流体计算中,近壁区域通常分为三层,即壁面附近的黏性底层,外区域的完全湍流层与中间的混合层。在 SJ 型干馏炉中近壁区域的流动近似层流,壁面对流动的影响较小。本内容中选用标准壁面函数法来模拟近壁区域的流动,固定壁面采用无速度滑移、无质量渗透条件,在传热的过程中忽略壁厚、壁面温度变化,设为 300K。

4.4 SJ 型兰炭炉温度场模拟

温度和压力是 SJ 型低温干馏炉过程中的关键参数,是保证煤焦油、兰炭等化工产品的产率与质量的主要影响因素,而在实际工厂生产中,入炉煤的粒径是造成炉内压力与温度变化的主要原因之一。

本节将主要根据入炉煤的粒径推算出煤层的孔隙率、惯性阻力、黏性阻力等,计算方法选择压力-速度耦合算法中的 SIMPLE 算法。根据实际生产情况固定入炉煤气与空气的比例不变,改变入炉煤的粒径大小,用 D 表示,分别选取 40mm、35mm、30mm、25mm、20mm、15mm、10mm、5mm 模拟炉内的温度场和压力场,并与三江公司五组不同粒径区间的煤的试验结果进行对比分析。三江公司选择的粒径区间分布及其平均粒径见表 4-2。

表 4-2　入炉煤粒径区间分布及其平均粒径

D/mm	10~60	10~30	5~30	3~30	0~30
D/mm	32.44	16.97	14.76	12.55	8.13

为了全面体现炉内的温度场和压力场分布,本内容选取 y 方向中心截面 $y=1.4\text{m}$ 和 x 方向中心截面 $x=2.75\text{m}$ 为代表进行研究。

4.4.1 不同粒径入炉煤纵向中心与横向中心截面温度场分布

图 4-4 和图 4-5 是当入炉煤粒径为 40mm、35mm、30mm、25mm、20mm、15mm、10mm、5mm 时，SJ 型干馏炉的数值模拟结果在 y、x 方向中心截面的温度场分布。从图 4-4 和图 4-5 可以看出炉腔内的温度场呈对称分布，这是因为 SJ 型炉是对称结构且物料基本平均进入各入料口。当相同粒径的煤进入 SJ 型炉时，炉腔整体从进口周围到炉顶呈现先升高后降低的趋势，但煤气与空气混合气进口处温度较低，炉内最高温度出现在花墙与炉腔连接处，最低温度出现在壁面附近。其原因是图 4-4 和图 4-5 所选的研究截面 $y = 1.4m$ 和 $x = 2.75m$ 是入炉气体进气口的中心截面，且经支管混合器混合后打入花墙的煤气和空气混合气温度较低，导致混合气进口温度较低，随着混合气散开，在向上运动的过程中被逐渐加热至煤气各个组分的着火点，在花墙与炉腔连接处发生一氧化碳、甲烷、乙烯、乙炔、氢气的燃烧反应并释放出大量热量，导致炉内温度先逐渐升高，在完全燃烧处达到最高温度，随后高温热载体自下而上与煤层换热，致使炉腔内温度逐渐降低，壁面由于远离高温热源且不断向外界散发热量温度最低。当不同粒径的煤进入 SJ 型炉时，随着粒径减小炉腔内整体温度降低，但温度整体分布趋势相似。这可能是因为入炉煤粒径降低引起炉内煤层堆密度增大、气体流道变窄、阻力增大、传热效率下降，导致温度降低[54]。

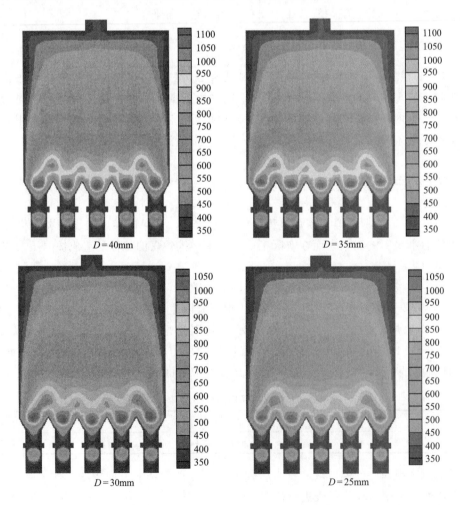

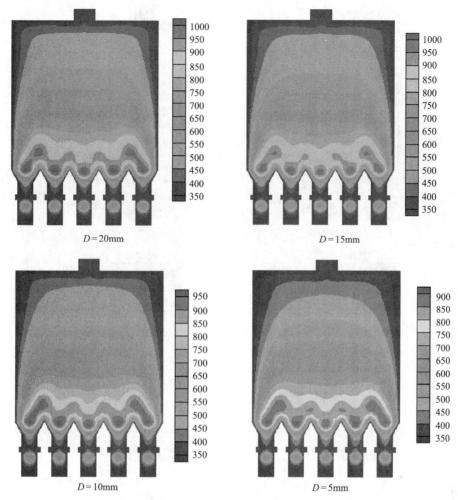

D=20mm

D=15mm

D=10mm

D=5mm

图 4-4　不同粒径 y 向中心截面温度分布（K）

以 $D=20$mm 为例分析高温区域流场，图 4-6 是 $D=20$mm 时 z 方向高温区截面 $z=0$ 的局部放大图，图 4-7 和图 4-8 分别为 x 方向中截面 $x=2.75$m 和 y 方向中截面 $y=1.4$m 的

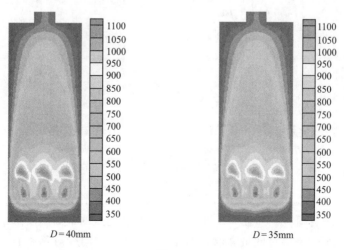

D=40mm

D=35mm

图 4-5

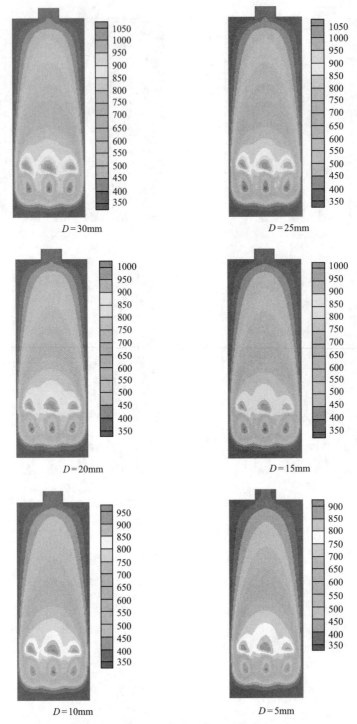

图 4-5 不同粒径 x 向中心截面温度分布（K）

高温区局部放大图。高温区以相对的两个进料口物料的燃烧作为一个燃烧点，以两个半花墙为界作为燃烧单位进行研究。从图 4-6 可以看出所有燃烧点的最高温度都出现在两个半花墙的对称中心处，五个燃烧单位的最高温度都在 SJ 型炉 y 方向的对称中心，最低温度出现在

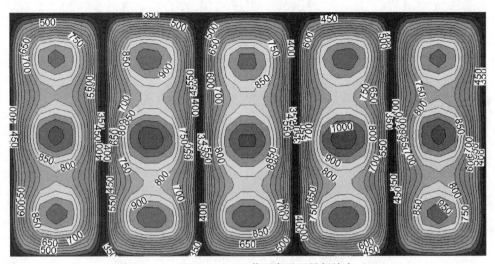

图 4-6 $D=20mm$、$z=0$ 截面高温区局部放大（K）

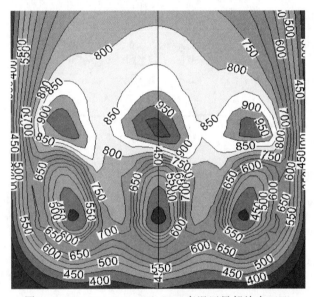

图 4-7 $D=20mm$、$x=2.75m$ 高温区局部放大（K）

壁面和燃烧单位界面处，这是因为进料口成对布置，当混合气相向进入炉中在燃烧单位中心处强烈混合后向上运动，强烈混合造成上升气流湍流强度增加而有利于燃烧的发生，在 $z=0$ 的截面处达到着火点后充分燃烧，燃烧单位界面与壁面由于远离燃烧点导致温度较低。从图 4-7 可以看出中心燃烧单位高温区近似呈现"品"字形，即两侧燃烧点温度基本相等且低于中心燃烧点温度，其中心燃烧点温度比两侧燃烧点温度高约 50K，这可能是因为在同一个燃烧单位内中心燃烧点相比于两侧散热较少且燃烧气体稍多。从图 4-8 可以看出五个燃烧单位的最高温度相近，但从炉中心到两侧高温区面积不断扩展且出现扩散燃烧区，这可能是因为炉腔中心位置的高温点正对炉子出气口，炉子压力从中心到两侧小幅度递增，从而引起中心到两侧的气体流速逐渐降低，炉子中心氧气与回炉煤气反应速率更快，能更早在较小区域内完全燃烧[55]。

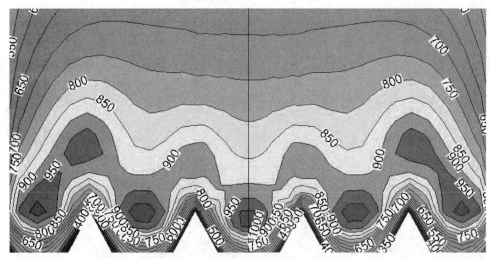

图 4-8　$D = 20\text{mm}$、$y = 1.4\text{m}$ 高温区局部放大（K）

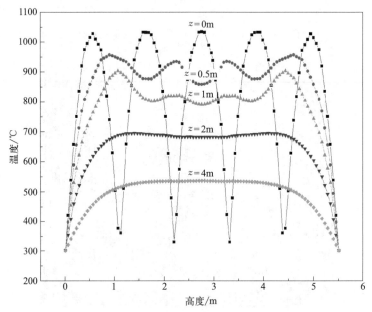

图 4-9　纵向中心截面不同高度煤层温度场分布

4.4.2　纵向中心截面不同煤层高度的温度分布特点

分别取高度为 $z = 0\text{m}$、$z = 0.5\text{m}$、$z = 1\text{m}$、$z = 2\text{m}$ 和 $z = 4\text{m}$ 的煤层作为研究对象，各高度温度分布情况如图 4-9 所示。以两个半花墙为界作为研究对象，如图 4-9 所示，随着煤层高度的增加，纵向中心截面不同高度煤层温度分布大致可划分为三个阶段。第一阶段：在 $z = 0\text{m}$ 高度处，煤层温度整体呈现对称分布，五个研究单位的煤层温度全部呈现倒 V 形分布，最高温度近似相等约为 1030K，最高温度位于两个半花墙的对称中心处，花墙对称中心与两侧壁面处温度较低，此时同一高度煤层的温度差最大；第二阶段：随着煤层高度的增加，在 $z = 0.5\text{m}$ 和 $z = 1\text{m}$ 煤层高度处波峰逐步平缓，高温点位置逐步向炉中心方向移动，同时高温点减少为四个对称分布的高温波峰，其中最高温度位于炉子两侧的花墙对称中心处附近，当 $z=1\text{m}$ 时高温点温差最大约为 100K；第三阶段：当煤层高度增加到高于 $z=2\text{m}$ 后，除了炉子两侧近壁面附近，炉子中心温度较平均，且随着煤层升高温度逐步下降。这是因为当煤气与空气的混合气被打入炉内后，约在 $z=0$ 的高度处开始燃烧，温度很高的热载体在上升时中心气体运动快于两边，所以煤层在第一阶段呈现中心温度高于两侧的对称形式分布，其中花墙对称中心处温度低，是由于其远离热源，且花墙设置为尖角形不够圆滑，阻挡气体的横向流动[40]。在第二阶段，当煤层高度逐步增加到 0.5m 和 1m 的过程中，煤层的温度差呈现逐步缩小的趋势，这是因为在炉子高温区，煤层与气体的热交换模式主要为辐射传热，温度越高，传热越快，因此温差较大，高温点减少为具有对称结构的四个高温点是因为上升的高温气体在四条完整花墙上面交汇，由于两侧扩散燃烧区的出现导致最高温度在两侧花墙对称中心附近，$z=1\text{m}$ 处是扩散燃烧点的中心位置，导致高温点温差最大。在第三阶段，炉子中心温差较平均，是由于在 SJ 型炉内煤层越高温度越低，热导率较小的煤与气体的传热方式以热传递为主，传热速率较均衡[40]。从图 4-9 中还可以看出，所有煤层高度越靠近壁面处温度越低，这是因为壁面不断散热导致温度较低。

4.4.3　炉内最高温度与粒径的关系

根据不同粒径入炉煤的温度场模拟结果可知，随着粒径降低炉腔内温度降低，其中炉内的最高温度与入炉煤粒径的对应关系如表 4-3 所示。由表 4-3 可以看出，随着入炉煤粒径的减小，最高温度 T_{max} 逐渐降低，当粒径为 40mm 时最高温度为 1148K，而当粒径为 5mm 时最高温度降低为 921K。

表 4-3　不同粒径入炉煤的最高温度

D/mm	40	35	30	25	20	15	10	5
T_{max}/K	1148	1115	1092	1063	1006	976	950	921

炉内最高温度与粒径的关系见图 4-10，从图 4-10 可以看出随着粒径降低，炉内最高温度呈线性降低。这是因为当入炉煤粒径从 40mm 减小到 5mm 时，可以通过实验测定不同粒径煤的真密度与堆密度，代入孔隙率计算公式 (4-11) 中可计算出不同粒径煤的孔隙率，其结果如表 4-4 所示。

$$p = \frac{\rho_0 - \rho}{\rho_0} \tag{4-11}$$

式中　p——煤的孔隙率；

ρ_0——煤的真密度；

ρ——煤的堆密度。

由表 4-4 得知，炉内煤层孔隙率由 0.395 逐渐下降至 0.263，煤层阻力系数增大，增加了气体通过的阻力，引起上升气体流速降低，燃烧不能快速充分发生，导致最高温度降低。

表 4-4　不同粒径煤的真密度、堆密度与孔隙率

D/mm	40	35	30	25	20	15	10	5
$\rho_0/(\text{kg/m}^3)$	1227	1227	1227	1227	1227	1227	1227	1227
$\rho/(\text{kg/m}^3)$	742	763.2	785.3	802.5	822.1	838	862.6	904.3
p	0.395	0.378	0.36	0.346	0.33	0.317	0.297	0.263

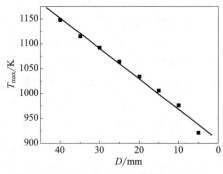

图 4-10　炉内最高温度与粒径的关系

将炉内最高温度与入炉煤粒径的关系进行线性回归拟合为一条直线，相关系数 0.99396，拟合方程为：

$$T_{max} = 6.12381D + 906.71429 \qquad (4\text{-}12)$$

由此方程可以计算出不同粒径入炉煤所能达到的最高温度。

4.4.4　SJ 型炉内温度区间百分率与粒径的关系

煤的中低温干馏是指煤在隔绝空气的条件下加热到 773～1023K，受热分解形成煤气、煤焦油和兰炭的过程[56]。国内外很多学者已经对煤的热解过程进行过数值仿真模拟，通过温度将干馏划分为三个阶段：常温至 573K，这一阶段主要是干燥脱吸除去游离水和煤里的吸附气；573～773K，这一阶段主要是分解解聚，生成和排出大量挥发物，其中 723K 左右煤焦油析出最多[15]；773～1023K，这一阶段主要是胶质体发生缩聚固化反应形成半焦[57-60]。

图 4-11 是当入炉煤粒径在 40mm 到 5mm 变化时，各温度区域体积百分率分布。当 $D=40$mm 时 a、b、c、d 温度区间所占温度场的体积百分率分别为 45.21%、34.01%、18.68%、2.1%。由图 4-11 可以看出，当入炉煤粒径从 40mm 降至 5mm 时，a 温度区间所占百分率逐渐增大且增速越来越快，由 45.21% 增长到 62.23%，其中当粒径由 10mm 降至 5mm 时增速最快，增幅达到约 6%；b 温度区间所占温度场的体积百分率在 40～10mm 范

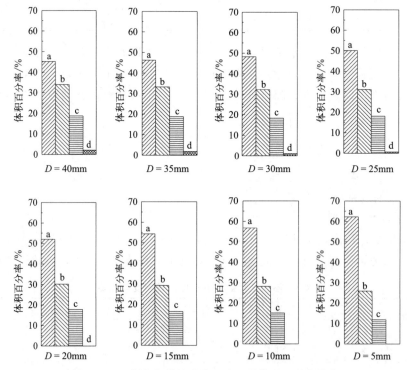

图 4-11　不同粒径煤炉腔内温度区域体积百分率分布

（a—<573K；b—573～773K；c—773～1023K；d—>1023K）

围内，近似按 1％ 线性降低，当粒径从 10mm 降至 5mm 时降低约 2％，此时 b 温度区间的体积百分率是 25.92％；c 温度区间是 SJ 型低温干馏炉正常高效运行的重要参考指标，将在下文进一步研究分析；d 温度区间所占体积百分率较小且不断缩小，当粒径在 20mm 以下时 d 温度区间百分率降至零。引起各个温度区间体积百分率变化的原因与炉内最高温度与粒径关系的原因类似。

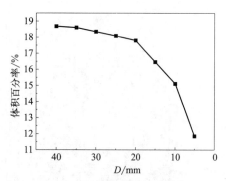

图 4-12　不同粒径煤干馏区体积百分率

图 4-12 是不同粒径入炉煤干馏区（773～1023K）的体积百分率变化趋势。由图 4-12 可以看出，当入炉煤粒径从 40mm 降至 5mm 时，干馏区体积百分率变化趋势可以分为三个阶段。第一阶段 40mm 至 20mm，干馏区体积百分率降低但幅度很小，这是因为在此阶段，虽然粒径发生了变化，但变化后粒径还较大，炉腔内压差变化较小，对炉内气体的流动影响不明显，燃烧基本不受影响，因此干馏区体积变化不明显。此外，由于此时产生了高于 1023K 的高温区间，辐射的作用同时对干馏区产生了重要影响。第二阶段 20mm 至 10mm，干馏区体积百分率基本呈线性降低约 3％，因为随着粒径的减小，炉腔内压差相对增大，气体流速一定程度降低，燃烧反应减弱，最高温度不断降低，同时辐射能力逐步减弱。第三阶段 10mm 至 5mm，干馏区体积百分率下降幅度增大，下降约 4％ 至 11.85％，因为粒径较小，煤层孔隙率大幅降低，气体流动阻力显著增加，燃烧不充分，5mm 时甚至有可能发生焖炉现象。

4.5　不同粒径纵向中心截面压力场分布

图 4-13 为当入炉煤粒径在 40mm、35mm、30mm、25mm、20mm、15mm、10mm、5mm 时，SJ 型干馏炉的数值模拟结果在 y 方向中心截面的压力场分布。由图 4-13 可以看出，当不同粒径的煤入炉时，随着粒径减小炉内压力增大，但分布趋势相似，在同一煤层高度处压力基本相等。这是因为随着粒径减小多孔介质的孔隙率降低，气体的渗透性能减弱。由于炉内压力分布趋势相似，这里以 $D=20$mm 为例分析 SJ 型炉内压力沿煤层高度方向的分布规律，图 4-14 是当 $D=20$mm 时炉内不同煤层高度与炉内压力的关系。由图 4-14 可以看出，当同一粒径的煤入炉时，随着煤层高度增加炉内压力整体呈现降低趋势，其中在煤层高度 $h=1.05$m 附近，随着高度增加压力出现小幅度增高，这是因为在煤层高度为 1.05m 处是 SJ 型干馏炉的入气口，导致入口附近压力较高，当煤层高度 h 达到 7.5m 后，SJ 型炉的压力下降很快，这是因为在煤层高度高于 $h=7.5$m 后是炉顶气体出口处，气体阻力特别小且炉子出口处由稍低于大气压的负压设备收集气体，导致压力下降较快且最低压力低于大气压。除炉顶出口处，炉腔压力近似呈线性降低，这是因为多孔介质模型近似认为通过多孔介质区域的气体流速 u 不变，压降 ΔP 正比于气体流速 u[61]。将煤层高度与炉腔内压力的关系进行线性回归拟合为一条直线，相关系数为 −0.99142。其方程为：

$$P = -45.73534h + 1740.12634 \tag{4-13}$$

根据上述方程可以计算出当粒径 $D=20$mm 时不同高度煤层的炉内压力。

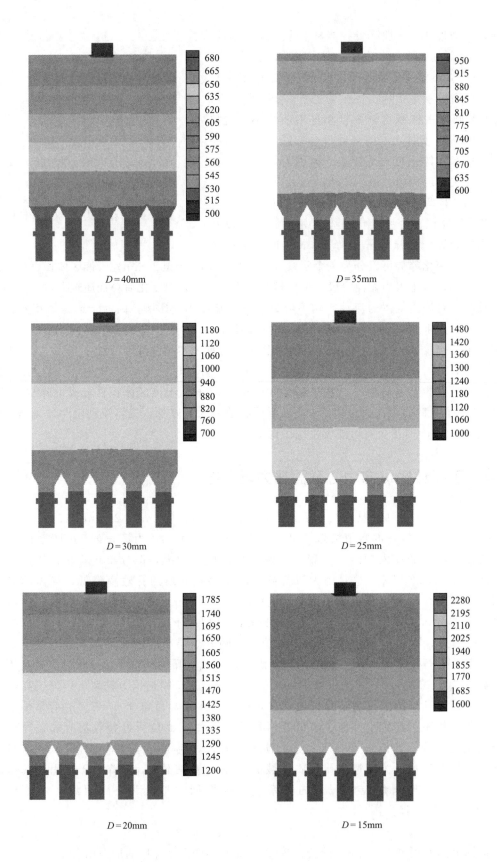

D=40mm

D=35mm

D=30mm

D=25mm

D=20mm

D=15mm

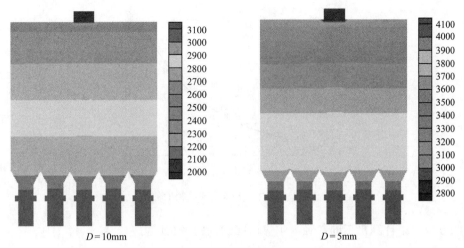

图 4-13 不同粒径 y 向中心截面压力分布（Pa）

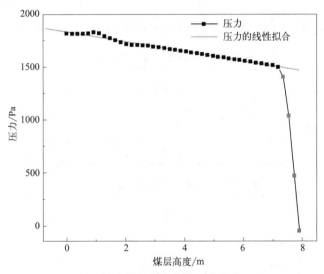

图 4-14 炉内煤层高度方向压力分布（Pa）

根据不同粒径入炉煤的压力场模拟结果可知，随着粒径降低炉腔内压力增高，其中炉内的最高压力与入炉煤粒径的对应关系如表 4-5 所示。由表 4-5 可以看出，随着入炉煤粒径的减小，炉内最高压力 P_{max} 逐渐增大，当粒径为 40mm 时最高压力为 703Pa，而当粒径为 5mm 时最高压力升高为 4184Pa。

表 4-5 不同粒径入炉煤的最高压力

D/mm	40	35	30	25	20	15	10	5
P_{max}/Pa	703	968	1200	1498	1816	2308	3178	4184

图 4-15 为炉内最大压力与粒径的关系，由图 4-15 可以看出当粒径从 40mm 降至 5mm 时，炉内最大压力近似呈指数增加，由 703Pa 增加到 4184Pa。将炉内最大压力与粒径关系进行指数拟合，相关系数为 0.99695。其拟合方程为：

$$P_{max} = 5236.89 \times e^{-D/15.8345} + 359.868 \tag{4-14}$$

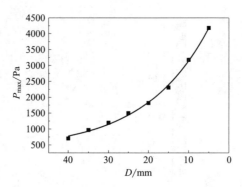

图 4-15　炉内最大压力与粒径的关系

由此方程可以计算出不同粒径入炉煤所能达到的最高压力。

4.6 模拟数据与工厂试验数据对比分析

工厂各个测点温度如表 4-6 所示，拟合曲线中的温度如表 4-7 所示。

表 4-6　各测点温度统计表

D/mm	32.44	16.97	14.76	12.55	8.13
$T_{z=1}/\mathrm{K}$	842	738	710	682	640
$T_{z=2.5}/\mathrm{K}$	1003	937	929	910	879
$T_{\max}/\mathrm{K}$	1114	1023	1008	977	926

表 4-7　拟合曲线中各测点温度统计表

D/mm	32.44	16.97	14.76	12.55	8.13
$T_{z=1}/\mathrm{K}$	814	733	720	707	680
$T_{z=2.5}/\mathrm{K}$	978	933	925	916	897
$T_{\max}/\mathrm{K}$	1107	1015	1000	985	952

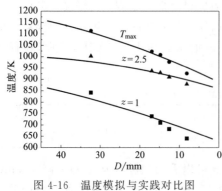

图 4-16　温度模拟与实践对比图

图 4-16 是当粒径由 40mm 降至 5mm 时，根据八组模拟数据拟合的炉内最高温度（$T_{\max}$）、$z=1\mathrm{m}$ 和 $z=2.5\mathrm{m}$ 处的温度多项式曲线与工厂在 SJ 型干馏炉内监测到的最高温度和相对应位置实测数据对比图。由图 4-16 可以看出模拟数值与实验数值基本吻合，通过数据计算可得在 $z=1\mathrm{m}$ 处最大误差为 6.25%，在 $z=2.5\mathrm{m}$ 处最大误差为 2.49%，$T_{\max}$ 的最大误差为 2.81%。温度的最大误差是 6.25%，是当平均粒径为 8.13mm、$z=1\mathrm{m}$ 时。

工厂各个测点压力如表 4-8 所示，拟合曲线中的压力如表 4-9 所示。

表 4-8　各测点压力统计表

D/mm	32.44	16.97	14.76	12.55	8.13
$P_{z=2}/Pa$	893	2021	2274	2549	3168
$P_{z=4.5}/Pa$	855	1829	2043	2276	2799
P_{max}/Pa	970	2225	2509	2820	3519

表 4-9　拟合曲线中各测点压力统计表

D/mm	32.44	16.97	14.76	12.55	8.13
$P_{z=2}/Pa$	798	2032	2320	2613	3250
$P_{z=4.5}/Pa$	758	1800	2100	2324	2888
P_{max}/Pa	900	2300	2538	2888	3603

图 4-17 是当粒径由 40mm 降至 5mm 时，根据八组模拟数据拟合的炉内最高压力（P_{max}）、$z=2m$ 和 $z=4.5m$ 处的压力多项式曲线与工厂在 SJ 型干馏炉内监测到的最高压力和相对应位置实测数据对比图。由图 4-17 可以看出模拟数值与实验数值基本吻合，通过数据计算可得在 $z=2m$ 处最大误差为 11.90%，在 $z=4.5m$ 处最大误差为 12.80%，P_{max} 的最大误差为 7.78%。压力的最大误差是 12.80%，是当平均粒径为 8.13mm、$z=4.5m$ 时。

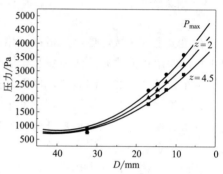

图 4-17　压力模拟与实践对比图

4.7　本章小结

① 选择适宜于神木三江 SJ 型方炉的几何模型，并借助相关生产数据对此模型进行必要的修正与调整，把建立好的几何模型导入 icem 中。

② 利用 FLUENT 对 SJ 型方炉进行 icem 网格划分，计算不同入炉煤粒径下的温度场、压力场分布。

③ 对比分析了 SJ 型方炉流场分布规律与工业试验数据。

第5章
熄焦方式对兰炭的特征影响分析

5.1 概述

在兰炭生产领域，熄焦是指将赤热的红兰炭冷却至便于输送和贮存的操作过程。目前，使用较广的熄焦方式有湿法熄焦、干法熄焦和水蒸气熄焦（也称低水分熄焦）。干法熄焦环境污染小，可回收红焦的显热，但因其投资较高、运行管理严格而未能广泛应用于半焦生产企业；湿法熄焦工艺结构简单，投资小，但其耗水量大、废水污染物复杂，且需配备烘干系统；低水分熄焦即蒸汽熄焦被誉为新型环保节能熄焦方式，其发展应用越来越广泛，尤其是对一些中型企业更为适用[1]。

黄西川简述了直立内热式兰炭炉水封熄焦工艺原理，认为水封熄焦在增加兰炭炉内气体通量、推动热量传导和转换、平抑和稳定系统温度、回收兰炭显热、实现兰炭和煤气气固分离及实现兰炭生产系统废水"零排放"等方面，具有积极作用；许荣学提供了一种利用含氨废水雾化熄焦的装置将焦化厂产生的含氨废水经加热过滤，利用高度雾化的氨水汽化时的高潜热实现熄焦，在提高兰炭质量的同时，达到节能减排，减少环境污染的目的；奥永泉将内热式直立炭化炉湿法熄焦出焦方式改造为低水分熄焦，通过内部喷洒水来冷却半焦，降低半焦含水率，节省烘干煤气，减轻车间污染物的排放。

迄今为止，相关文献对不同熄焦方式制得的兰炭产品未进行分析比较。本内容通过系统的实验测试，对榆林地区生产的水蒸气熄焦兰炭和水熄焦兰炭进行分析研究，为这种新型的炭质材料的多元化应用发展以及延长产业链提供一定的理论指导，同时从产品质量的角度为这一新技术的推广应用提供支撑。

5.2 水蒸气熄焦工艺简介

本实验中水蒸气熄焦装置如图 5-1 所示，由①炭化室冷凝段、②托焦板、③喷水管、④偏心轮组、⑤推焦杠、⑥熄焦大槽、⑦刮板机、⑧料仓等组成，水蒸气熄焦工艺是在托焦板与排焦口之间形成兰炭堆，在每个排焦口两侧形成长约 3m，宽约 0.2m 的条形堆，在条形堆两侧上端，分别设喷水管两条，间隔向炽热的兰炭喷水，从而产生蒸汽来熄灭兰炭。炭化室的喷水管分别由自控装置调节喷水时间，间隔喷水，在保证熄灭兰炭的前提下，根据排出大槽外兰炭的含水率，设定喷水间隔时间，达到既熄灭兰炭又节约用水的目的。熄灭的兰炭由推焦杠均匀推入大槽底部，由刮板机卸入料仓，兰炭落入皮带传送至兰炭堆场。为了使兰炭在炉内的炭化过程顺利进行，熄焦大槽与刮板机形成一个密闭的容器，根据炉内压力表的数值，调节大槽上部设置的调压阀，保证大槽压力与炉内压力平衡。水蒸气熄焦用水量为水熄焦的40％，在节约大量用水的同时，省去因烘干水熄焦兰炭所消耗的煤气量，也可以消除现有兰炭厂无法根治的散源污染，保护生态环境。

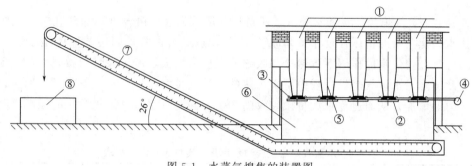

图 5-1　水蒸气熄焦的装置图

5.3　样品选取及分析仪器

选取质地均匀，形状大小相近，近似形状规则的水蒸气熄焦兰炭和水熄焦兰炭作为样品进行抗压强度测试。

分别取一定量的水熄焦兰炭和水蒸气熄焦兰炭，经粉碎、过筛后选取粒度＜0.2mm的煤样对其进行分析表征。

分析仪器包括 XDGY-3000 型工业分析仪、ZCDS-5000A 型全自动型煤压力试验机、R Prestige-21 型傅里叶红外光谱仪、Renishaw inVia（英国雷尼绍）型拉曼光谱仪、DX-2700 型 X 射线衍射仪、V-Sorb 2800 型比表面积及孔径分析仪、TM3000 型台式扫描电子显微镜。

5.4　工业分析

图 5-2 是水蒸气熄焦兰炭和水熄焦兰炭的工业分析数据图，由图可知，水蒸气熄焦兰炭较水熄焦兰炭水分下降26.3％，挥发分下降12.7％，灰分高于水熄焦兰炭82.2％。这是由

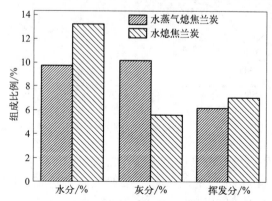

图 5-2　水蒸气熄焦兰炭和水熄焦兰炭的工业分析数据图

于水熄焦过程中兰炭与水接触，兰炭中部分水溶性物质溶解于水中，熄焦水循环使用，使得水熄焦兰炭在灰分降低的同时挥发分升高。

5.5　强度分析

表 5-1 是水蒸气熄焦兰炭和水熄焦兰炭抗压强度数据表，由表可知水蒸气熄焦兰炭的抗压强度比水熄焦兰炭的抗压强度平均增加 73.7%，造成这种差异的主要原因是水熄焦过程中赤热的红焦在熄焦水的作用下骤然冷却收缩使内应力增大，产生大量的微裂纹，导致兰炭的抗压强度下降。水蒸气熄焦过程中兰炭与热的水蒸气接触缓慢冷却，克服了水熄焦过程中兰炭内应力的增加，从而避免了大量微裂纹的产生，因此，水蒸气熄焦兰炭的强度要明显大于水熄焦兰炭。

表 5-1　水蒸气熄焦兰炭和水熄焦兰炭抗压强度数据表

兰炭类型	编号	峰值/N	强度/MPa	变形/mm
水蒸气熄焦兰炭	①	2017.1	2.7	4.61
	②	2269.7	2.8	3.51
	③	2275.6	3.1	4.80
水熄焦兰炭	①	1381.2	1.9	4.63
	②	1268.9	1.7	4.74
	③	1128.2	1.5	3.50

5.6　傅里叶红外分析

水熄焦兰炭和水蒸气熄焦兰炭的红外光谱中各吸收峰的归属见图 5-3。

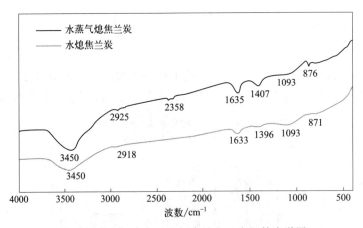

图 5-3　水蒸气熄焦兰炭与水熄焦兰炭红外光谱图

图 5-3 是水蒸气熄焦兰炭与水熄焦兰炭红外光谱图，可以看出两光谱的吸收峰基本相同，只有很小的差别，$3450cm^{-1}$ 的吸收峰主要是氢键缔合的—OH（或—NH）、酚类及表面吸附水分子的羟基官能团引起的，$2918\sim2925cm^{-1}$ 的吸收峰主要是环烷烃或脂肪

烃—CH$_3$官能团引起的，2358cm^{-1}的吸收峰主要是羧基官能团引起的，1633~1635cm^{-1}主要是C═O伸缩振动区，1396~1407cm^{-1}的吸收峰主要是—CH、CH$_3$或无机碳酸盐官能团引起的，1200cm^{-1}以下的吸收峰主要以灰分和取代芳烃为主[5]。水蒸气熄焦兰炭较水熄焦兰炭在2358cm^{-1}处有明显的出峰，对应基团为羧基，水蒸气熄焦兰炭相比水熄焦兰炭红外光谱中出现羧基，说明在水蒸气熄焦过程中水与兰炭发生化学反应，生成了含羧基的物质。

5.7　拉曼光谱分析

　　水蒸气熄焦兰炭和水熄焦兰炭进行拉曼光谱扫描得到的拉曼光谱图如图5-4所示。可以看出，水蒸气熄焦兰炭较水熄焦兰炭在1041cm^{-1}和2500cm^{-1}左右处有明显出峰，1041cm^{-1}处的峰对应红外光谱中灰分等，与工业分析所得结论一致，水蒸气熄焦兰炭中灰分大于水熄焦兰炭中的灰分；2500cm^{-1}左右处的峰表示的是—SH基团（巯基），水熄焦兰炭在拉曼光谱中没有出峰，是由于水熄焦过程中兰炭与熄焦水接触，灰分等物质冲洗溶解脱落，同时由于发生化学反应—SH基（巯基）消失。采用红外光谱法对巯基进行定性分析，但是由于巯基中—S—之间以及—S—与—H—之间存在

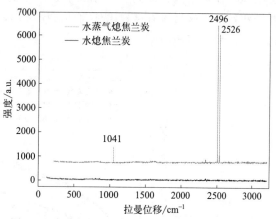

图 5-4　水蒸气熄焦兰炭和水熄焦兰炭拉曼光谱图

相互作用，使得巯基的红外信号往往非常弱[6]，通常不能用于定量分析，需要采用衍生化技术或与拉曼光谱测定结果相结合才能对巯基进行准确定量分析[7]。

5.8　X射线衍射分析

　　图5-5是水蒸气熄焦兰炭和水熄焦兰炭X射线衍射能谱图，由图可知两种兰炭的出峰位置基本相同，即元素的类型没有差别，在衍射角度<40°时，水蒸气熄焦兰炭的衍射峰强度略大于水熄焦兰炭，随着衍射角度的增大，角度>40°时，水熄焦兰炭的峰强度显著大于水蒸气熄焦兰炭的峰强度。这是由于当一束X射线穿过有一定厚度的物质时，其光强和能量会因为吸收和散射而显著减小，所以得到的衍射能谱的峰强度会有所不同。随着衍射角度的增大，水熄焦兰炭的峰强度增强而水蒸气熄焦兰炭的峰强度逐渐减小甚至消失，这说明水熄焦兰炭相比于水蒸气熄焦兰炭具有较多且深

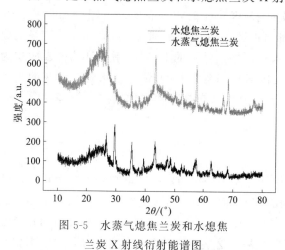

图 5-5　水蒸气熄焦兰炭和水熄焦
兰炭 X 射线衍射能谱图

的微裂纹及孔结构，光线通过这些多且深的微裂纹和孔洞透过兰炭，所以吸收和散射对光强和能量的影响较小，因此峰强度较大。

5.9 孔径、孔比表面积分析

5.9.1 等温吸附图分析

图 5-6 是水蒸气熄焦兰炭和水熄焦兰炭的等温吸脱附图，由图可知水蒸气熄焦兰炭和水熄焦兰炭的孔结构均属于Ⅱ型等温线即 S 型等温线，在低相对压力处有拐点，这种曲线类型说明吸附发生在非多孔性固体表面或大孔固体上自由的单-多层可逆吸附过程，这种类型的吸附线，在吸附剂孔径大于 20nm 时发生。通过分析可知两者的迟滞环都属于 H3 型，在较高的相对压力区域没有表现出任何的吸附限制，且水熄焦兰炭的累计吸脱附量高于水蒸气熄焦兰炭的累计吸脱附量。

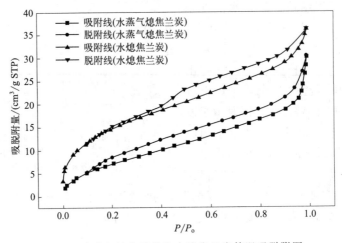

图 5-6　水蒸气熄焦兰炭和水熄焦兰炭等温吸脱附图

5.9.2 孔径-累计比表面积分析

图 5-7 是水蒸气熄焦兰炭和水熄焦兰炭孔径-累计孔面积分布图，由图可知在孔径为 10nm 附近时两者都出现拐点，在拐点过后都出现近似平行于 X 轴的直线，水熄焦兰炭的曲线拐点远高于水蒸气熄焦兰炭，通过计算，水蒸气熄焦兰炭的 BET 吸附累计孔内表面积为 $29.917m^2/g$，水熄焦兰炭的 BET 吸附累计孔内表面积为 $55.889m^2/g$。水熄焦兰炭的累计孔内表面积远大于水蒸气熄焦兰炭主要是由于水熄焦兰炭具有较多微裂纹和较多且深的孔结构。

5.9.3 孔径-累计孔体积分析

图 5-8 是水熄焦兰炭和水蒸气熄焦兰炭累计孔体积分布图，由图可知水蒸气熄焦兰炭的孔径分布为 0～160nm 左右，水熄焦兰炭的孔径分布为 0～140nm 左右。对于大于 100nm 的大孔，水蒸气熄焦兰炭要多于水熄焦兰炭；在 0～5nm（微孔）、5～50nm（中孔）的孔径范围内，水熄焦兰炭的孔数量要多于水蒸气熄焦兰炭。这些较多的微孔和中孔都是由于水熄焦

过程中骤冷，焦炭内应力增大和化学反应产生的。

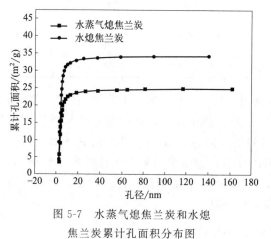

图 5-7 水蒸气熄焦兰炭和水熄
焦兰炭累计孔面积分布图

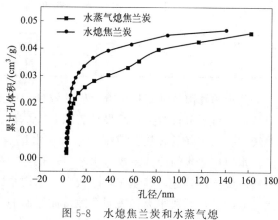

图 5-8 水熄焦兰炭和水蒸气熄
焦兰炭累计孔体积分布图

5.10 压汞测试

5.10.1 孔隙率测试

表 5-2 是水熄焦兰炭、水蒸气熄焦兰炭孔隙率测试结果。由表可知水熄焦兰炭有效孔隙率为 17.86%，水蒸气熄焦兰炭的有效孔隙率为 15.03%，较水熄焦兰炭减小 2.83%。水熄焦兰炭和水蒸气熄焦兰炭测试样品总体积分别为 5.917cm^3 和 6.318cm^3，密度分别为 1.288g/cm^3 和 1.262g/cm^3。

表 5-2　水熄焦兰炭、水蒸气熄焦兰炭孔隙率测试结果

名称	样品在空气中重/g	浸液样品在液体中重/g	样品浸液后重/g	进入样品孔隙之液体重/g	浸液样品排开液体重/g	有效孔隙率/%	总体积/cm^3	样品密度/(g/cm^3)
水熄焦兰炭	7.6198	3.785	8.4535	0.834	4.668	17.86	5.917	1.288
水蒸气熄焦兰炭	7.9739	3.7383	8.723	0.749	4.985	15.03	6.318	1.262

5.10.2 MIP 测试兰炭孔隙参数

表 5-3 是 MIP 测试兰炭孔隙结构参数，由表可知水蒸气熄焦兰炭的配位数、平均孔隙半径、平均喉道半径及最大连通半径均大于水熄焦兰炭，尤其平均孔隙半径远大于水熄焦。经水熄焦方式得到的兰炭平均孔喉比、孔喉体积比较大，表明水熄焦兰炭孔、喉半径相差较大，喉道体积较小，孔隙不均匀，孔隙结构较差，呈现大孔、细喉道的结构特征。水蒸气熄焦兰炭的孔、喉半径差异较小，孔、喉体积区域均衡，孔隙的均匀性较高，呈现大喉道、小孔隙的结构特征。水蒸气熄焦兰炭配位数较大，说明孔隙系统复杂，通道的弯曲程度较大。

表 5-3　MIP 测试兰炭孔隙结构参数

名称	最大连通半径/μm	平均喉道半径/μm	平均孔隙半径/μm	平均孔喉比	孔喉体积比	配位数
水熄焦兰炭	0.556	8.323	1.295	6.427	834.470	0.033
水蒸气熄焦兰炭	4.218	13.45	12.46	1.079	1.620	0.479

　　兰炭的孔隙特征直接影响反应的效率，因此采用 MIP 对不同熄焦工艺得到的兰炭的孔隙特征进行了分析测试，结果见表 5-4。水熄焦兰炭的孔隙率较大，而改为水蒸气熄焦则使兰炭的孔隙率降低。从孔隙结构来看，水熄焦兰炭的孔隙结构较好，表现出更好的结构优度。水熄焦兰炭的分选系数与水蒸气熄焦兰炭相比较小，表明水熄焦兰炭孔喉大小较均匀，材料的分选性较好，其填充效率较高。结构系数表示流体在孔隙中渗流迂回程度，水蒸气熄焦兰炭的结构系数很大，表明孔隙弯曲迂回的程度非常强烈。

表 5-4　MIP 测试兰炭孔隙特征参数

样品	孔隙率/%	结构优度	分选系数	结构系数
水熄焦兰炭	29.9	0.2	1.166	0.016
水蒸气熄焦兰炭	23.4	0.488	25.017	322.058

5.10.3　压汞曲线

　　图 5-9 为不同熄焦方式得到的兰炭压汞曲线，AB 段为进汞段，A_1B_1、A_2B_2 段呈上坡

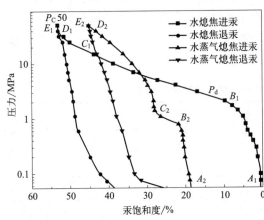

图 5-9　不同熄焦方式型焦的压汞曲线

状，其长短反映排驱压力的高低。从 A_1B_1、A_2B_2 段可以看出，水熄焦兰炭的排驱压力 P_d 为 1.349MPa，中值压力 P_C50 为 24.484MPa，水蒸气熄焦排驱压力 0.178MPa。水蒸气熄焦兰炭的排驱压力较低，表明其连通孔隙半径较大、孔隙连通性较好、喉道聚集度较高。而水熄焦兰炭的分选性较好、孔隙（孔体）聚集度较高。随着汞饱和度继续增大至 C_1、C_2 位置，毛细管力增大。此时，汞在该压力区间逐渐进入材料孔隙中，并且向小孔隙推进。对比 B_1C_1、B_2C_2 段的曲线形态可知，B_1C_1 平缓段较长、斜率较小、直线段较长，表明水熄焦兰炭喉道分布更加集中、分选性好。从实际测试结果可以看出，水熄焦兰炭对应的孔径分布范围较大、孔隙分布集中、分选性好，而水蒸气熄焦兰炭孔、喉半径较大，连通性较好，喉道聚集度较高。

5.10.4　孔径分布

　　图 5-10 为不同熄焦方式得到的兰炭孔径分布贡献值。由图可知水熄焦兰炭对渗透率的贡献主要集中于大孔隙 60μm，其次为 40μm，小孔隙的贡献值较低；孔径小于 10μm 的孔对渗透率的贡献值基本为 0，即这部分孔隙对流体无渗透能力，为无效孔隙。而水蒸气熄焦

兰炭对渗透率的贡献集中于 $1\sim10\mu m$，其次为 $0.01\sim1\mu m$，孔径大于 $10\mu m$ 的大孔隙对渗透率的贡献值为 0。

图 5-11 为不同熄焦方式兰炭的孔径分布频率，由图可知水熄焦兰炭在 $0.01\sim1\mu m$ 孔径频率较大，表明水熄焦兰炭小孔隙较多，大孔隙较少。水蒸气熄焦兰炭在 $0.01\sim1\mu m$ 孔隙较多，但与水熄焦兰炭相比，水蒸气熄焦兰炭孔径在 $0.01\sim60\mu m$ 范围内分布频率更加均匀。

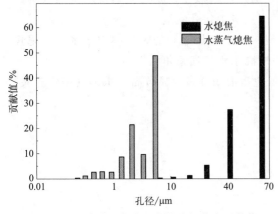

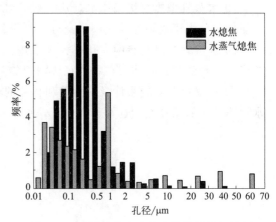

图 5-10　不同熄焦方式兰炭的孔径分布贡献值　　　图 5-11　不同熄焦方式兰炭的孔径分布频率

由此可见，水熄焦兰炭孔径分布范围较大、孔隙分布集中、分选性好，对渗透率的贡献集中于较少的大孔隙。水蒸气熄焦兰炭孔、喉半径较大，连通性较好，喉道聚集度较高。综合评价水熄焦方式得到的型焦孔隙结构更好。

5.11　扫描电子显微镜分析

图 5-12 是水蒸气熄焦兰炭（左图）和水熄焦兰炭（右图）的扫描电镜图像，由图可知水蒸气熄焦兰炭的表面较为粗糙且表面孔隙较少，相比于水蒸气熄焦兰炭，水熄焦兰炭表面具有大量的微裂纹，且具有大量较深的孔结构。这是因为水熄焦过程中红热的兰炭与水突然接触冷却使得兰炭的内应力增大，而且这个过程中伴随着水与兰炭的化学反应，所以水熄焦兰炭产生大量的微裂纹和较深孔结构。

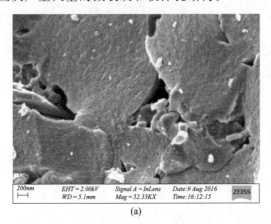

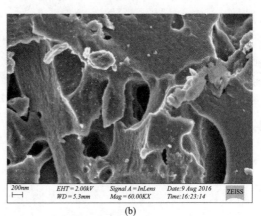

(a)　　　　　　　　　　　　　　　　　(b)

图 5-12　水蒸气熄焦兰炭和水熄焦兰炭扫描电镜图像

5.12 本章小结

① 水蒸气熄焦兰炭较水熄焦兰炭水分下降 26.3%，挥发分下降 12.7%，灰分增加 82.2%，抗压强度增加 73.7%。

② 水蒸气熄焦兰炭相比水熄焦兰炭，红外光谱中出现羧基，拉曼光谱发现水蒸气熄焦兰炭中灰分大于水熄焦兰炭中的灰分，水蒸气熄焦兰炭中含有巯基。

③ 水蒸气熄焦兰炭的大孔率大于水熄焦兰炭，而水熄焦兰炭的微孔率大于水蒸气熄焦兰炭，两者的累计孔体积在各孔径段水熄焦兰炭略高于水蒸气熄焦兰炭。

④ 水熄焦兰炭的累计吸脱附量和孔隙的累计比表面积分布要显著高于水蒸气熄焦兰炭，水熄焦兰炭的微孔数量远大于水蒸气熄焦兰炭。

第**6**章

兰炭干熄焦过程的温度场与压力场分布

6.1 兰炭干熄焦技术

在 SJ 型的干馏室内炼制好的兰炭，应及时从炭化室推出，被推焦机推出时兰炭温度约为 525℃。为避免兰炭遇空气燃烧并且方便运输和储存，必须将兰炭温度降低到 200℃ 以下[62]。陕北地区过去普遍使用的湿法熄焦是将高温兰炭与熄焦水接触，炙热的兰炭掉入熄焦大槽中降温，焦炭冷却熄灭后被捞出烘干。通过传统的水浴方式对兰炭进行熄焦，在缺水的陕北地区不仅会导致水资源的严重浪费与大气污染，而且熄焦后的兰炭废水成分复杂，净化处理难度较大。此外，还需要燃烧煤气烘干从水里捞出的半焦，会造成煤气的浪费。

本研究所涉及的兰炭干熄焦技术，是在生产中将适量的水喷入炽热的兰炭中，使其变为持续熄灭兰炭的蒸汽。兰炭干熄焦工艺是在托焦板与排焦口之间形成兰炭堆，在每个排焦口两侧形成长约 3m，宽约 0.2m 的条形堆，在条形堆的两侧上端，分别设喷水管两条，间隔向炽热的兰炭喷水，从而产生蒸汽来熄灭兰炭。其结构简图如图 6-1 所示。

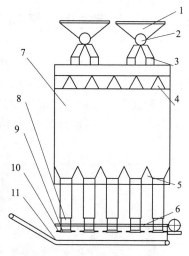

图 6-1 低温干馏方炉结构简图
1—煤斗；2—放煤阀；3—辅助煤箱；4—集气阵伞；5—布气花墙；6—推焦机；7—炉腔；8—导焦槽；9—托焦板；10—喷水管；11—刮板机

为了比较常规熄焦和干熄焦技术、不同喷水量的温度场与压力场，采用当入炉煤的粒径为 $D=20\text{mm}$ 时进行模拟，其中熄焦喷水量为 $1.15\text{m}^3/\text{h}$。

6.2 建模与网格划分

图 6-2 是干馏炉的二维模型简图，为了更加准确地模拟当水喷入后对花墙内温度场和压力场的影响，就要求花墙两侧布气均匀，所以在干馏炉的模型建立中在布气花墙的上、中、下位置都设立进气口，喷水入口设置在花墙底部，所有进口都呈现对称布置。图 6-3 是低温

干馏炉的网格划分图，本研究采用 icem 划分网格，网格数量约为 4.2 万个。

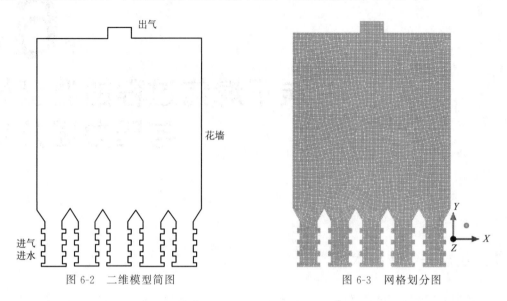

图 6-2　二维模型简图　　　　　　　　　　　图 6-3　网格划分图

6.3　喷水后的温度场与压力场分布

图 6-4 是当入炉煤粒径 $D=20\mathrm{mm}$ 时，炉内喷水熄焦的温度场分布。由图 6-4 可以看出炉内温度场分布与不喷水的温度场分布趋势基本相似，呈现先升高后降低的特点。其中喷水口处与壁面温度较低，高温区域比较分散，位于花墙顶端四周，呈波浪形分布，其最高温度为 965K，较喷水前的最高温度 1034K 降低 69K，炉腔上部温度较喷水前高。

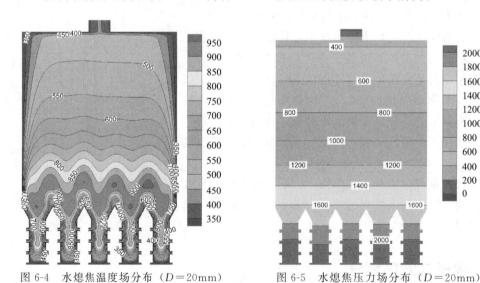

图 6-4　水熄焦温度场分布（$D=20\mathrm{mm}$）　　　图 6-5　水熄焦压力场分布（$D=20\mathrm{mm}$）

这是因为水从进水口喷入后被高温兰炭迅速气化带走较多热量，同时形成的高温水蒸气（H_2O）与碳（C）发生反应生成一氧化碳（CO）和氢气（H_2），其是吸热反应也会吸收部分热量导致炉内冷却段与干馏段温度下降，温度的降低引起燃烧不能充分进行，所以高温区域较分散，同时反应生成的一氧化碳（CO）和氢气（H_2）在上升过程中会进一步燃烧，从而导致炉腔上部温度升高[63]。

图 6-5 是当入炉煤粒径 $D=20mm$ 时，炉内喷水熄焦的压力场分布。由图 6-5 可以看出炉内压力场分布规律与不喷水的压力场分布趋势相似，在同一高度处压力相等，从炉底到炉顶压力呈线性降低，最高压力从喷水前的 1816Pa 增长到 2092Pa。

6.4 不同熄焦水量的温度场分布

图 6-6 是当熄焦喷水量分别为 $1.0m^3/h$、$1.1m^3/h$、$1.2m^3/h$、$1.3m^3/h$、$1.4m^3/h$ 时的温度场分布。由图 6-6 可以看出不同熄焦水量的温度场分布趋势相似，但随着熄焦水量的增加炉内温度逐步降低。这是因为当喷水量逐步增加时，水迅速气化带走大部分热量导致干馏段温度下降，进而导致炉腔内整体温度降低。

表 6-1 为不同熄焦水量的兰炭含水率。由表 6-1 可知，随着熄焦水量的增多出炉的兰炭含水率逐步增多。喷水熄焦不但需要降低兰炭的温度而且要控制兰炭的含水率低于 15%，以防止出现"生炭"现象，所以兰炭熄焦水量控制在 $1.1\sim1.2m^3/h$ 较为合适。

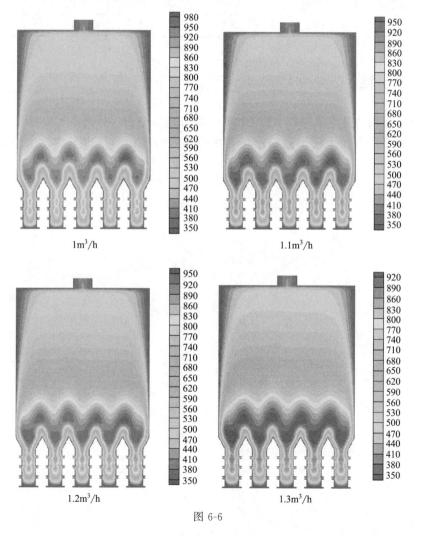

图 6-6

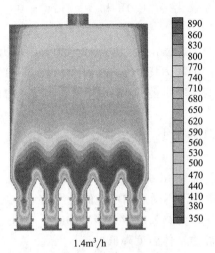

890
860
830
800
770
740
710
680
650
620
590
560
530
500
470
440
410
380
350

1.4m³/h

图 6-6　不同熄焦水量的温度场分布

表 6-1　不同熄焦水量的兰炭含水率

熄焦水量/(m³/h)	1.0	1.1	1.2	1.3	1.4
兰炭含水率/%	13.3	13.7	14.2	16.5	19.8

6.5　本章小结

① 建立了运用兰炭干熄焦技术的干馏炉二维几何模型并进行网格划分。

② 对兰炭干熄焦技术喷水的温度场与压力场进行模拟，得出了理论上合适的喷水量范围。

本篇结论

本篇相关章节以神木三江公司 SJ-V 型 5 万吨干馏方炉作为研究主体，对炉内物料、热量进行了平衡核算，利用 CFD 商业软件 FLUENT15.0 模拟了八组不同粒径入炉煤的温度场与压力场分布，并与实际工况的五组数据进行了对比，比较了水蒸气熄焦兰炭和水熄焦兰炭的区别，最后研究了熄焦对炉内温度场和压力场的影响，得出了以下主要结论。

① SJ-V 型干馏炉的物料衡算的误差是 0.256%，低于物料平衡允许的最大误差范围 1%，基本符合实际生产工况。

② SJ-V 型干馏炉热量平衡的误差是 13.07%、湿煤耗热量 1046.7kJ/kg、煤焦比 1.39：1、热工效率为 53.86%，炉体表面散热量较大，可以通过加强保温措施进一步降低能耗。

③ 同一粒径煤入炉时，温度场呈现先升高后降低的趋势，炉内高温区出现在燃烧单位的对称中心，但五个燃烧单位从炉中心到两侧高温区面积不断扩展且出现扩散燃烧区，最低温度出现在壁面附近，同时随着煤层高度增加，除壁面处同一高度煤层的温差逐步减小；不同粒径煤入炉时温度场分布趋势相似，但随着粒径下降炉内温度逐步降低，胶质体发生缩聚固化反应形成兰炭的温度区间（773～1023K）所占的体积百分率下降趋势逐步加快，当粒径 $D=5mm$ 时体积百分比降至 11.85%，有可能发生焖炉现象。其中炉内最高温度与入炉煤粒径关系符合方程：$T_{max}=6.12381D+906.71429$。

④ 同一粒径的煤入炉时，在同一煤层高度处压力基本相等，随着煤层高度增加炉内压力整体呈现降低趋势，但在煤气入口高度 $h=1.05m$ 附近，压力出现小幅度增加；不同粒径的煤入炉时，随着粒径减小炉内压力增大，但分布趋势相似，除炉顶出口处，炉腔压力近似呈线性降低。其中炉内最高压力与粒径的关系符合方程：$P_{max}=5236.89\times e^{-D/15.8345}+359.868$。

⑤ 炉内温度和压力的模拟数据与工业试验数据对比，温度误差低于 6.25%，压力误差低于 12.8%，基本符合生产工况。

⑥ 水蒸气熄焦兰炭与水熄焦兰炭性质存在一定的差异，水蒸气熄焦兰炭具有较高的大孔率，水熄焦兰炭具有较高的微孔率。

⑦ 熄焦后炉内温度降低压力增高，兰炭熄焦水量控制在 1.1～1.2m^3/h 较为合适。

参 考 文 献

[1] 陈家仁. 中国煤炭及煤炭洁净利用技术 [J]. 洁净煤技术, 1996 (4): 16-19.

[2] 赵世永. 榆林煤低温干馏生产工艺及污染治理技术 [J]. 中国煤炭, 2007, 33 (4): 58-60.

[3] 杜铭华, 吴立新. 中国洁净煤技术发展重点及对策 [J]. 煤化工, 2003, 106 (1): 3-7.

[4] 尹立群. 我国褐煤资源及其利用前景 [J]. 煤炭科学技术, 2004, 32 (8): 12-14.

[5] 陈甲斌, 贾文龙, 等. 能源消费结构分析及政策研究 [J]. 中国煤炭, 2007, 33 (5): 21-24.

[6] 兰新哲, 杨勇, 宋永辉, 等. 陕北半焦炭化过程能耗分析 [J]. 煤炭转化, 2009, 32 (1): 18-21.

[7] 米治平, 王宁波. 煤炭低温干馏技术现状及发展趋势 [J]. 洁净煤技术, 2010, 16 (2): 34-37.

[8] 景晓娟. 常规湿法熄焦工艺与低水分湿法熄焦工艺的比较分析 [J]. 山西化工, 2012, 32 (2): 55-58.

[9] 晁伟, 马超, 孙健, 等. 干熄焦与湿熄焦性能差别研究 [J]. 煤化工, 2015, 43 (2): 20-24.

[10] 金嘉璐, 俞珠峰, 王永刚. 新型煤化工技术 [M]. 北京: 中国矿业大学出版社, 2008.

[11] 崔丽杰. 煤干馏过程中产物组成和官能团转化的研究 [D]. 北京: 中国科学院过程工程研究所, 2005.

[12] 崔银萍, 琴玲丽, 杜娟, 等. 煤热解产物的组成及其影响因素分析 [J]. 煤化工, 2007, 3 (2): 10-15.

[13] 王英, 高世贤. 陕西省煤种分布及其地质背景分析 [J]. 西安科技学院学报, 2003, 23 (4): 400-404.

[14] Higuera F J. Numerical simulation of the devolatilization of a moving coal particle [J]. Combustion and Flame, 2009, 156 (5): 1023-1034.

[15] 韩德虎, 胡耀青, 王进尚. 煤热解影响因素分析研究 [J]. 煤炭技术, 2011, 30 (7): 164-166.

[16] 王俊宏, 常丽萍, 谢克昌. 西部煤的热解特性及动力学研究 [J]. 煤炭转化, 2009, 32 (3): 1-35.

[17] 贺永德. 现代煤化工技术手册 [M]. 2 版. 北京: 化学工业出版社, 2003: 657-659.

[18] 郭树才. 煤化工工艺学 [M]. 北京: 化学工业出版社, 2006: 14-16.

[19] 徐瑞芳. 陕北煤低温干馏生产工艺及改进建议 [J]. 洁净煤技术, 2010, 16 (2): 41-44.

[20] 郭万喜, 刘兵元, 李苹. 不同煤种配煤直接液化试验研究 [J]. 煤化工, 2004, 111 (2): 10-15.

[21] Jiang X, Zheng C, Yan C. Physical structure and combustion properties of super fine pulverized coal particle [J]. Fuel, 2002, 81 (6): 793-797.

[22] 吴永宽. 国外煤低温干馏技术的开发状况与面临的课题 [J]. 洁净煤技术, 1995 (1): 39.

[23] 申毅. 陕北低变质煤干馏特性及应用研究 [D]. 西安: 西安建筑科技大学, 2006.

[24] 吴国光, 王祖讷, 张奉春. 煤炭低温热解的进展 [J]. 中国煤炭, 1997, 23 (7): 8-9, 12.

[25] 陈海波. 低阶煤兰炭干馏炉热工特性研究及工艺参数优化 [D]. 西安: 西安建筑科技大学, 2013.

[26] Hu G, Fan H, Liu Y. Experimental studies on pyrolysis of Datong coal with solid heat carrier in a fixed bed [J]. Fuel Process Technol, 2001, 69 (3): 221-228.

[27] Zhang J, Liu H, Liu Z. Numerical study on the premixed combution in pourous media burner [J]. Advanced Materials Research, 2013 (614-615): 73-76.

[28] 蔡经国, 田俊全, 等. 第一代鲁奇炉加压气化长期稳定运行总结 [J]. 煤化工, 2000, 90 (1): 20-22.

[29] Tyler R J. Flash Pyrolysis of coals. Devolatilization of bituminous coals in a small fluidized-bed reactor [J]. Fuel, 1980, 59 (4): 218-226.

[30] 吴永宽. 国外煤低温干馏技术的开发状况与面临的课题 [J]. 洁净煤技术, 1995 (1): 41.

[31] 郑力铭. ANSYS FLUENT 15.0 流体计算从入门到精通 [M]. 北京: 电子工业出版社, 2015.

[32] 朱红钧. FLUENT15.0 流体分析及工程仿真 [M]. 北京: 人民邮电出版社, 2014.

[33] Guo Z, Tang H. Numerical simulation for a process analysis of a coke oven [J]. China Particuology, 2005, 3 (6): 373-378.

[34] Slezak A, Kuhlman J M, Shadle L J, et al. CFD simulation of entrained-flow coal gasification: Coal particle density/size fraction effects [J]. Powder Technology, 2010, 203 (1): 98-108.

[35] 史岩彬, 陈举华, 张丽丽, 等. 基于 CFD 的高炉仿真研究 [J]. 系统仿真学报, 2006, 18 (3): 554-557.

[36] 刘俊, 张永发, 王影, 等. 低阶粉煤低温干馏燃烧室结构优化 [J]. 热力发电, 2015, 44 (8): 55-61.

[37] 马士林. 高炉喷吹煤粉燃烧过程的数值模拟 [D]. 大连: 大连理工大学, 2013.

[38] 孙宏宇, 董玉平. 固定床气化炉中心管配风压力场数值模拟 [J]. 农业机械学报, 2011, 42 (1): 117-121.

[39] 张金艳. 预混气体在堆积床内燃烧的数值研究 [D]. 大连：大连理工大学，2013.

[40] 张秋利，胡小燕，赵西成，等. 燃气比对低温干馏方炉温度场的影响研究 [J]. 煤炭转化，2012，35（2）：56-60.

[41] 王双明，范立民. 陕北煤炭资源可持续发展之开发思路 [J]. 中国煤炭地质，2003，15（5）：6-8.

[42] 王娜. 提质低阶煤干馏特性及机理研究 [D]. 徐州：中国矿业大学，2010.

[43] 郑国舟，杨开莲，杨厚斌. 焦炉的物料平衡与热平衡 [M]. 北京：冶金工业出版社，1988.

[44] 王晓琴. 炼焦工艺 [M]. 北京：化学工业出版社，2007.

[45] 陈亚飞，姜英，陈文敏，等. 中国煤中氮含量的分布研究 [J]. 洁净煤技术，2008，14（5）：71-74.

[46] 艾春慧，倪维斗，李政. 热焦炉荒煤气应用于气流内热式炉实现煤低温干馏的初步设想 [J]. 煤化工，2006，126（5）：19-24.

[47] 廖洪强，孙成功，等. 煤在富氢气体中的干馏 [J]. 燃料化学学报，1998，26（2）：114-118.

[48] 张智芳. 兰炭洁净生产概论 [M]. 西安：陕西师范大学出版总社有限公司，2011.

[49] Li C，Mosyak A，Hetsroni G. Direct numerical simulation of particle-turbulence interaction [J]. International Journal of Multiphase Flow，1999，25（2）：187-200.

[50] 韩占忠，王敬，蓝小平. FLUENT：流体工程仿真计算实例与应用 [M]. 2 版. 北京：北京理工大学出版社，2010.

[51] 于勇. FLUENT 入门与进阶教程 [M]. 北京：北京理工大学出版社，2008.

[52] Sadhukhan A K，Gupta，Saha R K. Modeling of pyrolysis of large wood particles [J]. Bioresource Technology，2009，100：3134-3139.

[53] Li D，Din F，Zhang H. Numerical simulation of high temperature air combustion in aluminum hydroxide gas suspension calcinations [J]. Transactions of Nonferrous Metals Society of China，2009，19：259-266.

[54] Ergun S. Fluid flow through packed columns [J]. Chemical Engineering Progress，1952，48（2）：89-94.

[55] 赵炜航，李丽丽，杨金鼎，等. 混烧锅炉富氧燃烧的数值模拟 [J]. 辽宁科技大学学报，2012，35（1）：34-37.

[56] 华建设，王强，尚文智，等. 煤富氧低温干馏实验研究 [J]. 煤炭转化，2011，34（2）：1-3.

[57] Guruz G A，Uctepe U，Durusoy T. Mathematical modeling of thermal decomposition of coal [J]. Analytical and Applied Pyrolysis，2004，71：537-551.

[58] Adesanya B A，Pham H N. Mathematical modeling of devolatilization of large coal particles in a convective environment [J]. Fuel，1995，74（6）：896-902.

[59] Donskoi E，McElwain D L S. Approximate modeling of coal pyrolysis [J]. Fuel，1999，78：825-835.

[60] 何国锋，戴和武，金嘉璐，等. 低温热解煤焦油产率、组成性质与热解温度的关系 [J]. 煤炭学报，1994，19（6）：591-597.

[61] Fand R M，Kim B Y K，Lam A C C，et al. Resistance to the flow of fluids through simple and complex porous media whose matrices are composed of randomly packed spheres [J]. Journal of Fluids Engineering，1987，109（3）：268-273.

[62] 李刚. 干法熄焦技术进展及应用前景 [J]. 煤化工，2005：117-210.

[63] 商红红. 煤粉锅炉掺烧高含水污泥的数值模拟研究 [D]. 西安：西安交通大学，2015.

第二篇

粉煤成型-干馏双效黏结剂制备及作用机制

第 **7** 章

粉煤成型-干馏双效黏结剂概述

7.1 概述

随着经济的迅速发展，制造业、建筑业及供应业等各行业对能源的需求量与消耗量也在逐年增加。近年来，风电、太阳能、生物质等新型能源得到迅速发展，但煤炭、石油、天然气类不可再生的化石能源依旧在我国能源组成中占有较大的比例。图 7-1 为我国 2000～2020 年能源消费构成，而煤炭直接燃烧过程中排放的烟尘、碳氧化物、氮氧化物及硫氧化物等物质会产生大气污染、气温上升及生态环境破坏等问题。因此，促进煤炭清洁高效利用和可持续发展是当今能源战略发展的要求[1,2]。

干馏（热解）是煤热化学转化最有前途的技术之一，通过干馏得到半焦、煤焦油与煤气，可以加工制得大量高附加值的化合物，如多环芳烃、轻芳烃、酚类等有机化合物，同时相比煤炭直接燃烧，干馏得到的半焦在燃烧过程中可以降低煤炭烟尘、碳氧化物、氮氧化物

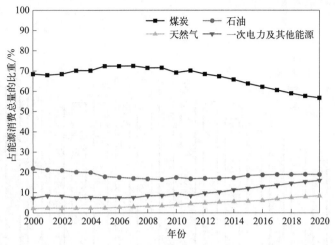

图 7-1　我国 2000～2020 年能源消费构成（数据来源：中国统计年鉴 2021）

及硫氧化物等污染物的排放量[5]。通过干馏可实现煤炭的分质与清洁高效利用。

低阶煤储量丰富，具有开采方便、挥发分高、低硫、低磷等优点[6]，是优质的干馏用煤，常用的直立式干馏炉要求煤的粒度 3mm 以上[7]，但随着采煤方式由炮采向综采的转变，块煤的产出率约占开采量 30%，而产生的大量粉煤无法直接用于中低温干馏。低阶煤属于弱黏性或不黏结性煤种，使用热压成型与不加黏结剂的冷压成型工艺制备型煤，工艺复杂、成本较高，难以推广应用，将粉煤与黏结剂在冷压条件下制备得到型煤进而干馏，可实现粉煤的综合利用。然而，粉煤在成型与干馏过程中要求黏结剂具有黏结性高且耐高温性强的特点，有机黏结剂具有黏性强、耐高温性差的特点，无机黏结剂的耐高温性强但其会增加型煤及型焦的灰分，性能较高的型煤与型焦要求所需的黏结剂组分为有机-无机复配，而黏结剂制备过程中存在工艺较复杂、成本较高等问题导致其难以推广应用。因此，性能优良、价格低廉及制备简单的粉煤成型-干馏双效黏结剂的研发亟待解决。

陕西榆林是国家级的能源化工基地和农业科技园区，同时也是全国最大的半焦生产基地与第四大马铃薯渣生产基地，在半焦、煤焦油、煤气及马铃薯淀粉的生产过程中产生大量的废水废渣，存在利用率低、处理困难及污染环境等问题，若将企业生产过程中产生的废水废渣资源化利用，将其作为双效黏结剂的组分实现粉煤的成型-干馏，在降低黏结剂制备成本的同时，可促进企业的节能减排、洁净可持续发展，并且煤炭能源的高效、洁净化利用对于当代社会具有重要的现实意义。

7.2　低阶煤分级分质利用现状

7.2.1　低阶煤分级分质利用技术

低阶煤通常指最大反射率 $R_{0,\max}$ 为 0.20%～0.65% 的褐煤和长焰煤[8]，全球近一半的煤炭储量均为低阶煤。图 7-2 为我国 2005～2020 年原煤产量统计图，我国煤炭储量居世界第三，已探明的低阶煤储量占全国煤炭总量的 55% 以上，主要分布在我国西部和北部，包括内蒙古、陕西、新疆等地[9,10]。

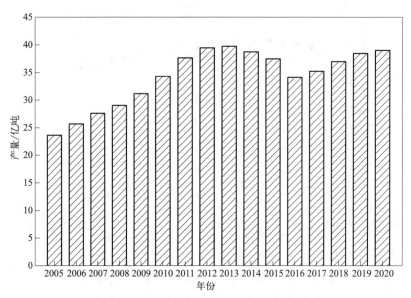

图 7-2 我国 2005～2020 年原煤产量统计图（数据来源：中国统计年鉴 2021）

陕西榆林地区已探明煤炭储量 1490 亿吨（约占全国总储量的 12%），其中榆神园区位于陕西省陕北侏罗纪煤田的中部，地跨陕西省榆林市榆阳区和神木市，隶属国家 14 个大型煤炭基地之一的陕北基地，园区内煤种以不黏煤和长焰煤的低阶煤为主[11]。与烟煤、无烟煤等相比，低阶煤处于煤化过程的早期阶段，成煤过程较短，煤化程度相对较低，埋藏深度较浅，开采过程较容易。低阶煤具有碳含量和热稳定性较低、水分与灰分含量较高及容易粉化等特点，其主要用途之一为燃烧发电，但燃烧过程中存在热效率低、经济性较差、高附加值的油气资源无法利用、碳氧化物及硫氧化物等的排放量较大问题，给环境保护与治理方面带来不利影响。因此，根据低阶煤的结构特征，对其进行分质利用，可实现低阶煤资源的清洁高效利用[12]。

传统煤化工对低阶煤的利用方式通常为直接燃烧用于发电，经过国内外煤炭研究人员对低阶煤的分级利用技术研究，现代新型煤化工的利用方式主要有煤液化、煤气化及煤热解。

(1) 煤液化

煤液化技术主要包括直接液化技术和间接液化技术[13,14]。直接液化是煤通过催化加氢直接转化为液体，该技术热效率及产品收率高[15]，但操作条件相对苛刻，液化过程中存在氢气消耗量较大、催化剂成本高、设备磨损严重及能耗高等问题。间接液化是将煤先进行气化，产生大量的 $CO+H_2$ 合成气作为原料，再通过催化合成燃料油与其他化工原料，已被广泛应用于生产各种烃类及其他含氧化合物[16]，但间接液化过程包括煤气化、合成气催化转化等多种工艺，生产成本较高，过程较为复杂。

(2) 煤气化

煤气化是指煤与气化剂发生反应生成合成气的过程，常用的气化剂为氧气、水蒸气及二氧化碳等，主要气体产品为 $CO+H_2$。按照反应炉内原料堆的床型特征可大致分为三类：固定床气化、流化床气化和气流床气化技术。其中固定床气化技术对气化原料质量要求严苛，而且固定床气化的热效率低、处理量小。气流床气化技术是将煤粉与气化剂通过烧嘴一起喷入反应炉，两者混合极其充分，是热效率最高的床型。典型的气流床气化技术均属于加压气化，使得反应炉体结构复杂、成本昂贵，该技术在我国未广泛应用。流化床气化技术是将煤在炉内实现流态化进行反应，不仅热效率高而且炉型的煤种适用范围较广[17]。尽管我国煤气化技术日趋成熟，但仍然存在诸如设备投资高、工艺操作条件较苛刻等问题，因此这一煤炭清洁利用技术还需要进一步优化。

(3) 煤干馏

煤干馏也称为煤热解，是指煤在隔绝氧气或空气的条件下加强热，在高温条件下发生的一系列复杂的物理变化和化学反应。按干馏温度分为三类，分别为：低温干馏（500～600℃），此阶段煤焦油产率较高；中温干馏（700～900℃），此阶段产出煤气较多；高温干馏（900～1100℃），此阶段是炼焦的温度条件[18]。

煤干馏过程可大致分为以下三个阶段[19]：

① 第一阶段：干燥预热阶段（室温～350℃）。150℃之前，煤的主要现象是脱水；150～200℃，煤中发生脱羧反应释放少量 CO_2，同时吸附的甲烷也被释放出来；200～350℃，煤中部分有机质被分解。此阶段煤的外形基本上不发生变化。

② 第二阶段：热解阶段（350～600℃）。煤经干燥脱水后在此温度阶段会发生大分子的解聚和分离，这些反应会生成 CO_2、CO 和气态烃类，即煤气的主要成分；煤焦油也会在此阶段析出，此时焦油的主要成分是单环芳香与稠环芳香化合物等；半焦在此阶段由煤炭黏结形成，而灰分作为煤中的惰性组分随着煤炭的黏结，仍存在于半焦中。

③ 第三阶段：缩聚反应阶段（>600℃）。该阶段温度高，裂解反应发生的强度大，产生 H_2 和 CH_4 等较稳定的物质，而生成的煤焦油在此阶段挥发分会发生缩聚反应，导致焦油产率下降。

与直接燃烧、气化和液化相比，低阶煤干馏具有可使资源得到高效利用的优势。直接燃烧只利用了煤的热能，气化是煤与水反应，将煤中的化学键裂解生成 CO 与 H_2 合成气，再重整将合成气转化为所需的燃料与化学品，但存在能效低及煤中结构未充分利用等问题，液化存在氢耗大与催化剂成本高等问题。通过干馏可将低阶煤分为气、液、固三相物质，再根据热解产物的性质进行延伸加工，生产燃料、化学品、建筑材料及热电等，可实现煤炭产品多联产，发挥低阶煤分质利用的优势，进而实现煤炭的高效转化与清洁利用[20]。

7.2.2 低阶煤干馏技术

根据煤干馏过程中原料粒度、热解温度及加热方式等参数要求，将国内外具有代表性的低阶煤热解技术汇总如表 7-1 所示[20-23]。目前我国煤矿机械化开采中块煤约占20%～30%，大量粉煤资源无法得到有效利用，而粉煤在热解过程中存在以下问题：内热式加热过程中热载体与煤料充分地混合实现了良好的传热效果，但热解挥发物中粉尘的夹带现象较为严重、油尘分离困难，需要采用复杂的长流程除尘，但除尘效果仍难以保障；外热式热解可对粉尘的源头进行控制，缩短后续粉尘净化处理流程，但间接加热过程中颗粒本身的导热性较差，导致整个热解过程中传热效果较差，需对热解过程进行强化[24]。因此，结合现阶段干馏技术与低阶粉煤综合利用率低的特点，开发新型的粉煤成型技术迫在眉睫。

表 7-1　国内外具有代表性的低阶煤热解技术比较

工艺	研究单位	原料粒度/mm	热解温度/℃	加热方式/热载体	存在问题
DG	大连理工大学	0～6	550～650	内热式/高温半焦	煤焦混合易磨损,易堵塞管路
SJ	神木市三江煤化工有限责任公司	20～120	500～650	内热式/气体	要求块煤,煤焦油收率较低
MRF	煤科院	6～30	550～750	外热式	能耗高
煤拔头	中国科学院过程工程研究所	0.125～0.18	550～700	内热式/循环热灰	粉尘大,热载体损耗大
ETCH	前苏联	粉煤	500～700	半焦	焦油中重质组分高
Toscoal	美国油页岩公司(Oil Shale Corp)与Rocky Flats研究中心	0～6	427～510	内热式/陶瓷球	热效率不高,设备复杂
LFC	美国 SGI 公司	3～50	约 540	内热式/烟气	焦油的品质难以控制及后续系统易堵塞
LR	德国 Lurgi GmbH公司和美国Ruhrgas AG 公司	25～60	480～590	内热式/高温半焦	容易发生焦油凝聚和附着
蓄热式旋转床热解	神雾集团	10～80	550～650	外热式/无热载体	换热效率不高,系统过于庞大,造价较高

7.3　低阶粉煤成型干馏过程的影响因素

7.3.1　粉煤粒度

在选择粉煤粒度时,应主要考虑以下两个因素[25]:

① 煤粒的级配影响型煤型焦的密度,密度影响型煤型焦的硬度和强度。煤化程度越高时,煤料的弹性、胶团结构和硬度越大,但可塑性减小,导致煤阶不同的粉煤成型时可压缩空间不同,低阶粉煤的煤化程度较低,应适当减小粒度较好。

② 采用加黏结剂冷压成型时,粉煤粒度不同产生的比表面积也不同,可能导致局部区域黏结剂缺失,影响黏结剂与粉煤的结合程度。为了使黏结剂在物料表面分布均匀,最佳的成型粒度应使煤粒的总比表面积及颗粒总空隙相对较小,这样可增加煤粒间的黏结力。

粉煤成型过程中当粒度分布不同时,可能导致煤粒之间的缝隙较大,煤粒不能充分与黏结剂结合,煤粒之间的缝隙在受到一定压力作用时会产生断面,致使型煤的机械强度降低。当粉煤的粒度适宜时,大小煤粒可以镶嵌密实,小颗粒填充在大颗粒的空隙之间,在加入黏结剂时,其与煤粒黏结形成骨架,型煤的抗压强度提高[26];型煤干馏过程中随着粉煤粒度的增加,所得型焦整体结构的密实性下降,大气孔数量增加,因此,型焦强度大多随着粒度的增加而降低[27]。陈娟等[28]以不同粒级的神木煤为原料,以 NaOH 改性葵花籽皮为黏结剂,利用冷压技术制备型煤,当煤粒度为 1.5～3mm 时所得型煤强度最佳,抗压强度较好，跌落强度为 76%，达到工业用型煤的标准。低阶粉煤在干馏过程中有大量挥发性物质生成，导致煤粒之间产生间隙，从而降低了型焦强度，通过实验探究发现，粉煤成型干馏过程中小粒径粉煤制备的型焦抗压性能更优。

7.3.2 水分添加量

在成型过程中，水分发挥着不可或缺的作用，在压力作用下水分充盈在煤粒间隙中，使煤粒更紧密地结合，形成液体桥；同时水分在煤粒表面产生薄膜水和吸附水，进一步形成的分子结合力在煤粒间隙内转变为毛细管力，煤料间水分在蒸发过程中，液体桥转变为固体桥会发生结晶行为，使型煤内部结构更紧密[29]。

加黏结剂冷压成型工艺，对于亲水性黏结剂，适当的水分添加量对煤料之间相互黏结具有促进作用，当水分加入过量时，在干燥过程中水分蒸发，产生的孔隙降低了型煤型焦的强度，合适的添加量一般为 $w(水分) = 10\% \sim 15\%$；对于疏水黏结剂，水分添加量较少，一般 $w(水分) < 5\%$，水分添加过量时会阻碍黏结剂的作用，增大疏水物之间的斥力[30]。郭云飞[31] 研究了不同水分添加量对型煤冷强度、落下强度、热强度与热稳定性的影响，当水分添加量增加时，型煤热稳定性、冷热强度与落下强度均先增加后降低，水分的最佳添加量为 $w(水分) = 13\% \sim 15\%$。杨永斌等[32] 以煤沥青为黏结剂，对焦粉型焦制备新工艺及其固结机理进行研究，发现当水分较多时，型焦在碳化时会发生爆裂和强烈收缩，导致碳化不充分，型焦粉化率高，降低型焦强度。

7.3.3 成型压力

粉煤成型制备型煤工艺中，在一定范围内提高成型压力有利于提高型煤型焦的强度[33]。对煤料进行挤压时，煤粒间的相对位置发生改变，空隙进行互相填充，黏合的各项因素开始发挥作用，型煤的抗压强度增大；但当压力过大时，型煤的内部结构会遭到破坏，部分大颗粒煤料会发生破碎产生新的界面，使得内部颗粒间排斥力增大，导致型煤的冷压强度下降[34]。

高玉杰[35] 探索了成型压力对型煤抗压强度的影响，随着成型压力的增加，型煤的抗压强度先上升后下降趋势明显，合适的成型压力不仅直接影响到煤块的质量，而且能够降低能耗。常志伟等[36] 探索了成型工艺参数对型煤强度影响，当成型压力小于 60kN 时，提高压力使黏结剂与煤粒结合得更紧密，型煤的机械强度提高；当成型压力大于 60kN 时，煤粒之间反弹出现新断面无法被黏结剂瞬间黏合，造成型煤强度下降；成型压力从 30kN 提高到 90kN 时，型煤的抗压强度和跌落强度均先增大后减小。全建波等[37] 选用陕西彬长烟煤与当地玉米秸秆为原料，随着成型压力的增大，煤粒间接触紧密出现分子黏合现象，型煤抗压强度增强，当成型压强为 25MPa 时，型煤抗压强度达到最大，但当成型压强大于 25MPa 后，型煤的抗压强度降低。

7.3.4 成型方式

粉煤成型方式可分为热压成型和冷压成型。采用热压成型工艺时需对煤料进行预热处理，使其达到软化温度，需要黏结性煤与不黏结性煤混配，热压成型工艺流程见图 7-3[38]。热压成型时型煤已进行了低温碳化，如作为型焦原料时，后一步加工工艺可简化，但因热压成型对加热温度要求严格，因此设备及操作技术均比冷压成型复杂。Mori Aska 等[39] 使用了酸洗、水热处理或两者结合的方法对 4 种印尼褐煤进行预处理，然后热压成型及碳化制备高强度的焦炭。结果表明，在 $t = 200 \sim 300℃$ 进行水热处理、$t = 200℃$ 和 $p = 128$MPa 进行热压成型或两者结合对褐煤进行预处理后，可制备出的焦炭强度分别为 $13 \sim 36$MPa、$18 \sim 24$MPa 和 $27 \sim 40$MPa。虽然热压成型工艺不需要添加黏结剂，但该工艺较为复杂，成本高，工业化难度较大。低阶粉煤属于弱黏结性的煤种，单一的低阶粉煤不适用热压成型。

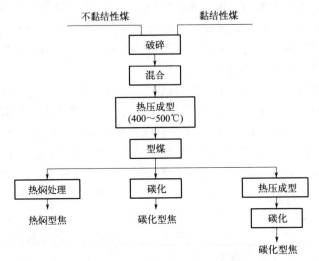

图 7-3　热压成型工艺流程图

　　冷压成型是煤料在常温下或远低于其塑性温度下成型，可分为无黏结剂冷压成型与加黏结剂冷压成型。无黏结剂冷压成型工艺，不需要添加黏结剂，但要求煤的可塑性好，需要较高成型压力（$70 \sim 500$MPa），由于成型压力较高、成型机构造复杂和组成部件磨损快等因素，增加了工艺成本，难以推广应用。加黏结剂冷压成型工艺流程见图 7-4[40]，采用粉煤与黏结剂混合，在常温、加压的条件下使煤料成型。该工艺流程简单，生产成本低，较容易在工业中应用[41]。因此，加黏结剂冷压成型工艺是目前研究的热点。

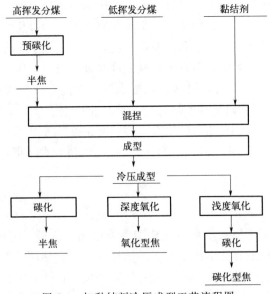

图 7-4　加黏结剂冷压成型工艺流程图

7.4　黏结剂国内外研究进展

加黏结剂的冷压成型工艺制备型煤型焦，最主要的是黏结剂组分的选择。康铁良[42]研究指出黏结剂制备技术是粉煤成型干馏过程中的关键，是制约型煤型焦发展的瓶颈，根据结合机理将黏结剂分为水化结合、黏附结合、缩聚结合、凝聚结合和化学结合5种[43]。低阶粉煤属于弱黏性煤，成型-干馏过程中黏结剂不仅使其在煤粒表面进行黏附，浸湿粉煤的外表，而且煤粒之间也进行黏合，同时在热解过程中，黏结剂分解成黏稠的液相物质（胶质体），与煤料形成碳质骨架，提高型焦的强度[44]。Bika D 等[45]认为黏结剂能发挥"桥接"的作用，将粉煤和黏结剂结合在一起。型煤型焦黏结剂按其化学性质可分为有机、无机与复配三大类。

7.4.1　有机黏结剂

有机黏结剂主要包括煤焦油、焦油渣、沥青类、生物质、淀粉类聚乙烯（醇）及酚醛树脂等。Nomura 等[46,47]将煤焦油沥青作为黏结剂，对粉煤成型制备的型煤型焦进行了研究，得到的型焦密度、强度与紧密度等均能够提高，但其硫含量高对环境影响较大。Muazu 等[48]用淀粉、微藻分别与生物固体（稻壳、玉米棒、甘蔗渣）制备生物质型煤，研究发现以微藻作为黏结剂与生物固体制备的生物质型煤的强度、堆积密度较前者效果好，同时在燃烧测试中燃烧也更慢。

7.4.2　无机黏结剂

无机黏结剂主要包括黏土、膨润土、硅酸盐、磷酸盐及硅溶胶类等，在粉煤中加入无机黏结剂后，粉煤与无机黏结剂在水分、外力的共同作用下发生相对滑动，斥力与吸力同时升高，使得煤粒靠近形成严密的整体[49]。Zhang 等[50]指出无机黏结剂具有来源广、成本低、热稳定性好及亲水性好等优点，但会引起灰分含量的增加。张秋利等[51]以膨润土为黏结剂，采用冷压成型，w（膨润土）=7%时，制备出的型煤平均抗压强度为1420N/个，灰分为11.7%。李健等[52]选用钠基、钙基膨润土作为黏结剂，分别与煤料混合制得型煤，型煤热强度随着膨润土加入量的增加先升高后逐渐趋于平稳，其原因是膨润土添加量越高，煤粒与膨润土之间形成的骨架结构强度越高。

7.4.3　复配黏结剂

有机黏结剂黏性好，制备的型煤机械强度高，但缺点是耐热性较差。无机黏结剂具有耐高温、成本低、经济环保的优点，但缺点是耐水性差且会增加型煤型焦的灰分含量。复配黏结剂是指同时向煤料中加入有机、无机黏结剂，结合2种黏结剂的优点进而提高型煤型焦的性能，因此，复配黏结剂是目前主要的研究方向。

Tabakaev 等[53]将木材混合物的芯片与泥炭经过低温热解得到的液体产物作为生物质黏结剂，与糊精混合制备复配黏结剂，采用压块方式得到的型煤跌落强度和热值均优于黑煤。田桦[54]介绍了在废弃焦粉中加入有机、无机以及复配黏结剂生产冶金型焦，结果表明复配黏结剂会使型焦具有有机、无机黏结剂的优点，明显改善了型焦各项指标，如聚乙烯醇-水玻璃复配的黏结剂可使型焦保持较高的强度、更好的耐水性，同时灰分也得到较好的控制。

综上，低阶粉煤成型干馏过程中需要有机-无机复配黏结剂，有机黏结剂在成型中发挥主要作用，无机黏结剂在干馏中发挥主要作用，相关研究制备的黏结剂用于粉煤成型干馏可以得到达标的型煤型焦，但由于黏结剂制备成本较高，工业化难以推广应用。因此，价格低廉、性能优良的黏结剂组分有待进一步探究。

7.5 粉煤成型干馏过程及黏结作用机制

7.5.1 粉煤成型过程及黏结作用机制

粉煤在成型的初始阶段，煤粒在低压下发生重排和紧密堆积，气体从煤粒间隙挤出，在此阶段，煤粒保持自身特性，能量主要用于煤粒间及煤粒与模具之间发生的摩擦。在压力持续升高过程中，煤粒间相互挤压，发生弹性形变和塑性形变，煤粒间接接触面积增加。随着煤粒间相互靠近，短程力如范德瓦耳斯力、吸附力和静电力发生作用。在屈服应力阶段，脆性煤粒破裂产生机械啮合作用，在更高的压力下，当压缩密度接近煤粒真密度时，系统将产生热，使得煤粒组分发生局部熔融，冷却后形成坚固的桥键[55]。

将粉煤与黏结剂混合制备型煤，黏结剂的组分不同产生的黏结效果各异，因而，粉煤成型是一个复杂的过程，包含水解、吸附、氧化和氢化等，同时也是多种机制协同作用产生的结果，如分子力、交联作用、范德瓦耳斯力和静电力等。近年来，国内外学者提出的成型机理包括分子-毛细管力、分子黏合、胶体、界面-结合理论等。

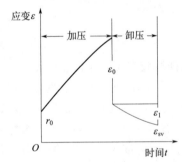

图 7-5　粉煤受压成型示意图
（r_0—初始变形量；ε_0—瞬时弹性变形量；
ε_1—黏滞弹性变形量；ε_{sv}—塑性变形量）

粉煤与黏结剂成型时，粉煤具有复杂的孔隙结构，成型过程中煤粒间相互填充、碰撞和压实，都离不开机械结合力，于淑政等[56]认为粉煤受压成型的过程中，表现出弹性、塑性和黏滞性，粉煤加压和卸压过程中各变量的关系，如图 7-5 所示。

在成型过程中，粉煤断裂产生许多新的表面，形成电场，Na^+、Mg^{2+}、Ca^{2+} 等阳离子和 H_2O 分子在煤粒表面形成吸附水层，所形成的吸附水层相当于黏性水膜，在煤粒间充当液桥作用，利于煤粒黏结和成型[31]，使所制备的型煤致密性增加，具备较高的抗压性能。

低变质煤中含有大量的—OH、—COOH、—C≡O 等含氧官能团与水分，是形成氢键的基础。Han 等[57] 通过 FTIR 和接触角法对型煤的化学结构和润湿性进行了研究，提出煤粒表面的芳香性碳碳双键和羧基可以增强型煤表面疏水性，其中碳碳双键起主导作用，干燥后的煤粒表面羟基形成的氢键对型煤强度产生影响。朱斌等[58] 认为采用有机黏结剂和无机矿物黏结剂作为型煤黏结剂时，水分的添加可在煤粒间产生溶胶体和黏合作用。Mangena 等[59,60] 认为煤粒中含有高岭石等无机矿物质，可以发挥黏结作用。在适当水分添加情况下，矿物质间水分增加，产生分散、膨胀和黏性的特点。有机黏结剂，在一定条件下，能够在煤粒表面上或孔隙结构内积聚形成均匀的薄膜层，在煤粒接触位点形成固桥。

7.5.2　型煤干馏过程及黏结作用机制

型煤干馏过程包括以下几个阶段[61]：干燥-预热-软化阶段（室温～480℃）、干馏-黏结阶段（500～600℃）、固-胶体固化-收缩阶段（600～900℃）。张传祥等[62]对工业型煤的热稳定性形成机理进行了探究，认为添加黏结剂与煤粒间的亲和性及在冷态下生成的凝胶体与晶体结构是影响型焦热稳定性的关键因素。

Taylor等[63,64]认为黏结剂受热分解后沿着煤粒接触面产生机械黏合，该理论能较好地解释型煤的物理黏结过程，黏结剂在干馏过程中，可在煤粒间及孔隙内沉积成片状晶体、棒状和絮状凝胶体，这些沉积的固相物可在煤粒间产生机械啮合力。谌伦建等[65]采用扫描电镜对工业型煤微观结构进行了研究，发现无机黏结剂在煤粒表面与孔隙中形成的凝胶体和晶体将煤粒包围起来，黏结剂晶体相互交叉、连接形成晶体网络，并有部分晶体插入凝胶体中，从而将煤粒牢固地黏结在一起。Barriocanal等[66]通过对黏结剂与粉煤结合界面的研究认为，高度芳香性的黏结剂在干馏过程中会产生有序的叶片状界面物，其在不同粉煤表面的差别行为可通过粉煤被黏结剂表面润湿程度的不同给以解释。田斌等[67]研究发现，添加有机黏结剂时，水分在黏结剂与煤料表面形成氢键，经过干燥脱水后形成化学键，型煤热稳定性提高，复配无机黏结剂后，有机黏结剂组分和无机黏结剂组分结合并与粉煤表面官能团发生化学键合，高温条件下，煤粒被凝胶物质包裹，型煤的热性能得到了提高。黄山秀等[68]将肥煤作为黏结剂掺入到低阶粉煤中制备型煤，结果表明当肥煤掺入量为15％时所制备型煤强度较高，这是由于肥煤熔融产生的胶质体附着在煤粒表面，使得型煤结构更为坚固。

7.6　背景、意义及内容

（1）背景和意义

低阶煤作为优质的干馏煤种，占我国煤炭总储量的50％以上，现阶段采用的干馏工艺大多数要求煤的粒度在3mm以上，但由于采煤方式由炮采向综采的转变，块煤采出率约占煤炭总开采量的30％，致使干馏原料的短缺，而大量的粉煤无法得到有效利用。将粉煤用于制备型煤与型焦，既能缓解块煤资源不足的问题，还能为低阶粉煤的利用开辟新的技术途径。由于低阶粉煤的黏性差，在成型过程需要加入黏结剂，因此，性能优良、价格低廉和工艺简单的粉煤成型干馏双效黏结剂的制备是研究的重点与难点。

本研究采用企业生产过程中产生的废水与废渣作为粉煤成型干馏双效黏结剂的主要成分，在实现粉煤成型制备性能优良的型煤与型焦的基础上，大幅度降低了黏结剂的制备成本。不仅可以充分利用大量无法得到综合利用的粉煤，而且企业产生的废弃物也可得到回收利用，达到资源循环利用与环境污染降低的目的，对低变质粉煤和废水废渣的综合利用具有重要的参考价值和指导意义。

（2）研究内容

① 选取马铃薯渣作为粉煤成型干馏双效黏结剂的主要组分，探究黏度、马铃薯渣粒度、糊化剂对型煤抗压强度的影响；在制备的抗压性能较优的型煤基础上，对马铃薯渣的糊化条件进行探索；为了进一步提高型煤与型焦的抗压强度，引入了兰炭废水基酚醛树脂，且对其掺入量进行了优化，以及对金属镁渣代替无机黏结剂 $MgCl_2$ 的条件进行了探索。

② 利用 FT-IR、XRD、SEM、TG-DTG 和燃烧动力学等分析抗压性能较优的型煤与型焦，探索粉煤成型干馏双效黏结剂中有机组分和无机组分在成型阶段与干馏阶段发挥的作用，及其加入对所制备的型煤与型焦的官能团、微晶结构、微观结构及热性能的作用机制。

③ 以马铃薯渣、兰炭废水基酚醛树脂及金属镁渣等组分所制备的双效黏结剂，用于型煤与型焦的制备。采用 TG-MS 对粉煤及优化条件下制备的型煤与型焦在燃烧过程中产生的小分子气体和烃类物质进行分析，并且对传统块煤干馏与粉煤成型干馏两种工艺进行经济性比较。

第 8 章

实验部分

8.1 实验原料

本实验采用的煤种取自神木红柳林煤矿,马铃薯渣取自榆林靖边某马铃薯淀粉生产企业,兰炭废水取自神木某兰炭生产企业,金属镁渣取自神木某金属镁生产企业,分别将煤料粉碎至 0.2mm 备用。粉煤与马铃薯渣的工业分析结果如表 8-1 所示。

表 8-1 实验原料的工业分析

原料	工业分析(质量分数)			
	水分/%	挥发分/%	灰分/%	固定碳/%
粉煤	4.35	31.71	10.05	53.89
马铃薯渣	6.04	78.72	5.36	9.88

8.2 实验试剂与设备

实验中使用的主要试剂如表 8-2 所示,主要设备及仪器如表 8-3 所示。

表 8-2 实验使用的主要试剂

名称	规格	厂家
氢氧化钠	分析纯	天津市河东区红岩试剂厂
氢氧化铝	分析纯	天津市致远化学试剂有限公司
二氧化硅	分析纯	天津市致远化学试剂有限公司
氧化钙	分析纯	天津市瑞金特化学品有限公司
过氧化氢	分析纯	天津市科密欧化学试剂有限公司
四硼酸钠	分析纯	天津市福晨化学试剂厂
氯化镁	分析纯	天津市致远化学试剂有限公司
聚丙烯酰胺	分析纯	天津市福晨化学试剂厂
马铃薯淀粉	食用级	榆林市新田源集团富元淀粉有限公司

表 8-3 实验设备名称、型号及生产厂家

设备名称	型号	厂家
精密增力电动搅拌器	JJ-1	常州市金坛区环宇科学仪器厂
集热式磁力搅拌器	DF-101B	常州诺基仪器有限公司
粉碎机	QE-250	浙江屹立工贸有限公司
电动振动筛	200mm	河南众人天机械设备有限公司
粉末压片机	SZT-30T	天津市众拓科技发展有限公司
铝甑干馏炉	GDL-BX	上海密通机电科技有限公司
全自动型煤压力试验机	ZCDS-5000A	济南中创工业测试系统有限公司
自动工业分析仪	XDGY-3000	鹤壁市鑫达仪器仪表有限公司
数显黏度计	DNJ-8S	上海方瑞仪器有限公司
原位红外光谱仪	IR Prestige-21	日本岛津公司
场发射扫描电子显微镜	赛格玛300	德国蔡司有限公司
X射线衍射仪	D8 Advance	德国布鲁克有限公司
微机全自动量热仪	ZDHW-7型	鹤壁市宏泰电子科技有限公司

8.3 样品的测试与表征

(1) 抗压强度测试

采用 ZCDS-5000A 型全自动型煤压力试验机对型煤的抗压强度进行测定。测试条件：将型煤置于试验台中间，在压缩过程中，以 50mm/min 的位移速率对型煤表面施加轴向载荷，直至型煤抗压强度（变形）值恒定。

(2) 工业分析

采用 XDGY-3000 型自动工业分析仪对马铃薯渣、粉煤及型煤的灰分、挥发分、水分及固定碳进行测定。测试条件：取 0.5～0.7g 粒度小于 0.2mm 的原料，分别在 N_2 流量为 4～5L/min、107℃ 恒温 45min 和 N_2 流量为 3～4L/min、900℃ 恒温 7min 的条件下测试水分和挥发分，在氧气流量为 3～4L/min、815℃ 恒温 45min 的条件下测试灰分。

(3) 黏度测试

采用 DNJ-8S 型数显黏度计对粉煤成型干馏黏结剂进行黏度测定。测试条件：通过旋转升降块将黏度计的转子浸入黏结剂，通过转子和转速的调整对黏结剂进行黏度测定。

(4) 傅里叶红外光谱（FT-IR）

采用日本岛津公司 IR Prestige-21 原位红外光谱仪对粉煤及型煤进行 FT-IR 红外分析。测试条件：室温，仪器分辨率为 $0.5cm^{-1}$，在 4000～$600cm^{-1}$ 进行红外光谱扫描，采用溴化钾压片法，压强为 30～40MPa，试样与溴化钾比例为 1：100。

(5) 扫描电镜（SEM）

采用德国蔡司赛格玛 300 场发射扫描电子显微镜（SEM）对粉煤、型煤的微观形貌进行分析，测试前需对样品进行喷金处理。

(6) X射线衍射（XRD）

用 X 射线衍射仪记录了样品在 2θ 范围 5°～70°、40kV、40mA 电流下的 X 射线衍射图谱（$\lambda=1.5406\text{Å}$ ❶），扫描步长 5°/min。

(7) 热值测试

采用微机全自动量热仪，称量 0.7～0.9g 的样品，为了减少误差，核对每次使用的铂丝与棉线的长度，在室温下对样品的热值进行测试。

(8) 热重 （TG）

采用热重分析仪在 N_2 或空气气氛下测定，称量约 10mg 的样品，升温速率为 10℃/min，室温～900℃，在空气与 N_2 气氛下对样品进行测定。

(9) X 射线荧光光谱分析 （XRF）

采用美国赛默飞公司的 ARL Advant'X Intellipower TM3600 型 X 射线荧光光谱仪分析金属镁渣的氧化物含量。

(10) 燃烧动力学

根据质量作用定律、Arrhenius 方程和 Coats-Redfern 模型[69]，利用热重-微分热重（TG-DTG）曲线计算了粉煤、型煤和型焦的活化能。非等温 TGA 数据拟合公式为式(8-1)[70,71]：

$$\int_0^\alpha \frac{d\alpha}{(1-\alpha)^n} = \frac{A}{\beta} \times \frac{RT^2}{E}\left(1 - \frac{2RT}{E}\right)\exp\left(-\frac{E}{RT}\right) \tag{8-1}$$

对方程两边积分取对数，式(8-1) 可推导为式(8-2)：

$$\ln\left[\frac{-\ln(1-\alpha)}{T^2}\right] = \ln\left[\frac{AR}{\beta E}\left(1 - \frac{2RT}{E}\right)\right] - \frac{E}{RT} \tag{8-2}$$

式中，α 为样品转化率；T 为反应温度；A 为指前因子；β 为升温速率；E 为活化能；R 为气体常数。

粉煤、型煤和型焦燃烧反应的转化率可根据式(8-3) 计算：

$$\alpha = \frac{\omega_0 - \omega_t}{\omega_0 - \omega_\infty} \tag{8-3}$$

式中，ω_0 为燃烧反应前的样品量；ω_t 为反应时间 t 时的样品量；ω_∞ 为燃烧反应后的样品量。

对于一般反应温度范围和大多数 E 值，$E/(RT)\gg1$，$(1-2RT/E)\approx1$，则式(8-2) 可改写为式(8-4)：

$$\ln\left(\frac{-\ln(1-\alpha)}{T^2}\right) = -\frac{E}{RT} + \ln\frac{AR}{\beta E} \tag{8-4}$$

利用 $\ln\left(\frac{-\ln(1-\alpha)}{T^2}\right)$ 和 $1/T$ 的线性回归斜率，计算了粉煤、型煤和型焦的活化能 E。

(11) 热值联用 （TG-MS）

采用热重与质谱联用进行 TG-MS 测量，在空气气氛下，温度范围为 30～1000℃，加热速率为 10℃/min，对煤样在燃烧过程中排放的小分子物质与烃类化合物进行测定。

---

❶　1Å=0.1nm。

第9章
粉煤成型干馏双效黏结剂的制备

9.1 概述

抗压强度是评价型煤与型焦物理性能的重要指标，而黏结剂影响着型煤的抗压强度、热稳定性、燃烧性能和制备成本等，在型煤型焦的生产过程中起着至关重要的作用。粉煤成型干馏过程要求黏结剂在具备较高的黏性的同时，需要具备较高的耐高温性，因此，黏结剂需有机物与无机物复配。

马铃薯渣可作为有机黏结剂，具有来源广、可再生等优点，其中的淀粉、纤维素与果胶等含量较高，能够黏结许多不同的材料，如纸、煤和木材。马铃薯渣是马铃薯淀粉加工过程中的主要副产物，每生产 1t 马铃薯淀粉可产生 6.5～7.5t 的薯渣，其具有含水率高、难以储存运输的特点。马铃薯渣产量大，若处理不当会腐坏造成环境污染。国内外学者对马铃薯渣的资源化利用做了以下研究：①加工饲料[72]，但存在其中的有益组分未得到利用的问题；②有益物质的提取与转化[73,74]，但存在工艺复杂与成本较高的问题。因此，将马铃薯渣作为固体燃料及黏结剂[75,76]，可实现马铃薯渣的综合利用。但马铃薯渣的耐高温性较差，淀粉等有机物为型煤提供结构支撑，但在燃烧过程中暴露在高温下，有机物结构分解过程就开始了，黏性作用降低[77]。

为了进一步提高黏结剂的耐高温性，配入耐高温性较强的黏结剂组分。酚醛树脂作为胶黏交联剂，应用领域广泛。张彦军等[78]以酚醛树脂为黏结剂用于粉煤成型制备型煤符合陕西省洁净型煤标准的质量指标。本课题组人员在兰炭废水中加入甲醛与其中的酚类物质聚合可制备得到酚醛树脂，通过红外、SEM 等方式进行了表征分析，发现兰炭废水基酚醛树脂与商用酚醛树脂具有相似的特性。将兰炭废水基酚醛树脂配入黏结剂，旨在进一步提高型煤与型焦的抗压强度。同时本研究改变了现阶段兰炭废水均采用蒸氨-脱酚-SBR 组合、Fenton氧化-吹脱法组合及臭氧催化氧化法等处理方法[79]。变"处理"为"转化"，对兰炭废水中存在的大量酚类与氨氮物质进行回收、转化利用。

有机物质在高温条件下被破坏，黏性降低，无机黏结剂的使用可以提高型煤的耐高温性，使得型煤具备较高的抗压强度。我国已成为世界最大的原镁生产地[80]。金属镁渣是采用皮江法冶炼镁过程中产生的废渣，每生产 1t 金属镁产生 6～10t 的镁渣。镁渣的性质与硅酸盐水泥相似，在砂浆中掺入镁渣可提高耐久性。国内对镁渣的综合利用开展了较多的研究，主要集中于水泥、胶凝材料及耐火材料等方面的应用[81,82]，然而，金属镁渣利用率却较低，镁渣处理主要采用倾倒和填埋的方式，对土壤、大气及水体等造成危害。镁渣中主要以耐高温的无机氧化物为主，本研究将其用于粉煤成型干馏黏结剂的制备中，代替无机黏结剂组分，可以降低黏结剂的制备成本，同时可提高金属镁废渣的综合利用率。

本章以低变质粉煤为主要原料，以企业产生的马铃薯渣、兰炭废水基酚醛树脂及金属镁渣等为黏结剂原料制备型煤，通过成型热解工艺制备型焦，主要探究了黏结剂组分对型煤与型焦的抗压强度的影响。

9.2　马铃薯渣基黏结剂的制备及其对粉煤成型干馏的影响

马铃薯淀粉生产过程中产生的马铃薯渣中含有大量的淀粉、果胶与纤维素等，其含量如表 9-1 所示，果胶常被用作增黏剂与稳定剂，含量最多的就是淀粉，淀粉作为生物质黏结剂广泛应用于各行业。

表 9-1　干基马铃薯渣中主要组分分析

成分	淀粉	纤维素	果胶	蛋白质	灰分
含量(质量分数)/%	37	17	17	8.65	4.5

淀粉颗粒在发生糊化反应后，淀粉的黏度、流变性、保水性、结合力、干强度、乳化液、悬浮液、稳定性和成膜性等特点才可以显现出来，同时为了完成糊化，淀粉颗粒需要在有多余水的情况下加热，在糊化过程中与水分添加量、糊化时间及糊化温度等存在极大关联。首先，无定形区的淀粉分子开始吸水，淀粉颗粒开始膨胀，随着更多的热量被转移，双折射消失在晶体区域，这种双折射的损失发生在特定温度区间，这是淀粉类型的特征。随着颗粒溶胀，体系的黏度不断增大，直到达到最大颗粒尺寸，黏度主要是由颗粒溶胀的相互作用所引起。当该体系进一步加热和剪切时，膨胀的颗粒分解成更小的碎片，最终形成黏度更低的胶体溶液[77]。

淀粉在糊化过程中需要较高的温度，加入的糊化剂可与淀粉分子中的羟基结合，破坏氢键，降低糊化温度，使得在较低的温度下，马铃薯渣中的淀粉即可进行糊化，制得黏度较大的粉煤成型干馏黏结剂，降低了黏结剂在制备过程中的能耗。糊化剂的选择及糊化条件对黏结剂黏性有较大的影响，进而对黏结剂与粉煤混合所制备的型煤型焦的抗压性能产生影响。

9.2.1　马铃薯渣的预处理

采用多功能粉碎机将自然风干至恒重的块状马铃薯渣粉碎，得到的粉末状马铃薯渣再经电动振动筛筛选备用。

9.2.2　马铃薯渣基黏结剂及型煤型焦的制备

将马铃薯渣置于圆底烧瓶中，加入一定量的水与糊化剂，在加热搅拌的条件下进行糊化，糊化过程结束后停止加热，加入氧化剂、交联剂继续搅拌 20min，最后加入无机黏结剂 $MgCl_2$ 与增黏剂搅拌 20min，制得粉煤成型干馏黏结剂。将焦油渣、制备的黏结剂及 0.2mm 的粉煤按照质量比 1∶12∶20 的比例混合均匀，在 6MPa 的条件下冷压成型，在室温下干燥，制得型煤。将干燥后的型煤放入铝甑干馏炉内，其中甑体为自制钢甑，根据干馏温度对型焦性能的影响及结合企业生产过程中的温度要求，在干馏温度 650℃下恒温 6h 制得型焦。

9.2.3　马铃薯渣基黏结剂对型煤型焦抗压强度的影响

9.2.3.1　黏度对型煤抗压强度影响

通过调节马铃薯渣与水分添加量的配比，探究黏结剂的黏度对型煤抗压强度的影响，如图 9-1 所示。

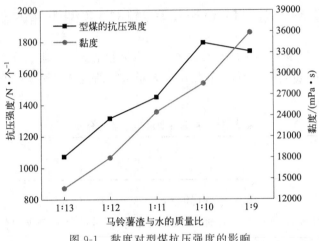

图 9-1　黏度对型煤抗压强度的影响

从图中可以看出，随着黏度的增加，型煤抗压强度呈先上升后下降的趋势，w（马铃薯渣）：w（水）＝1：10，黏度为 28565mPa·s 时，型煤的抗压强度为 1794.8N/个，其原因是黏结剂混合组分中含有—OH，能自身发生氢键结合，同时马铃薯渣中淀粉含量为 37% 左右，淀粉中含有 80% 左右的支链淀粉、17% 左右直链淀粉[83]，支链淀粉与黏结剂中的其他有机物质进行了接枝，增长了支链淀粉长度，形成的网状结构对粉煤起到较强的捕获和网络作用，由于分子链数量增加，大分子链之间的叠加、缠绕现象更加严重，内聚力增大，使得黏结剂黏度不断增加，进而提高了型煤的抗压强度[84]。但当 w（马铃薯渣）：w（水）＞1：10，黏度大于 28565mPa·s 时，随着黏结剂黏度的增加，型煤的抗压强度降低，其原因是长链分子在黏结剂中相互缠绕，导致黏结剂难以与粉煤混合均匀。

9.2.3.2　马铃薯渣的粒度对型煤抗压强度影响

在马铃薯渣与水分添加量的比例为 1：10，黏度为 28565mPa·s 时，分别以未过筛、过 80 目筛（0.18mm）和过 100 目筛（0.15mm）的马铃薯渣为原料制备黏结剂，将黏结剂与粉煤（0.2mm）混合均匀制备型煤，马铃薯渣粒度对型煤抗压强度的影响如图 9-2 所示。

从图中可以看出，未过筛的马铃薯渣制备的型煤抗压强度较低，原因是马铃薯渣粒度不同，分布不均匀，制备的黏结剂分层现象严重，其难以与粉煤均匀混合，导致型煤的抗压强度较差。粒度 0.15mm（过 100 目筛）相比 0.18mm（过 80 目筛）的马铃薯渣制备的型煤较强，原因是合适的粒度分布并且粒度越小时，马铃薯渣颗粒间排列越紧密、毛细管平均直径越小、分子之间黏结力越强[85]。同时，马铃薯渣中的淀粉组分其粒度越细，黏性越强，当淀粉粒度低于 98 目时不易分解氧化，但随着马铃薯渣粒度的减小，粉碎与筛分过程中的能耗增加，以 0.15mm（过 100 目筛）粒度的马铃薯渣为原料制备得到的型煤抗压强度较高，为 2091.6N/个。本研究选取粒度为 100 目（0.15mm）的马铃薯渣为原料制备型煤。

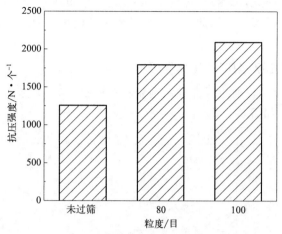

图 9-2 马铃薯渣粒度对型煤抗压强度的影响

9.2.3.3 糊化剂的选择对型煤抗压强度影响

糊化剂可以降低淀粉的糊化温度，进而影响型煤的抗压强度。在马铃薯渣与水分添加量的比例为 1:10，黏度为 28565mPa·s，马铃薯渣粒度为 100 目时，糊化剂对型煤抗压强度的影响如图 9-3 所示。

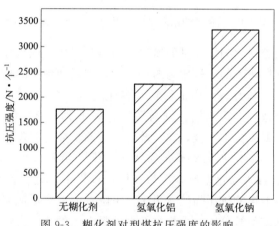

图 9-3 糊化剂对型煤抗压强度的影响

从图中可以看出不加糊化剂时型煤的抗压强度最低，其原因是在黏结剂中电离出氢氧根，水分子间的缔合状态和淀粉分子间的氢键遭到破坏，使得水分子在较低温度下可渗透到淀粉颗粒中，进而促使淀粉糊化，提高了型煤的抗压强度[86]。当糊化剂为氢氧化铝时，其与淀粉分子之间发生吸附作用，致使其糊化作用不明显。当糊化剂为 NaOH 时，其可将氢氧根离子和水分子带入淀粉颗粒中，破坏淀粉分子间的氢键，减弱淀粉大分子间的作用力，使得淀粉分子在较低温度下即可糊化，同时马铃薯渣中的纤维素在碱性条件下逐渐拆散了分子间的无定形区和部分晶区大分子间的结合力[87]，形成的碱纤维素，是一种材料增强体，有助于型煤抗压强度的提高。同时 NaOH 可水解马铃薯渣，破坏细胞壁中木质素的吡喃环，并剥离与木质素相互交联的纤维素与半纤维素，使纤维素与半纤维素在型煤中发挥桥连作用，提高型煤稳定性。

抗压强度较高的型煤是制备抗压强度较高的型焦的基础条件，通过对黏度、马铃薯渣粒度及糊化剂选择的条件优化，制得型煤的抗压强度为 3339.6N/个，由于糊化条件对马铃薯渣中淀粉的黏性有较大的影响，因此，对糊化过程中的糊化剂加入量、糊化温度及糊化时间进行研究、优化。

9.2.3.4　糊化剂加入量对型煤型焦抗压强度影响

采用 NaOH 为糊化剂，通过探究黏结剂制备过程中 NaOH 与马铃薯渣的质量比，得到型煤型焦的抗压强度，如图 9-4 所示。

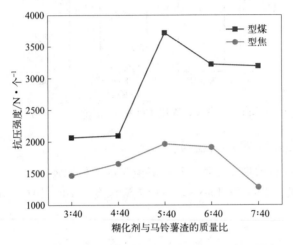

图 9-4　糊化剂的加入量对型煤型焦抗压强度的影响

从图中可以看出随着糊化剂加入量的增多，型煤与型焦的抗压强度均呈现先上升后下降的趋势。当糊化剂与马铃薯渣的质量比为 5∶40 时，型煤和型焦的抗压强度均达到最高，可能的原因是在此条件下的马铃薯渣中的淀粉被糊化完全，黏结剂与粉煤之间形成的网状结构，可发挥较大的黏性作用。但当糊化剂与马铃薯渣比例小于 5∶40 时，糊化剂的用量较小，使得马铃薯渣中淀粉糊化不完全，黏性较弱，进而型煤与型焦的抗压强度较低。当糊化剂与马铃薯渣比例大于 5∶40 时，型煤的抗压强度下降明显，而型焦的抗压强度未明显下降，其原因是在 NaOH 加入量过量时，淀粉在糊化过程中直链淀粉与支链淀粉直接形成的网状结构被破坏，导致型煤的抗压强度发生迅速下降，而型焦形成需要经过高温阶段，在高温阶段的时候，有机黏结剂被分解，无机黏结剂发挥较大的作用。

9.2.3.5　糊化温度对型煤型焦抗压强度影响

当糊化剂与马铃薯渣的比例为 5∶40 时，对黏结剂的糊化温度进行探究，所制得型煤与型焦的抗压强度如图 9-5 所示。

从图中可以看出，随着糊化温度的上升，型煤与型焦的抗压强度均在 65℃ 达到最大值。马铃薯淀粉在 65～67℃ 开始糊化，所谓的糊化温度是马铃薯淀粉开始糊化的温度，在此温度条件下，淀粉的黏度急速增加，但淀粉完成糊化过程的温度范围较宽，从开始糊化到完全糊化所需的温度比初始糊化温度高 12～21℃。随着糊化过程的进行，淀粉分子充分展开呈长链状，长链状的淀粉分子相互缠绕交联形成凝胶的三维网状结构，随着温度升高，未糊化的淀粉颗粒发生膨胀、破裂，形成网孔结构，黏性增大[88]，即在 65℃ 附近黏结剂的黏性最大，所制备型煤与型焦的抗压性能较优，但糊化温度再升高，淀粉网状结构破坏，黏度降低。糊化剂的加入使得马铃薯淀粉在 65℃ 达到完全糊化，相较马铃薯淀粉在 94℃ 达到最高

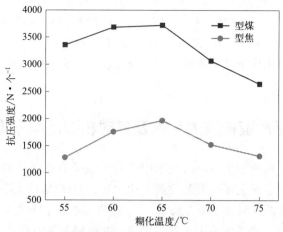

图 9-5　糊化温度对型煤型焦抗压强度的影响

糊化温度，糊化温度大幅降低，可以降低糊化所需加热时间及加热过程中的能耗。

9.2.3.6　糊化时间对型煤型焦抗压强度影响

当糊化剂与马铃薯渣的比例为 5∶40，糊化温度为 65℃时，对黏结剂的糊化时间进行探究，所制得型煤与型焦的抗压强度如图 9-6 所示。

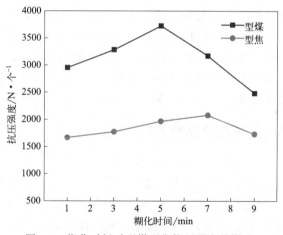

图 9-6　糊化时间对型煤型焦抗压强度的影响

从图中可以看出，随着糊化时间的增加，型煤与型焦的抗压强度增强，其原因可能是糊化过程中具有一定能量的水分子进入淀粉颗粒内部，争夺淀粉分子羟基上的氢键，当水分子的能量超过淀粉分子上氢键的键能时，淀粉分子上氢键被破坏，淀粉分子的晶体状态由紧密结合变成疏松，晶体结构被破坏，淀粉颗粒发生不可逆吸水膨胀，体积增大，羟基含量增加，黏性增强。但随着糊化时间的增加，黏结剂趋于水性，黏性下降明显[89]。因此，型煤在糊化时间 5min 时抗压强度达到最大值 3722.8N/个，而型焦在糊化时间为 7min 时抗压强度达到最大值，但型煤的抗压强度为 3173N/个，相较糊化时间 5min 时，型煤的抗压强度降低较多。在实际生产过程，煤在干馏过程中持续进料，上层的煤料会对底层的煤料进行挤压，因此，对型煤的抗压强度有较高的要求，所以本研究采用糊化时间为 5min 为优化条件。

综上所述，当 w(马铃薯渣)：w(水)＝1：10、马铃薯渣的粒度为 100 目、糊化剂选用 NaOH 时，型煤的抗压强度较高，在此基础上，通过对糊化条件进行探索，结果表明当 w(NaOH)：w(马铃薯渣)＝1：8、糊化温度为 65℃、糊化时间为 5min 时型煤与型焦的抗压强度较优。通过对此优化条件下型煤与型焦进行表征分析，探索黏结剂组分对粉煤成型干馏的黏结作用机制。

9.3 兰炭废水基酚醛树脂的引入及其对粉煤成型干馏的影响

兰炭企业在生产过程中产生的兰炭废水中含有大量的有机污染物、氨氮类及油类物质，其废水处理问题限制着兰炭企业生存与发展。相关研究对陕西、内蒙古及新疆等地的兰炭废水进行了检测，水质检测结果如表 9-2 所示[90]。兰炭废水的 pH 值为 8.25～9.8，为弱碱性条件，在高酚类、高氨氮的兰炭废水中加入甲醛，在甲醛与氨氮反应生成的乌洛托品为固化剂的条件下，可制备得到热固性兰炭废水基酚醛树脂，且通过对兰炭废水基酚醛树脂进行表征分析，发现其与常用酚醛树脂具有相似的特性。

表 9-2　兰炭废水水质分析

项目	pH	COD/(mg/L)	氨氮/(mg/L)	总酚/(mg/L)	色度/倍
数值	8.25～9.8	17000～30000	2000～5000	4000～6000	10000～30000

马铃薯渣作为生物质黏结剂，其耐热性较差，在高温条件下，其中主要组分淀粉、果胶及纤维素等与粉煤之间形成的骨架结构被破坏，导致型焦的抗压强度降低。酚醛树脂作为常用的黏结剂，耐热性较强。本研究在以马铃薯渣为黏结剂组分的同时，引入兰炭废水基酚醛树脂交联剂作为粉煤成型干馏的黏结剂组分，进而提高型煤与型焦的抗压强度，且实现了兰炭废水中污染物的资源化转化，提高了兰炭产业链的附加值。

9.3.1 兰炭废水基酚醛树脂交联剂的制备

在实验室条件下，对兰炭废水基酚醛树脂的制备条件进行了优化。采用优化条件进行中试兰炭废水基酚醛树脂的制备，工艺流程如图 9-7 所示。兰炭废水水质复杂，其中含有固体杂质，需对此进行过滤，将过滤后的兰炭废水与甲醛按体积比为 50：1 加入反应釜中，在 85～90℃的条件下恒温 4h 后，自然冷却至室温，对冷却后的兰炭废水进行过滤，得到含水量较大的兰炭废水基酚醛树脂，将其放置于干燥箱中，在 80℃的条件下恒温 12h，除去多余的水分。

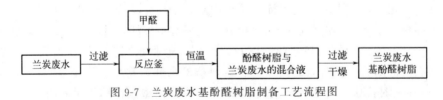

图 9-7　兰炭废水基酚醛树脂制备工艺流程图

9.3.2 引入交联剂的黏结剂制备

将马铃薯渣与兰炭废水基酚醛树脂按一定的比例置于圆底烧瓶中，加入 w(糊化剂)：w

（马铃薯渣）：w（水）＝1∶8∶80，在加热搅拌的条件下进行糊化过程，升温至 65℃ 糊化 5min 后停止加热，加入氧化剂、交联剂继续搅拌 20min，最后加入无机黏结剂 MgCl$_2$ 与增黏剂搅拌 20min，制得掺入兰炭废水基酚醛树脂的粉煤成型干馏黏结剂。将所制得的黏结剂用于制备型煤和型焦，其制备过程与 9.2.2 节相同。

9.3.3　交联剂掺入量对型煤型焦抗压强度的影响

酚醛树脂作为耐高温性较强的黏结剂，通过在黏结剂制备过程中加入兰炭废水基酚醛树脂进一步提高型煤型焦的抗压强度。图 9-8 为不同酚醛树脂与马铃薯渣质量比下型煤型焦的抗压强度。

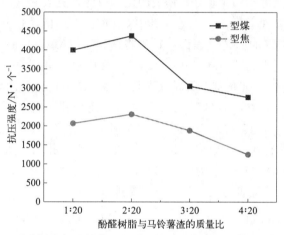

图 9-8　酚醛树脂与马铃薯渣的质量比对型煤型焦的抗压强度影响

从图中可以看出随着酚醛树脂加入量的增加，型煤与型焦的抗压强度均呈现先上升后下降的趋势，在 w（酚醛树脂）：w（马铃薯渣）＝1∶10 的条件下，型煤与型焦的抗压强度均达到最高值，分别为 4376.4N/个 与 2313N/个。马铃薯渣作为生物质黏结剂，在高温的条件下其结构被破坏严重，酚醛树脂的加入有助于型煤与型焦的抗压强度的提高，但由于酚醛树脂属于高分子物质，马铃薯渣中含有大量的有机物质，当 w（酚醛树脂）：w（马铃薯渣）＝1∶10时，酚醛树脂与马铃薯渣中的高分子树脂间相互缠绕严重，导致型煤与型焦的抗压强度降低。因此，以 w（酚醛树脂）：w（马铃薯渣）＝1∶10 为优化条件，通过对此优化条件下型煤与型焦进行表征分析，探索黏结剂组分对粉煤成型干馏的黏结作用机制。

9.4　金属镁渣的引入及其对粉煤成型干馏的影响

粉煤成型干馏黏结剂的制备中，有机黏结剂的黏性强，但是其耐热性较差，煤热解过程中需要加入耐高温性较强的无机黏结剂，前期实验均采用常用的 MgCl$_2$ 无机黏结剂。MgCl$_2$ 与 NaOH 反应生成 Mg(OH)$_2$，在热解过程中，Mg(OH)$_2$ 分解为 MgO，MgCl$_2$ 与 MgO 均为常用的黏结剂组分，使型焦仍具备较强的抗压性能。以 MgCl$_2$ 作为黏结剂组分所制备的型煤与型焦的抗压性能较优，但其价格较高，本研究尝试采用金属镁企业生产过程中产生的金属镁渣代替 MgCl$_2$ 作为无机物质用于黏结剂制备。

通过对金属镁渣进行分析，金属镁渣中含有多种氧化物，本研究分别以金属镁渣及金属镁渣中的主要氧化物作为黏结剂的组分制备型煤与型焦，并且对其以不同加入比例所制备的型煤与型焦的抗压强度进行探究。

9.4.1 金属镁渣的预处理

金属镁渣中含有部分粒度较大的颗粒，不利于黏结剂的制备。采用多功能粉碎机对金属镁渣进行粉碎，将粉碎后的金属镁渣进行筛选，得到 0.2mm 的金属镁渣，用于分析测试及黏结剂的制备。

9.4.2 金属镁渣中主要成分分析

采用 X 射线荧光光谱（XRF）分析镁渣的化学成分，见表 9-3。镁渣的主要化学成分是 CaO、SiO_2、MgO、Fe_2O_3 及 Al_2O_3 等。其中 CaO 与 SiO_2 的质量分数为 89.92%，其原因是采用皮江法生产金属镁的工艺流程为：首先将白云石（$MgCO_3 \cdot CaCO_3$）在回转窑或竖窑中约 1200℃下煅烧，生成煅白（$MgO \cdot CaO$），反应过程如式（9-1）所示。然后将煅白、还原剂硅铁（含硅 75%）、催化剂萤石粉（含氟化钙≥95%）进行计量配料，粉磨后压制成球团。将球团装入还原罐中，加热到 1200℃ 左右，还原罐内部抽真空至 $1.33 \sim 10.00$Pa，MgO 被硅还原成镁蒸气，其反应过程如式（9-2）所示。镁蒸气在还原罐前端的冷凝器中经水冷形成结晶镁，亦称粗镁。还原罐中剩余的镁渣在高温下排出。从金属镁的生产过程可以看出，金属镁渣中以 CaO 与 SiO_2 为主，因此，分别以金属镁渣、CaO 与 SiO_2 为无机组分制备黏结剂，对所制得的型煤与型焦的抗压强度进行分析。

$$MgCO_3 \cdot CaCO_3 \xrightarrow{\text{约 1200℃}} MgO \cdot CaO + 2CO_2 \uparrow \tag{9-1}$$

$$MgO \cdot CaO + (Fe)Si \xrightarrow{\text{约 1200℃}} Mg \uparrow + CaO \cdot SiO_2 + (Fe) \tag{9-2}$$

表 9-3 镁渣的化学分析

样品	质量分数/%								
	CaO	SiO₂	MgO	Fe₂O₃	Al₂O₃	Na₂O	SO₃	P₂O₅	其他
金属镁渣	57.19	32.73	4.16	3.08	1.31	0.224	0.121	0.0698	1.1152

9.4.3 引入金属镁渣及氧化物黏结剂的制备方法

将兰炭废水基酚醛树脂、NaOH、马铃薯渣与水，以 w（兰炭废水基酚醛树脂）：w（糊化剂）：w（马铃薯渣）：w（水）= 1:1.25:8:80 的比例置于圆底烧瓶中，加入糊化剂与水，在加热搅拌的条件下进行糊化过程，升温至 65℃ 糊化 5min 后停止加热，加入氧化剂、交联剂继续搅拌 20min，分别以金属镁渣、CaO 及 SiO_2 作为黏结剂组分，与增黏剂搅拌 20min，制得粉煤成型干馏黏结剂。将所制得的黏结剂用于制备型煤和型焦，其制备过程与 9.2.2 节相同。

9.4.4 金属镁渣及氧化物对型煤型焦的抗压强度的影响

9.4.4.1 金属镁渣掺入量对型煤与型焦抗压强度的影响

以不同质量比的金属镁渣与马铃薯渣为粉煤成型干馏双效黏结剂组分，所制备的型煤与型焦的抗压强度如图 9-9 所示。

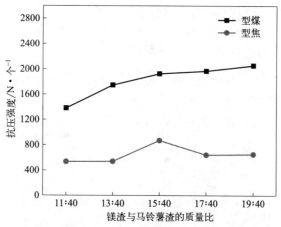

图 9-9　镁渣与马铃薯渣的质量比对型煤与型焦抗压强度的影响

从图中可以看出，随着金属镁渣加入量的增加，型煤的抗压强度呈上升的趋势，当金属镁渣与马铃薯渣比例从 11∶40 增加到 15∶40 时，型煤的抗压强度增加幅度较大，之后增长趋势平缓。型焦的抗压强度随着金属镁渣与马铃薯渣比例增大呈先上升后下降的趋势，在金属镁渣与马铃薯渣的比例为 15∶40 时，型焦的抗压强度较高为 869.6N/个，但随着两者比例的增加，型焦的抗压强度降低，其原因是随着金属镁渣的加入，金属镁渣含有的各种氧化物在热解中无法分解，提高了型焦的灰分，而当型焦中的灰分较高时，型焦的抗压强度降低。

9.4.4.2　SiO_2 掺入量对型煤与型焦抗压强度的影响

以不同质量比的 SiO_2 与马铃薯渣为粉煤成型干馏双效黏结剂组分，所制备的型煤与型焦的抗压强度如图 9-10 所示。

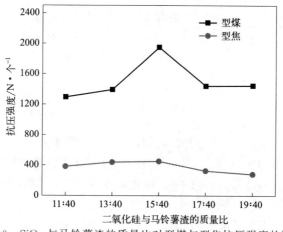

图 9-10　SiO_2 与马铃薯渣的质量比对型煤与型焦抗压强度的影响

从图中可以看出，随着 SiO_2 加入量的增加，型煤与型焦的抗压强度呈现先上升后下降的趋势，当 SiO_2 与马铃薯渣的质量比为 15∶40 时，型煤与型焦的抗压强度均较高，分别为 1951.2N/个与 449.2N/个。随着 SiO_2 与马铃薯渣质量比的增加，对型煤抗压强度影响更为显著，其原因是 SiO_2 可与 NaOH 溶液发生反应，其反应方程式如式（9-3）所示，1mol SiO_2 需要与 2mol NaOH 进行反应，随着 SiO_2 的加入，NaOH 不足以与过量的 SiO_2 反应，且过量的 SiO_2 存在于型煤与型焦中，与粉煤之间未形成相互镶嵌的骨架结构，且增大了煤粒间的空隙，致使型煤与型焦的抗压强度降低。

$$SiO_2 + 2NaOH \Longrightarrow Na_2SiO_3 + H_2O \qquad (9-3)$$

9.4.4.3　CaO掺入量对型煤与型焦抗压强度的影响

以不同质量比的CaO与马铃薯渣为粉煤成型干馏双效黏结剂组分，所制备的型煤与型焦的抗压强度如图9-11所示。

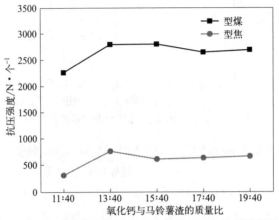

图9-11　CaO与马铃薯渣的质量比对型煤与型焦抗压强度的影响

从图中可以看出，随着CaO加入量的增加，型煤与型焦的抗压强度呈现先上升后趋于平缓的趋势，当CaO与马铃薯渣的质量比为13:40时，型煤与型焦的抗压强度均较高，分别为2786.2N/个与752.6N/个。Ca(OH)$_2$可作为黏结剂组分，当其加入比例从11:40增加到13:40时，型煤的抗压强度增加明显，同时Ca(OH)$_2$在500~600℃时，会分解为CaO，CaO也可以作为黏结剂组分，因此，型焦的抗压强度也发生明显的增加，当Ca(OH)$_2$的加入比例超过13:40时，会增加型煤与型焦的灰分，煤料的灰分对型煤与型焦的抗压强度存在较大的影响，弱化了Ca(OH)$_2$与CaO黏结剂的作用，导致型煤与型焦的抗压强度未明显上升。

9.5　本章小结

①　黏结剂的组分对型煤与型焦的抗压强度有很大的影响，当w(马铃薯渣):w(水)=1:10、马铃薯渣的粒度为100目、糊化剂选用NaOH时，型煤的抗压强度较高，在此基础上，当w(NaOH):w(马铃薯渣)=1:8、糊化温度为65℃、糊化时间为5min时，型煤与型焦的抗压强度分别为：3722.8N/个与1967N/个。

②　将自制的兰炭废水基酚醛树脂配入黏结剂中，当w(兰炭废水基酚醛树脂):w(马铃薯渣)=1:10时，得到的型煤与型焦的抗压强度分别为4376.4N/个与2313N/个，进一步提高型煤与型焦的抗压强度。

③　在以MgCl$_2$作为无机黏结剂组分时，得到的型煤与型焦的抗压性能较优，但其成本较高，将无机黏结剂组分MgCl$_2$更换为金属镁渣。金属镁渣中主要的氧化物为CaO与SiO$_2$，以SiO$_2$为无机黏结剂组分所制备的型煤与型焦的抗压强度均较低，其不利于型煤与型焦抗压性能的提高，当w(金属镁渣):w(马铃薯渣)=15:40，型煤与型焦的抗压强度分别为：1925.2N/个与869.6N/个。

第**10**章

粉煤成型干馏双效黏结剂的作用机制研究

10.1 概述

　　粉煤与黏结剂经混合、冷压成型制得型煤，型煤再经热解工艺制备型焦，因此黏结剂对型煤与型焦的理化性质产生重要的影响。本章主要利用傅里叶红外光谱（FT-IR）、X射线衍射仪（XRD）、扫描电镜（SEM）及热重分析仪等对粉煤与黏结剂在成型干馏过程中的黏结作用机制进行了研究，以期为型煤型焦的制备过程提供理论依据，奠定理论基础。

10.2 马铃薯渣基黏结剂的黏结机制分析

10.2.1 官能团分析

　　图 10-1(a) 和图 10-1(b) 为糊化前后的马铃薯渣、粉煤及优化条件下制备的型煤型焦的 FT-IR 图谱。

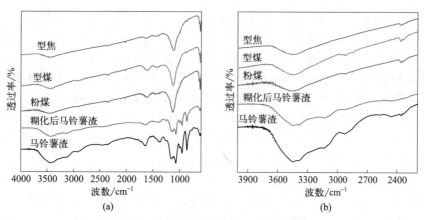

图 10-1　马铃薯渣与煤样的 FT-IR 图谱

　　从马铃薯渣的 FT-IR 图中可以看出，在 $3700\sim3300\mathrm{cm}^{-1}$ 处的宽吸收峰为 O—H 的伸缩振动，在 $3000\sim2700\mathrm{cm}^{-1}$、$1640\sim1620\mathrm{cm}^{-1}$ 和 $1500\sim1250\mathrm{cm}^{-1}$ 处的峰分别为 C—H

基团、羧酸盐（—COOR）基团、C—O 基团和 CH$_2$ 基团的伸缩振动。1100～1000cm^{-1} 处的峰对应 C—O 在—COOH 中的拉伸和 O—H 的弯曲以及 C—O—C 糖苷环键的振动。这些特征峰对应马铃薯渣中的淀粉、果胶和纤维素[91-93]。这些物质常被用作黏结剂，在粉煤成型过程中可发挥黏结作用，且改性前后的马铃薯渣中的一些特征峰的变化不显著。马铃薯渣基黏结剂中 w(NaOH)：w(马铃薯渣)：w(水)=1：8：80，黏结剂中主要以水为主，马铃薯渣所占比例较小，使得粉煤与马铃薯渣基黏结剂所制备型煤型焦的 FT-IR 图特征峰区别较小，但马铃薯渣和型煤在图 10-1(b) 中 2960cm^{-1} 附近有相同的特征峰，在型焦中特征峰消失，说明马铃薯渣在高温热解过程中发生了分解。因此，马铃薯渣与粉煤结合过程中没有出现新的峰，说明粉煤与黏结剂的相互作用主要为物理黏结。

10.2.2 微晶结构分析

图 10-2(a) 和图 10-2(b) 为糊化前后的马铃薯渣、粉煤及优化条件下制备的型煤型焦的 XRD 图谱。

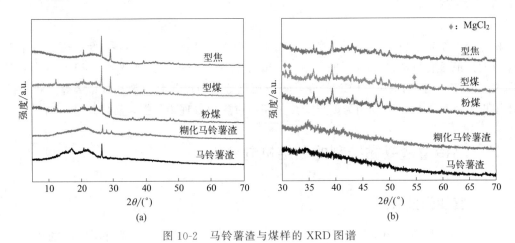

图 10-2 马铃薯渣与煤样的 XRD 图谱

从马铃薯渣的 XRD 图中可以看出，在 17°处的结晶峰属于淀粉和纤维素[91,94]，改性后结晶峰消失，表明改性过程破坏了淀粉的结晶结构，提高了黏结剂的黏度[95]。在粉煤、型煤和型焦表面系统地鉴定了高岭石和石英的立方晶体结构，在 2θ 值分别为 12.3°(001)、24.8°(002)、29.4°(104) 和 20.9°(100)、26.6°(011) 处出现了衍射峰[96]。高岭石是一种容易水化形成涂层的黏土矿物，由于粉煤颗粒相互黏附，型煤表面的高岭石晶体含量降低。在干馏过程中，温度达到 650℃，由于高岭石的层状晶体结构被脱水和过渡相——偏高岭石结晶度较差的原因，导致高岭石在 12.3°和 24.8°处晶体结构逐渐消失，在 29.4°处峰值强度弱化，在 20.9°和 26.6°处的峰值表明，高温热解生成的型焦中仍存在石英晶体结构[97]。由图 10-2(b) 可以看出型煤中 MgCl$_2$ 的 2θ 值分别为 30.8°、54.8°和 31.6°[98]。由于部分 MgCl$_2$ 与 NaOH 反应生成 Mg(OH)$_2$，在型煤热解过程中，Mg(OH)$_2$ 可以分解为 MgO，因此在型焦中 MgCl$_2$ 的衍射峰强度减弱，MgO 填充在粉煤颗粒之间，对粉煤颗粒具有一定的黏度效应。MgCl$_2$ 和 MgO 起协同黏结作用，使型焦仍具有较高的抗压强度。MgCl$_2$ 在热解过程中的反应方程式为：

$$MgCl_2 + 2NaOH \Longrightarrow Mg(OH)_2 + 2NaCl \qquad (10\text{-}1)$$

$$Mg(OH)_2 \stackrel{\triangle}{=\!=\!=} MgO + H_2O \qquad (10\text{-}2)$$

10.2.3 微观结构分析

马铃薯渣的表面形貌分析如图 10-3(a)～(d) 所示,煤样的表面形貌和元素含量分析如图 10-3(e)～(m) 所示。

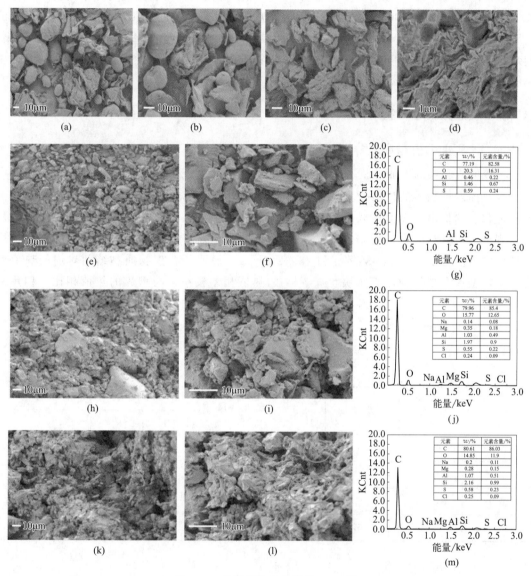

图 10-3 马铃薯渣与煤样的 SEM 图

图 10-3(a)～(d) 是马铃薯渣的 SEM 图,从图 (a)(b) 可以看出,马铃薯渣主要由椭圆淀粉组成,淀粉、果胶、纤维素等物质独立分布,无黏性。图 (c) 所示为,改性马铃薯渣中淀粉的结构被破坏并与其他物质连接。在改性过程中,淀粉颗粒不断被直链淀粉浸润[99],最终与纤维素、果胶形成团块,图 (d) 所示的致密层状结构,淀粉、果胶、纤维素等物质在黏度上起协同作用,导致复合生物质黏结剂黏度较强。

图 (e)～(f)、图 (h)～(i)、图 (k)(l) 分别是粉煤、型煤与型焦的 SEM 图,从图 (e)(f)

可以看出，粉煤形状不规则分散，颗粒间的空隙较大。从图（h）（i）可以看出，黏结剂与粉煤混合后，型煤表面相对致密，但当黏结剂在粉煤中分布不均匀时，型煤表面会出现一个很小的空隙，同时黏结剂与粉煤在煤界面的黏结和炭基体的形成是影响型煤和型焦强度的主要因素[100]。由于碳化马铃薯渣和耐高温 $MgCl_2$ 与煤粒间形成的骨架，使得型焦的表面结构仍然较为致密，如图（k）所示。然而，由于热解过程中有机黏结剂与煤中的挥发气体如 H_2、CO、CO_2、CH_4 和碳氢化合物的析出，型焦表面有更多的空隙结构形成，导致型焦的抗压强度低于型煤。图（g）（j）（m）分别是粉煤、型煤与型焦的 SEM-EDS 图，可以得出，型煤和型焦的硫含量低于粉煤，这也证实了生物质作为粉煤成型干馏复合生物质黏结剂的主要成分可以降低煤的硫含量。

10.2.4 热解机理分析

10.2.4.1 工业分析与热值分析

马铃薯渣和煤的工业分析和热值如表 10-1 所示。由于热解过程中型煤与马铃薯渣中的水分及挥发性物质的析出，型焦的水分和挥发组分含量较低。型煤在热解过程中 CO_2 和不饱和烃的析出，大大降低了型焦中的挥发分含量。由于高温无机黏结剂 $MgCl_2$ 的加入，型焦的灰分和固定碳含量较多。经过反复试验，型煤和型焦的热值相对稳定，粉煤和型煤的热值分别为 28.62MJ/kg 和 28.02MJ/kg，说明复合生物质黏结剂对煤的热值影响最小，型煤和型焦的热值与块状煤[101] 的热值相差较小。与型煤的热值相比，型焦的热值略有下降，为 27.57MJ/kg，这可能是因为复合生物质黏结剂中马铃薯渣和耐高温无机黏结剂 $MgCl_2$ 的热值较低。因此，使用复合生物质黏结剂制备的型焦仍保持着良好的热值。

表 10-1 样品的工业分析和热值

样品	水分/%	挥发分/%	灰分/%	固定碳/%	$Q_{gr,d}$/(MJ/kg)			
					1	2	3	平均
马铃薯渣	6.04	73.09	5.91	14.96	15.46	15.34	15.34	15.38
粉煤	4.35	31.71	10.05	53.89	28.66	28.57	28.63	28.62
型煤	4.57	32.53	10.56	52.34	27.93	28.08	28.06	28.02
型焦	1.33	9.57	13.61	77.82	27.57	27.52	27.61	27.57

10.2.4.2 失重特性分析

采用热重分析仪对粉煤、型煤及型焦在燃烧过程中的热稳定性进行分析。从图 10-4 中可以看出，粉煤和型煤在大气中的失重曲线大致相似，在 320℃ 附近开始迅速失重，在 600℃ 左右接近恒重，失重率约为 84%。然而，由于马铃薯渣在 220℃ 附近失重迅速，型煤在 220~550℃ 之间的失重速率略高于粉煤。型煤在 N_2 气氛中热解，有 CO_2、SO_2 和碳氢化合物等挥发性物质的析出，在 350~500℃ 间失重率约为 25%。因此，型焦的热稳定性高于粉煤和型煤，在较高温度 450℃ 时开始迅速失重，在 700℃ 时趋于恒定，失重率约为 80%。

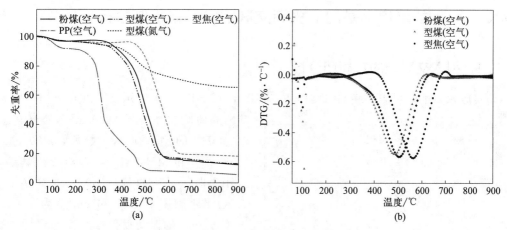

图 10-4   马铃薯渣与煤样的 TG-DTG 图

10.2.4.3   燃烧动力学

活化能 E 表示煤的点火燃烧难易程度。根据图 10-4 的数据分析，得到煤的转化率 α，如图 10-5(a) 所示。根据 DTG 曲线，将 $\ln\left(\dfrac{-\ln(1-\alpha)}{T^2}\right)$ 与 $1/T$ 进行线性回归拟合，利用斜率计算图 10-5(b) 中的活化能 E。

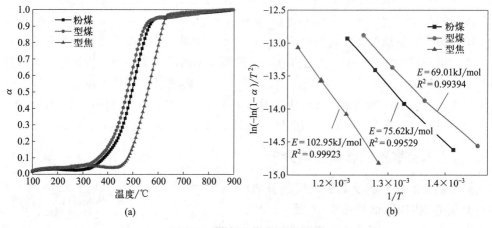

图 10-5   煤样的燃烧动力学图

计算结果表明采用 Coats-Redfern 模型计算粉煤、型煤与型焦的活化能具有较好的拟合相关性。通过计算得型煤的活化能为 69.01kJ/mol，低于粉煤的 75.62kJ/mol，其原因是型煤在制备过程中添加了生物质马铃薯渣基黏结剂，而生物质的挥发分较高，容易燃烧，其在燃烧过程所需的能量低于粉煤，因此，型煤燃烧过程需要的能量低于粉煤。粉煤与型煤的挥发分含量较大，可以在较低温度下点燃固定碳，促进燃烧反应的进行，且所需能量和活化能都较小。在干馏过程中煤样中水分与挥发性物质的析出，导致型焦挥发分含量低，固定碳含量高，其活化能较高为 102.95kJ/mol，燃烧过程所需的能量较多[102]。

10.3 引入兰炭废水基酚醛树脂交联剂的黏结机制分析

10.3.1 引入交联剂的官能团分析

兰炭废水基酚醛树脂交联剂与煤样的 FT-IR 图谱如图 10-6 所示。可以看出，兰炭废水基酚醛树脂在 $3650\sim3200\text{cm}^{-1}$ 处存在苯环上—OH 的特征吸收峰，1608cm^{-1}、1508cm^{-1} 和 1456cm^{-1} 处为苯环骨架 C—H 面外弯曲振动吸收峰，$1300\sim1000\text{cm}^{-1}$ 为 C—O 的伸缩振动峰。2965cm^{-1} 为亚甲基桥（—CH_2—）的振动吸收峰，751cm^{-1} 为邻位取代苯的 C—H 的面外弯曲振动吸收峰，这两者为酚醛树脂的特征吸收峰[103]。

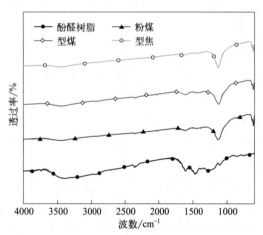

图 10-6　兰炭废水基酚醛树脂与煤样的 FT-IR 图谱

兰炭废水基酚醛树脂与商用酚醛树脂含有相同的特征峰，同样具备交联功能，可作为交联剂，代替价格昂贵的商用酚醛树脂。通过对比粉煤、型煤及型焦的 FT-IR 图，发现粉煤与引入兰炭废水基酚醛树脂交联剂所制备型煤型焦的 FT-IR 图特征峰区别较小，其原因是引入交联剂所制备的黏结剂中 w（兰炭废水基酚醛树脂交联剂）：w（NaOH）：w（马铃薯渣）：w（水）＝1：1.25：8：80，由于兰炭废水基酚醛树脂在黏结剂制备过程中所占比例较小，将其作为黏结剂组分对煤样中特征峰的影响较小，但型煤在 2965cm^{-1} 附近存在与兰炭废水基酚醛树脂相同的特征峰，型煤经热解制备型焦的过程中，型焦中此处的特征峰消失，表明交联剂在热解温度达到 650℃ 的条件下，兰炭废水基酚醛树脂的结构被破坏，因此，将兰炭废水基酚醛树脂作为粉煤成型干馏黏结剂组分，可提高型煤与型焦的抗压强度，但其对型煤抗压强度的提高更为显著。

10.3.2 引入交联剂的微晶结构分析

兰炭废水基酚醛树脂及其引入所制备的型煤与型焦的 XRD 图谱如图 10-7 所示。从图中可以看出，兰炭废水基酚醛树脂在 2θ 为 $20°$ 附近显示出较宽的峰，是典型的非晶态物质的衍射峰[104]。通过对比粉煤、型煤及型焦的 XRD 衍射峰，其与以马铃薯渣为黏结剂组分所制备型煤与型焦的衍射峰相比，在 2θ 值分别为 $12.3°(001)$、$24.8°(002)$、$29.4°(104)$ 和 $20.9°(100)$、$26.6°(011)$ 处仍存在高岭石和石英的立方晶体结构，且在热解过程中同样存在高岭石的层状晶体结构被脱水和过渡相——偏高岭石结晶度较差的现象。

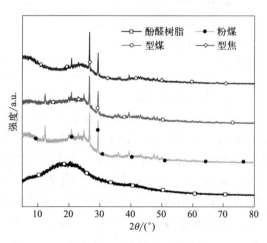

图 10-7　兰炭废水基酚醛树脂与煤样的 XRD 图谱

将兰炭废水基酚醛树脂作为粉煤成型干馏黏结剂组分对制备得到的型煤与型焦的晶体结构未产生显著的影响。

10.3.3　引入交联剂的微观结构分析

引入兰炭废水基酚醛树脂交联剂所制备的型煤与型焦的 SEM 图如图 10-8 所示。

图 10-8　兰炭废水基酚醛树脂与马铃薯渣所制备的型煤型焦的 SEM 图

从图 10-8(a)（b）型煤的 SEM 图可以看出，相比以马铃薯渣为原料所制备的型煤，引入兰炭废水基酚醛树脂交联剂所制备的型煤表面的致密性增加，其原因是马铃薯渣中含有的淀粉、果胶及纤维素等多种高分子物质与兰炭废水基酚醛树脂间互相缠绕，使得黏结剂与粉煤之间形成的致密性增加，有利于型煤的抗压能力增加。图（c）（d）为型焦的SEM 图，兰炭废水基酚醛树脂的耐热性高于马铃薯渣，虽然在热解过程中其结构会被破坏，但碳化后的兰炭废水基酚醛树脂仍填充于粉煤间，降低了粉煤间的孔隙率，使得型焦的抗压强度有所提升。

10.3.4　引入交联剂的热解机理分析

10.3.4.1　热值分析

对兰炭废水基酚醛树脂、引入交联剂所制备的型煤与型焦的热值进行测试，分析结果如表 10-2 所示。兰炭废水基酚醛树脂的热值约为 26.4MJ/kg，相比生物质马铃薯渣的热值，其热值较高。加入兰炭废水基酚醛树脂所制备的型煤的热值约为 28.02MJ/kg、型焦的热值约为 27.4MJ/kg，通过对比交联剂加入前后制备的型煤与型焦的热值，发现加入兰炭废水基酚醛树脂对型煤的热值未产生显著的影响，但型焦的热值降低约 0.17MJ/kg，原因是兰炭废水基酚醛树脂在热解过程中发生了碳化，在型焦燃烧过程中其无法再产生热值。

表 10-2　样品的热值

样品	热值 $Q_{gr,d}$/(MJ/kg)		
	1	2	3
酚醛树脂	26.15	26.4	26.41
粉煤	28.66	28.57	28.63
引入交联剂所制备的型煤	28.06	28.02	27.95
引入交联剂所制备的型焦	27.4	27.41	27.35

10.3.4.2　失重特性分析

兰炭废水基酚醛树脂交联剂及其添加后所制备的型煤型焦的 TG-DTG 图如图 10-9 所示。从图中可以看出，兰炭废水基酚醛树脂在 160℃ 开始迅速失重，750℃ 附近接近恒重，失重率约为 55%。引入交联剂所制备的型煤在 320℃ 附近开始迅速失重，在 600℃ 附近接近恒重，失重率约为 85%，引入交联剂所制备的型焦在 700℃ 时趋于恒定，失重率约为 80%。通过对引入交联剂前后所得到的型煤与型焦的 TG-DTG 图进行分析，发现兰炭废水基酚醛树脂交联剂的加入对型煤与型焦的失重率未产生显著的影响，其原因是兰炭废水基酚醛树脂交联剂在黏结剂中质量占比不足 1%，且在型煤与型焦中质量占比更小。

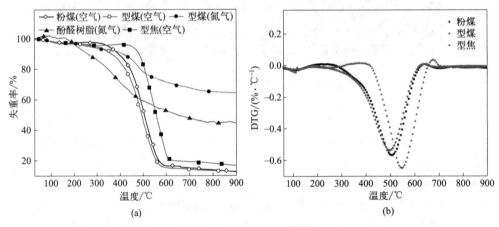

图 10-9　兰炭废水基酚醛树脂与煤样的 TG-DTG 图

10.3.4.3　燃烧动力学计算

根据图 10-9 的数据分析，得到引入兰炭废水基酚醛树脂交联剂后所制备的型煤与型焦的动力学分析，煤样的转化率 α 如图 10-10(a) 所示，利用拟合曲线的斜率计算图 10-10(b) 中的活化能 E。

计算结果表明采用 Coats-Redfern 模型计算粉煤、引入兰炭废水基酚醛树脂交联剂所制备的型煤与型焦的活化能具有较好的拟合相关性。引入兰炭废水基酚醛树脂交联剂所制备的型煤的活化能为 62.65kJ/mol，低于粉煤的 75.62kJ/mol，其原因是兰炭废水基酚醛树脂交联剂作为有机物，容易燃烧，且燃烧过程中所需要的能量低于粉煤，因此，引入兰炭废水基

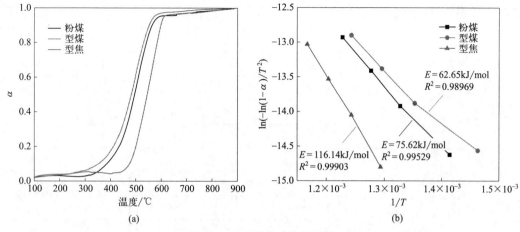

图 10-10　煤样的动力学计算

酚醛树脂交联剂所制备的型煤燃烧过程需要的能量低于粉煤。但其在热解过程中，兰炭废水基酚醛树脂交联剂被碳化，相比马铃薯渣基黏结剂所制备型焦的活化能 102.95kJ/mol，引入兰炭废水基酚醛树脂交联剂所制备型焦的活化能为 116.14kJ/mol，其在燃烧过程中需要的能量较高。

10.4　引入金属镁渣及氧化物的作用机制分析

10.4.1　工业分析

无机黏结剂对煤样的灰分影响较大，表 10-3 为金属镁渣、SiO_2 与 CaO 加入比例不同条件下所制备的型煤的工业分析，从表中可以看出，随着无机黏结剂的加入比例的增大，型煤的灰分均呈现上升的趋势。金属镁渣与马铃薯渣的质量比从 11∶40 增至 19∶40，型煤的灰分增加了 0.85％；SiO_2 与马铃薯渣的质量比从 11∶40 增至 19∶40，型煤的灰分增加了 1.28％；CaO 与马铃薯渣的质量比从 11∶40 增至 19∶40，型煤的灰分增加了 0.74％；SiO_2 与 NaOH 反应所需 NaOH 的量较多，而马铃薯渣糊化过程需要消耗 NaOH，过量的 SiO_2 存在于型煤中，使得型煤的灰分增加较大，而 CaO 与水反应生成 $Ca(OH)_2$，$Ca(OH)_2$ 在高温条件下发生分解，因此型煤中的灰分增加较少。从表 9-3 可以看出，金属镁渣中含有 57.19％的 CaO，含有 32.73％的 SiO_2，所制备型煤的灰分增加量介于两者之间。

表 10-3　不同比例的无机组分所制备型煤的工业分析

样品名称		水分/％	挥发分/％	灰分/％	固定碳/％
w（金属镁渣）∶w（马铃薯渣）	11∶40	4.59	31.65	11.24	52.52
	13∶40	4.37	32.37	11.37	51.89
	15∶40	4.84	31.98	11.67	51.51
	17∶40	4.95	32.06	11.92	51.07
	19∶40	4.47	32.02	12.09	51.42

样品名称		水分/%	挥发分/%	灰分/%	固定碳/%
$w(SiO_2)$：w(马铃薯渣)	11：40	4.91	32.17	11.09	51.83
	13：40	4.84	32.48	11.28	51.40
	15：40	5.10	31.81	11.70	51.39
	17：40	5.26	31.66	12.02	51.06
	19：40	5.28	32.42	12.37	49.93
$w(CaO)$：w(马铃薯渣)	11：40	5.02	33.80	10.61	50.57
	13：40	5.03	34.00	10.76	50.21
	15：40	5.53	34.17	11.15	49.15
	17：40	5.42	34.31	11.27	49.00
	19：40	5.24	33.51	11.35	49.90

　　表 10-4 为金属镁渣、SiO_2 与 CaO 在加入比例不同条件下所制备型焦的工业分析，从表中可以看出，随着无机黏结剂的加入比例增大，型焦的灰分均呈现上升的趋势，且由于型煤在热解过程中挥发性物质的析出，相比型煤，型焦的灰分更高。金属镁渣与马铃薯渣的质量比从 11：40 增至 19：40，型焦的灰分增加了 1.98%；SiO_2 与马铃薯渣的质量比从 11：40 增至 19：40，型焦的灰分增加了 2.49%；CaO 与马铃薯渣的质量比从 11：40 增至 19：40，型焦的灰分增加了 1.64%；与型煤的灰分增加趋势相同，加入 SiO_2 时，型焦的灰分增加较多，金属镁渣其次，CaO 最少。金属镁渣由各种无机氧化物组成，SiO_2 与 CaO 为主要的氧化物，其他氧化物在型煤热解中未发生分解，增加了型焦的灰分；SiO_2 与 NaOH 生成的硅酸钠，具有强的耐热性能，在热解中依旧发挥黏性作用，但过量的 SiO_2 增加了型焦的灰分；CaO 与水反应生成的 $Ca(OH)_2$ 在型煤热解温度 650℃ 的条件下会分解为 CaO，因此，在加入相同比例的金属镁渣、SiO_2 与 CaO 时，当加入 CaO 时，型焦的灰分增加较少。

表 10-4　不同比例的无机组分所制备型焦的工业分析

样品名称		水分/%	挥发分/%	灰分/%	固定碳/%
w(金属镁渣)：w(马铃薯渣)	11：40	6.36	10.66	15.85	67.13
	13：40	6.11	11.48	16.36	66.05
	15：40	6.25	11.50	16.91	65.34
	17：40	6.37	11.82	17.11	64.70
	19：40	5.97	11.65	17.83	64.55
$w(SiO_2)$：w(马铃薯渣)	11：40	6.15	11.08	16.65	66.12
	13：40	6.11	12.73	16.55	64.61
	15：40	5.97	11.07	17.33	65.63
	17：40	6.44	11.69	17.90	63.97
	19：40	6.37	13.63	19.14	60.86

样品名称		水分/%	挥发分/%	灰分/%	固定碳/%
$w(CaO):w(马铃薯渣)$	11∶40	6.26	13.48	15.20	65.06
	13∶40	6.00	12.83	15.37	65.80
	15∶40	6.14	12.97	16.57	64.32
	17∶40	6.01	15.10	16.76	62.13
	19∶40	5.77	16.77	16.84	60.62

10.4.2 热解机理分析

10.4.2.1 热值分析

不同比例的无机黏结剂所制备的型煤与型焦的热值如表 10-5 所示,从型煤的热值分析可以看出,金属镁渣与马铃薯渣的质量比从 11∶40 增至 19∶40,型煤的热值从 27.76MJ/kg 降为 25.88MJ/kg;SiO_2 与马铃薯渣的质量比从 11∶40 增至 19∶40,型煤的热值从 27.74MJ/kg 降为 27.24MJ/kg,CaO 与马铃薯渣的质量比从 11∶40 增至 19∶40,型煤的热值从 28.02MJ/kg 降为 27.53MJ/kg。随着无机组分的增加,型煤的热值呈下降的趋势,且当金属镁渣加入量较大时,其中含有的多种无机物不可燃,致使型煤的热值降低幅度较大。从型焦的热值分析可以看出,金属镁渣与马铃薯渣的质量比从 11∶40 增至 19∶40,型焦的热值从 25.77MJ/kg 变为 25.17MJ/kg;SiO_2 与马铃薯渣的质量比从 11∶40 增至 19∶40,型焦的热值从 25.66MJ/kg 降为 24.63MJ/kg;CaO 与马铃薯渣的质量比从 11∶40 增至 19∶40,型焦的热值从 25.99MJ/kg 降为 25.83MJ/kg。随着无机组分的增加,型焦的热值呈下降的趋势,且当 SiO_2 加入量较大时,过量的 SiO_2 不可燃,致使型焦的热值降低幅度较大。

表 10-5　不同比例的无机组分所制备型煤型焦的热值分析

样品(质量比)		$Q_{gr.d}$/(MJ/kg)	
		型煤	型焦
$w(金属镁渣):w(马铃薯渣)$	11∶40	27.76	25.77
	13∶40	27.67	25.37
	15∶40	27.44	25.37
	17∶40	27.33	25.2
	19∶40	25.88	25.17
$w(SiO_2):w(马铃薯渣)$	11∶40	27.74	25.66
	13∶40	27.8	25.68
	15∶40	27.59	25.69
	17∶40	27.41	25.16
	19∶40	27.24	24.63

样品（质量比）		$Q_{gr,d}/(MJ/kg)$	
		型煤	型焦
$w(CaO)：w(马铃薯渣)$	11：40	28.02	25.99
	13：40	28.23	26.06
	15：40	27.52	25.68
	17：40	27.5	25.79
	19：40	27.53	25.83

通过对金属镁渣、CaO 及 SiO_2 与马铃薯渣的质量比对型煤与型焦抗压强度的影响进行探索，结果表明，当 $w(金属镁渣)：w(马铃薯渣)=15：40$、$w(CaO)：w(马铃薯渣)=13：40$ 与 $w(SiO_2)：w(马铃薯渣)=15：40$ 时，所制备的型煤与型焦的抗压强度较高，选取此条件下所制备的型煤与型焦进行热重分析与动力学计算。

10.4.2.2　热重分析

(1) 金属镁渣

以金属镁渣为无机黏结剂所制备的型煤与型焦的 TG-DTG 曲线如图 10-11 所示，可以看出，粉煤与型煤均从 315℃附近开始迅速失重，粉煤从 600℃附近开始恒重，失重率约为 84%，型煤从 575℃附近开始恒重，失重率约为 82%，其原因是金属镁渣中含有大量的无机物质，无法进行分解。型焦从 430℃附近开始迅速失重，在 635℃附近开始恒重，失重率约为 78%。与以 $MgCl_2$ 为无机黏结剂所制备的型煤与型焦相比，以金属镁渣为无机黏结剂所制备的型煤与型焦的失重率略小，其与表 10-3 及表 10-4 煤样的工业分析结果一致，以金属镁渣为无机黏结剂所制备的型煤与型焦的灰分较高。

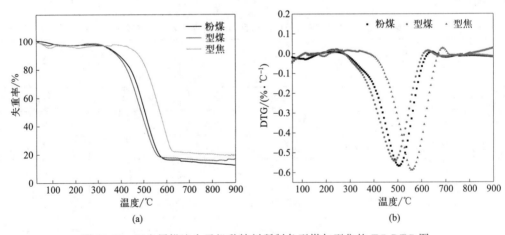

图 10-11　以金属镁渣为无机黏结剂所制备型煤与型焦的 TG-DTG 图

(2) CaO

以 CaO 为无机黏结剂所制备的型煤与型焦的 TG-DTG 曲线如图 10-12 所示。可以看出，粉煤与型煤均从 320℃附近开始迅速失重，粉煤从 600℃附近开始恒重，失重率约为 84%，型煤从 580℃附近开始恒重，失重率约为 84%，两者的失重率几乎相同，其原因是 CaO 水解形成的 Ca(OH)$_2$、CaCO$_3$，在 380～540℃ 的温度段 Ca(OH)$_2$ 会发生热分解脱水反应分解出水分子，在 540～740℃ 时 CaCO$_3$ 会发生分解脱气反应分解出 CO$_2$[105]，因此加入 Ca(OH)$_2$ 无机黏结剂对煤样的失重率产生的影响较小。型焦从 410℃ 附近开始迅速失重，在 630℃ 附近开始恒重，失重率约为 80％。发现采用无机黏结剂为 MgCl$_2$ 和 CaO 所制备型煤与型焦的失重率几乎相同，表明当选用的无机黏结剂在热解过程中会发生分解反应时，则对型焦的失重行为影响较小。

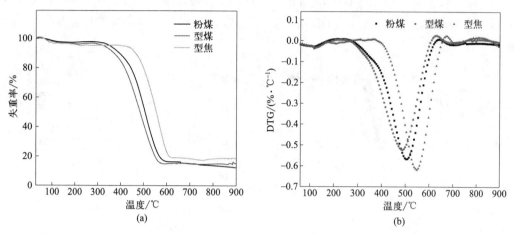

图 10-12　以 CaO 为无机黏结剂所制备型煤与型焦的 TG-DTG 图

(3) SiO$_2$

以 SiO$_2$ 为无机黏结剂所制备的型煤与型焦的 TG-DTG 曲线如图 10-13 所示。可以看出，粉煤与型煤均从 320℃ 附近开始迅速失重，粉煤从 600℃ 附近开始恒重，失重率约为 84％，型煤从 570℃ 附近开始恒重，失重率约为 84％，两者的失重率几乎相同。型焦从 420℃ 附近开始迅速失重，在 630℃ 附近开始恒重，失重率约为 75％，相比加入金属镁渣与 CaO，其失重率更小，其原因是过量的 SiO$_2$ 在 1723℃ 才会开始分解，在较低的温度条件下，只能以灰分的状态存在于型焦中，如表 10-4 所示，加入相同比例的无机物，加入 SiO$_2$ 时型焦的灰分含量最高。

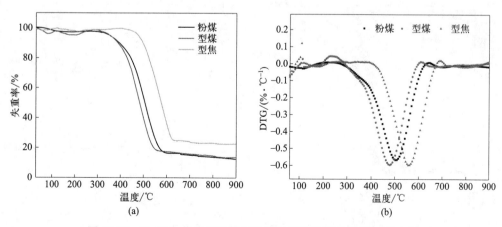

图 10-13　以 SiO$_2$ 为无机黏结剂所制备型煤与型焦的 TG-DTG 图

10.4.2.3 燃烧动力学计算

(1) 金属镁渣

根据图 10-11 的数据分析，得到煤样的转化率 α，如图 10-14(a) 所示，利用拟合曲线的斜率计算得到煤样的活化能 E，如图 10-14(b) 所示，结果表明 Coats-Redfern 模型具有较好的拟合相关性。以金属镁渣为无机黏结剂所制备型煤的活化能为 72.91kJ/mol，低于粉煤 75.62kJ/mol，其原因是型煤中存在马铃薯渣与兰炭废水基酚醛树脂等有机物，燃烧过程中所需要的活化能较低。以金属镁渣所制备的型焦的活化能为 105.12kJ/mol，低于以 $MgCl_2$ 为黏结剂所制备的型焦的活化能，其原因是掺入金属镁渣后，型焦的易燃性提高[106]，降低了燃烧过程所需能量。

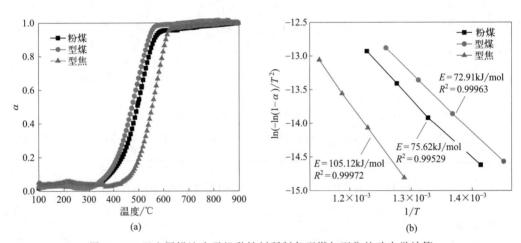

图 10-14　以金属镁渣为无机黏结剂所制备型煤与型焦的动力学计算

(2) CaO

根据图 10-12 的数据分析，得到煤样的转化率 α，如图 10-15(a) 所示，利用拟合曲线的斜率计算得到煤样的活化能 E，如图 10-15(b) 所示，结果表明 Coats-Redfern 模型具有较好的拟合相关性。以 CaO 为无机黏结剂所制备型煤的活化能为 68.93kJ/mol，低于粉煤 75.62kJ/mol，其原因是型煤中存在马铃薯渣与兰炭废水基酚醛树脂等有机物，同时 CaO 吸收 H_2O 与 CO_2，在燃烧过程中产生大量热，可以降低型煤燃烧过程中能量需求。以 CaO 所

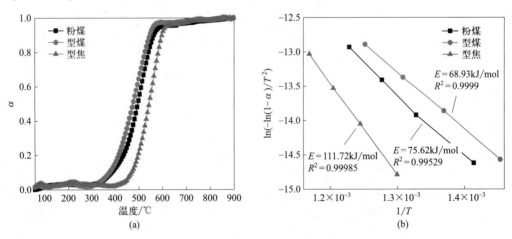

图 10-15　以 CaO 为无机黏结剂所制备型煤与型焦的动力学计算

制备的型焦的活化能为 111.72kJ/mol，高于以金属镁渣为黏结剂所制备的型焦的活化能，其原因是 CaO、H_2O 和 CO_2 反应生成的 $Ca(OH)_2$ 与 $CaCO_3$ 在高温状态下均会分解为 CaO，CaO 在空气中不具备可燃性。

(3) SiO_2

根据图 10-13 的数据分析，得到煤样的转化率 α，如图 10-16(a) 所示，利用拟合曲线的斜率计算得到煤样的活化能 E，如图 10-16(b) 所示，结果表明 Coats-Redfern 模型具有较好的拟合相关性。以 SiO_2 为无机黏结剂所制备型煤的活化能为 79.68kJ/mol，型焦的活化能为 118.08kJ/mol，相比以金属镁渣与 CaO 为无机黏结剂所制备的型煤与型焦，其所需活化能最高，其原因是 SiO_2 在型煤或型焦中，均不可燃，增加了型煤与型焦在燃烧过程中的能量需求。

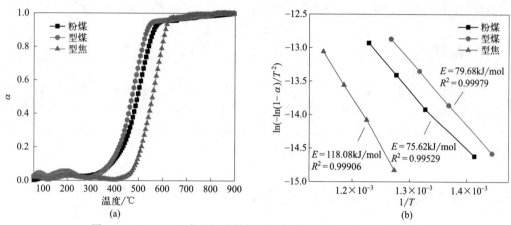

图 10-16　以 SiO_2 为无机黏结剂所制备型煤与型焦的动力学计算

以金属镁渣、CaO 及 SiO_2 作为无机黏结剂组分时，通过 TG-DTG 和燃烧动力学分析发现，相比金属镁渣与 CaO，SiO_2 对型煤与型焦的热性能影响较大。表明以金属镁渣作为粉煤成型干馏双效黏结剂时，其性质受多种无机物质的影响，需综合考虑金属镁渣对型煤与型焦的性能影响。

10.5　本章小结

① 马铃薯渣中的特征峰存在于型煤中，但在型焦中特征峰消失，说明马铃薯渣在高温热解过程中发生了分解，无机黏结剂 $MgCl_2$ 和高温下分解得到的 MgO 起协同黏结作用，使型焦仍具有较高的抗压强度。黏结剂的加入使得型煤和型焦的表面变得致密，且对热值的影响较小，同时由于型焦在热解过程中大量挥发性物质的析出，其热稳定性较好，但燃烧过程所需的热量较大。

② 引入与商用酚醛树脂性质相似的自制兰炭废水基酚醛树脂交联剂，其在粉煤成型阶段发挥更为显著的作用，且对制备得到的型煤与型焦的晶体结构未产生显著的影响。交联剂的加入对型煤与型焦的热稳定性、热值未产生明显影响，但其使型焦所需的活化能更高。

③ 黏结剂制备过程中，随着无机组分加入比例的增加，型煤与型焦的灰分含量均上升，热值均下降。以金属镁渣为无机黏结剂所制备的型煤与型焦的灰分较高，且型焦的易燃性提高。通过对以金属镁渣、SiO_2 及 CaO 为无机黏结剂组分制备的型煤与型焦的热性能分析，得出 SiO_2 对型煤与型焦的热稳定性与燃烧活化能影响较大。

第11章

粉煤成型干馏的产品评价

11.1 概述

以马铃薯渣、兰炭废水基酚醛树脂交联剂及金属镁渣等组分所制备的双效黏结剂用于型煤与型焦的制备。当 w（兰炭废水基酚醛树脂交联剂）：w（金属镁渣）：w（马铃薯渣）＝ 4：15：40 时，所制备的型煤与型焦的抗压强度较优，本章对粉煤与优化条件下制备的型煤与型焦采用 TG-MS 与经济分析进行评价。

11.2 粉煤成型干馏的 TG-MS 分析

11.2.1 小分子物质

为了探索粉煤、型煤和型焦的具体燃烧过程，以空气和 N_2 为载气，将热解产物从热解炉转移到质谱检测器。图 11-1 为煤在大气中燃烧时释放的小分子气体量。燃烧过程中，H_2O 和 CO_2 的释放量较大，释放曲线相对稳定。由于黏结剂中 H_2O 的比例较大，型煤中的 H_2O 也较多，粉煤和型煤的 H_2O 分析具有相似的峰形和温度位置，在 300℃ 左右水分释放量最大，热解过程中水分在型煤中完全释放，因此在燃烧过程中，型焦中没有水分释放。型煤在热解过程中释放了大量的挥发性物质，减少了燃烧过程中生成的型焦中 CO_2 和 SO_2 的排放。CO_2 的来源是羧基官能团裂解、脂肪族键断裂、芳烃的一些弱键断裂、含氧羧基官能团以及碳酸盐分解[107]。在 700～900℃ 左右，$MgCl_2$、$NaOH$ 和 CO_2 反应生成的碳酸盐分解会增加 CO_2 的生成。由于热解过程发生在 650℃，煤炭生产的自由基较少，只有少量的挥发氨和氮析出，大多数的氨保持在煤样中，所以型焦在燃烧过程中产生的 NO_2 没有明显减少。

11.2.2 烃类物质

煤和生物质在加热过程中，由于结构中直链长链烷烃和支链等大分子官能团的裂解或降解，产生了脂肪族和芳香族化合物，但碳氢化合物含量相对较少，受到噪声的影响较大。马铃薯渣在黏结剂中的挥发分含量较高，导致型煤中碳氢化合物的排放量高于粉煤，型煤中挥发分在热解过程中释放，型焦的挥发分含量大幅降低，如图 11-2 所示，在燃烧过程中，型焦的碳氢化合物没有排放或产量减少。与粉煤及型煤相比，型焦在燃烧过程中减少了 CO_2、SO_2 及碳氢化合物等污染物的释放，可作为一种清洁燃料。

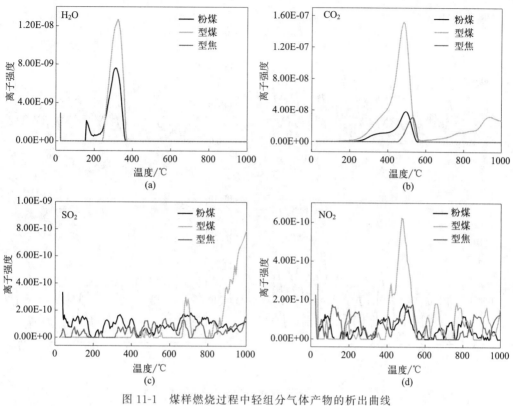

图 11-1　煤样燃烧过程中轻组分气体产物的析出曲线

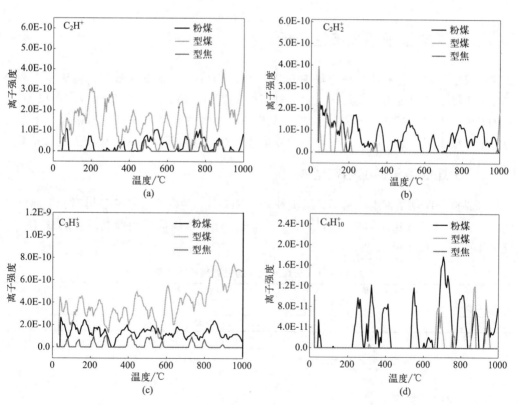

图 11-2

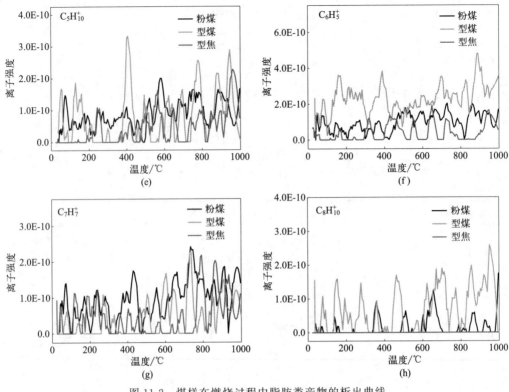

图 11-2　煤样在燃烧过程中脂肪类产物的析出曲线

11.3　粉煤成型干馏经济性分析

粉煤成型干馏工艺在黏结剂的制备中以年产 60 万吨兰炭企业为基准，核算粉煤成型干馏与传统块煤干馏的成本、收入与利润，对两种工艺的经济效益进行比较（注：以 2022 年 1～3 月份煤价均值对粉煤、块煤、兰炭、煤焦油及煤气进行经济核算，因粉煤成型干馏工艺与传统干馏工艺一致，两种工艺均不计算干馏成本，且本部分未对税金方面进行核算）。

11.3.1　粉煤成型干馏黏结剂成本

粉煤成型干馏黏结剂组分为马铃薯淀粉渣、NaOH、兰炭废水基酚醛树脂、金属镁渣及其他组分。以 1t 粉煤中所需加入的黏结剂为基准，计算粉煤成型干馏黏结剂的成本，黏结剂成本计算如表 11-1 所示。

表 11-1　1t 粉煤所使用的黏结剂成本计算

项目	马铃薯淀粉渣	氢氧化钠	兰炭废水基酚醛树脂	其他组分
各组分成本/元	10	10.5	5.5	37.81
总成本/元	10＋10.5＋5.5＋37.81＝63.81			

11.3.2　粉煤成型干馏的财务核算

11.3.2.1　粉煤成型成本计算

以年产 60 万吨的兰炭企业所需原材料费用与新增设备等方面的成本计算粉煤成型干馏

的生产成本，粉煤成型成本计算如表 11-2 所示。

表 11-2　直接材料费

原料及辅助材料	年消耗量		价格		年度成本/万元
	数量	单位	金额	单位	
粉煤	99	万吨	870	元/吨	86130
黏结剂	49500	万升	0.13	元/升	6435

直接材料费包括粉煤、粉煤成型干馏过程中所需的黏结剂原料费用，详细费用如表 11-2 所示。粉煤成型干馏直接材料费为 92565 万元，经调研，新增粉煤成型设备及其运行费用约为 635 万元，粉煤成型干馏工艺总成本约为 93200 万元。

11.3.2.2　粉煤成型干馏产品收入计算

粉煤成型干馏得到的产品为型焦、煤气与煤焦油。由于粉煤成型过程中加入焦油渣，使得型煤在干馏中煤焦油的产量翻倍，粉煤成型干馏产品销售收入如表 11-3 所示。

表 11-3　粉煤成型干馏产品销售收入

产品	销售价格/(元/吨)	产量/万吨	销售金额/万元
型焦	1400	60	84000
煤气	0.05 元每立方米	48000 万立方米	2400
煤焦油	3000	12	36000
销售总价/万元		122400	

11.3.2.3　粉煤成型干馏利润计算

销售收入减去成本为利润，表 11-4 为粉煤成型干馏工艺的利润。

表 11-4　粉煤成型干馏工艺的利润

项目	销售收入/万元	成本/万元
金额	122400	93200
利润/万元＝销售收入－成本	29200	

11.3.3　传统块煤干馏财务核算

11.3.3.1　传统块煤干馏成本计算

以年产 60 万吨的兰炭企业所需块煤费用为生产成本，其计算如表 11-5 所示。

表 11-5　块煤费用

原料及辅助材料	年消耗量		价格		年度成本/万元
	数量	单位	金额	单位	
块煤	99	万吨	960	元/吨	95040
合计/万元		95040			

11.3.3.2　传统块煤干馏产品收入计算

块煤中低温干馏得到的产品为兰炭、煤气与煤焦油，传统块煤干馏产品销售收入如

表 11-6 所示。

表 11-6 块煤干馏产品销售收入表

产品	销售价格/(元/吨)	产量/万吨	销售金额/万元
兰炭	1400	60	84000
煤气	0.05 元每立方米	48000 万立方米	2400
煤焦油	3000	6	18000
销售总价/万元		104400	

11.3.3.3 传统块煤干馏利润计算

销售收入减去成本为利润,表 11-7 为传统块煤干馏产品利润。

表 11-7 传统块煤干馏产品利润

项目	销售收入/万元	成本/万元
金额	104400	95040
利润/万元=销售收入-成本		9360

11.3.4 粉煤成型干馏与传统块煤干馏财务评价对比

粉煤成型干馏与传统块煤干馏财务分析对比如表 11-8。

表 11-8 粉煤成型干馏与块煤干馏财务分析的对比

项目	总成本费用/万元	销售金额/万元	利润/万元
传统块煤干馏	95040	104400	9360
粉煤成型干馏	93200	122400	29200

综上所述,粉煤成型干馏工艺虽前期需要增加成型装置,但粉煤的价格低于块煤,且煤焦油的产量高,使得粉煤成型干馏工艺的经济效益更高。

11.4 本章小结

① 采用 TG-MS 对粉煤及黏结剂配入量优化条件下所制备的型煤、型焦在燃烧过程中产生的小分子气体与烃类物质进行比较,型焦在燃烧过程中产生的 CO_2、SO_2 及烃类物质的排放量大幅度降低,可作为洁净燃料。

② 通过对粉煤成型干馏工艺与传统块煤干馏工艺进行财务核算可知,粉煤的价格低于块煤,且煤焦油的产量高,因此,粉煤成型干馏工艺可产生更大经济效益。

第 **12** 章

粉煤微波热解及制备电石性能评价

12.1 概述

微波加热是一种利用微波能量来加热的方法。机理上，微波加热是一种非接触式容积加热。与常规加热方法不同，微波加热具有如选择性加热、体积加热、内部加热、控制及时和改善劳动条件等优点，已被证明是替代常规加热的最有效方法。

为了比较微波热解与常规热解在不同温度下的热解行为，本章通过系统分析微波热解与常规热解的产物分布规律，使用 XRD、TG、电导率仪等分析热解后半焦的 d_{002}、L_a、L_c，半焦的燃烧反应性和电导率等方面的差异，进一步认识不同加热方式对煤热解的影响；考察不同热解半焦制备的电石产率及发气量；同时对添加 CaO 的情况下煤/CaO 混合物的微波热解行为进行研究，以期为今后进一步研究微波热解技术提供理论基础。

12.2 实验部分

12.2.1 实验原料及准备

实验所用原料煤为经洗煤厂水洗过的榆林煤，实验前先将煤样破碎至≤0.1mm、0.1～0.2mm、0.2～0.45mm、0.45～0.9mm 四个不同的粒度，并在 120℃ 恒温干燥箱中干燥 5h，待其冷却至室温后装入密封袋中备用。

研究煤/CaO 混合物的微波热解行为使用分析纯的 CaO($AR>98.0\%$)，实验前为了除去榆林煤中的水分，将煤在 120℃ 下干燥 5h。随后，将 CaO 粉末和粒度为 0.1～0.2mm 的榆林煤以 1:3 的摩尔比混合均匀。

12.2.2 微波热解实验

实验中采用微波反应器（如图 12-1），进行煤和煤/CaO 混合物的热解研究。

在微波热解前，使用电子天平准确称取 10g 榆林煤或煤/CaO 混合物装入玻璃石英管中。连接好整套仪器，检查设备的气密性，通入 Ar 排尽系统内部空气，Ar 流速为

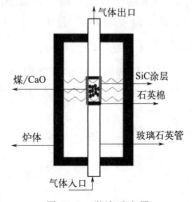

图 12-1 微波反应器

$20mL/min$，通气 $20min$ 以保证玻璃石英管处于无氧环境。其中排气尾管使用保温带进行缠绕加热，防止挥发分在管路中冷凝。

开启微波电源开关，设置热解所需参数，按下微波热解按钮进行热解，实验过程中使用二甲基亚砜对液相进行收集，使用 GC 在线检测气相组分和含量，热解完成后，微波自动停止热解。待其冷却至室温后对热解后产物称量计算并分析其结构。

常规半焦的制备是使用常规管式炉与微波采用相同升温时间升温至不同热解终温，其他实验过程保持一致。

12.2.3 样品分析

12.2.3.1 工业分析

根据国家标准（GB/T 212—2008），使用马弗炉和鼓风干燥箱对煤、半焦的灰分、水分、挥发分、固定碳进行近似分析。为确保上述测量具有代表性，样品至少平行测试三次，并对结果进行平均。具体公式如下：

$$FC_{ad} = 100 - (V_{ad} + A_{ad} + M_{ad})$$

$$(12-1)$$

12.2.3.2 XRD 分析

使用铜靶作发射光源。光源波长 $0.1541nm$，扫描角 $3° \sim 70°$，步长 $0.02°$。煤的堆积结构中的平均层间距（d_{002}）、芳烃层堆叠高度（L_c）和芳烃直径（L_a）可以通过布拉格方程和谢乐公式得到。

$$d_{002} = \lambda / (2\sin\theta_{002}) \qquad (12-2)$$
$$L_c = 0.9\lambda / (\beta_{002}\cos\theta_{002}) \qquad (12-3)$$
$$L_a = 1.84\lambda / (\beta_{100}\cos\theta_{100}) \qquad (12-4)$$
$$Nave = L_c / d_{002} \qquad (12-5)$$

式中，λ 是入射光的波长，θ_{100} 和 θ_{002} 是 XRD 分布中的 100 和 002 峰的散射角，β_{100} 和 β_{002} 是 100 和 002 峰的半峰宽。

12.2.3.3 热重分析

TG 分析是在 SPTQ600 热重分析仪上进行，主要为了探究半焦的燃烧反应性。在每次测试中，将 $10mg$ 样品装入石英坩埚中，以流速为 $100mL/min$ 的空气气氛、升温速率为 $10℃/min$ 的条件从环境温度加热至 $1000℃$。从 TG 和 DTG 曲线可以得到燃烧特性参数，包括着火温度（T_i）、最大燃烧速率（R_{max}）和燃尽温度（T_b）。

12.2.3.4 电导率分析

本研究采用自动粉末电阻率测试仪（ST2742B，苏州晶格电子有限公司），采用四探针法测量半焦的电导率，测量范围为 $15.00 \times 10^{-6} \sim 200.00 \times 10^3 \Omega \cdot cm$，测量精度高。试验压力为 $30MPa$。

12.2.3.5 产量与收率分析

煤热解固体产品、液体产品和气体产品产量与收率的计算如式（12-6）～式（12-10）所示：

$$固体产量 = W_1 - W_2 \qquad (12-6)$$

$$固体收率=(W_1-W_2)/W_0\times100\% \tag{12-7}$$

$$液体产量=W_3-W_4 \tag{12-8}$$

$$液体收率=(W_3-W_4)/W_0\times100\% \tag{12-9}$$

$$气体收率=1-固体收率-液体收率 \tag{12-10}$$

式中　W_0——原煤质量，g；

　　　W_1——热解结束后石英管（含固体产品）质量，g；

　　　W_2——装入原煤前空石英管质量，g；

　　　W_3——热解结束后两级水洗瓶（含冷却水、焦油、热解水）质量，g；

　　　W_4——热解反应前两级水洗瓶（含冷却水）质量，g。

12.2.3.6　电石制备

粉煤在常规与微波方式下分别经 80min 从室温升温至 600℃和 900℃制备半焦，以 3∶1 的摩尔比湿法混合半焦与 CaO，经干燥成为钙焦球团，将 350g 钙焦球团置于感应炉中经 60min 升温至 1770℃后恒温 60min，取出物料测试其发气量、XRD 及收率。

12.3　结果与讨论

12.3.1　原煤的分析

原煤的工业分析如表 12-1，XRD 分析如图 12-2 所示。可以发现该原煤灰分较低，具有 "三低一高"的特点。从 XRD 分析可知，除了不定形碳以外，主要含有高岭石和石英的立方晶体结构，且可能会存在于热解过程中。

表 12-1　原煤工业分析

水分/%	灰分/%	挥发分/%	固定碳/%
3.20	5.49	34.29	57.02

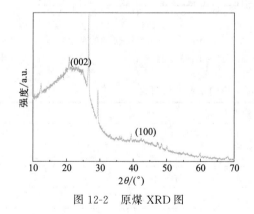

图 12-2　原煤 XRD 图

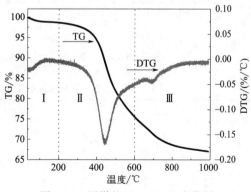

图 12-3　原煤的 TG、DTG 变化图

图 12-3 展示了榆林原煤在热失重过程中 TG 和 DTG 的变化趋势。根据曲线可以将热解过程分为三个阶段，即低温段（<200℃）、中温段（200～600℃）和高温段（600～1000℃）。低温段，煤中残余的水分进一步释放；中温段，煤中有机质发生复杂的分解反应，

释放出大量挥发分，煤样热解过程基本完成；高温段，主要发生半焦的聚核反应，煤样体积收缩，内部结构排列产生变化，伴随着挥发分逸出，此时气体组分析出以 H_2 为主，这一点可在后续的 GC 气相分析中得到证实，也与其他研究一致。上述分析表明，温度高于 600℃时，煤中挥发分大部分已经析出，煤热解基本完成。

12.3.2 微波和常规热解产物分布对比

为了保证微波热解的操作参数与常规热解的操作参数一致，使用相同加热时间升温至不同热解终温。图 12-4 给出了榆林煤在常规与微波热解炉中不同热解终温下的煤气、焦油（油加水）和半焦产率变化。表 12-2 对比了原煤微波及常规热解后半焦的工业分析数据。由图 12-4 可以看出，半焦是煤热解过程中的主要产物，从 500℃ 增加到 900℃ 的过程中，微波半焦、焦油、煤气均在 600℃ 下产生较大波动，这也与原煤热重曲线一致。半焦产率较微波500℃减少 8.4%，焦油和煤气产率较微波 500℃ 分别上升 6.5% 和 1.9%，之后仅发生微小变化；而常规半焦在相同温度下半焦产率减少 6.5%，焦油和煤气产率分别上升 5.9% 和 0.6%，700℃后产率才趋于平缓。这与表 12-2 中所示的热解过程中煤的工业分析一致。在 600℃ 时微波半焦中挥发分含量为 5.40%，而常规半焦的挥发分含量为 9.19%，这一现象进一步证明煤的微波热解可以增加热解后气态产物和焦油的产量，说明选择性加热是微波的特点。与常规热反应器相比，它可以提供加热优势，使反应在较低的本体温度下进行。此外，当温度高于800℃后常规和微波热解可得到相当的半焦产率，这是微波热解实验的一个独特现象。

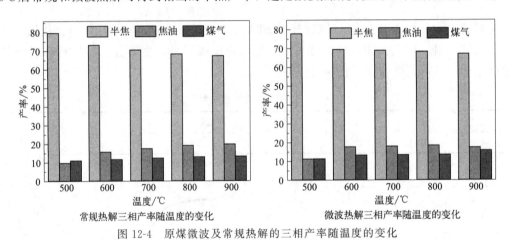

图 12-4　原煤微波及常规热解的三相产率随温度的变化

表 12-2　原煤微波及常规热解后半焦的工业分析对比

	工业分析（质量分数）							
	水分/%		灰分/%		挥发分/%		固定碳/%	
	微波	常规	微波	常规	微波	常规	微波	常规
500℃	0.89	0.95	7.02	6.39	12.82	15.23	79.27	77.43
600℃	0.87	0.87	7.72	7.16	5.40	9.19	86.01	82.78
700℃	0.81	0.81	8.21	7.92	3.34	4.61	87.64	86.66
800℃	0.73	0.79	8.33	7.98	3.28	4.53	87.66	86.70
900℃	0.58	0.75	8.82	8.05	2.80	4.26	87.72	86.94

在常规热解下，当热解终温由 500℃ 升高至 900℃ 时，热解的气相产物产率由 10.9% 升高至 13.1%，呈现出随着热解终温的增大而升高的趋势，这是由于温度一般是影响煤热解行为最显著的参数，较高的热解温度可促使矿物中挥发物发生裂解。而在微波场下，随着热解终温由 500℃ 升高至 900℃，气相产物的产率由 11.1% 增加至 15.7%，同样呈现出随着温度的升高而增加的趋势。但与常规热场相比，在相同温度下，微波热解更有利于挥发分释放，这与气相 GC 分析一致。微波热解更有利于气体的释放。这是由于微波加热可以选择性地激活官能团和极性挥发性物质，减少常规热解中不可避免的二次反应过程。因为它们在热解过程中从表面释放，导致微波下观察到的更高的煤气产率。

由图 12-4 还可以看出，在常规热场下，热解温度由 500℃ 升高至 900℃，焦油的产率由 9.6% 增加至 19.7%，呈现出随着温度的升高而增加的趋势，这是由于热解温度的升高导致煤中的挥发性组分和不稳定官能团分解沉淀，从而导致较高的焦油产率。而在微波场下，随着热解温度的升高，焦油产率呈现出先增加后减小的趋势，当温度为 800℃ 时，焦油产率最高，为 18.4%，随着温度进一步升高至 900℃，焦油产率由 18.4% 减少到 17.3%，可能是微波中焦油的轻组分发生二次分解生成气体且微波热解过程中还会产生一些具有高极性和介电常数的焦油，转化为气体。

综上，研究表明，相较常规热解，微波热解可以使煤在较低的温度下实现热解，并且在较高温度下可以降低焦油生成量。对半焦工业分析进一步研究，发现与常规热解相比，在相同热解温度下，微波热解更有利于生产高固定碳含量、低挥发分含量的半焦产品。

12.3.3 微波和常规热解气相组成与含量对比

图 12-5 研究了热解终温对气体组分及含量的影响。由于矿物质的裂解作用，在微波与常规热解过程中产生的轻质气体均为 H_2、CO、CH_4 和 CO_2。在所有研究的热解温度下，与相应的常规热解相比，微波显示出更多的气体产生，说明微波选择性加热煤可产生较多的热点，在微波热解过程中，这些局部热点可能会导致气相产量的增加，而 CO 和 H_2 为主要产物。CO 的形成通常归因于几个官能团的存在，主要是酮基、醚键和杂环基。然而微波 600℃ 产量达峰值为 87.318mL/g，常规 700℃ 达到峰值为 67.048mL/g。CO 最大析出温度较常规小得多，进一步证明微波选择性加热使得原煤内部温度高于本体温度，从而使得 CO 可以在较低温度下析出。同时，在所研究的温度下，H_2 与 CH_4 均随着热解温度的升高而增加可能是由于在较高的温度下，挥发物中的芳烃和氢芳烃结构发生缩聚反应，产生大量的 H_2；CH_4 主要由芳香烃和脂肪烃的脂肪侧链加氢热解产生。然而微波产生的 H_2 比例高于常规热解，这可能是由于在微波加热机制下，CH_4 分解生成 H_2 和 C 或发生脱氢反应。同样，在微波条件下，氢的生成量高于常规热解。虽然在两种加热方式下从 800℃ 到 900℃ CO_2 含量大幅增加，但是微波 900℃ CO_2 百分比较微波 800℃ 与常规 900℃ 明显减少，可能的原因为当温度大于 800℃（微波和常规）时，微波导致煤层内极端温度区的微波选择性加热，使得内部温度远高于本体温度从而促进 Boudouard 反应（$C + CO_2 \rightleftharpoons 2CO$）发生；而在常规加热过程中，900℃ 的热解温度不足以驱动 Boudouard 反应或者只有少量的 CO_2 参与 Boudouard 反应。不同热解终温气相分析表明，相较常规热解，微波热解更有利于气相组分的析出，且由于微波选择性加热的特点，使得更多的 CO 和 H_2 析出与更少的 CO_2 析出。

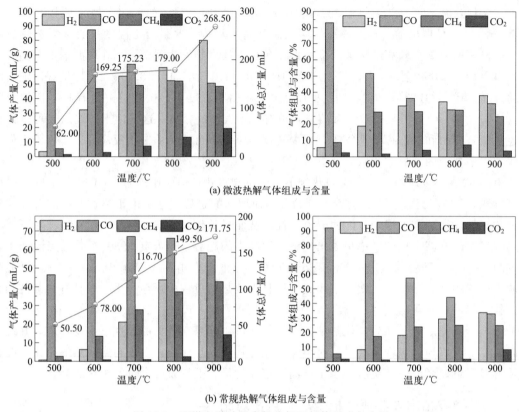

(a) 微波热解气体组成与含量

(b) 常规热解气体组成与含量

图 12-5 原煤在微波及常规热场下气体组成与含量

12.3.4 微波和常规热解半焦对比

(1) 热重分析

通过热重分析仪对不同热解终温下微波焦与常规焦的燃烧特性进行了研究，TG 和 DTG 描述如图 12-6 和图 12-7。从图中可以看出，微波焦和常规焦都经历了三个主要的热解阶段：TG 中的一个轻质量损失的肩部阶段、质量损失的急剧下降阶段和一个轻质量损失的长尾阶段。具体来说，这三个阶段可以描述为：第一段（＜400℃）失重主要是水分的损失；值得注意的是，在 200～300℃之间存在一个肩区，这主要是由结晶水和吸附气体的去除造成的。氧吸附阶段煤样质量的增加是由吸附的氧在煤样表面生成氧化络合物和活性官能团所致。质量增加的原因是氧化络合物的生成速率大于煤氧化产物的释放速率。此外，某些具有很弱键的轻物种也可能在这一阶段释放。第二段（400～700℃）失重是挥发分和焦炭燃烧，样品开始减轻重量。第三段（700～1000℃）曲线变得平滑，失重几乎完成。可以观察到 500℃微波焦与常规焦着火温度几乎相同约为 410℃，而在 600℃时微波着火温度 523℃较常规 445℃却要大得多，由工业分析可以看到微波焦 600℃挥发分含量较常规焦要小得多。这些现象也表明，微波可以促进煤低温热解过程中 H_2、CO、CH_4 和 CO_2 的提前释放。

DTG 显示了热解半焦的重量损失率，它揭示了不同燃烧温度下的多步过程，随着热解温度的增加，失重峰向更高的温度区移动。在 500℃时，由于挥发分和轻组分燃烧，半焦的最大燃烧速率温度（T_{max}）被观察到。随着半焦制备温度的升高，T_{max} 向更高的燃烧温度移动，表明半焦的反应性降低，需要更高的燃烧温度。一般情况下，半焦的反应活性随制备

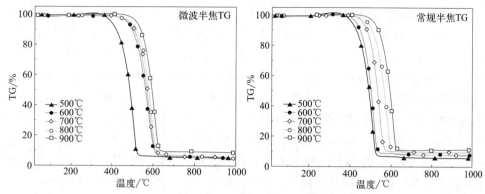

图 12-6　榆林煤在微波及常规热场下 TG 曲线

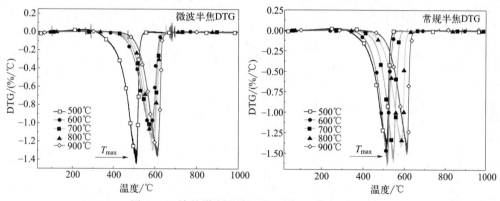

图 12-7　榆林煤在微波及常规热场下 DTG 曲线

温度的升高而降低。提高热解温度会降低半焦的挥发分含量，增加半焦结构内的交联。这将增加有序碳（微晶）的数量密度和碳的芳香性，这一点与后续 XRD 分析相一致。而在微波热解条件下，交联可以明显提高半焦的电导率，这一点与后续电导率分析相一致，从而实现微波的电-热能转换。在相同的制焦温度下，微波焦比常规焦具有更高的 T_{max}。这意味着在相同的热解温度下，微波焦较常规焦具有更好的稳定性。这些结果证实了微波选择性加热可以促进半焦结构内的交联，提高半焦的热稳定性，从而制得高质量、低反应性半焦。

（2）半焦 XRD 分析

图 12-8 显示了微波焦和常规焦在不同热解温度下产生的 XRD 衍射图。在这些 XRD 图中观察到的尖锐的晶体衍射峰对应于煤中存在的无机矿物，这些峰大部分与 SiO_2 晶体相匹配。在 2θ 处 $20°\sim30°$ 和 $40°\sim50°$ 之间观察到两个明显的宽碳峰，分别对应于（002）和（100）反射。碳（002）峰的强度表明碳芳香环具有良好的堆叠结构，而其位置的移动决定了该堆叠结晶碳中的层间距离。通常，随着热解温度的升高，煤开始脱挥发分，其分子通过脱水和脱羧反应开始交联。在较高的热解温度下，脱氢和芳构化反应会增加其堆积和有序结构。利用布拉格方程和 Scherrer 公式，计算出微晶结构参数，如图 12-8 所示。层间距（d_{002}）、芳烃层堆叠高度和直径（L_c 和 L_a）均随着制焦温度的增加而逐渐增大。在低温热解阶段 d_{002} 的增加是由于高温下煤中无序碳的重新定向和结构有序化。如图 12-8 所示，在高达 900℃ 的整体热解温度下，生成的微波焦和常规焦的层间距（d_{002}）较有序石墨粉的层间距 0.355nm 的层间距高，保持在 0.3851nm 和 0.3782nm 之间，表明碳堆积尚未完成。焦

中的一些碳还存在 SP³ 杂化，这会使 d_{002} 距离变大。Nave 和 L_c 均随着热解温度的增加而升高，L_c 增加可能表明随着挥发性物质的释放，煤分子之间发生更多的交联反应，从而在焦炭结构中产生新的或扩展预先存在的有序碳域。而 Nave 的增加表明在脱挥发分过程中增加芳烃高度会发展半焦的芳烃层数。L_a 值总体随着制焦温度的增加而增大，说明碳层也在 a 轴方向发展，制焦温度可以促进碳微晶的尺寸增大。同时 L_a 在常规与微波加热下均出现两次快速增加，但第一次的增加温度并不相同，随着热解温度从微波 500℃ 增加到 600℃，L_a 从 3.082nm 增加到 4.339nm，而常规 600℃ 增加到 700℃，L_a 从 3.309nm 增加到 4.155nm，由于芳烃层沿碳微晶 a 轴的聚结，在脱挥发分阶段开始时是剧烈的，因此温度的增加进一步证明微波选择性加热使得原煤内部温度高于实际温度。从 800℃ 到 900℃，L_a 再次显著增加。这是因为芳香烃开始释放，脱氢环化反应将打破障碍，进一步发展。通过以上分析，微波焦的层间距（d_{002}）和芳烃层堆叠高度（L_c）远大于常规焦，但芳烃层堆叠直径（L_a）与常规焦相差较小。

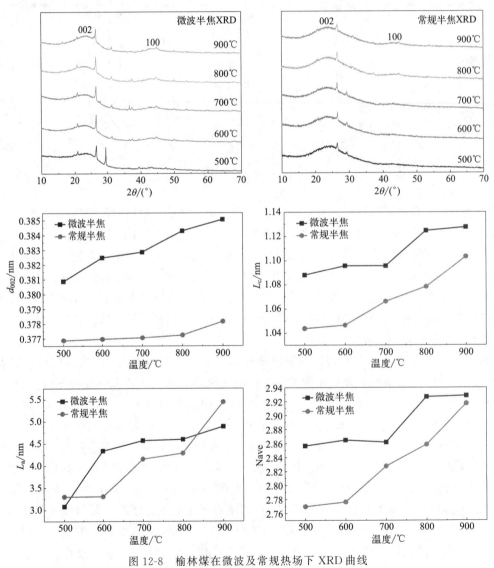

图 12-8　榆林煤在微波及常规热场下 XRD 曲线

(3) 半焦电导率分析

图 12-9 显示了微波焦和常规焦在不同热解温度下的电导率。两种半焦的电导率均随着热解终温的升高而增加，这可能是因为加热会引起煤焦结构的显著变化，煤中的大多数碳以不确定的形式存在，从而导致高度无序的内部结构和多方向性的特征。碳的结构变化导致其电导率增强。值得注意的是热解终温由 500℃ 增加至 700℃，微波焦从 0s/cm 增加至 2.566s/cm，常规焦几乎没有发生变化。从前面的分析可以看出，这个阶段是主要的热解阶段，在这个阶段，大分子结构发生剧烈变化，图 12-8 的 XRD 证明，微波焦芳烃层间距较常规焦大得多，出现"相似石墨化"现象，离域电子数增加，使得电导率增加。微波焦与常规焦的电导率在 900℃ 分别增加至 11.936s/cm 和 6.871s/cm，电导率的变化趋势与结构有序化一致，充分证明随

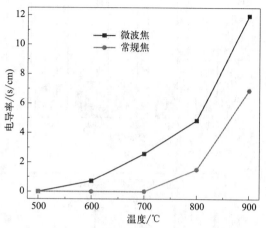

图 12-9　榆林煤在微波及常规热场下电导率曲线

着热解终温的增加，半焦的有序结构增加，产生"相似石墨化"现象。碳微晶结构数量的增加产生离域电子，导致电导率显著升高。

12.3.5　煤/CaO 混合物微波热解三相产率和气相产物分布

图 12-10 给出了煤与煤/CaO 在微波热解炉中不同热解终温下的半焦、焦油（油加水）和煤气组成与产率分布，表 12-3 对煤、煤/CaO 热解后的半焦进行了工业分析对比。煤与煤/CaO 的热解过程均使用相同加热时间升温至不同热解终温。由图 12-10 可以看出，半焦是煤热解过程中的主要产物，且半焦、焦油、煤气均在 600℃ 时产生较大波动，半焦产率较煤 500℃ 减少 8.4%，焦油和煤气产率较煤 500℃ 分别上升 6.5% 和 1.9%，之后仅发生微小变化；而煤/CaO 在相同温度下半焦产率减少 8.17%，焦油和煤气产率分别上升 7.02% 和 1.15%，700℃ 后半焦产率才趋于平缓。

表 12-3　煤与煤/CaO 工业分析

原料	工业分析（质量分数）/%				
	温度/℃	水分	灰分	挥发分	固定碳
煤	500	0.89	7.02	12.82	79.27
	600	0.97	7.7	5.32	86.01
	700	0.81	8.21	3.34	87.64
	800	0.73	8.33	3.28	87.66
	900	0.58	8.82	2.88	87.72
煤/CaO	500	0.85	9.49	10.11	79.55
	600	0.76	11.76	6.13	81.35
	700	0.75	11.29	4.04	83.92
	800	0.69	12.64	2.31	84.36
	900	0.66	12.71	1.78	84.85

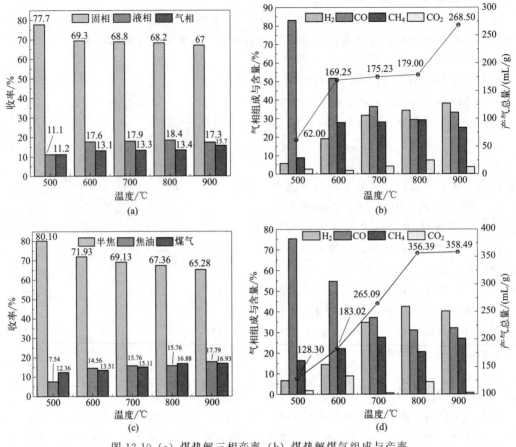

图 12-10 （a）煤热解三相产率 （b）煤热解煤气组成与产率

（c）煤/CaO 热解三相产率 （d）煤/CaO 热解煤气组成与产率

由图 12-10 还可以看出，煤热解时，热解温度由 500℃升高至 900℃，焦油的产率由 11.1%增加至 17.3%，呈现出随着温度的升高而增加的趋势，这是由于热解温度的升高导致煤中的挥发性组分和不稳定官能团分解沉淀，从而导致较高的焦油产率。而煤/CaO 热解时，随着热解温度的升高，虽然焦油产率同样呈现出增加的趋势，但相较于煤热解，煤/CaO 热解的焦油产率明显减小。而工业分析发现煤/CaO 热解后半焦挥发分含量略高于煤热解后半焦，且气相产率明显高于煤热解后气相产率，这是由于 CaO 可以促进焦油中的轻组分发生二次分解生成气体，从而使得煤/CaO 热解焦油产率小于煤热解。

采用气相色谱法对热解气的组成和含量进行了分析。煤热解过程中煤气主要由 H_2、CO、CH_4、CO_2 组成，煤热解时，当热解终温由 500℃升高至 900℃时，热解的气相产物产率由 11.2%升高至 15.7%，呈现出随着热解终温的增大而升高的趋势，这是由于温度一般是影响煤热解行为最显著的参数，较高的热解温度可促使矿物中挥发物发生裂解。而煤/CaO 热解时，随着热解终温由 500℃升高至 900℃，气相产物的产率由 12.36%增加至 16.93%，同样呈现出随着温度的升高而增加的趋势。但与煤热解相比，煤/CaO 热解时气相产物逸出速率明显大于煤热解。气体的产率显著增加。这是因为 CaO 可以催化焦油的裂解反应，促使更多的焦油分子裂解，生成小分子气体，导致气体产率增加，焦油产率降低。

相较于煤热解，煤/CaO 在 500~900℃的温度范围内 CO 的含量高于煤热解，CO 主要来源于羰基（C—O）的分解、含氧杂环的断裂和煤大分子的交联。CO 含量的增加主要与 CaO 的加入促进了 C—O 的断裂有关。在 600～900℃温度范围内，煤/CaO 的 H_2 含量显著高于煤，说明 CaO 可以促进长链烃的裂化，从而使聚合、环化和芳构化更容易，这可以增加热解气体的 H_2 含量。在 700℃时煤/CaO 热解后 CO_2 的含量显著降低，主要是由于 CaO 吸收 CO_2 产生了 $CaCO_3$。

12.3.6 煤/CaO 混合物微波热解半焦分析

(1) 半焦 TG 与 DTG 分析

为了进一步确定煤和煤/CaO 的热解行为，在空气气氛中以 10℃/min 的加热速率对煤和煤/CaO 进行 TG 与 DTG 测试，结果如图 12-11 所示。对于煤和煤/CaO，在不同的热解温度下，TG 和 DTG 曲线是相似的；且最大燃烧速率温度（表 12-4）均随着热解温度的升高而向高温区移动，但是在相同的热解温度下煤半焦的最大燃烧速率温度明显高于煤/CaO，结合图 12-10 中煤/CaO 煤气产率显著高于煤，这些现象表明：在相同热解温度下添加 CaO 可以促进煤热解过程中 H_2、CO、CO_2 和 CH_4 的释放。另外，对于煤/CaO，CaO 在较低温度（200～350℃）下能吸收结合水生成氢氧化钙 [Ca(OH)$_2$]。然后 Ca(OH)$_2$ 在大约 350～600℃分解，这也可能是煤/CaO 的最大燃烧速率温度减小的原因。

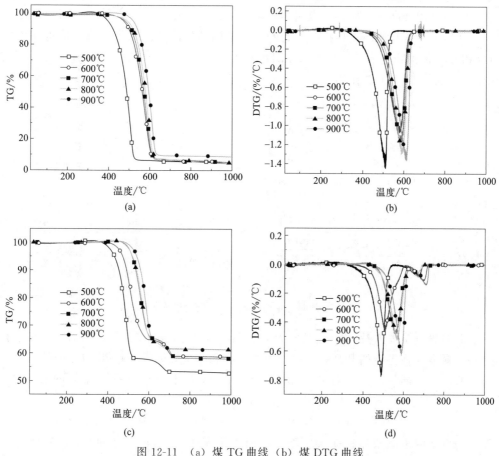

图 12-11　(a) 煤 TG 曲线　(b) 煤 DTG 曲线
(c) 煤/CaO TG 曲线　(d) 煤/CaO DTG 曲线

表 12-4　煤与煤/CaO 最大燃烧速率温度

温度/℃	最大燃烧速率温度/℃	
	煤/CaO 混合半焦	煤半焦
500	490.09	499.41
600	510.31	578.69
700	556.68	583.84
800	568.53	596.51
900	590.31	610.51

从 DTG 可以表明，煤的热解在 $350\sim600℃$ 附近具有一个显著的质量损失峰，而煤/CaO 的热解在 $350\sim600℃$ 和 $500\sim700℃$ 附近具有两个显著的质量损失峰。这主要是由于煤在 $350\sim600℃$ 温度范围内会释放大量焦油和轻气体，从而产生质量损失峰。区别于煤仅产生一个损失峰，煤/CaO 在 $500\sim700℃$ 还产生一个损失峰，可能的原因为煤/CaO 在较低温度下 CaO 表面上形成的碳酸钙（$CaCO_3$）发生分解。

（2）半焦 XRD 分析

碳以结晶形式存在于煤、焦炭和其他碳材料中。图 12-12 和图 12-13 分别显示出在不同热解温度下煤和煤/CaO 的 XRD 曲线和微晶结构参数。可以观察到，煤与煤/CaO 的 d_{002} 均随着热解温度的升高而增加。这说明热解温度的升高，使半焦中碳结构石墨化程度降低，不规则程度增加，这与使用其他技术得到的关于碳的结构演变的结果一致。值得注意的是，煤/CaO 的石墨化程度小于煤，可能的原因是 CaO 在 $500\sim900℃$ 的温度范围对煤/CaO 热解过程中的焦炭石墨化有抑制作用。

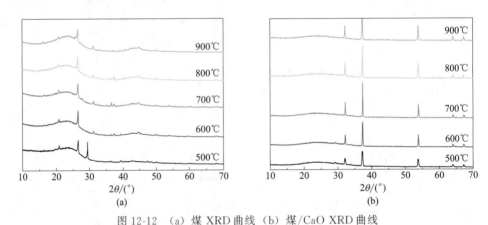

图 12-12　(a) 煤 XRD 曲线　(b) 煤/CaO XRD 曲线

对于煤的热解，随着热解温度的升高，芳烃层堆叠高度和晶层数逐渐增大。对于煤/CaO 来说，随着热解温度的升高，芳烃层堆叠高度和晶层数呈减小趋势。L_c 值随着 CaO 的加入而降低。可以推断，CaO 对晶体结构的影响主要在于减小了垂直排列的石墨微晶的尺寸。

对于煤热解，L_a 值总体随着热解温度的升高而增大，说明碳层也在 a 轴方向发展，热解温度升高可以促进碳微晶横向尺寸增大。而对于煤/CaO 来说，在 $600\sim700℃$ 时其与煤 L_a 值产生交叉，之后随着热解温度的升高而逐渐呈现出减小的趋势，可以推断，CaO 对晶体的横向结构具有腐蚀作用，使得横向结构随着热解温度的增加而逐渐减小。

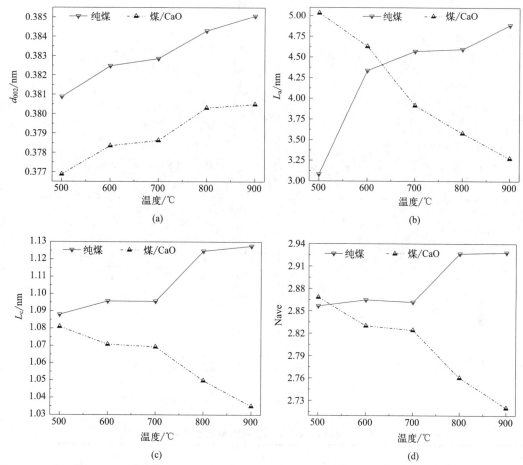

图 12-13 （a）芳烃层间距 d_{002}；（b）芳烃层堆叠直径 L_a；（c）芳烃层堆叠高度 L_c；（d）芳烃层数 Nave

12.3.7 电石性能表征

(1) 常规和微波制备电石的对比

热解过程中芳香核上的侧链会发生脱落分解，缩合并稠环化，从而形成微晶结构。通过前期热解表明，不同热解方式、热解温度对半焦的微晶结构影响较大。为了研究不同半焦的性质对 CaC_2 生成的影响，选择了微波 600℃、微波 900℃、常规 600℃、常规 900℃ 热解半焦作为碳源研究对 CaC_2 生成的影响。

图 12-14 给出了不同热解方式、热解温度下半焦原料的微晶结构参数：层间距（d_{002}）、芳烃层堆叠直径（L_a）和芳烃层堆叠高度（L_c）与 CaC_2 收率之间的关系及电石 XRD 曲线。通过 XRD 曲线发现产物主要由 I 型 CaC_2 组成并伴有少量 CaO 和 III 型 CaC_2。还可以看出半焦的收率随着含碳原料层间距的增大而逐渐升高，表明石墨化程度越低，CaC_2 越易于生成；半焦的收率随着含碳原料芳烃层堆叠直径的增大而逐渐减小，芳烃层堆叠高度与半焦的收率却表现出与芳烃层堆叠直径相反的结论，表明芳烃层堆叠高度与直径也影响着 CaC_2 的生成。从表 12-5 可以看出，以微波 900℃ 半焦为含碳原料制备电石的乙炔发气量最大（320mL/g）。这表明微波 900℃ 更有利于 CaC_2 的生成。

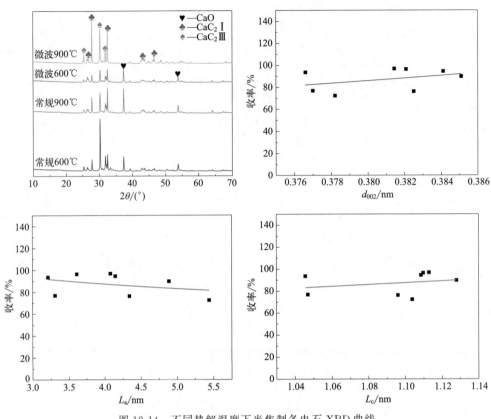

图 12-14 不同热解温度下半焦制备电石 XRD 曲线

表 12-5 不同热解温度下半焦制备电石发气量及收率表

原料	发气量/(mL/g)	收率/%
常规 900℃	252	72.44
微波 600℃	267	76.28
常规 600℃	273	76.92
微波 900℃	320	89.74

(2) CaO 加入对电石的影响

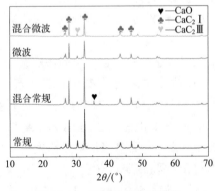

图 12-15 不同热解方式半焦
制备电石 XRD 曲线

CaO 和半焦之间的接触面积是限制 CaC_2 反应过程中高反应温度、长反应时间和高能耗的主要影响因素之一。为进一步研究不同热解方式下含碳原料的接触方式与 CaC_2 收率及发气量之间的关系，选择常规与微波两种热解方式，及 CaO 的加入方式研究对 CaC_2 生成的影响。

图 12-15 和表 12-6 给出了不同热解方式和 CaO 加入方式反应产物的 XRD 曲线、乙炔发气量及产物收率。从图中可以看出，产物主要由 I 型 CaC_2 组成并伴有少量 CaO 和 III 型 CaC_2。从表中可以观察到不论是常规热解还是微波热解，在热解前加入

CaO 混合的含碳原料发气量及收率总是优于热解后加入 CaO，且热解方式对 CaC$_2$ 的影响小于 CaO 是否提前混合加入。

表 12-6　不同热解方式半焦制备电石发气量及收率表

原料	发气量/(mL/g)	收率/%	碳钙比
常规	315	93.56	3∶1
混合常规	330	96.43	4.28∶1
微波	320	94.45	3∶1
混合微波	360	96.86	4.41∶1

12.4　本章小结

① 相较常规热解，微波热解可以在较低的温度下实现，并且在较高温度下可以降低焦油生成量。工业分析进一步研究表明，与常规热解相比，在相同热解温度下，微波热解更有利于生产高固定碳含量、低挥发分含量半焦产品。

② 与未加入 CaO 的粉煤相比，加入 CaO 的粉煤在相同温度下常规热解或微波热解气相产率均明显增加，液相产率显著减小，这可能是由于 CaO 在热解过程中参与反应，使得焦油发生二次反应生成气相产物。最大燃烧速率温度也随着 CaO 的加入而显著降低，这是因为 CaO 在热解完成后依然参与反应，进而加快半焦反应。

③ 无论是常规热解还是微波热解，热解前加入 CaO 所得电石的发气量及收率总是优于热解后加入 CaO，CaO 提前混合加入对发气量及收率的影响比热解方式的影响更大。

本篇结论

本篇相关章节以低阶粉煤为原料，选取马铃薯渣、兰炭废水基酚醛树脂、金属镁渣等作为粉煤成型双效黏结剂，在制得性能较优的型煤与型焦的基础上，降低了黏结剂的制备成本。通过对型煤与型焦的抗压强度进行优化，确定粉煤成型干馏双效黏结剂添加的较优比例，并在 FT-IR、XRD、SEM、TG-DTG 和燃烧动力学等表征分析的基础上揭示了粉煤成型干馏双效黏结剂的作用机制。研究得到的主要结论如下：

① 抗压强度较高的型煤是制备抗压强度较高的型焦的基础条件，通过马铃薯渣与水的质量比为 1∶10、马铃薯渣粒度为 100 目及加入 NaOH 糊化剂，制得型煤的抗压强度较优，为 3339.6N/个。由于糊化条件对马铃薯渣中淀粉的黏性有较大的影响，当氢氧化钠与马铃薯渣的质量比为 1∶8、糊化温度为 65℃、糊化时间为 5min 时，型煤与型焦的抗压强度分别为：3722.8N/个与 1967N/个。为了进一步提高型煤与型焦的抗压强度，配入与马铃薯渣的质量比为 10∶1 的兰炭废水基酚醛树脂交联剂，型煤与型焦的抗压强度分别为：4376.4N/个与 2313N/个。在采用 $MgCl_2$ 为无机黏结剂组分时，所制备的型煤与型焦抗压性能较优，但其价格较高，因此，采用金属镁渣作为无机黏结剂组分，探究了金属镁渣及其主要氧化物 SiO_2 和 CaO 的加入量对型煤和型焦抗压强度的影响，在金属镁渣与马铃薯渣的质量比为 15∶40 的条件下，型煤与型焦的抗压强度较高，分别为：1925.2N/个与 869.6N/个。

② 型煤中存在的马铃薯渣与兰炭废水基酚醛树脂交联剂有相同的官能团，有机物在高温下被分解，致使型焦中官能团消失，同时 $MgCl_2$ 和 MgO 起协同黏结作用，使型焦仍具有较高的抗压强度，表明有机黏结剂在粉煤成型阶段发挥主要作用，无机黏结剂在干馏阶段发挥主要作用。黏结剂的加入使得型煤和型焦的表面变得致密，且对热值的影响较小，同时由于型焦在热解过程中大量挥发性物质的析出，其热稳定性较好，但燃烧过程所需的热量较大。金属镁渣代替 $MgCl_2$ 作为无机黏结剂组分，由于其中含有大量无机物，且在干馏过程中无法分解，致使所制备的型煤与型焦的灰分含量略高，热值有所下降。通过对以金属镁渣、SiO_2 及 CaO 为无机黏结剂组分制备的型煤与型焦的热性能分析，得出 SiO_2 对型煤与型焦的热稳定性与燃烧活化能影响较大。

③ 采用 TG-MS 对煤样的燃烧性能进行评价，型焦在燃烧过程中产生的 CO_2、SO_2 及烃类物质的排放量大幅度降低，可作为洁净燃料。通过对粉煤成型干馏工艺与传统块煤干馏工艺进行财务核算，得出粉煤成型干馏工艺可产生更大经济效益。

④ 对比研究了常规热解和微波热解的差异，同时对混合 CaO 热解以及所得电石的发气量及收率进行研究，为进一步优化工艺提供了理论依据。

参 考 文 献

[1] Li Y, Xia W, Peng Y, et al. A novel coal tar-based collector for effective flotation cleaning of low rank coal [J]. Journal of Cleaner Production, 2020, 273: 123172.

[2] Sriramoju S K, Kumar D, Majumdar S, et al. Sustainability of coal mines: Separation of clean coal from the fine-coal rejects by ultra-fine grinding and density-gradient-centrifugation [J]. Powder Technology, 2021, 383: 356-370.

[3] Mochida I, Okuma O, Yoon S H. Chemicals from direct coal liquefaction [J]. Chem Rev, 2014, 114 (3): 1637-1672.

[4] Granda M, Blanco C, Alvarez P, et al. Chemicals from coal coking [J]. Chem Rev, 2014, 114 (3): 1608-1636.

[5] Hosseini T, Zhang L. Process modeling and techno-economic analysis of a solar thermal aided low-rank coal drying-pyrolysis process [J]. Fuel Processing Technology, 2021, 220: 106896.

[6] Wu L, Zhou J, Yang R, et al. Enhanced catalytic microwave pyrolysis of low-rank coal using Fe_2O_3 @ bluecoke absorber prepared by a simple mechanical ball milling [J]. Journal of the Energy Institute, 2021, 95: 193-205.

[7] Fan Y, Zhang S, Li X, et al. Process intensification on suspension pyrolysis of ultra-fine low-rank pulverized coal via conveyor bed on pilot scale: Distribution and characteristics of products [J]. Fuel, 2021, 286: 119341.

[8] 王博洋, 秦勇, 申建, 等. 我国低煤阶煤煤层气地质研究综述 [J]. 煤炭科学技术, 2017, 45 (01): 170-179.

[9] Ding C L, Qiang X, Guang S L, et al. Influence of heating rate on reactivity and surface chemistry of chars derived from pyrolysis of two Chinese low rank coals [J]. International Journal of Mining Science and Technology, 2018, 28 (4): 613-619.

[10] Rong L, Xiao J, Wang X, et al. Low-rank coal drying behaviors under negative pressure: Thermal fragmentation, volume shrinkage and changes in pore structure [J]. Journal of Cleaner Production, 2020, 272: 122572.

[11] 吴群英, 牛虎明, 任志恒, 等. 榆神矿区煤炭资源清洁高效转化系统分析 [J]. 煤炭加工与综合利用, 2020 (05): 52-58.

[12] 宁晓钧, 党晗, 张建良, 等. 低阶煤热解与兰炭生产工艺研究进展 [J]. 钢铁, 2021, 56 (01): 1-11.

[13] Kong H, Wang J, Zheng H, et al. Techno-economic analysis of a solar thermochemical cycle-based direct coal liquefaction system for low-carbon oil production [J]. Energy, 2022, 239: 122167.

[14] Tong R, Zhang B, Yang X, et al. A life cycle analysis comparing coal liquefaction techniques: A health-based assessment in China [J]. Sustainable Energy Technologies and Assessments, 2021, 44: 101000.

[15] Ali A, Zhao C. Direct liquefaction techniques on lignite coal: A review [J]. Chinese Journal of Catalysis, 2020, 41 (3): 375-389.

[16] Jin E, Zhang Y, He L, et al. Indirect coal to liquid technologies [J]. Applied Catalysis A: General, 2014, 476: 158-174.

[17] Midilli A, Kucuk H, Topal M E, et al. A comprehensive review on hydrogen production from coal gasification: Challenges and opportunities [J]. International Journal of Hydrogen Energy, 2021, 46 (50): 25385-25412.

[18] 贺永德. 煤焦油热解（干馏）及煤焦油加工技术经济分析 [J]. 中国经贸导刊, 2010 (18): 24-25.

[19] 方向晨, 张忠清, 翁延博, 等. 煤炭的微波干馏技术研究进展 [J]. 化工进展, 2013, 32 (08): 1725-1733.

[20] 张国昀. 低阶煤分质利用的前景展望及建议 [J]. 当代石油石化, 2014, 22 (09): 19-23, 36.

[21] 裴贤丰. 低阶煤中低温热解工艺技术研究进展及展望 [J]. 洁净煤技术, 2016, 22 (03): 40-44.

[22] 靳其龙, 王文宇, 栾积毅, 等. "煤拔头" 工艺快速热解产物分布的实验研究 [J]. 热能动力工程, 2013, 28 (02): 171-176, 218-219.

[23] 张庆军, 张长安, 刘继华, 等. 块煤干馏技术研究进展与发展趋势 [J]. 煤炭科学技术, 2016, 44 (10): 179-187.

[24] 白效言. 内旋式移动床低阶煤热解过程机理与产物特性研究 [D]. 北京: 煤炭科学研究总院, 2021.

[25] 孙朋, 戴林超, 贾泉敏, 等. 冷压型煤强度影响因素的研究现状及展望 [J]. 矿业安全与环保, 2015, 42 (06): 100-104.

[26] Nomura S. Effect of coal briquette size on coke quality and coal bulk density in coke oven [J]. ISIJ International, 2019, 59 (8): 1512-1518.

[27] 武建军, 周国莉, 高志远, 等. 原料粒度对铸造型焦气孔结构和表观质量的影响 [J]. 中国矿业大学学报, 2011, 40 (02): 259-263.

[28] 陈娟，闫海军，张智芳，等．改性葵花籽皮作型煤黏结剂及机理研究 [J]．非金属矿，2019，42（02）：1-4.

[29] Cui P，Qu K L，Ling Q，et al. Effects of coal moisture control and coal briquette technology on structure and reactivity of cokes [J]. Coke and Chemistry，2015，58（5）：162-169.

[30] Tosun Y I. Clean fuel-magnesia bonded coal briquetting [J]. Fuel Processing Technology，2007，88（10）：977-981.

[31] 郭云飞．煤焦混合成型及成型焦气化反应特性研究 [D]．太原：太原理工大学，2016.

[32] 杨永斌，钟强，姜涛，等．煤沥青型焦制备与固结机理 [J]．中南大学学报：自然科学版，2016，47（07）：2181-2188.

[33] Sutrisno，Anggono W，Suprianto F D，et al. The effects of particle size and pressureon the combustion characteristics of cerbera manghasleaf briquettes [J]. ARPNJ. Eng. Appl. Sci.，2017，12：931-936.

[34] 杨芊，刘德钱，梁世航，等．神木煤制中低温热解用型煤工艺参数优化研究 [J]．洁净煤技术，2015，21（03）：60-64.

[35] 高玉杰．型煤成型影响因素分析及型煤成型机的设计 [D]．太原：山西大学，2009.

[36] 常志伟，杜文广，杨颂，等．煤泥复配粘结剂对长焰煤成型性能的研究 [J]．应用化工，2020，49（03）：588-591，596.

[37] 全建波，温俊涛，蔺阳，等．改性生物质制备复合型煤粘结剂的研究 [J]．陕西科技大学学报：自然科学版，2013，31（02）：4-8.

[38] 成璇．低变质粉煤与焦油渣制备型焦的实验研究 [D]．西安：西安建筑科技大学，2013.

[39] Mori A，Yuniati M D，Mursito A T，et al. Preparation of coke from indonesian lignites by a sequence of hydrothermal treatment，hot briquetting，and carbonization [J]. Energy & Fuels，2013，27（11）：6607-6616.

[40] 史军伟．陕北低变质粉煤与液化残渣制备型焦的研究 [D]．西安：西安建筑科技大学，2014.

[41] 殷蒙蒙．半焦粉制钙焦球的研究 [D]．青岛：山东科技大学，2018.

[42] 康铁良．型煤与型焦粘合剂的研究及开发 [J]．农业工程学报，2006（S1）：259-262.

[43] 孙建锋，杨荣生，吴中华，等．生物质型煤及其在烟叶烘烤中的应用 [J]．中国烟草科学，2010，31（03）：63-66.

[44] 房兆营，巩志坚，蔡涛，等．型煤型焦技术研究新进展 [J]．洁净煤技术，2010，16（03）：44-47.

[45] Bika D，Tardos G I，Panmai S，et al. Strength and morphology of solid bridges in dry granules of pharmaceutical powders [J]. Powder Technology，2005，150（2）：104-116.

[46] Zhong Q，Yang Y，Li Q，et al. Coal tar pitch and molasses blended binder for production of formed coal briquettes from high volatile coal [J]. Fuel Processing Technology，2017，157：12-19.

[47] Nomura S，Arima T. Influence of binder（coal tar and pitch）addition on coal caking property and coke strength [J]. Fuel Processing Technology，2017，159：369-375.

[48] Muazu R I，Stegemann J A. Biosolids and microalgae as alternative binders for biomass fuel briquetting [J]. Fuel，2017，194：339-347.

[49] Yu W，Sun T C，Liu Z Z，et al. Study on the strength of cold-bonded high-phosphorus oolitic hematite-coal composite briquettes [J]. International Journal of Minerals，Metallurgy，and Materials，2014，21（5）：423-430.

[50] Zhang G，Sun Y，Xu Y. Review of briquette binders and briquetting mechanism [J]. Renewable and Sustainable Energy Reviews，2018，82：477-487.

[51] 张秋利，胡小燕，兰新哲，等．膨润土作黏结剂制备型煤的研究 [J]．煤炭转化，2012，35（01）：65-68.

[52] 李健，路广军，杨凤玲，等．膨润土基黏结剂对型煤高温黏结特性的影响 [J]．煤炭转化，2018，41（06）：22-28，35.

[53] Tabakaev R，Shanenkov I，Kazakov A，et al. Thermal processing of biomass into high-calorific solid composite fuel [J]. Journal of Analytical and Applied Pyrolysis，2017，124：94-102.

[54] 田桦．焦粉制备冶金型焦过程粘结剂的选择 [J]．应用化工，2015（S1）：171-172，177.

[55] Kaliyan N，Morey R V. Constitutive model for densification of corn stover and switchgrass [J]. Biosystems Engineering，2009，104（1）：47-63.

[56] 于淑政，吴炳胜，解德才．褐煤压制成型理论分析 [J]．河北建筑科技学院学报，1997（03）：48-52，11.

[57] Han Y，Tahmasebi A，Yu J，et al. An Experimental study on binderless briquetting of low-rank coals [J]. Chemical Engineering & Technology，2013，36（5）：749-756.

[58] 朱斌，李备，黄磊，等．褐煤无黏结剂成型理论的粉体工程分析 [J]．洁净煤技术，2013，19（05）：50-53.

［59］ Mangena S J，Korte G，Mccrindle R I，et al. The amenability of some witbank bituminous ultra fine coals to binderless briquetting［J］. Fuel Processing Technology，2004，85（15）：1647-1662.

［60］ Mangena S J，Cann V. Binderless briquetting of some selected South African prime coking，blend coking and weathered bituminous coals and the effect of coal properties on binderless briquetting［J］. International Journal of Coal Geology，2007，71（2-3）：303-312.

［61］ 张永发，张慧荣，田芳，等. 无烟粉煤成型块炭化行为及热解气体生成规律［J］. 煤炭学报，2011，36（04）：670-675.

［62］ 张传祥，谌伦建，王永建，等. 工业型煤热稳定性形成机理的实验研究［J］. 煤炭学报，2002（02）：184-187.

［63］ Taylor J W，Hennah L. The nature of strength-controlling structural flaws in formed coke［J］. Fuel，1992，71（1）：59-63.

［64］ Taylor J W，Hennah L. The effect of binder displacements during briquetting on the strength of formed coke［J］. Fuel，1991，70（7）：873-876.

［65］ 谌伦建，柴一言，祝朝晖. 型煤微观结构的研究［J］. 煤炭学报，1997（03）：82-84.

［66］ Barriocanal C，Hanson S，Patrick J W，et al. The characterization of interfaces between textural components in metallurgical cokes［J］. Fuel，1994，73（12）：1842-1847.

［67］ 田斌，许德平，庞亚恒，等. 适用于鲁奇气化的型煤成型机理及热性能研究［J］. 中国煤炭，2013，39（07）：80-84.

［68］ 黄山秀. 低变质程度烟煤制取气化型煤的研究［D］. 焦作：河南理工大学，2011.

［69］ Ullah H，Liu G，Yousaf B，et al. Hydrothermal dewatering of low-rank coals：Influence on the properties and combustion characteristics of the solid products［J］. Energy，2018，158：1192-1203.

［70］ Sha B，Xin Y，et al. Improvement on slurry ability and combustion dynamics of low qualitycoals with ultra-high ash content［J］. Chemical Engineering Research and Design，2020，156：391-401.

［71］ Hong D，Liu L，Wang C，et al. Construction of a coal char model and its combustion and gasification characteristics：Molecular dynamic simulations based on ReaxFF［J］. Fuel，2021，300（4691）：120972.

［72］ 李文茜，刘鑫，么恩悦，等. 马铃薯渣的开发利用与研究进展［J］. 饲料工业，2019，40（01）：17-22.

［73］ Yang J S，Mu T H，Ma M M. Extraction，structure，and emulsifying properties of pectin from potato pulp［J］. Food Chemistry，2018，244：197-205.

［74］ Kaack K，Pedersen L. Low-energy and high-fibre liver pate processed using potato pulp［J］. European Food Research and Technology，2004，220（3-4）：278-282.

［75］ Obidziński S. Analysis of usability of potato pulp as solid fuel［J］. Fuel Processing Technology，2012，94（1）：67-74.

［76］ 程力，顾正彪，王鹏，等. 废弃马铃薯渣改性制备瓦楞纸板粘合剂研究［J］. 环境工程学报，2010，4（09）：2125-2130.

［77］ Glittenberg D. Starch-based biopolymers in paper，corrugating，and other industrial applications［M］. Polymer Science：A Comprehensive Reference，2012：165-193.

［78］ 张彦军，李梅，封文婧，等. 基于酚醛树脂为黏结剂制备型煤及型兰炭实验研究［J］. 河南科学，2021，39（09）：1405-1410.

［79］ 常佳伟. 超重力强化臭氧氧化-生物法联合处理实际兰炭废水的研究［D］. 北京：北京化工大学，2020.

［80］ Song J，She J，Chen D，et al. Latest research advances on magnesium and magnesium alloys worldwide［J］. Journal of Magnesium and Alloys，2020，8（1）：1-41.

［81］ 李咏玲. 镁渣基缓释性硅钾肥的制备及性能研究［D］. 太原：山西大学，2016.

［82］ Oliveira C，Gumieri A G，Gomes A M，et al. Characterization of magnesium slag aiming the utilization as a mineral admixture in mortar［J］. Materials & Structures，2004：919-924.

［83］ 张煜欣，刘慧燕，方海田，等. 马铃薯淀粉加工的副产物及资源化利用现状［J］. 中国果菜，2020，40（01）：46-52.

［84］ 杨凤玲，曹希，韩海忠，等. 高效复合型煤黏结剂性能及应用研究［J］. 洁净煤技术，2015，21（05）：1-7.

［85］ 徐鹏翔，李国学，陈丽君. 改性淀粉黏结剂在复混肥料造粒中的应用研究［J］. 磷肥与复肥，2006（06）：18-20，29.

［86］ Chhabra N，Kaur A，Kaur A. Assessment of physicochemical characteristics and modifications of pasting properties of different varieties of maize flour using additives [J]. J Food Sci Technol, 2018, 55 (10): 4111-4118.

[87] Akhtar M N, Sulong A B, Radzi M K F, et al. Influence of alkaline treatment and fiber loading on the physical and mechanical properties of kenaf/polypropylene composites for variety of applications [J]. Progress in Natural Science: Materials International, 2016, 26 (6): 657-664.

[88] 董贝贝. 八种淀粉糊化和流变特性及其与凝胶特性的关系 [D]. 西安: 陕西科技大学, 2017.

[89] 朱峰. 淀粉基型煤粘结剂的制备和性能研究 [D]. 徐州: 中国矿业大学, 2016.

[90] 罗金华, 盛凯. 兰炭废水处理工艺技术评述 [J]. 工业水处理, 2017, 37 (08): 15-19.

[91] Akhlamadi G, Goharshadi E K, Saghir S V. Extraction of cellulose nanocrystals and fabrication of high alumina refractory bricks using pencil chips as a waste biomass source [J]. Ceramics International, 2021, 47 (19): 27042-27049.

[92] Saliu O D, Mamo M, Ndungu P, et al. The making of a high performance supercapacitor active at negative potential using sulphonic acid activated starch-gelatin-TiO_2 nano-hybrids [J]. Arabian Journal of Chemistry, 2021: 103242.

[93] Yang N, Li Y, Xing F, et al. Composition and structural characterization of pectin in micropropagated and conventional plants of Premma puberula Pamp [J]. Carbohydr Polym, 2021, 260: 117711.

[94] Rahaman A, Kumari A, Zeng X A, et al. Ultrasound based modification and structural-functional analysis of corn and cassava starch [J]. Ultrason Sonochem, 2021, 80: 105795.

[95] Huang S, Chao C, Yu J, et al. New insight into starch retrogradation: The effect of short-range molecular order in gelatinized starch [J]. Food Hydrocolloids, 2021, 120: 106921.

[96] Xia Y, Wang L, Zhang R, et al. Enhancement of flotation response of fine low-rank coal using positively charged microbubbles [J]. Fuel, 2019, 245: 505-513.

[97] Flores B D, Guerrero A, Flores I V, et al. On the reduction behavior, structural and mechanical features of iron ore-carbon briquettes [J]. Fuel Processing Technology, 2017, 155: 238-245.

[98] Grégoire B, Oskay C, Meißner T M, et al. Corrosion mechanisms of ferritic-martensitic P91 steel and Inconel 600 nickel-based alloy in molten chlorides. Part Ⅱ: NaCl-KCl-$MgCl_2$ ternary system [J]. Solar Energy Materials and Solar Cells, 2020, 216: 110675.

[99] Tran P L, Nguyen D H D, Do V H, et al. Physicochemical properties of native and partially gelatinized high-amylose jackfruit (Artocarpus heterophyllus Lam.) seed starch [J]. LWT-Food Science and Technology, 2015, 62 (2): 1091-1098.

[100] Sharma A, Sakimoto N, Takanohashi T. Effect of binder amount on the development of coal-binder interface and its relationship with the strength of the carbonized coal-binder composite [J]. Carbon Resources Conversion, 2018, 1 (2): 139-146.

[101] Manyuchi M M, Mbohwa C, Muzenda E. Value addition of coal fines and sawdust to briquettes using molasses as a binder [J]. South African Journal of Chemical Engineering, 2018, 26: 70-73.

[102] Bai H, Mao N, Wang R, et al. Kinetic characteristics and reactive behaviors of HSW vitrinite coal pyrolysis: A comprehensive analysis based on TG-MS experiments, kinetics models and ReaxFF MD simulations [J]. Energy Reports, 2021, 7: 1416-1435.

[103] 郭睿, 李平安, 赵云飞. 双酚 A-多聚甲醛酚醛树脂的合成与表征 [J]. 中国胶粘剂, 2022, 31 (01): 22-27.

[104] 李欣, 任宇, 刘建祥, 等. 温度对木质素基酚醛树脂纤维固化行为的影响 [J]. 林产化学与工业, 2021, 41 (02): 33-38.

[105] 苏宁, 李江华, 赵亮, 等. 热重法测定钢渣中游离氧化钙 [J]. 物理测试, 2019, 37 (05): 25-28.

[106] 周鹏. 改性镁渣基充填材料的制备及微结构特性研究 [D]. 西安: 西安科技大学, 2021.

[107] Wang M, Li Z, Huang W, et al. Coal pyrolysis characteristics by TG-MS and its late gas generation potential [J]. Fuel, 2015, 156: 243-253.

第三篇

神府煤低温定向催化
热解及机理研究

第**13**章
神府煤低温定向催化技术概述

13.1 研究背景

随着我国国民经济的快速发展，人们对于能源的需求也日益增加，煤作为我国化石能源的主要组成部分，多年来，一直在我国的能源消费结构中占主导地位[1]。据 2016 年《BP世界能源统计年鉴》数据统计，从 2006 年开始我国煤炭的消费总量一直增加，到 2013 年我国的煤炭消费总量达到 1969.1 百万吨油当量，2013 年之后煤炭消费总量略有下降，到 2016年煤炭消费总量下降到 1887.6 百万吨油当量。虽然近年来我国煤炭的消费总量一直呈现下降趋势，但是煤炭消费总量仍然占我国一次能源消费的大多数，煤炭依旧是我国能源消费的主体。"富煤、贫油、少气"的能源赋存特征和确保国家能源战略安全的基本需求，决定了我国以煤为主的能源结构未来一个时期内难以改变。

虽然煤炭资源在我国的能源消费中占主体地位，但是以往煤炭主要用来燃烧发电，与石油和天然气相比，固体燃料煤具有运输不方便、燃烧效率低、污染环境等问题，特别是随着全球能源革命进程进一步加快和国内治理雾霾、控制煤炭消费的措施相继出台，"弃煤用气"趋势明显[2]，煤炭正在由燃料向原料转变，煤的高效、清洁、可持续利用已越来越成为大家的共识和努力的方向。在煤的综合利用过程中，推进煤炭深度转化已成为必由之路，也是公认的煤炭资源利用最为合理的方式。目前，人们最为关注并一直致力于研究的问题是，如何提高煤的利用效率，如何分离、提取煤中的化学原料，并且根据煤在不同转化阶段反应性的不同特点，实现煤炭分级转化和能量梯级利用。

13.2 煤热解概述

13.2.1 煤热解的定义

煤的热解是指煤在隔绝空气或惰性气氛下被持续加热，有机物质随着热解温度的上升发生一系列物理变化和化学反应，进而形成煤气、焦油和半焦（焦炭）产物的复杂过程，亦称为热分解或干馏[3]。煤在整个受热过程中可大体分为三个阶段[4-5]：

（1）干燥脱气阶段（室温～300℃）

室温～300℃阶段为干燥脱气阶段。在此阶段，煤的外形基本无明显的变化。褐煤在200℃以上发生脱羧基反应，大约300℃时开始热解反应，而烟煤和无烟煤在这一阶段一般没有什么变化。脱水主要发生在120℃前，而脱气（主要脱除煤吸附和孔隙中封闭的二氧化碳、甲烷和氮气）大致在200℃前后完成。

（2）活泼热分解阶段（300～600℃）

这一阶段以解聚和分解反应为主，煤黏结成半焦，并发生一系列变化。煤在300℃左右开始软化，并有煤气和焦油析出，生成和排出大量挥发物（煤气和焦油），在450℃前后排出的焦油量最大，在450～600℃气体析出量最多。煤气成分除热解水、一氧化碳和二氧化碳外，主要是气态烃，故热值较高。

（3）热缩聚阶段（600～1000℃）

这是半焦变成焦炭的阶段，以热缩聚反应为主。析出的焦油量极少，挥发分主要是煤气，故又称二次脱气阶段。煤气主要成分是 H_2 和少量 CH_4，700℃后煤气成分主要是氢气。在这一阶段芳香核明显增大，排列规则化，结构致密，真密度增加。从半焦到焦炭一方面析出大量煤气，另一方面焦炭本身的密度增加，故体积收缩，导致生成许多裂纹，形成碎块。

13.2.2 影响煤热解焦油收率的因素

大量研究表明，很多因素都会影响煤热解焦油的收率，主要可归结于内外两个因素，内因包括原煤的性质（煤的种类、煤的粒径），外因如热解工艺条件的影响（热解温度、热解压力、升温速率、气体停留时间、热解气氛、催化剂）等[6]。

（1）原煤的性质

① 煤的种类：煤的热解特性与煤化程度的大小有密切的关系，具体表现在影响煤热解的起始温度、热解反应性、黏结性和结焦性等[7]，所得热解产物的组成和产率也不同。一般认为煤化程度较低的年轻煤热解时，液体产率和气体产率要比中等程度的煤和年老煤热解后的产率高，低阶煤是优选的热解原料煤。

② 煤的粒径：粒径的大小会直接或间接影响到煤热解的热质传递过程和二次反应，从而改变煤热解产物的分布。崔丽杰等[8]研究了不同粒径对煤热解产物产率的影响，研究结果表明，热解焦油的产率随着煤粒径的减小，呈现先增大后降低的趋势，而增大煤的粒径有利于半焦产率和气体总产率的增加，不利于焦油产率的提高。吕太等[9]在 TGA 热重分析仪上研究了不同粒径的煤热解行为，结果发现粒径的大小会直接影响到热解加热的时间，大颗粒的煤加热时间较长，并且阻碍了热解产物的逸出，增加了一次热解产物进行二次反应的概率。

(2) 热解工艺条件的影响

① 热解温度：温度是影响煤热解产物分布的一个决定性因素，既对生成初级挥发分产生作用，又会影响初级挥发分的二次裂解反应。孙晨亮等[10]研究得出常压下提高热解温度有利于增加挥发分的析出量，但当温度继续增加时挥发分析出量趋于稳定。邓一英等[11]研究得出热解温度会直接影响平朔煤热解产物的分布，热解温度的上升有利于增加热解气体的产率，降低半焦产率，而焦油的产率随着热解温度呈现阶段性变化，在整个煤热解过程中，焦油产率随着热解温度的上升，呈现先升高后降低的趋势，在 600℃ 左右焦油产率最高，之后焦油产率开始下降。朱学栋等[12]利用非等温热重分析技术考察了我国八种煤的热解过程，研究结果表明，热解失重量主要取决于热解的最终温度，与升温速率无关。

② 升温速率：升温速率不仅会影响煤热解的特性，还会改变焦油的收率和组成，其中快速热解可以减少一次热解焦油的二次裂解，致使所得焦油的产率大大提高。苏桂秋等[13]借助 TG-FTIR 联用手段考察了不同升温速率对煤热解特性的影响，研究发现，增加升温速率对提高煤热解气体的产率是有利的，可得到更多煤气。赵树昌等[14]研究得出热解温度在700℃ 下快速焦油相较于慢速焦油，组分简单，焦油中含有较高的苯、简单酚，焦油品质更好。袁帅等[15]研究认为提高热解速率可以减少挥发分二次反应机会，增加气体和焦油产率。

③ 停留时间：停留时间的长短会影响到煤热解产物的收率。朱廷钰等[16]研究发现气体停留时间对煤热解焦油产率有很大的影响，最高焦油产率的停留时间为 18.2s，之后延长气体停留时间，焦油产率下降。崔银萍等[17,18]认为停留时间的长短会直接决定焦油分子进一步发生二次反应的概率，进而影响热解气体产物分布。

④ 热解气氛：热解气氛也会对煤热解产生一定的影响，热解气氛不同，煤样的反应机理也不同，从而会进一步影响到煤热解产品的产率和分布。目前热解气氛主要分为惰性气氛、还原性气氛和氧化性气氛。孙庆雷等[19]研究得出还原性气氛 H_2 较其他惰性气氛更有利于提高焦油产率和改善焦油品质。张晓方等[20]对比了 H_2、CH_4、CO 等还原性气体对热解焦油产率和品质的影响，也得出相同结论，CH_4、CO 作为热解气氛对焦油产率的提高都有明显的作用，H_2 气氛能提高焦油中酚羟基、羧基类化合物的含量。

⑤ 热解压力：热解压力会影响到煤的热解过程，具体表现为对煤结构的影响。Wall等[21]发现在脱除挥发分的过程中，热解压力对挥发物的产量和煤的膨胀程度产生显著的影响，进而改变半焦的结构和形貌，在高压下易于形成更多的多孔半焦颗粒。谢克昌[22]认为热解压力不仅会影响到焦油的产率，而且还会影响到焦油的品质。熊源泉等[10,23]研究得出，热解压力对挥发分析出量的影响是在一定的温度之上才会表现出来，温度较低时，改变热解压力，挥发分析出量几乎不变，当热解温度在 700℃ 之后，增加热解压力阻碍了挥发分的析出，导致煤粒最终挥发分析出量减少。

⑥ 催化剂：研究表明在热解的过程中加入催化剂，可以对热解过程产生作用，能够降低热解反应的活化能，使热解条件更加温和。通过促进裂解、阻止二次聚合等途径来改变热解产物的产率，优化热解产物的品质，实现目标产物的靶向调控，提高目标产物的产率。

13.2.3 煤热解机理研究

很多学者[24-26]认为，自由基参与了煤的热解反应过程，决定着热解产物的分布。热解是在热作用下，煤的基本结构单元部分裂解，结构单元周围的侧链和官能团等也发生分解，生成自由基碎片，随着温度的升高，热解加剧，大量的 C—C 键断裂，此时自由基浓度不断增加，其中一部分自由基与煤内氢或外源氢提供的 H 在高温下稳定化发生聚合-缩聚反应形成初级挥发分，另一部分大分子结构单位热聚合交联形成半焦[27]。随后是初级挥发分在气相更高温下发生二次反应，裂解为小分子的烃类和气体，焦油裂解成轻质气体和重质组分，半焦缩聚成焦炭，这个过程相当复杂。热解机理见图 13-1。

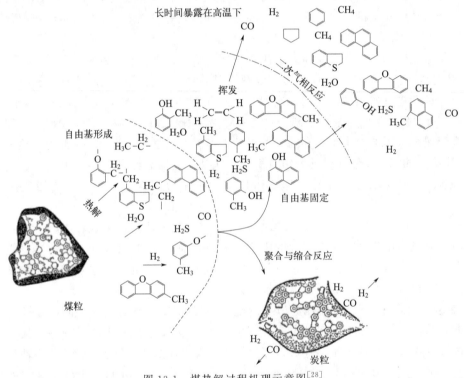

图 13-1 煤热解过程机理示意图[28]

13.3 煤的催化热解概述

煤的热解是一个相当复杂的过程，仅仅通过改变热解温度、压力、热解气氛、热载体等工艺条件来提高煤热解产品的产率，实现产物分布的定向调节，显然还远远不够，为了弥补其不足，往往在煤热解的过程中直接加入催化剂，利用催化剂对煤热解过程的某个阶段进行促进或抑制，达到改变、控制产物产率和组成的目的，从而实现目标产物的靶向催化，这就是所谓的煤的催化热解[29]。加入催化剂的实质是降低反应的活化能，使热解条件变得更加温和，提高热解转化率，有选择性地提高目标热解产物产率[30]。

13.4 国内外研究现状

随着煤催化热解技术的大力发展，人们一开始最关注的焦点是催化剂的选择以及热解工艺的开发，研究易得、廉价、稳定、高效的煤热解催化剂，开发新的催化热解工艺变得越来越重要。

13.4.1 催化剂研究现状

目前，研究最为广泛的煤催化热解催化剂种类可分为金属类催化剂、负载类催化剂和煤基催化剂三大类。

(1) 金属类催化剂

金属类催化剂主要有碱金属类催化剂、碱土金属类催化剂、过渡金属类催化剂三大类。Ding 等[31] 在高频炉和热重分析仪中考察了 Na_2CO_3 催化剂对煤热解和气化的影响，结果表明 H_2 和 CO 是主要的热解气体产品，两种气体的产量随着催化剂添加量（质量分数 0%～15%）的增加而增加。Zhu 等[32] 在流化床中研究了 CaO 催化剂对神木烟煤的催化作用，结果表明，经 CaO 催化后，气体产量明显增加，焦油产率降低，催化剂可以有效促进初级挥发物的二次裂解。何选明等[33] 采用自行研发的煤的低温干馏装置，用不同比例的 Fe_2O_3/CaO 与长焰煤进行低温催化热解，研究表明，催化剂可以提高煤气产率，焦油产率略有降低，半焦产率增加。Su 等[34] 利用热重和红外等手段研究了烟煤负载 NaCl、KCl、$CaCl_2$、$MgCl_2$、$FeCl_3$ 和 $NiCl_2$ 的热解行为，结果表明，除了 NaCl 以外，金属添加剂减小了初始热解阶段的最大失重率。

(2) 负载类催化剂

邹献武等[35] 在喷动-载流床中考察了 Co/ZSM-5 分子筛催化剂对内蒙古霍林河褐煤的催化热解活性，研究结果表明，在 Co/ZSM-5 催化剂作用下，煤热解转化率提高，正己烷可溶物酚类、脂肪烃类和芳香烃的产率增加，且催化剂再生活化后还可以使用 6 次，活性下降不到 5%。张雷等[36] 考察了 NiO/γ-Al_2O_3 和 Ag_2O-Co_3O_4/γ-Al_2O_3 催化剂对煤热解催化制备氢气的影响，结果表明，两种催化剂都具有很高的催化产氢活性。郑小峰等[37] 在常压固定床装置中考察了 Fe_2O_3/SiO_2-Al_2O_3、Fe_2O_3/SiO_2 和 Fe_2O_3/γ-Al_2O_3 等载体催化剂对神府煤热解产物分布的影响，研究结果表明，添加量为 6% 的 Fe_2O_3/SiO_2-Al_2O_3 催化剂热解后，焦油产率最高，其原因可归结于该催化剂具有较高的比表面积，载体具有最强的表面酸性，还原性适中，活性组分在载体上分散效果好，粒径小。李爽等[38-40] 采用热重红外联用技术考察了 MO_x/USY（M＝Co、Mo、Co-Mo）催化剂对黄土庙煤热解失重特性和热解产物生成规律的影响，研究结果表明，MO_x/USY 催化剂可降低黄土庙煤样热解的活化能，CoO_x/USY 催化剂能显著提高煤热解产物中的高热值气体和轻质芳烃以及脂肪烃类化合物的含量，可有效改善煤热解产物的组成和分布。Li 等[41] 用 NiO/MgO-Al_2O_3 催化剂原位催化改质煤高温热解气体，结果表明，经催化改质后，焦油产率和焦油中轻组分含量增加，催化剂能够把焦油中重组分和多环芳烃转换成小分子物质。

(3) 煤基催化剂

王兴栋等[42] 研究证明，经半焦和 Co-Char 催化改质府谷煤热解产物后，优化效果良好，虽然焦油产率降低，但焦油中轻质组分（BP<360℃）含量有所提高，热解气体收率也有所增加，轻质焦油收率基本保持不变，催化剂促进了煤热解产物的二次催化裂解，将焦油中重质组分转化为轻质焦油和热解气。Han 等人[43] 也认为在府谷煤热解半焦上负载 Co、Ni、Cu 和 Zn 金属氯化物可以很好地优化煤热解焦油，催化改质后，热解气体产率增大，焦油产率降低，但轻质组分含量增加，Co-半焦催化剂对焦油的催化改质活性最高。Jin 等[44] 研究了半焦和活性炭对焦煤油催化改质的效果，结果表明，相比半焦，活性炭更有利于焦油的催化改质，轻油产率较未加催化剂提高 18%。

综上所述，催化剂在煤的催化热解过程中起作用的途径主要有两种：一种途径是催化剂对煤热解第一步进行催化，以产生更多的自由基片段，达到提高热解效率，增加气、液相产物产率的目的；二是对气、液相产物进行二次催化，达到定向调控气、液相产品组成的目的。

13.4.2 煤催化热解工艺现状

根据催化剂的作用机理不同，当前的催化热解工艺主要有煤直接催化热解工艺、煤间接催化热解工艺和煤热解产物催化工艺三大类[45]。

(1) 煤直接催化热解工艺

在热解时催化剂与煤表面直接接触，催化剂直接影响自由基链式反应，从而改变热解一次产物的分布，当热解一次气态产物产生后，脱离煤表面，不再与催化剂接触，此时，催化剂对二次产物的形成很难产生作用。大部分研究采用催化剂浸渍的添加方式[46-48] 将催化剂负载到煤晶格内进行催化热解，例如杨景标等[49,50] 将煤浸渍在含有 K_2CO_3、$Ca(NO_3)_2 \cdot 4H_2O$、$Ni(NO_3)_2 \cdot 6H_2O$ 和 $Fe(NO_3)_2 \cdot 9H_2O$ 的盐溶液中，然后在 TG-FTIRZ 装置上进行催化热解，结果表明除 K_2CO_3 没有明显的催化作用外，其余催化剂都可以提高热解一次产物的转化率。也有研究采用催化剂喷洒的方式[51] 将含有铁基和钼基的盐溶液喷洒在内蒙古煤和新疆煤表面上，后在间歇式反应器中催化热解，结果表明两种催化剂都能促进煤的热解，提高焦油产率。选用的催化剂为碱金属、碱土金属、金属化合物等可溶于水的催化剂。

(2) 煤间接催化热解工艺

热解时催化剂与煤表面接触，催化剂既能对热解一次产物的形成产生直接催化作用，同时催化剂又与产生的气态产物进行再接触，产生间接催化裂解作用，从而影响二次产物的形成。例如田靖等[52] 采用催化剂与煤机械混合的方式进行催化热解，结果得出 K_2CO_3 与 Na_2CO_3 均可增加气体收率，降低半焦收率，而 CaO 与 MgO 催化效果与 K_2CO_3 和 Na_2CO_3 相反，热解后半焦收率增加，气体收率降低，4 种催化剂都抑制了焦油的收率。何涛[53] 研究得出，Y 型分子筛、NiS 与铜川煤混合催化热解可降低反应活化能，并且转化率分别提高 9.8% 和 13.8%。直接催化热解选用的催化剂也可以为天然矿石催化剂、负载型催化剂或煤基催化剂，其中负载型催化剂所负载的有效成分可根据热解所需的产物分布选择，载体可选择分子筛、天然矿石、瓷球等。

(3) 煤热解产物催化工艺

将煤在热解反应器中完成热解，随后热解产物通过含有催化剂的第二反应器，进行催化裂解，并完成产物的再分布。该工艺往往对于定向调控热解产品的分布具有明显的作用，特别是在改善焦油等方面效果最佳。可选择负载型催化剂，根据最终产品的需求，选择一种或多种催化剂有效成分，提高定向产物产率[54-56]。

13.5　研究内容的提出

虽然国内外众多学者对煤的催化热解研究诸多，但是研究的点比较单一，大多数研究主要从热解工艺条件方面入手，仅仅考察了热解温度、催化剂种类、热解气氛等条件对煤热解产品的收率以及固、液、气分布情况的影响，很少有人从热解工艺方法上来调控热解产物的分布，实现热解产物的定向催化，特别是对于如何通过改变热解工艺方法提高焦油产率、改善焦油品质等方面鲜有研究，而且大多数学者只是选择其中一种催化热解工艺来实现目标产物的靶向催化，很少有人结合热解工艺和催化剂两个方面进行研究，特别是探究其机理以及热解工艺之间的关系方面报道很少。

13.6　研究的内容和意义

(1) 研究的内容

① 以神府煤为研究对象，在实验室自行设计的钢甑中考察 $FeCl_2$、$FeCl_3$、$FeSO_4$、$Fe_2(SO_4)_3$、$Fe(NO_3)_3$ 等催化剂对煤热解焦油产率的影响，并用 TG、GC 和 GC-MS 等手段分别从动力学、热解煤气和焦油组分变化等三个方面对煤催化热解进行全面分析。

② 在实验室自行设计的钢甑中考察了 Ni/Co/ZSM-5 分子筛催化剂的催化活性，用 GC、GC-MS 研究了不同比例的 Ni/Co/ZSM-5 催化剂、热解温度、催化剂的添加量对神府煤热解煤气与煤焦油组分变化的影响，此外使用 NH_3-TPD 解释了热解煤气和煤焦油组分产率变化与催化剂酸度之间的关系。

③ 采用煤的直接催化热解工艺和热解产物催化工艺，探究 $Fe_2(SO_4)_3$、Ni/Co/ZSM-5 分子筛催化剂的催化活性，确定催化剂对煤热解产物分布的影响因素，并用 GC、GC-MS 研究热解产物的组分分布情况，探讨催化剂以及热解工艺之间的协同作用，利用响应曲面法优化热解工艺条件。

(2) 研究的意义

榆林作为兰炭产业的发源地，逐渐形成了以煤低温热解为主的煤炭利用模式，确立了"用煤先取油"的发展理念。在热解过程中，平均每 1.65 吨煤可生产 1 吨兰炭、0.1 吨煤焦油、600～800 立方米煤气。但是现有的热解技术存在很多缺点，例如焦油产率低、粉煤利用困难、兰炭质量差等问题。为了解决这些问题，并且针对神府煤具有挥发分高、发热量高、含油量高、灰熔点低、低硫低磷等特点[57]，国内很多学者提出了催化热解，即在热解的过程中加入催化剂，而热解本身是煤炭转化过程中的首要环节，仅是一个热加工过程，常压操作，不用加氢，不用氧气，即可得到煤气、半焦和焦油，是煤清洁利用的有效途径，加入催化剂以后可以实现热解产物的定向调控，提高焦油产率，改善焦油品质。所以，研究煤的催化热解过程，大力发展煤热解和多联产技术，示范推出煤热解新思想，走出一条不同于煤液化、煤气化的新型煤化工路线，这对于榆林当地的发展具有显著的技术经济性。

第14章
神府煤中低温定向直接催化热解及机理研究

14.1 概述

煤焦油是煤中低温热解过程中重要的目标产物,煤焦油的产率是煤热解工艺中的一项重要指标,提高焦油的产率对于大力发展煤热解技术,实现煤的高效利用,促进陕北当地的经济发展具有重要的意义[58]。然而由于煤自身较低的 H/C 值,焦油产率受到了很大的限制,为提高煤的热解焦油产率,相关领域的研究者做了大量研究。加氢催化热解有利于提高焦油产率,周岐雄等[59-60] 的研究得出采用铁盐催化剂催化加氢热解可以有效提高焦油产率。李保庆等[61] 比较了宁夏灵武煤在氢气气氛下热解与在惰性气氛下热解的产物变化情况,结果发现,加氢热解后煤的转化率和焦油产率都大大提高。但是由于氢气较高的成本,较大的气体循环装置投资,氢气不是理想的热解气氛。Jin 等[62-63] 在甲烷或其混合气体下进行催化热解也可以提高焦油产率,虽然降低了氢气成本,但是操作条件苛刻,难以实现。

煤直接催化热解工艺一直受到人们的广泛关注,其特点是在热解过程中只需加入催化剂就可实现热解产物的定向催化,催化剂只对热解一次产物产生催化作用,当热解一次气态产物产生后,即脱离煤表面,不再与催化剂接触,所以催化剂对二次产物的形成很难产生作用。铁盐催化剂廉价易得,是一类理想的催化剂,只需将煤样直接浸渍在含有铁盐的溶液中或将含有催化剂的溶液喷洒在煤的表面,然后进行处理热解,即可实现产物的定向调控。

本实验主要以铁盐为催化剂,神府煤为热解原料煤,在实验室自制的热解反应装置钢甑中考察了不同热解温度、铁盐催化剂种类和经不同酸处理后对焦油产率的影响,从而确定最佳的热解温度、铁盐催化剂以及催化剂添加量,并且使用 GC、GC-MS 分别分析了热解煤气和煤焦油的组分变化,用 TG 考察了最优催化剂对神府煤的热解失重特性,并从动力学角度探讨了催化热解机理。

14.2 实验部分

14.2.1 实验原料

本实验选用的原料煤样为榆林红柳林煤矿煤,经粉碎、过筛后选取粒径为 0.2mm 以下的煤样保存备用。煤样的工业分析及元素分析见表14-1。主要试剂及仪器见表14-2、表14-3。

表 14-1 煤样的工业分析和元素分析

近似的(质量分数/%,ad.)				最终的(质量分数/%,daf.)				
M	A	V	FC	C	H	O^b	N	S
3.50	8.62	28.94	58.94	85.56	4.73	8.03	1.16	0.53

注：ad.—空气干燥基；adf.—空气干燥无灰基。

表 14-2 主要试剂规格及厂家

名称	化学式	规格	生产厂家
氯化亚铁	$FeCl_2 \cdot 4H_2O$	AR	天津市盛奥化学试剂有限公司
三氯化铁	$FeCl_3 \cdot 6H_2O$	AR	天津市风船化学试剂科技有限公司
硫酸亚铁	$FeSO_4 \cdot 7H_2O$	AR	天津市致远化学试剂有限公司
硫酸铁	$Fe_2(SO_4)_3$	AR	天津市化学试剂三厂
硝酸铁	$Fe(NO_3)_3 \cdot 9H_2O$	AR	天津市科密欧化学试剂开发中心
盐酸	HCl	AR	四川西陇化工有限公司
硫酸	H_2SO_4	AR	天津翔宇科技贸易有限公司
硝酸	HNO_3	AR	西安三浦化学试剂有限公司
磷酸	H_3PO_4	AR	天津市富宇精细化工有限公司

表 14-3 主要仪器型号及厂家

仪器名称	型号	生产厂家
煤的铝甑试验低温干馏炉	GDL-BX	上海密通机电科技有限公司
电热鼓风干燥箱	DHG-9140	上海一恒科学仪器有限公司
磁力加热搅拌器	79-1 型	重庆吉祥教学实验设备有限公司
气相色谱仪	GS-101	大连日普利科技仪器有限公司
工业分析仪	XDGY-3000 型	鹤壁市鑫达仪器仪表有限公司
热重分析仪	STA449F3 型	德国耐驰仪器制造有限公司
GC-MS 联用分析仪	Agilent 6890 Plus-HP5973	美国安捷伦科技有限公司

14.2.2 实验装置

热解装置由实验室自行改装的钢甑干馏炉、焦油收集锥形瓶、冷却水槽和气袋等组成，见图 14-1。

14.2.3 焦油计算公式

$$Y_{tar} = \frac{W_{tar}}{W_d} \times 100\% \qquad (14-1)$$

$$Y_{char} = \frac{W_{char}}{W_d} \times 100\% \qquad (14-2)$$

图 14-1 热解实验装置示意图

1—炉体；2—热电偶；3—甑提；4—温度控制器；
5—焦油导出管；6—气袋；7—锥形瓶；8—冷却水槽

$$Y_{gas} = 1 - Y_{tar} - Y_{char} \tag{14-3}$$

式中　　　　　Y——热解产品的质量，g；

　　　　　　W_d——干燥基煤样的质量，g；

W_{char}、W_{tar}——热解过程中得到半焦、焦油的质量，g。

14.3　结果与讨论

14.3.1　热解温度对原煤出油率的影响

图 14-2 为不同热解温度下原煤热解的焦油产率，旨在确定最佳的热解温度。从图中可以看出，随着热解温度从 400℃ 增加至 650℃，焦油产率先增加后减少，当热解温度在 550℃ 时，焦油产率达到最大，该现象与何国锋等[64] 的研究结果相一致。当热解温度在 550℃ 左右，焦油产率得到最大值，热解温度为 600℃ 以上，焦油二次反应加剧，焦油产率降低。热解温度对焦油产率的影响主要分为两个阶段：起初随着热解温度的升高，煤分子中的一些弱键开始断裂，挥发分产物开始脱除，生成大量的一次焦油和小分子碳氢化合物，此时焦油产率逐渐上升；当热解温度继续升高时，煤中挥发分析出量渐渐减少，热解温度达到焦油的二次裂解温度时，焦油裂解生成更多的轻质气体和重质组分，此时焦油产率开始下降。因此，随着热解温度的升高，焦油产率先升高后降低。

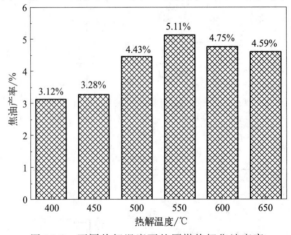

图 14-2　不同热解温度下的原煤热解焦油产率

14.3.2　铁盐催化剂种类对原煤出油率的影响

图 14-3(a) 为原煤及不同铁盐催化剂催化热解后的焦油产率。从图中可以看出，当加入 $FeCl_2$、$FeSO_4$ 和 $Fe_2(SO_4)_3$ 催化剂后，焦油产率分别从 5.11％ 增加到 5.48％、5.22％ 和 6.1％，而加入 $FeCl_3$ 和 $Fe(NO_3)_3$ 催化剂后，焦油产率分别从 5.11％ 减少到 3.55％ 和 4.85％，铁盐催化剂催化后焦油产率的大小为：$Fe_2(SO_4)_3$＞$FeCl_2$＞$FeSO_4$＞原煤＞$Fe(NO_3)_3$＞$FeCl_3$。很显然，铁盐催化剂能够提高焦油产率，促进煤的解聚，但是不同价态的铁盐催化剂对于煤催化热解的作用也是不同的，Fe^{2+} 和 Fe^{3+} 对煤的热解都有催化作

用，其中 Fe^{2+} 可以提高焦油产率，$FeCl_2$ 和 $FeSO_4$ 催化剂对焦油产率就有明显的提高作用，而 Fe^{3+} 抑制了焦油的产率，其中完全溶解的 $Fe_2(SO_4)_3$、$Fe(NO_3)_3$ 和 $FeCl_3$ 催化剂加入后，焦油产率降低。由于铁原子中含有未成对的 d 电子和空余轨道，容易吸附氢分子形成化学吸附键使 H_2 活化分解成活性氢原子，与裂解自由基或烯烃结合生成稳定的低分子油品，而不同价态的铁盐催化剂对焦油产率的差异可能是由于 Fe^{3+} 和 Fe^{2+} 的最外层电子结构分别是 d5 和 d6，根据洪特规则，等价轨道全满（s2，p6，d10，f14）、半满（s1，p3，d5，f7）或者全空（s0，p0，d0，f0）状态相对稳定[65]，Fe^{2+} 与 Fe^{3+} 相比更容易吸附氢分子形成化学吸附键使 H_2 活化分解成活性氢原子，有更强的络合自由基碎片的能力，进而形成焦油。

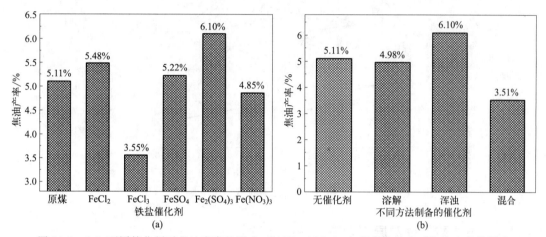

图 14-3　（a）不同催化剂对焦油产率的影响　（b）$Fe_2(SO_4)_3$ 与煤混合状态对焦油产率的影响

图 14-3(b) 为原煤与 $Fe_2(SO_4)_3$ 不同接触状态下的焦油产率，从图中可以看出，浑浊状态下 $Fe_2(SO_4)_3$ 催化热解后的焦油产率明显高于其他接触方式的热解焦油产率，根据先前文献报道[66]，$Fe_2(SO_4)_3$ 大约在 673K 下可以释放结晶水，大约在温度为 $950\sim1100K$ 条件下会分解生成 Fe_2O_3（固态）和 SO_3（气体），因此可以推断出，在热解的过程中硫酸铁不可能有 Fe_2O_3（固态）和 SO_3（气体）生成，此时的 $Fe_2(SO_4)_3$ 属于半溶解状态。催化剂对煤热解的催化性能不仅与催化剂本身的催化活性有关，还与催化剂和煤颗粒之间的接触程度有关。浑浊的 $Fe_2(SO_4)_3$ 对焦油的催化效果好可能是由于 $Fe_2(SO_4)_3$ 在半溶解状态下暴露出一定的活性位点，这些活性位点分布在煤的晶格中，这对催化剂的活性是有利的，但是 $Fe_2(SO_4)_3$ 完全溶解后过多的活性位点暴露出来，这些活性位点之间相互竞争，阻塞了煤粒的孔隙，这样既降低了活性位点在煤孔隙中的传输数量，又影响了传热传质的进行，进而抑制了催化剂的催化活性，降低了焦油的产率[67]。机械混合方式添加 $Fe_2(SO_4)_3$ 催化剂热解后的焦油产率最低，这是由于催化剂离散分布在煤晶格中，与煤的接触程度较差，反而降低了焦油产率。NGUIMBI Guy Roland 等[68-71] 也研究得出 $Fe_2(SO_4)_3$ 具有非常好的催化剂活性，经 $Fe_2(SO_4)_3$ 催化后的桦甸页岩油液体油产率明显提高，热解转化率也达到最大。

14.3.3　铁盐催化剂的添加量对原煤出油率的影响

铁盐催化剂的添加量对焦油产率的影响如图 14-4 所示。从图中可以看出，对于 $FeCl_2$、$FeSO_4$ 和 $Fe_2(SO_4)_3$ 来说，随着催化剂添加量的增加，焦油产率呈现先增加后降低的趋势。

$FeSO_4$ 的添加量为 0.5％时，焦油产率达到最大；$FeCl_2$ 和 $Fe_2(SO_4)_3$ 添加量为 1.0％时，焦油产率达到最大，特别是 $Fe_2(SO_4)_3$ 催化剂，对焦油产率的提高效果最为明显，从 5.11％提高到 6.1％；而对于 $Fe(NO_3)_3$ 和 $FeCl_3$ 催化剂，焦油产率随着催化剂添加量的增加而降低。焦油产率随着催化剂添加量的增加而增加可能是由于一定量的催化剂会暴露更多的活性位点与煤接触，促进了热解反应的进行，导致产物的定向催化，当催化剂量过多时，更多的活性位点暴露出来，反而对于煤的催化热解是不利的[69]。

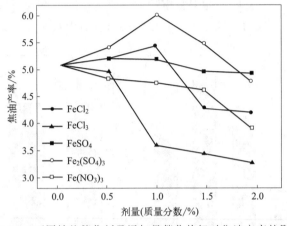

图 14-4　不同铁盐催化剂及添加量催化热解对焦油产率的影响

14.3.4　不同酸处理对原煤焦油产率的影响

除了 Fe^{2+} 和 Fe^{3+} 可能对焦油的产率有影响以外，阴离子 Cl^-、SO_4^{2-}、NO_3^- 和 PO_4^{3-} 也可能对焦油的产率产生一定的影响，不同阴离子的酸对原煤预处理后焦油产率的影响如图 14-5 所示。从图 14-5 中可以看出，经 pH 等于 3 的 HCl、H_2SO_4、HNO_3 和 H_3PO_4 处理后，焦油产率较原煤相比都有提高，特别是经 H_2SO_4 处理后，效果最为明显，焦油产率提高了 0.69％。焦油产率提高的原因一方面是酸具有强的腐蚀性，经酸处理之后降低了煤的交联程度，减少了煤大分子结构与小分子之间的缔合，煤分子内部流动性增强，提高了煤中活性氢的传递效率[70-71]；另一方面溶剂分子可以进入煤微孔，使煤的微孔结构增大，网

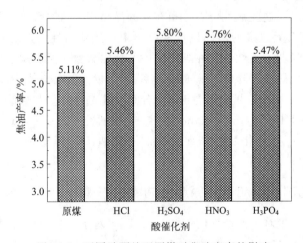

图 14-5　不同酸预处理原煤对焦油产率的影响

络结构变得疏松，缩短了焦油分子的滞留时间，减少了焦油前驱体之间的聚合，从而提高了焦油产率。而 H_2SO_4 处理后焦油产率提高较为明显的原因是 H_2SO_4 具有较强的腐蚀性，对煤孔结构的扩大具有很好的作用，所以焦油产率提高效果好。

14.3.5 硫酸铁催化剂对热解煤气组分的影响

硫酸铁催化剂对煤气主要组分（H_2、CH_4、CO、CO_2）分布的影响如图 14-6 所示。从图 14-6 中可以看出，加入硫酸铁催化剂以后 H_2 的产率较原煤产率有明显的提高，并且随着催化剂添加比例的逐渐增加，H_2 产率的增加幅度也明显提高，这是由于 H_2 主要来源于煤中烃类的裂解和缩合反应[72]，催化剂的加入使得烃类的裂解和缩合反应更易进行，并且随着催化剂加入比例的增加，H_2 产率也进一步得到增加。CO_2 气体产率随着硫酸铁含量的增加，呈现先降低后增加的趋势，这是由于 CO_2 气体主要是由羧基官能团分解生成的[15]，催化剂的加入抑制了反应的进行，所以 CO_2 产率降低，但是当催化剂比例继续增加时，催化剂对水气反应的作用更加明显，促进了水气反应向正方向进行，从而导致 CO_2 气体产率的增加。CO 气体产率随着催化剂比例的增加略有下降，但是变化不明显，CO 气体是羧基在 400℃ 左右开始裂解生成的，含氧杂环在 500℃ 以上也有可能开环裂解放出 CO，由此可得硫酸铁的加入对 CO 的产生没有特别明显的影响。而 CH_4 主要来源于煤中侧链的断裂[73]，催化剂加入后，CH_4 的产率变化不明显，这表明催化剂的加入对 CH_4 的产生影响不大。热解煤气的总量随着催化剂比例的增加呈现先降低后增加的趋势，在 1.0% Fe_2 $(SO_4)_3$ 催化剂下，煤气的总量最低，之后又逐渐上升，这与焦油的产率形成了明显的对应，1.0% $Fe_2(SO_4)_3$ 催化剂时热解焦油的产率最大，而气体产率最小。

$$C + H_2O \longrightarrow CO + H_2 \tag{14-4}$$

$$C + CO_2 \longrightarrow 2CO \tag{14-5}$$

$$CO + H_2O \longrightarrow H_2 + CO_2 \tag{14-6}$$

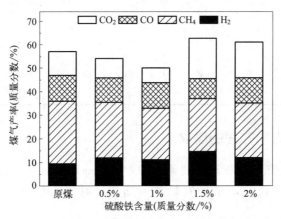

图 14-6 不同比例的硫酸铁催化剂对热解气体组成的影响

14.3.6 神府煤添加硫酸铁催化剂的热解情况分析

图 14-7 为神府煤添加不同比例的 Fe_2 $(SO_4)_3$ 催化剂热重-差热特性分析曲线，表 14-4 是添加不同量 Fe_2 $(SO_4)_3$ 催化剂的神府煤的热解特性参数。由图 14-7 可知，原煤的失重率

为 32.68％，最大失重率所对应的温度为 450.1℃。加入 $Fe_2(SO_4)_3$ 催化剂以后，煤的失重率开始减少，并且失重率随着 $Fe_2(SO_4)_3$ 加入量的不断增加而逐渐递减，在 2.0％ 的 $Fe_2(SO_4)_3$ 加入量时，失重率为 28.74％，这表明 $Fe_2(SO_4)_3$ 催化剂的加入降低了神府煤的失重率，但是提高了低温段的热解转化率，并且随着 $Fe_2(SO_4)_3$ 加入量的不断增加，热解转化率也在增加，在 1.5％ 的 $Fe_2(SO_4)_3$ 加入量下热解转化率最大，这与前面的热解气体产量分布一致。最大失重速率变化不明显，在 0.5％ 的 $Fe_2(SO_4)_3$ 加入量时，最大失重速率为 1.201，最大失重率所对应的温度为 446.8℃，但峰的宽度变窄，之后随着 $Fe_2(SO_4)_3$ 加入量的增加，最大失重速率不断减小，最大失重率所对应的温度开始增大。由表 14-4 可知，原煤的开始热解温度为 392℃，当加入 1.5％ 的 $Fe_2(SO_4)_3$ 催化剂时，煤的开始热解温度最低为 353℃，降低了 39℃，由此可得催化剂的加入降低了煤的开始热解温度。

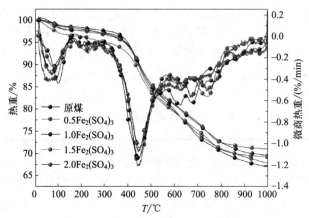

图 14-7　添加 $Fe_2(SO_4)_3$ 神府煤的热重-差热特性曲线

表 14-4　添加不同量 $Fe_2(SO_4)_3$ 催化剂的神府煤的热解特性参数表

样品	T_s/℃	T_{max}/℃	T_e/℃	$(d\alpha/dt)_{max}$/(％/min)	Δw_{max}/％
原煤	392	450.1	1000	1.139	32.68
0.5％ $Fe_2(SO_4)_3$	383	446.8	998	1.201	31.88
1.0％ $Fe_2(SO_4)_3$	382	450.8	966	1.133	30.07
1.5％ $Fe_2(SO_4)_3$	353	448.6	893	1.069	30.54
2.0％ $Fe_2(SO_4)_3$	393	454.6	895	1.031	28.74

14.3.7　热分析动力学方程的建立

本实验煤样的催化热解过程选用现象模型，即煤的热解过程就是发生一系列的一级反应，这些一级反应互不影响，相互独立[74]。所以，对于简单反应 $f(x)$ 可表示为如下形式：

$$\frac{dx}{dt} = k(T)f(x) \tag{14-7}$$

其中 x 为转化率，x 可表示为：

$$x = \frac{w_0 - w_t}{w_0 - w_f} \tag{14-8}$$

式中，t 为反应时间；$k(T)$ 为反应速率常数；w_0 为初始质量；w_t 为 t 时刻的质量；w_f 为不能分解的残余质量。

根据 Arrehenius 方程：

$$k = A\exp\left(\frac{-E}{RT}\right) \tag{14-9}$$

式中，A 为指前因子；E 为活化能，kJ/mol；R 为气体反应常数，$8.31\text{J}/(\text{mol}\cdot\text{K})$；$T$ 为热力学温度（绝对温度），K。

对于简单的反应 $f(x)$ 可取 $f(x)=(1-x)^n$，并将式(14-9) 代入式(14-7) 中可得

$$\frac{\mathrm{d}x}{\mathrm{d}t} = k(1-x)^n = A\exp\left(-\frac{E}{RT}\right)(1-x)^n \tag{14-10}$$

将升温速率 $\beta = \mathrm{d}T/\mathrm{d}t$ 代入式（14-10）中得：

$$\frac{\mathrm{d}x}{\mathrm{d}T} = \frac{A}{\beta}\exp\left(-\frac{E}{RT}\right)f(x) = \frac{A}{\beta}\exp\left(-\frac{E}{RT}\right)(1-x)^n \tag{14-11}$$

对式（14-11）采用 Coats-Redfern 积分法[75] 进行拟合运算，得：

当 $n=1$ 时，

$$\ln\left[\frac{-\ln(1-x)}{T^2}\right] = \ln\left[\frac{AR}{\beta E}\left(1-\frac{2RT}{E}\right)\right] - \frac{E}{RT} \tag{14-12}$$

当 $n \neq 1$ 时，

$$\ln\left[\frac{1-(1-x)^{1-n}}{T^2(1-n)}\right] = \ln\left[\frac{AR}{\beta E}\left(1-\frac{2RT}{E}\right)\right] - \frac{E}{RT} \tag{14-13}$$

对一般的反应和大部分的 E 而言，$\dfrac{2RT}{E} \ll 1$，此时 $Y = \ln\left[\dfrac{-\ln(1-x)}{T^2}\right]$ 或 $Y = \ln\left[\dfrac{1-(1-x)^{1-n}}{T^2(1-n)}\right]$，$X = 1/T$。当 $n=1$ 时，$\ln\left[\dfrac{-\ln(1-x)}{T^2}\right]$ 对 $1/T$ 作图；当 $n \neq 1$ 时，$\ln\left[\dfrac{1-(1-x)^{1-n}}{T^2(1-n)}\right]$ 对 $1/T$ 作图，都能得到一条直线。本实验主要研究 $n=1$，所以根据上述的动力学方程分析，以 $\ln[-\ln(1-x)/T^2]$ 对 $1/T$ 作图，可以得到 $Fe_2(SO_4)_3$ 催化剂对神府煤热解动力学参数拟合曲线，如图 14-8 所示。通过拟合的方程，可求得其斜率（$-E/R$）和截距 $\ln\left[\dfrac{AR}{\beta E}\left(1-\dfrac{2RT}{E}\right)\right]$，进而可以求出活化能 E 和指前因子 A，具体的动力学参数如表 14-5 所示。

表 14-5 神府煤在各反应区域的动力学参数

样品	$T/℃$	$E/(\text{kJ/mol})$	频率因子 K_0/min^{-1}	反应顺序 n	相关系数 R^2
原煤	396~562	53.92	60.2692	1	0.9861
	580~800	18.49	0.0977	1	0.9970
0.5% $Fe_2(SO_4)_3$	396~562	45.39	61.3003	1	0.9941
	580~800	17.36	0.1218	1	0.9849
1.0% $Fe_2(SO_4)_3$	396~562	43.91	92.3751	1	0.9956
	580~800	16.62	0.1240	1	0.9871

样品	$T/℃$	$E/(kJ/mol)$	频率因子 K_0/min^{-1}	反应顺序 n	相关系数 R^2
1.5% $Fe_2(SO_4)_3$	396~562	43.74	8.2605	1	0.9929
	580~800	15.87	0.0894	1	0.9916
2.0% $Fe_2(SO_4)_3$	396~562	47.62	33.7520	1	0.9952
	580~804	24.38	0.1169	1	0.9865

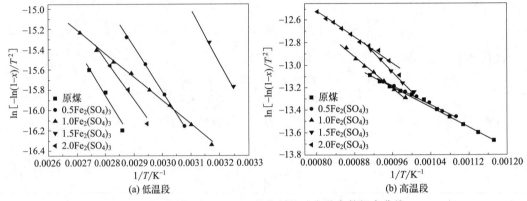

图 14-8　添加 $Fe_2(SO_4)_3$ 催化剂的动力学参数拟合曲线

由图 14-8 可得，动力学拟合的相关系数都在 0.98 以上，并且将神府煤的热解区域分为 396~562℃ 和 580~800℃ 两个区域。当加入催化剂以后，热解过程可分为两个一级反应的过程，采用作图法可求出神府煤在不同比例的 $Fe_2(SO_4)_3$ 催化剂下热解的两个阶段的活化能及频率因子，具体结果如表 14-5 所示。由表 14-5 可以看出，高温段的活化能高于低温段的活化能，这也是煤在高温条件下反应转化率高的原因，更高的温度有利于热解反应的进行。催化剂对神府煤有明显的催化作用，并且随着 $Fe_2(SO_4)_3$ 催化剂比例的不断增加，各区域的活化能呈现先减小后增大的趋势，在添加比例为 1.5% 的 $Fe_2(SO_4)_3$ 催化剂时，低温区域和高温区域的活化能最低，反应更容易进行，煤的催化热解效率更高，产生的热解气体产量也应该最大，这与前面的热解气体分析相一致，当催化剂比例继续增加时，热解活化能又开始上升。

14.3.8　焦油组分 GC-MS 分析

焦油组分催化前后的 GC-MS 图谱对比如图 14-9 所示，将检测到的煤焦油所有组分分为脂肪烃化合物、芳香烃化合物、酚类化合物和其他化合物几类（表 14-6），具体分布情况如表 14-7 所示。从表中可以看出，经过 HNO_3、H_2SO_4、$Fe_2(SO_4)_3$ 催化的煤热解焦油组分中酚类物质明显提高，较原煤分别提高了 22.8%、19.4% 和 22.1%，但是对芳香烃的产生起到了抑制作用。$Fe_2(SO_4)_3$ 催化剂对改善焦油中的脂肪烃效果最为明显，与原煤相比提高了 18.66%，而经 HNO_3、H_2SO_4 处理过后对脂肪烃的生成是不利的。这表明 HNO_3、H_2SO_4 主要提高了焦油中的酚类物质，$Fe_2(SO_4)_3$ 主要提高了焦油中脂肪烃和酚类物质的含量，这也进一步解释了 $Fe_2(SO_4)_3$ 催化剂对神府煤的热催化效果最为明显。

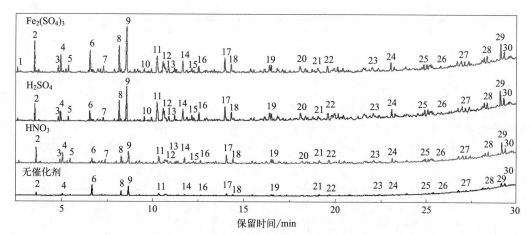

图 14-9　焦油组分催化前后的 GC-MS 图谱对比

表 14-6　神府煤添加催化剂前后热解焦油组分的 GC-MS 分析

组分	相对峰面积/%			
	—	HNO_3	H_2SO_4	$Fe_2(SO_4)_3$
脂肪烃	7.04	3.53	3.23	25.7
芳香烃	68.7	48.5	53.6	30.1
酚类	22.0	44.8	41.4	44.1
其他	2.30	3.17	1.77	0.2

表 14-7　催化前后焦油 GC-MS 各类化合物

序号	化合物	结构	序号	化合物	结构
1	苯		9	4-甲基苯酚	
2	甲苯		10	十一烷	
3	乙苯		11	2,4-二甲基苯酚	
4	对二甲苯		12	4-乙基苯酚	
5	1,3-二甲基苯		13	2,3-二甲基苯酚	
6	苯酚		14	萘	
7	癸烷		15	2-甲基萘	
8	2-甲基苯酚		16	2,6-二甲基萘	

序号	化合物	结构	序号	化合物	结构
17	2,7 二甲基萘		23	1-甲基蒽	
18	十六烷		24	二十烷	
19	1,4,5-三甲基萘		25	3,6-二甲基菲	
20	4-甲基-二苯并呋喃		26	9-(1-甲基乙基)蒽	
21	菲		27	1-苯基-4-(3,5-二甲基苯基)丁-1,3-二烯	
22	2-甲基蒽		28	1-甲基芘	

14.4 本章小结

本章选用神府煤为热解原料煤，在实验室自制的钢甑中考察了温度、催化剂种类对煤焦油产率的影响，利用 GC、GC-MS 手段分析了煤气和焦油中的组分变化，采用 TG 进行动力学分析，主要得出以下结论：

① 通过对神府煤进行热解，可以得出最大热解焦油产率的热解温度为 $550℃$，最大焦油产率为 5.11%。经过 HCl、HNO_3、H_2SO_4 和 H_3PO_4 处理的煤热解焦油产率都有较大的提高，并且焦油产率从大到小依次为 $H_2SO_4 > HNO_3 > H_3PO_4 > HCl$。铁盐催化剂对煤热解的焦油产率有很大的影响，焦油产率从大到小依次为 $Fe_2(SO_4)_3 > FeCl_2 > FeSO_4 >$ 原煤 $> Fe(NO_3)_3 > FeCl_3$，其中 $Fe_2(SO_4)_3$ 对焦油的产率提高效果最为明显，在 1% 的 $Fe_2(SO_4)_3$ 添加量时，焦油的产率可达到 6.10%。

② 采用 GC 对煤气组分进行分析，结果可知 1% 的 $Fe_2(SO_4)_3$ 添加量时煤气总量（H_2、CH_4、CO 和 CO_2）百分比最小，1.5% 的 $Fe_2(SO_4)_3$ 添加量时煤气总量百分比达到最大，其中 H_2 和 CO_2 的含量也达到最大值。改变 $Fe_2(SO_4)_3$ 添加量对 CH_4 和 CO 的含量影响不是很大。

③ 对催化热解后的煤焦油进行 GC-MS 手段分析，结果表明经过 HNO_3、H_2SO_4、$Fe_2(SO_4)_3$ 催化的煤热解焦油组分中酚类物质明显提高，较原煤分别提高了 22.8%、19.4% 和 22.1%，但是对芳香烃的产生起到了抑制作用。$Fe_2(SO_4)_3$ 催化剂对改善焦油中的脂肪烃效果最为明显，与原煤相比提高了 18.66%，而经 HNO_3、H_2SO_4 处理过后对脂肪烃的生成是不利的。

④ 采用热重分析了不同 $Fe_2(SO_4)_3$ 催化剂添加量对神府煤热解行为的影响，用 Coats-Redfern 积分法拟合计算了动力学参数，数据结果表明 $1.5\%Fe_2(SO_4)_3$ 催化剂添加量时催化效果最好，煤样的失重速率在 $0.5\%Fe_2(SO_4)_3$ 催化剂添加量时最大，随着催化剂添加量的增加，失重速率开始减小。动力学表明煤的催化热解数据拟合基本符合一级动力学，1.5%的催化剂添加量时活化能最低，这与热解行为分析一致。

第15章
神府煤中低温定向间接催化热解及机理研究

15.1 概述

煤热解过程中产生的挥发分是由煤焦油和煤气组成的，它们是煤化工中非常重要的热解产品，其中煤焦油中含有大量的芳香烃、酚类化合物，都是非常重要的化工原料[76]。然而这些高附加值的化工产品在焦油中含量却相对较少，严重减弱了焦油的经济效应，且煤焦油中重组分（沸点大于360℃）含量过高，约占焦油的50％以上，这些重组分非常容易从高温热解气体中沉淀下来，易造成热解设备管道的堵塞，严重限制了煤热解工艺的工业化[77]；此外，煤气中含有丰富的 CO、H_2、CH_4 等组分，是合成氨、煤制甲醇、煤制天然气等化工过程的重要原料，但是，由于中低温热解过程中引入了空气，导致 CO、H_2、CH_4 等组分含量较少。

煤间接催化热解的特点是催化剂不与煤直接接触，对煤的热解一次产物没有影响，催化剂能够对煤热解产生的挥发分产生催化裂解作用，实现产物的再次分布，从而提高定向产物的产率。要实现目标产物的催化升级，催化剂的选择至关重要，而 ZSM-5 是一种良好的载体催化剂，特别是在 ZSM-5 负载过渡金属 Ni 或者 Co 元素时，可以有效提升 ZSM-5 催化剂的催化性能[55,78]。尽管 Co 基催化剂和 Ni 基催化剂对煤热解产物二次分布的调控有明显的催化效果，也有人做了相关的研究，但很少有人研究二者同时负载到 ZSM-5 上对煤进行改质的催化性能。

本实验以 ZSM-5 为载体，采用浸渍法制备不同比例的 Ni-Co/ZSM-5 催化剂，通过 XRD、SEM、EDS、BET 等表征手段对催化剂进行表征，并且在实验室自制的钢甑热解反应装置中考察 Ni/Co/ZSM-5 分子筛催化剂的催化活性，用 GC、GC-MS 研究不同比例的 Ni/Co/ZSM-5 催化剂、热解温度、催化剂的添加量对神府煤热解煤气与煤焦油组分变化的影响，此外使用 NH_3-TPD 解释热解煤气和煤焦油组分产率变化与催化剂酸度之间的关系。

15.2 实验部分

15.2.1 实验原料

主要试剂及仪器见表 15-1、表 15-2。

表 15-1　主要试剂规格及厂家

名称	化学式	规格	生产厂家
分子筛	ZSM-5	$SiO_2/Al_2O_3 \sim 38$	南开大学催化剂厂
硝酸镍	$Ni(NO_3)_2 \cdot 6H_2O$	AR	天津市福晨化学试剂厂
六水合硝酸钴(Ⅱ)	$Co(NO_3)_2 \cdot 6H_2O$	AR	广东光华化学厂有限公司

表 15-2　主要仪器型号及厂家

仪器名称	型号	生产厂家
X射线粉末衍射仪	XRD-7000	日本岛津公司
场发射扫描电子显微镜	Zeissσ300	德国蔡司公司
电制冷能谱仪	Inca X-Max20	英国牛津公司
多用吸附仪	DAS-7000	中国华思
比表面积及孔径分析仪	V-Sorb 2800TP	北京金埃谱科技有限公司
箱式电阻炉	SRJX-3-9	沈阳市电炉厂
GC-MS联用分析仪	TRACE-ISQ	美国 Thermo Fisher Scientific
循环水式真空泵	SHZ-D(Ⅲ)	河南省予华仪器有限公司
超声波清洗器	KQ2200B	昆山市超声仪器有限公司

15.2.2　载体催化剂的制备

ZSM-5 负载型催化剂均采用过量浸渍法制备,具体过程如下:首先在使用之前将商品 ZSM-5 分子筛研磨并用 200 目❶筛子筛选,使得粒径<0.2mm,然后将分子筛在马弗炉中 500℃下焙烧 4h,以便除去新鲜载体中的水分和少量杂质。按照金属元素 Ni 和 Co 各自与分子筛载体的质量(5g)百分比将一定量的 $Ni(NO_3)_2 \cdot 6H_2O$ 及 $Co(NO_3)_2 \cdot 6H_2O$ 分别溶于 25mL 蒸馏水中搅拌、均匀混合,然后称取 5g ZSM-5 分子筛缓慢加入到上述混合溶液中,将最后得到的混合溶液放在磁力搅拌器上搅拌 1h,浸渍 4h,过滤混合溶液。之后将滤饼放入电热鼓风干燥箱中在 110℃下干燥 4h,将干燥后得到的块状物用研钵研磨成粉末,最后将盛有粉末的坩埚放入马弗炉中并在 550℃下焙烧 5h。催化剂中金属 Ni 和 Co 理论负载量为 1%、3% 和 5%,所制备的催化剂分别标记为 Co3Ni1Z、Co3Ni3Z、Co3Ni5Z、Ni3Co1Z 和 Ni3Co5Z。

15.3　结果与讨论

15.3.1　Ni/Co/ZSM-5 催化剂的表征

(1) XRD 分析

图 15-1 为 Co 和 Ni 改性 ZSM-5 催化剂的 XRD 谱图。由图 15-1 可知,第一类样品 a 的衍射峰位置与标准卡片(JCPDS No.44-0003)基本吻合,主要特征衍射峰的位置为 $2\theta =$ 14.8°,20.4°,23.1°,23.3°,29.9°,30.4°,37.2°,45.5°,47.3°,分别对应 ZSM-5 的

---

❶　目是指每英寸筛网上的孔眼数目。

（301）、（103）、（332）、（051）、（630）、（162）、（703）、（010）、（862）晶面，说明该样品为斜方晶系 ZSM-5。第二类衍射峰的位置与立方晶系 NiO 的标准卡片（JCPDS No.44-1159）基本吻合，主要特征衍射峰的位置为 $2\theta = 37.2°$、$43.3°$、$62.9°$、$75.4°$、$79.5°$，分别对应 NiO 的（101）、（012）、（104）、（113）、（006）晶面。第三类衍射峰位置与立方晶系 Co_3O_4 的标准卡片（JCPDS No.42-1467）基本吻合，主要衍射峰的位置为 $2\theta = 19.0°$、$31.3°$、$36.9°$、$55.2°$，分别对应 Co_3O_4 的（111）、（220）、（311）、（422）晶面，但并未发现在衍射角 $2\theta = 34.1°$、$39.5°$、$57.2°$ 和 $68.4°$ 的 CoO 晶体的特征衍射峰[79]，表明 Ni 和 Co 改性后的 ZSM-5 上有立方晶系 NiO 和立方晶系 Co_3O_4 的存在。根据谢乐公式以及 NiO 和 Co_3O_4 各自的衍射峰分别计算了催化剂的晶粒大小，结果 NiO 的粒径大小分别为 12.47nm、15.12nm 和 18.22nm，随着 Ni 含量的增加，NiO 晶体粒径越来越大，衍射峰变得越来越尖。此外，从 ZSM-5 相应的衍射峰可以看出，当 Ni 和 Co 负载时，分子筛的结晶度稍微减少，这可能是 Ni、Co 的参与导致的，现象与 Yaser Vafaeian 的结果一致[80]，而且 ZSM-5 在 Ni 和 Co 改性前后，主要的衍射峰位置几乎没有发生变化，这表明改性后的 ZSM-5 的结构没有受到影响。

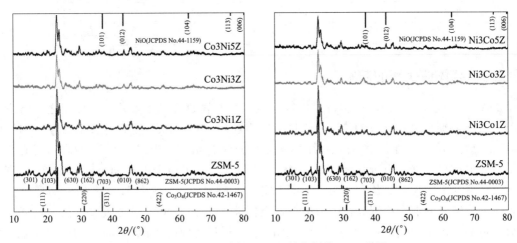

图 15-1　Co 和 Ni 改性 ZSM-5 催化剂的 XRD 谱图

（2）SEM 与 EDS 分析

为了进一步研究改变金属 Ni、Co 含量对形貌的影响，采用 SEM 表征方法对样品进行表征，纯 ZSM-5 以及 Ni/Co/ZSM-5 的 SEM 图像如图 15-2 所示。从图 15-2（a）中可以看出，纯的 ZSM-5 分子筛表面光滑，并且呈现典型的立方条带状，这与文献中已有的报道一致[81]。而 Ni、Co 改性以后，显然样品粒子的大小和形貌都发生了很大的变化，如图 15-2（b）所示，这是由于有活性金属负载到了载体 ZSM-5 上，并且随着负载活性金属 Ni、Co 的比例改变，活性金属粒子的分布情况不同，活性位的分布密度也不同，当负载过多比例的活性金属时，粒子会发生结块凝聚现象，这对于催化活性是不利的。

为了进一步证实 Ni 和 Co 已经成功负载到分子筛 ZSM-5 上，用 EDS 能谱分析了分子筛 ZSM-5 上不同成分的原子浓度。改性前 ZSM-5 与改性后 Ni/Co/ZSM-5 样品的 EDS 能谱图见图 15-3。从图 15-3（a）可以看出，样品中没有 Co 和 Ni 的存在，从图 15-3（b）（c）（d）（e）（f）分别可以看出样品中存在 Co 和 Ni 元素，并且原子浓度与理论上的比例基本一致，这表明所制备的 Ni/Co/ZSM-5 催化剂含有 Ni 和 Co 元素，并且按照一定的比例分布。

图 15-2 （a）纯 ZSM-5 的 SEM 照片 （b）～（f） Ni/Co/ZSM-5 的 SEM 照片

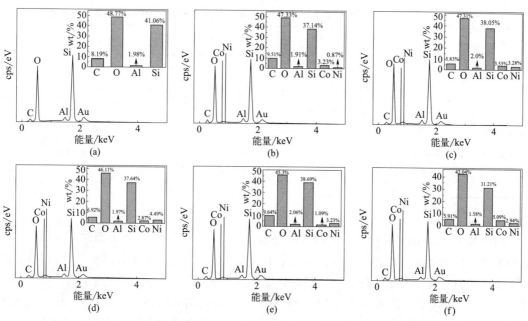

图 15-3 Ni、Co 改性前与不同 Ni/Co 比例改性后的 ZSM-5 的 EDS 谱图及其原子浓度
（a）ZSM-5 （b）Co3Ni1Z （c）Co3Ni3Z （d）Co3Ni5Z （e）Ni3Co1Z （f）Ni3Co5Z

（3）NH$_3$-TPD 分析

为了阐述催化剂的活性与酸度的关系，本实验做了催化剂的 NH$_3$-TPD 的表征。图 15-4 为 ZSM-5、Co3Ni1Z、Co3Ni3Z、Co3Ni5Z、Ni3Co1Z、Ni3Co5Z 六种催化剂的 NH$_3$-TPD 分析。从图中可以看出，在 100～200℃ 和 400～550℃ 出现了两个脱附峰，分别对应于弱酸位和强酸位[82]。从表 15-3 中可以看出，与 ZSM-5 催化剂相比，在 Co 含量为 3% 的情况下，随着 Ni 含量的增加，催化剂在弱酸位的酸量逐渐增加，当 Ni 含量为 3% 时，酸量达到最

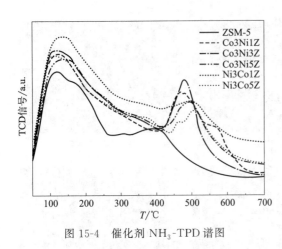

图 15-4 催化剂 NH$_3$-TPD 谱图

大，但当 Ni 含量为 5％时，催化剂的酸量开始下降，同时强酸位的酸量与 ZSM-5 催化剂相比也有提高。同样，当 Ni 含量为 3％，Co 含量为 1％时，弱酸位的酸量达到最大，当 Co 含量增大时，弱酸位的酸量和强酸位的酸量开始下降，这表明负载 Co 和 Ni 都有利于弱酸位和强酸位酸量的增大，并且酸量的大小与它负载的百分数密切相关，负载过多的金属氧化物会覆盖 ZSM-5 催化剂的弱酸位和强酸位。本实验 NH$_3$-TPD 的表征结果与 Muhammad Nadeem Amin[83] 的 NiO/ZSM-5 催化剂在强酸位点酸量受到抑制的结果相反，Co 金属氧化物的加入有利于强酸位点酸量的提高，Co 和 Ni 起到了协同作用，提高了催化剂的活性。可以看出催化剂的催化性能与其酸量密切相关，催化剂 Ni3Co1Z 的弱酸位酸量最大，其催化性能最好。

表 15-3 不同 Ni、Co 比例改性的 ZSM-5 分子筛催化剂的 NH$_3$-TPD 曲线高斯拟合数据

催化剂	酸量/mmol		总量
	弱酸位	强酸位	
ZSM-5	0.0173	0.0091	0.0264
Co3Ni1Z	0.0295	0.0163	0.0458
Co3Ni3Z	0.0365	0.0044	0.0409
Co3Ni5Z	0.0257	0.0068	0.0325
Ni3Co1Z	0.0224	0.0050	0.0274
Ni3Co5Z	0.0270	0.0044	0.0314

（4）BET 分析

图 15-5 是改性前 ZSM-5 与 Ni、Co 改性后 ZSM-5 的 N$_2$ 吸附脱附等温线及孔径分布图，从所有样品的等温线可判定，该等温线属于 IUPAC 分类中的第 I 类等温线，并且在相对压力大于 0.4 时出现一个 H4 滞后环，是微孔结构的典型特征。当低压区域 P/P_0 小于 0.05 时，ZSM-5 与 Ni/Co/ZSM-5 的气体吸附量都有一个快速增长阶段，并且曲线凸向上，这主要是 N$_2$ 在催化剂微孔中的填充所致，随后吸附曲线呈现水平趋势，这表明催化剂的微孔已被 N$_2$ 充满，几乎不再进一步发生吸附，其中图 15-5（a）中 ZSM-5 的气体吸附量达到了 100cm^3/g 以上，而 Ni/Co/ZSM-5 的气体吸附量在 60cm^3/g 左右，其原因可归结于纯的 ZSM-5 分子筛有较多的微孔存在，与 N$_2$ 有较强的作用力。此外，从孔径分布图以及表 15-4 可以看出，ZSM-5 与 Ni/Co/ZSM-5 催化剂的孔径主要分布在 0.5～0.6nm 之间，并且 Ni/Co 改性之后的 ZSM-5 催化剂在 0.5～0.6nm 这个区域孔的数目明显增多，但是孔容明显下降，这可能是由于 ZSM-5 负载了活性金属后，占据了一部分微孔的体积，从而导致孔容下降，孔的数目增多。

根据氮气吸附-脱附等温曲线，可以计算出载体催化剂的孔结构特性，结果如表 15-4 所

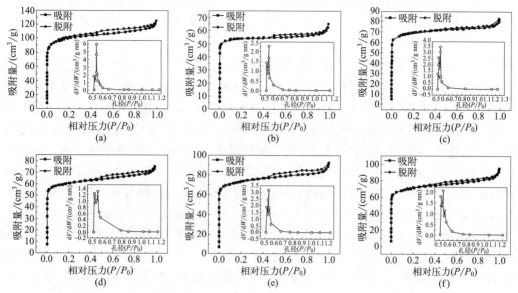

图 15-5　Ni、Co 改性前与不同 Ni/Co 比例改性后 ZSM-5 的吸附脱附等温线和孔径分布

示。从表中可以看出，与载体 ZSM-5 相比，负载了 Co 和 Ni 的催化剂，比表面积和孔容明显减少，但负载前后催化剂的孔径相差不大，主要集中在 0.5nm 左右。Co 含量一定时，增加 Ni 的含量，催化剂的比表面积从 $336.8414m^2/g$ 减少到 $203.5164m^2/g$，孔容从 $0.143cm^3/g$ 减少到 $0.084cm^3/g$；当改变 Co 含量时，催化剂的比表面积和孔容同样下降，这是由于活性金属占据了催化剂的部分孔容，比表面积与孔容的大小与催化剂上的活性位点数量有着密切的关系，从而进一步影响催化剂的活性。

表 15-4　催化剂孔结构性质

催化剂	比表面积/(m^2/g)[①]	孔容[②]/(cm^3/g)	孔径[③]nm
ZSM-5	336.8414	0.143	0.536
Co3Ni1Z	238.1815	0.122	0.542
Co3Ni3Z	226.9390	0.101	0.549
Co3Ni5Z	203.5164	0.084	0.555
Ni3Co1Z	243.9803	0.103	0.539
Ni3Co5Z	235.3734	0.098	0.544

① BET 方法。

② t-plot 方法。

③ S-F。

15.3.2　不同催化剂在不同条件下对热解气体组分的影响

(1) 不同比例的 Ni 含量对于气体组分浓度的影响

图 15-6 是在 550℃ 热解温度下，加入 0.5g 未改性的 ZSM-5 催化剂以及经不同 Co、Ni 比例改性过的 ZSM-5 催化剂催化后的热解气体组成变化情况。从图中可以看出，ZSM-5 被改性之前，热解气体的总浓度较原煤总浓度有所下降，并且热解气体的组分浓度也有所下降，改性之后，热解气体的总浓度较改性之前有所提高，并且呈现先增加后降低的趋势，其

中 H_2、CH_4 气体组分的浓度变化趋势基本一致，气体浓度先增加后降低，并且当用 3% 的 Ni 和 3% 的 Co 改性 ZSM-5 时浓度最大，两种气体的浓度分别为 11.86% 和 26.83%，而原煤热解气体中两组分气体的浓度为 7.84% 和 22.92%，提高了 4.02% 和 3.91%，但是当 Ni 的含量超过 3% 时，H_2、CH_4 的浓度开始下降。由于 H_2 主要是煤中有机物的缩合反应和烃类的环化、芳构化及直接裂解反应产生的[84]，而 CH_4 来源于煤或者焦油中的甲基侧链在 700℃ 以下裂解[85-86]，H_2 浓度的增加可能是由于更多 Ni 催化剂的加入促进了长链烃的裂解，使得聚合反应、环化反应和芳构化反应更容易进行，CH_4 浓度的增加可能是 Ni 催化剂的加入更加有利于甲基侧链的裂解与加氢，使得煤中的脂肪侧链更易受热裂解，H_2、CH_4 浓度的下降可能是由于负载过量的 Ni 在一定程度上堵塞了分子筛催化剂的孔道，覆盖了催化剂的酸性位点，影响催化剂的酸度，进而影响了催化剂的活性，阻碍了产生反应的进行[87]。羧基可在 200～400℃ 下裂解产生 CO_2[88]，CO_2 变化趋势不是很明显，CO_2 的浓度在 Ni 的百分数为 1% 时达到稳定，与原煤浓度相比，提高了 1%，但是随着 Ni 含量的增加，气体浓度下降，这表明 Ni 的加入对羧基的裂解影响不大。羰基可在 400℃ 左右开始裂解、含氧杂环可在 500℃ 以上开环裂解以及煤大分子交联可在 600℃ 裂解生成 CO[89]，而 CO 的浓度随着 Ni 含量的增加而逐渐递减，与原煤浓度相比，降低了 1.54%，这表明 Ni 的加入可能对于羰基、含氧杂环以及煤大分子交联的裂解不利，从而降低了 CO 的浓度。热解煤气 CO_2、CH_4、CO、H_2 的总浓度呈现先增大后减少的趋势，与原煤相比，煤气总浓度明显提高，特别是 Ni 的百分数为 3% 时，煤气总浓度分别从原煤的 58.67% 增加到 67.37%，浓度增加了 8.7%，这主要是与加入 Ni 催化后产生更多的 H_2、CH_4 有关。所以，3% 的 Ni 对于热解气体的总浓度以及 H_2、CH_4 的浓度都是最佳的。

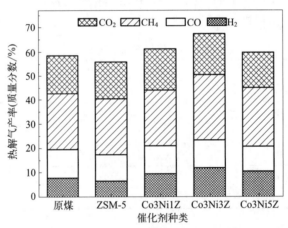

图 15-6　不同比例的 Co/Ni/ZSM-5 催化剂催化的热解气体组成变化情况

(2) 不同比例的 Co 含量对于气体组分浓度的影响

图 15-7 为在 550℃ 下，加入 0.5g 经不同比例 Co 改性 3%NiO-ZSM-5 催化剂催化的热解气体组成变化情况。从图中可以看出，H_2 与 CH_4 的浓度明显增加，其中 H_2 的浓度呈现先增大后趋于稳定的趋势，与原煤相比浓度提高了 4.79%，CH_4 的浓度缓慢递增，与原煤相比提高了 5.37%。H_2 浓度增加的原因可能是 Co 催化剂的加入促进了煤中长链烃的裂解以及聚合反应、环化反应和芳构化反应的进行，以致产生更多的 H_2。CH_4 浓度的增加可能与在 Co 催化剂的存在下甲基侧链更易裂解与加氢，煤中的脂肪侧链更易受热裂解，从而产

生更多的 CH_4。CO 浓度增加的趋势不是很大，与原煤相比，浓度提高了 1.58%，CO_2 的浓度几乎没变，基本保持稳定，这可能是由于 Co 催化剂对于羰基、含氧杂环以及煤大分子交联的裂解影响很小，并不能很好地促进裂解，导致 CO 没有大幅度增加，而 Co 催化剂对于煤中羰基的裂解几乎没有影响。所以从气体组分浓度以及催化剂成本考虑，可确定 Co 的最佳加入量。

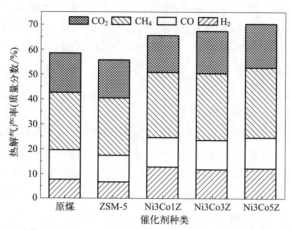

图 15-7　不同比例的 Ni/Co/ZSM-5 催化剂催化的热解气体组成变化情况

(3) 热解温度对于气体组分浓度的影响

由上可知，Ni 和 Co 改性的 ZSM-5 催化剂对于热解煤气组分浓度的变化有很大的影响，特别是对于各个气体组分的选择性差异较大，其中对于 H_2 和 CH_4 的选择性最为明显。考虑到 Ni 和 Co 的催化活性以及经济成本，因此，本节主要考察 Ni3Co5Z 催化剂对煤热解气体及焦油的催化性能。

在不同热解温度下，加入 0.5g Ni3Co5Z 催化剂催化后的热解气体组成分布情况见图 15-8。由图 15-8 可知，升高温度以后，H_2 和 CH_4 的浓度先增大后减小，温度在 650℃ 时，H_2 和 CH_4 的浓度达到最大，分别为 18.88% 和 28.79%，与 500℃ 的气体浓度相比，分别提高 12.89% 和 16.07%。H_2 主要是由长链烃的裂解以及煤结构中的芳香环簇在高温下发生脱氢反应产生的，高温有利于长链烃的裂解和脱氢反应的进行，产生更多的 H_2。CH_4 是在 700℃ 下甲基侧链的裂解与加氢而产生的，所以随着温度的升高，甲基侧链的裂解更加

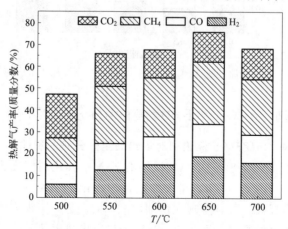

图 15-8　不同温度下 Ni3Co5Z 催化剂催化的热解气体组成变化情况

剧烈，加氢更加容易，CH_4 的释放量更多。CO 气体的浓度随着温度的增加在一定程度上也有增加的趋势，与 H_2 和 CH_4 的增长趋势相比，较为缓慢，在温度为 650℃ 时，浓度为 14.73％，提高 6.15％。CO 源于羰基官能团在 400℃ 下的解聚和含氧杂环在 500℃ 之上以及煤大分子交联在 600℃ 以上的裂解，所以在更高的温度下产生更多的 CO。而 CO_2 气体的浓度随着温度的增加而逐渐递减，CO_2 是羧基官能团在 200～400℃ 断裂而形成的，羧基在温度高于 200℃ 时即可分解生成 CO_2，温度达到 400℃ 时裂解速率最大，当温度更高时裂解速率开始下降，所以 CO_2 在 500℃ 时浓度最大，随着温度的上升 CO_2 浓度开始下降，在 600℃ 之后变化不是很明显。与此同时，热解气体（H_2、CH_4、CO、CO_2）的总浓度在热解温度为 650℃ 时最大，这可能与热解气体中 H_2、CH_4 和 CO 的浓度增加有关。所以，温度在 650℃ 为最佳热解温度。

(4) 添加量对于气体组分浓度的影响

图 15-9 为 650℃ 下，不同添加量催化剂催化的热解气体组成的变化情况。从图 15-9 可以看出，H_2 的浓度随着催化剂添加量的增加呈现先增加后减少的趋势，在添加量为 0.5g 时，H_2 浓度最大，当催化剂添加量过多时，H_2 的浓度反而下降，CH_4 和 CO 的浓度随着催化剂添加量的增大而减小，而 CO_2 的浓度变化不是很明显。H_2 增加的原因可能是适量的催化剂促进了长链烃的裂解，聚合反应、环化反应和芳构化反应更易进行，CH_4 和 CO 的浓度减少的原因可能是催化剂添加量增多时，过量的固相载体催化剂阻塞了催化剂层的孔隙，影响了传热传质的进行，进而使反应速率随催化剂添加量的增加而减小。而 CO_2 变化不明显可能是因为 CO_2 是羧基官能团在 200～400℃ 断裂而形成的，羧基在温度高于 200℃ 时即可分解生成 CO_2，但在 600℃ 之后变化不是很明显。

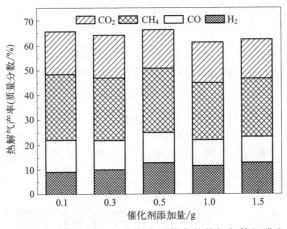

图 15-9　不同添加量的 Ni3Co5Z 催化剂催化的热解气体组成变化情况

15.3.3　不同催化剂在不同条件下对煤焦油组分分布的影响

(1) 不同比例的 Ni/Co/ZSM-5 催化剂对煤焦油组分分布的影响

图 15-10 表明了经过不同比例 Ni、Co 改性的 ZSM-5 催化剂催化后热解焦油中各组分含量的变化情况。由图 15-10(a) 可知，与未加催化剂相比，加入 Ni、Co 催化剂后煤热解焦油中芳香烃的含量都有提高，并且呈现先增加后减少的趋势，当加入比例为 3％Co-1％Ni 的催化剂时，焦油中芳香烃的含量最大为 51.78％，与原煤热解焦油中芳香烃含量 29.62％ 相

比，提高了 22.16％。而脂肪烃化合物的含量随着 Ni、Co 催化剂的加入而降低，从原煤的 35.52％降低到 15.55％，这可能与焦油气体中的烯烃、烷烃在催化剂的作用下进一步发生了芳构化反应有关，从而导致了脂肪烃含量的下降，产生更多的芳香烃。酚类化合物在一定程度上也有提高，当 Co 的含量为 3％时，增加 Ni 的含量，焦油中酚类化合物的含量逐渐递增，特别是用 3％Co-5％Ni 改性后的催化剂，酚类化合物达到最大为 15.21％，与原煤的 7.35％相比，提高了 7.86％，随后改变 Co 的含量，酚类化合物的含量缓慢增加，这表明 Ni 的加入更有利于含氧结构的裂解产生更多的酚类物质。焦油中其他化合物的含量在加入 Ni 催化剂后，含量逐渐递减，然后趋于稳定。由图 15-10(b) 可知，当 Ni 的含量一定时，改变 Co 的含量，芳香烃的含量先增大后减小，酚类物质的含量略有提高，脂肪烃的含量逐渐降低，焦油中其他物质的含量明显增加，这表明与 Ni 催化剂相比，改变 Co 的含量对酚的变化不是很明显，但增加了其他化合物的含量，Co 催化剂更有利于其他组分的产生。

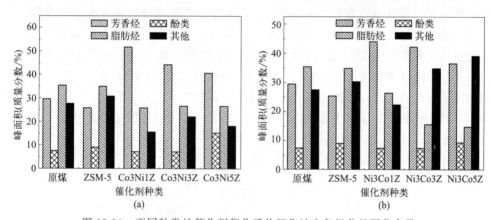

图 15-10 不同种类的催化剂催化后热解焦油中各组分的百分含量

(2) 不同温度对焦油组分分布的影响

不同温度下煤焦油组分含量的变化情况如图 15-11。从图 15-11 可以看出，焦油中芳香烃化合物的含量呈现先增大后减少的趋势，并且在热解温度为 550℃时，芳香烃含量达到最大为 42.36％，而原煤的芳香烃含量为 29.62％，提高了 12.74％。焦油中酚类化合物的含

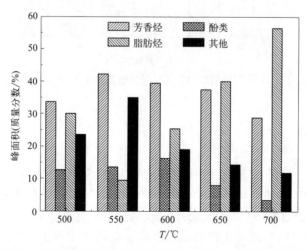

图 15-11 不同温度下催化剂催化后热解焦油中各组分的百分含量

量随着温度的增加呈现先增大后减少的趋势，并且在 600℃含量最大，Kong 等[90] 也研究了不同的热解温度对于酚类化合物含量的影响，结果表明随着温度的增加，在不同温度区间产生的酚类物质也在增加，并且温度在 700℃时达到最大，当温度更高时，酚类物质含量开始下降，这表明催化剂的加入促进了含氧结构的分解，反应条件变得更加温和。焦油中脂肪烃的含量随着热解温度的增加而逐渐递增，这表明更高的温度有利于大分子的裂解，产生更多的脂肪烃。焦油中其他物质的含量随着温度的增加呈现先增大后减少的趋势。

（3）不同催化剂加入量对焦油组分分布的影响

不同催化剂添加量对焦油中各组分含量的影响如图 15-12 所示，从图中可以看出，焦油中芳香烃的相对含量随着催化剂加入量的增加而增加，并且当催化剂的添加量为 0.3g 时，芳香烃的含量最大。脂肪烃的含量在催化剂为 0.1g 时达到最大，而酚类化合物随着催化剂加入量的增加没有特别明显的变化，基本处于稳定，焦油中其他组分的含量随着催化剂添加量的增多而减少。焦油中芳香烃含量增加的原因可能是与未冷凝的热解焦油中的烯烃、烷烃发生的芳构化反应和酚类化合物的脱羟基等反应有关，更多添加量的催化剂有利于该反应的进行，进而生成更多的芳香烃类化合物，而酚类化合物有所下降，该结果与 Huber 等[91] 的推测一致，烯烃可能通过 Diels-Alder 反应生成芳香烃。焦油中脂肪烃含量随着催化剂添加量的增加呈现先增大后减少的原因可能是刚开始催化剂对焦油中的大分子物质具有更强的裂解作用，添加量的增加导致更多的脂肪烃化合物生成，当催化剂添加量更多时，芳构化反应会更加剧烈，导致长裂解脂肪化合物含量下降，Nelson 等[92] 也发现长链烃不仅可以裂解为轻质气体，而且还会发生芳构化反应形成芳香烃化合物。

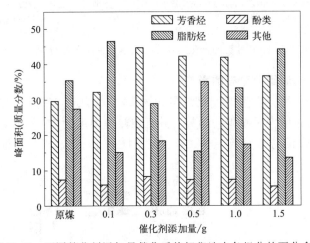

图 15-12　不同催化剂添加量催化后热解焦油中各组分的百分含量

15.4　本章小结

① Ni/Co/ZSM-5 分子筛催化剂影响神府煤热解煤气产率以及气体组分分布，经 Ni3Co5Z 催化剂催化后的热解煤气总浓度相比原煤热解总浓度提高 11.69%。

② 温度对热解煤气的产率以及组成也有影响，650℃为热解最佳温度，热解煤气总浓度较 Ni3Co5Z 催化剂在 550℃原煤热解总浓度提高，而催化剂的加入量对煤气浓度变化影响不大。

③ Co3Ni1Z 催化剂能促进煤焦油中芳香烃的生成，催化后芳香烃产率较原煤热解产率提高了 22.16％，Co3Ni5Z 催化剂能促进酚类物质的生成，催化后酚类产率较原煤产率提高了 7.86％。

④ 热解温度和催化剂加入量对煤焦油中脂肪烃的产率有很大的影响，当热解温度为 700℃，催化剂添加量为 0.1g 时脂肪烃的产率最大，较原煤热解分别提高了 20.94％ 和 11.16％。

⑤ Ni/Co/ZSM-5 分子筛催化剂的酸量与催化剂的催化性能有密切的关系，一定程度的酸量能促进煤的热解，提高煤气的有效气体组分产率，改善煤热解油品的品质。

第 16 章

神府煤中低温直接间接协同
催化热解研究

16.1　概述

　　煤焦油是煤中低温热解技术的重要目标产物，焦油中含有萘、酚、蒽等有机物质，这些都是重要的化工原料和人造石油来源，所以煤焦油的产率和品质也就成为煤热解工艺中备受关注的一项重要指标[93]。近年来国内外相关的学者就提高焦油产率和改善焦油的品质方面做了大量的研究，其中煤的直接催化热解工艺和煤的热解产物催化工艺是研究最为广泛的两个方向。Liang 等[94] 在间歇式反应器中，采用直接催化热解工艺考察了钼基和铁基催化剂对内蒙古煤和新疆煤的催化热解特性，结果表明两种催化剂都能促进煤的热解，提高焦油产率。邓靖等[95] 采用固定床反应器对比了橄榄石基和石英砂固体热载体对褐煤热解产物收率的影响，结果表明橄榄石负载 Co 热载体能将焦油中重质组分转化为轻质焦油和热解气，并且负载 Co 的橄榄石热载体比橄榄石热载体在温度为 550℃ 的热解条件下焦油收率提高了19.2%。Amin 等[96] 采用间接催化热解工艺得出 MoS_2 催化剂能够将焦油中沥青质转化为轻质组分，提高焦油中轻质组分的含量。Li 等[97] 研究得出 ZSM-22 以及其金属氧化物/ZSM-22 可以提高焦油产率，焦油产率的大小顺序为 ZSM-22＞MoO_3/ZSM-22＞CoO_x/ZSM-22＞CoO-MoO_3/ZSM-22＞原煤，其中 CoO_x/ZSM-22 可以更好地改善焦油品质。

　　虽然直接催化热解工艺能够定向调控热解产品的分布，实现产物的靶向催化，但是对改善焦油产品的品质效果不是很理想，而且催化剂不易回收，不能多次利用，而煤热解产物催化工艺对煤焦油品质的改善效果明显，但是很难提高焦油的产率。上述的两种热解工艺分别可以提高焦油产率，改善焦油品质，但是热解工艺比较单一，很少有人探究过两者工艺之间的协同关系。

　　前两章主要从单一的焦油产率和焦油品质改善两个方面展开实验，并且可以得出硫酸铁催化剂对焦油的产率有明显的提高，而 Ni/Co/ZSM-5 催化剂对焦油的改质有明显的作用。本实验以硫酸铁和 Ni/Co/ZSM-5 为催化剂，硫酸铁与原煤样直接浸渍接触，而 Ni/Co/ZSM-5 催化剂放置于煤样上方的热解网上，采用 GC 和 GC-MS 分别对热解煤气组分和焦油组分进行分析，并且利用响应曲面法优化影响热解煤气和焦油组分分布的条件，从而确定本实验的最佳条件。

16.2 实验部分

本实验采用浸渍法，先将原煤样浸渍在一定质量分数的硫酸铁盐溶液中，搅拌 30min，浸渍 30min，然后将混合溶液放置在烘箱中 105℃ 干燥 4h，最后将干燥好的煤样在研钵中研磨，保存备用。按金属元素 Ni 和 Co 各自与分子筛载体的质量（5g）百分比先将一定量的 $Ni(NO_3)_2 \cdot 6H_2O$ 及 $Co(NO_3)_2 \cdot 6H_2O$ 分别溶于 25mL 蒸馏水中搅拌、均匀混合，称取 5g ZSM-5 分子筛缓慢加入到上述混合溶液中，得到的混合溶液放在磁力搅拌器上搅拌 1h，浸渍 4h，过滤混合溶液，将过滤后的滤饼放入电热鼓风干燥箱中 110℃ 下干燥 4h，得到块状物并用研钵研磨成粉末，然后将粉末放入坩埚中在马弗炉中 550℃ 下焙烧 5h，最后取出催化剂密封保存备用。已备好的煤样放置在钢甑底层，Ni/Co/ZSM-5 催化剂放置在煤样上方的热解网上，准备开始热解实验。

16.3 结果与讨论

16.3.1 热解温度对煤气组分分布的影响

图 16-1 为添加 1.0% 比例的 $Fe_2(SO_4)_3$ 催化剂、0.5g 添加量的 Ni3Co1Z 催化剂，考察温度对煤热解气体组成的影响。从图中可以看出，随着温度的上升，煤气中 H_2 的相对含量呈现递增的趋势，在 700℃ 时含量达到最大，CH_4 的含量也随温度的上升而提高。H_2 主要是由煤热解过程中二次反应中的芳构化反应和缩合反应产生的，高温有利于反应的进行；CH_4 等气态小分子烃类是由煤中的脂肪侧链受热裂解产生的[98]，更高的温度有利于脂肪侧链的裂解，产生更多的 CH_4。CO_2 的相对含量逐渐下降，下降速度明显；CO 的含量逐渐增加，但是增加的速度比较慢。CO_2 主要是由羧基在低温下解聚产生，当热解温度达到 400℃ 时，解聚速率最大，含量也达到最大，热解温度继续增加时，解聚速率逐渐下降，CO_2 的含量逐渐减少[99]。CO 主要是由羰基在 400℃ 下裂解，醚键在 700℃ 的去除反应中产生的[100]，随着温度的上升，CO 的含量也在上升。煤气总组分含量随着温度的增加先降低后

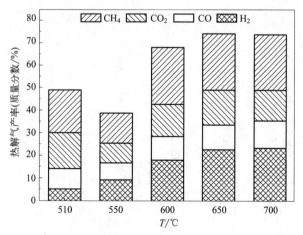

图 16-1 不同热解温度下热解气体组成变化情况

增加，这表明高的热解温度对于提高煤气的总组分含量是有利的，并且促进了煤大分子的裂解，产生更多的气体小分子物质。

16.3.2 催化剂添加量对煤气组分分布的影响

图 16-2 为在 510℃ 热解温度、1.0% 比例的 $Fe_2(SO_4)_3$ 催化剂下，改变热解网上方催化剂的加入量对煤气中组分含量的影响。从图中可以看出，随着催化剂添加量的增加，煤气的总组分含量逐渐降低，并且煤气中各个组分的含量也呈现下降的趋势，下降的效果明显。这表明当 $Fe_2(SO_4)_3$ 催化剂存在时，提高 Ni3Co1Z 催化剂的添加量抑制了热解煤气的产生，催化剂添加量对煤气中各个组分的含量都起到了抑制作用。

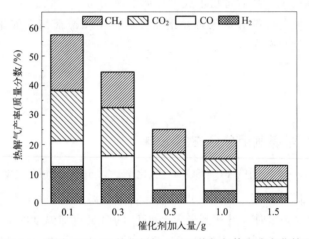

图 16-2　不同 Ni3Co1Z 催化剂加入量下热解气体组成变化情况

16.3.3 硫酸铁的质量分数对煤气组分分布的影响

图 16-3 为在 510℃ 的热解温度、0.5g Ni3Co1Z 催化剂添加量下改变 $Fe_2(SO_4)_3$ 催化剂的质量分数热解煤气组成的变化情况。从图 16-3 中可以看出热解煤气总量和热解煤气中 H_2 和 CH_4 的含量随着 $Fe_2(SO_4)_3$ 催化剂含量的增加呈现先增大后减小的趋势，当 $Fe_2(SO_4)_3$

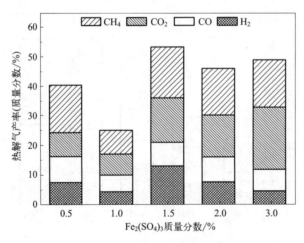

图 16-3　不同比例的 $Fe_2(SO_4)_3$ 催化剂催化的热解煤气气体组成变化情况

催化剂的添加量为 1.5% 时，煤气总量达到最大，并且热解煤气中 H_2 和 CH_4 的含量也达到最大，继续增加催化剂含量时，热解煤气总量和 H_2、CH_4 的含量开始下降，而 CO_2 的含量随着催化剂含量的增加而增加，CO 的含量基本没变。这表明改变 $Fe_2(SO_4)_3$ 催化剂的含量对于增加煤气的总量和煤气组分中 H_2、CH_4 的含量是有利的，但是过多的催化剂也会抑制气体的产生，增加催化剂的含量对于 CO_2 气体的产生是有利的，对于 CO 气体的产生基本没有作用。

16.3.4　热解温度对焦油组分分布的影响

在质量分数为 1.0% 的 $Fe_2(SO_4)_3$ 催化剂、添加量为 0.5g Ni3Co1Z 催化剂下改变热解温度对煤焦油中各组分分布的影响如图 16-4 所示。从图中可知焦油中芳香烃化合物的相对含量随着热解温度的上升，呈现先增大后减小的趋势，在热解温度为 600℃时，芳香烃化合物的含量达到最大。焦油中脂肪烃化合物的相对含量随着热解温度的提高而不断增加，其他化合物的相对含量不断减少，酚类化合物的相对含量基本没有改变。芳香烃化合物起初增加是由于在不断上升的热解温度下煤中的大分子桥键断裂，轻质组分释放，更多的芳香烃化合物不断产生[101]。脂肪烃化合物的相对含量随着热解温度的上升而不断增加的原因可能是煤中的长链烃在更高的热解温度下发生断裂，这也表明煤中含有更多的脂肪环状化合物。

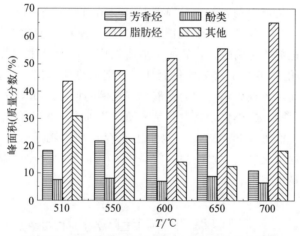

图 16-4　不同热解温度下煤焦油各组分的分布情况

16.3.5　催化剂添加量对焦油组分分布的影响

图 16-5 为在质量分数为 1.0% 的 $Fe_2(SO_4)_3$ 催化剂、510℃ 热解温度下，不同 Ni3Co1Z 催化剂添加量对煤焦油中各组分分布的影响。从图中可以看出，随着 Ni3Co1Z 催化剂添加量的增加，焦油中芳香烃化合物的含量略有增加，之后保持稳定，而酚类化合物持续下降，这可能是由于 Ni3Co1Z 催化剂促进一些酚类化合物与氢发生反应脱去羟基，导致更多的芳香烃化合物形成，但是过多的催化剂添加量降低了催化活性，抑制了反应的进行，从而使芳香烃化合物不再增加。煤焦油中脂肪烃化合物的含量有所下降，这可能是由于在催化剂存在的情况下脂肪烃化合物受到了抑制作用。其他化合物含量也有提高。

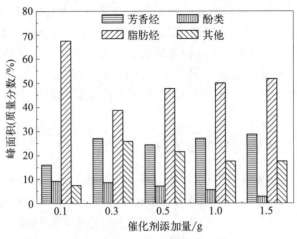

图 16-5　不同添加量的催化剂下煤焦油各组分的分布情况

16.3.6　硫酸铁的质量分数对焦油组分分布的影响

图 16-6 为在添加量为 0.5g Ni3Co1Z 催化剂、510℃热解温度下，不同 $Fe_2(SO_4)_3$ 催化剂的质量分数对煤焦油中各组分分布的影响。从图中可知，焦油中芳香烃化合物的含量持续上升，酚类化合物的含量也有所增加，脂肪烃化合物的含量随着 $Fe_2(SO_4)_3$ 催化剂的质量分数增加而降低，其他化合物的含量先增加后降低，在 1.0% $Fe_2(SO_4)_3$ 质量分数下含量最大。焦油中芳香烃化合物含量的增加可能是由于 $Fe_2(SO_4)_3$ 催化剂促进了焦油中长链脂肪烃的裂解，并且催化剂的比例越大，裂解反应越彻底，进而产生的芳香烃化合物也越多，这表明 $Fe_2(SO_4)_3$ 催化剂和 Ni3Co1Z 催化剂具有一定的协同作用，二者对芳香烃的产生有共同的促进作用，因此，芳香烃化合物随着催化剂比例的增加，相对含量不断增加，脂肪烃化合物相对含量不断下降。酚类化合物主要是来源于焦油中含氧结构化合物的解聚，特别是芳基醚化合物的裂解，而不是煤热解挥发物中本来存在酚类物质[102]，这表明 $Fe_2(SO_4)_3$ 催化剂的加入对于焦油中含氧结构物质的裂解是有利的，催化剂比例越大，裂解程度越大，产生的酚类化合物含量也越大。

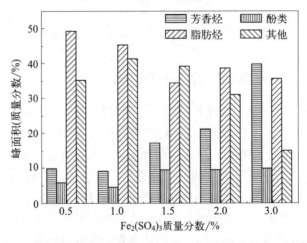

图 16-6　不同质量分数的 $Fe_2(SO_4)_3$ 热解下煤焦油各组分的分布情况

16.3.7 响应曲面设计

根据上述单因素实验分析结果，利用 Design Expert 软件，运用响应曲面法 Box-Behnken Design（BBD）设计，进一步研究热解温度、Ni/Co/ZSM-5 催化剂加入量、$Fe_2(SO_4)_3$ 质量分数对焦油组分分布以及热解煤气组分分布的影响。该设计以煤气中 H_2 的相对含量和焦油中 BTEXN 的相对含量为响应值，水平范围包括：温度为 $600\sim700℃$，催化剂添加量为 $0\sim0.3g$，硫酸铁质量分数为 $1\%\sim2\%$。实验因素及水平编码见表 16-1。

表 16-1　实验因素及水平编码

因素	水平编码		
	-1	0	1
$A:T/℃$	600	650	700
$B:$添加量/g	0	0.15	0.3
$C:$质量分数/%	1	1.5	2

16.3.8 响应曲面模型及回归方程显著性检验

根据 Design Expert 软件中 Fit Summary 的分析结果，建立二次方程式模型。应用软件中 ANOVA 对模型进行方差分析和二次多项式回归拟合，回归的系数及显著性检验结果如表 16-2、表 16-3 所示。由表 16-2 和表 16-3 中的 F 值可以推断，三因素对热解煤气中 H_2 相对含量和焦油中 BTEXN 相对含量的影响顺序都为：热解温度＞催化剂添加量＞硫酸铁质量分数。模型 P 值分别为小于 0.0001（显著）和 0.0002（显著），其失拟项 P 值分别为 0.6331（不显著）和 0.1233（不显著），这表明该模型可用于本实验的模拟。回归方程中 A、B、BC、A^2、C^2 影响显著，H_2 相对含量和 BTEXN 相对含量的二次多项式回归方程为：

$$H_2\% = 22.21 + 2.02A + 0.97B - 0.15C - 3.28AB - 0.73AC - 2.86BC$$
$$+ 0.020A^2 - 5.18B^2 - 2.46C^2 \tag{16-1}$$

$$BTEXN\% = 38.31 + 2.35A - 0.44B - 0.27C - 1.30AB - 0.61AC + 1.60BC$$
$$- 2.48A^2 - 3.59B^2 - 1.37C^2 \tag{16-2}$$

此外 H_2 的相对含量回归方程的相关系数 R^2 为 0.9769，BTEXN 相对含量回归方程的相关系数 R^2 为 0.9678，说明建立的模型拟合度较高，回归性较好。因此，在变化范围内可以根据 H_2 的相对含量和 BTEXN 的相对含量来分析和预测本催化热解气体中 H_2 的相对含量的优化条件和 BTEXN 的相对含量的优化条件。

表 16-2　热解煤气中 H_2 的相对含量回归方程系数及其显著性检验

项目	系数估计	标准差	平均和	均方	F 值	P 值	显著性
模型			263.39	29.27	32.88	＜0.0001	显著
失拟项			5.66	1.89	13.23	0.6331	不显著
截距	22.21	0.42					
A	2.02	0.33	32.72	32.72	36.77	0.0005	显著
B	0.97	0.33	7.51	7.51	8.44	0.0228	显著

项目	系数估计	标准差	平均和	均方	F 值	P 值	显著性
C	-0.15	0.33	0.18	0.18	0.20	0.6691	不显著
AB	-3.28	0.47	42.97	42.97	48.28	0.0002	显著
AC	-0.73	0.47	2.15	2.15	2.41	0.1644	不显著
BC	-2.86	0.47	32.83	32.83	36.89	0.0005	显著
A^2	0.020	0.46	0.0017	0.0017	0.0019	0.9665	不显著
B^2	-5.18	0.46	112.87	112.87	126.82	<0.0001	显著
C^2	-2.46	0.46	25.43	25.43	28.57	0.0011	不显著
R^2	0.9769						

表 16-3　煤焦油中 BTEXN 的相对含量回归方程系数及其显著性检验

项目	系数估计	标准差	平均和	均方	F 值	P 值	显著性
模型			161.22	17.91	23.40	0.0002	显著
失拟项			4.60	1.53	8.06	0.1233	不显著
截距	38.31	0.39					
A	2.35	0.31	44.18	44.18	57.71	0.0001	显著
B	-0.44	0.31	1.56	1.56	2.03	0.1968	不显著
C	-0.27	0.31	0.58	0.58	0.75	0.4138	不显著
AB	-1.30	0.44	6.73	6.73	8.80	0.0209	显著
AC	-0.61	0.44	1.50	1.50	1.96	0.2042	不显著
BC	1.60	0.44	10.24	10.24	13.38	0.0081	显著
A^2	-2.48	0.43	25.85	25.85	33.77	0.0007	显著
B^2	-3.59	0.43	54.13	54.13	70.70	<0.0001	显著
C^2	-1.37	0.43	7.85	7.85	10.25	0.0150	显著
R^2	0.9678						

16.3.9　响应曲面法优化分析

为了确定最佳的硫酸铁百分比、催化剂添加量和最佳的热解温度，根据模型方程中的两两因素对 H_2 的产率和 BTEXN 的产率的影响分别绘制等高线图及其三维响应曲面图，各因素及其交互作用对 H_2 的产率和 BTEXN 的产率的影响结果可以通过该图直观地反映出来。

图 16-7 显示了催化剂添加量和热解温度对 H_2 相对含量和 BTEXN 相对含量的相互效应。从响应曲面图中可以看出，热解温度和催化剂加入量对 H_2 的相对含量和 BTEXN 的相对含量影响较大，都呈现出先增加后减少的变化趋势，具体表现出开口向下的抛物线型。当热解温度在 700℃ 左右时，H_2 的相对含量和 BTEXN 的相对含量达到最大；催化剂添加量为 0.15g 左右，H_2 的相对含量和 BTEXN 的相对含量也都达到最大值。催化剂添加量大于 0.22g 之后，H_2 的相对含量和 BTEXN 的相对含量出现了明显的下降趋势，二者相比，热解温度的影响较大，且两者存在明显的交互作用。通过等高线发现，BTEXN 的相对含量存

在一个最优的相对含量区域，即图中热解温度为 640～700℃，催化剂添加量为 0.06～0.20g，这个区域内 BTEXN 的相对含量在 38% 以上。此外，从图中可以看出，热解温度在 700℃时，H_2 的相对含量基本保持稳定，而且由于热解装置中的耐火砖适宜加热的温度为 700℃，温度过高会损坏热解装置，所以最大的热解温度选择到 700℃。

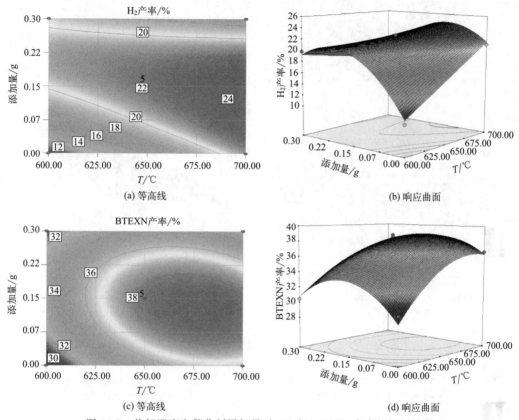

图 16-7　热解温度和催化剂添加量对 H_2 和 BTEXN 产率的相互效应

图 16-8 显示了 $Fe_2(SO_4)_3$ 催化剂比例和热解温度对 H_2 的相对含量和 BTEXN 相对含量的相互效应。从响应曲面图中可以看出，$Fe_2(SO_4)_3$ 催化剂添加比例对二者的相对含量影响较大，随着添加催化剂比例的增加，H_2 的相对含量和 BTEXN 相对含量都表现出先增加后下降的趋势，添加比例在 1.5% 时两者的相对含量都达到最大值。相比催化剂添加比例，热解温度对两者的相对含量影响较大，随着热解温度的增加，H_2 的相对含量表现出递增的趋势，BTEXN 的相对含量表现出开口向下的抛物线变化趋势，在 650℃左右时，H_2 的相对含量和 BTEXN 的相对含量达到最大值。通过等高线发现，催化剂添加比例和热解温度所围成的红色区域距焦点位置很远，说明催化剂添加比例和热解温度的交互作用非常明显，比例最优的 H_2 的相对区域大概是催化剂添加比例在 1.0%～1.8%，热解温度在 645～700℃，这个区域的 H_2 相对含量在 22% 以上，BTEXN 的相对含量在 38% 以上。

图 16-9 显示了催化剂添加比例和添加量对 H_2 的相对含量和 BTEXN 相对含量的相互效应。从响应曲面图中可以看出，$Fe_2(SO_4)_3$ 催化剂添加比例与催化剂添加量相比较，对 H_2 的相对含量和 BTEXN 的相对含量影响较小，但随着催化剂添加比例的增加，两者的相对含

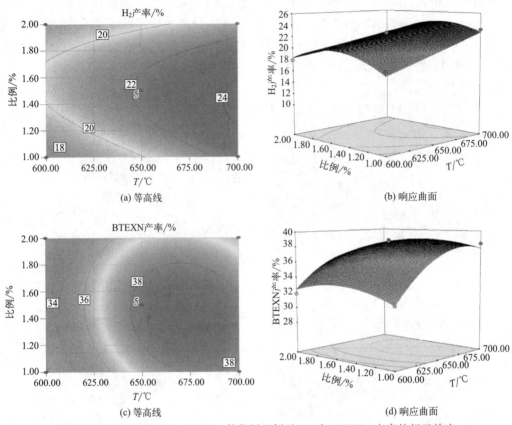

(a) 等高线   (b) 响应曲面

图 16-8 热解温度和 $Fe_2(SO_4)_3$ 催化剂比例对 H_2 和 BTEXN 产率的相互效应

量表现出先向上增加后出现略向下减小的趋势，添加比例在 1.5％ 左右时，两者的相对含量达到最大。催化剂添加量对 H_2 的相对含量和 BTEXN 相对含量表现出特别明显的影响，随着催化剂添加量的增加，二者的相对含量表现出开口向下的抛物线变化趋势，在添加量为 0.15g 左右，H_2 的相对含量和 BTEXN 相对含量达到最大值，且 $Fe_2(SO_4)_3$ 催化剂添加比例和催化剂添加量对两者的相对含量的影响也存在明显的交互作用。通过等高线发现，最优的相对含量区域大概是催化剂添加比例在 1.04％～1.7％，催化剂添加量在 0.09～0.1535g，这个区域的 H_2 相对含量在 22％ 以上，BTEXN 相对含量在 38％ 以上。

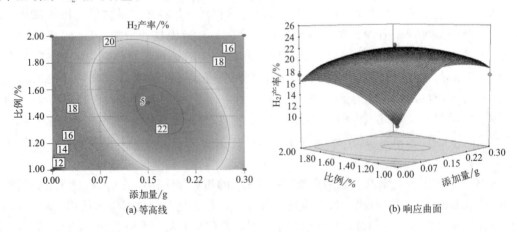

(a) 等高线   (b) 响应曲面

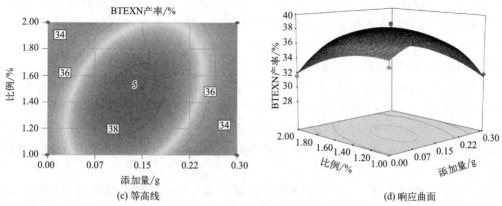

图 16-9 $Fe_2(SO_4)_3$ 催化剂比例和催化剂添加量对 H_2 和 BTEXN 产率的相互效应

16.3.10   验证实验

采用 Design Expert 软件对模型进行优化分析，预测出最优的 H_2 相对含量条件：热解温度为 693℃，催化剂添加量为 0.14g，$Fe_2(SO_4)_3$ 催化剂添加比例为 1.3%。H_2 相对含量可达到 23.93%。预测出最优的 BTEXN 相对含量条件：热解温度为 650℃，催化剂添加量为 0.15g，$Fe_2(SO_4)_3$ 催化剂添加比例为 1.5%。BTEXN 相对含量可达到 38.31%。

表 16-4   最优实验条件下 H_2 和 BTEXN 的相对含量的真实值与预测值

验证实验	H_2 质量分数/%		相对误差/%	BTEXN 质量分数/%		相对误差/%
	预测值	真实值		预测值	真实值	
（1）		23.67	1.12		39.56	3.26
（2）	23.94	23.56	1.58	38.31	37.74	1.50
（3）		24.78	3.51		38.58	0.70

控制装置的热解温度为 693℃，添加催化剂量为 0.14g，$Fe_2(SO_4)_3$ 催化剂添加比例为 1.3%，然后在实验装置中开始热解实验，测定煤气中 H_2 的相对含量，重复进行三次实验；再次控制温度为 650℃，添加催化剂量为 0.15g，$Fe_2(SO_4)_3$ 催化剂添加比例为 1.5%，开始热解实验，测定焦油中 BTEXN 的相对含量，并且重复三次实验，实验结果如表 16-4 所示。每次实验的相对误差均小于 5%，说明该模型对本实验中提高煤气中 H_2 的相对含量和焦油中 BTEXN 的相对含量具有良好的预测效果，可以用于分析实验结果。

16.4   本章小结

① 在 1.0% 比例的 $Fe_2(SO_4)_3$ 催化剂、0.5g 添加量的 Ni3Co1Z 催化剂条件下，通过改变热解温度分析热解气体中各气体组分相对含量的变化情况，结果发现在热解温度为 700℃时，H_2 相对含量达到最大。

② 在 510℃ 热解温度、1.0% 比例的 $Fe_2(SO_4)_3$ 催化剂下，分析改变热解网上方催化剂的加入量对煤气中各组分含量的影响，结果发现热解气体总组分的相对含量随着催化剂加入量的增加而不断下降，其中热解气体中各组分的含量也呈现出下降的趋势，$Fe_2(SO_4)_3$ 催

化剂和 Ni3Co1Z 催化剂对热解气体产生起到了协同作用，共同抑制了热解煤气的产生。在 510℃的热解温度、0.5g 添加量的 Ni3Co1Z 催化剂下，分析改变 $Fe_2(SO_4)_3$ 催化剂的比例对热解煤气组成的影响，结果发现在 1.5％的 $Fe_2(SO_4)_3$ 催化剂比例时热解煤气总组分含量达到最大，H_2 和 CH_4 的相对含量也达到最大。

③ 在 1.0％的 $Fe_2(SO_4)_3$ 催化剂、添加量为 0.5g 的 Ni3Co1Z 催化剂下，分析改变热解温度对煤焦油中各组分相对含量的影响。在 600℃时，芳香烃化合物的相对含量达到最大，700℃时焦油中脂肪烃的相对含量达到最大。在 1.0％的 $Fe_2(SO_4)_3$ 催化剂、510℃热解温度下，0.3g Ni3Co1Z 催化剂下焦油中的芳香烃相对含量最大，而催化剂添加量为 0.1g 时脂肪烃含量达到最大。

④ 通过响应曲面法预测出本实验条件下热解的最佳操作条件。最佳的 H_2 相对含量条件为：热解温度为 693℃，催化剂添加量为 0.14g，$Fe_2(SO_4)_3$ 催化剂添加比例为 1.3％。H_2 相对含量可达到 23.93％。最佳的 BTEXN 的相对含量条件为：热解温度为 650℃，催化剂添加量为 0.15g，$Fe_2(SO_4)_3$ 催化剂添加比例为 1.5％。BTEXN 相对含量可达到 38.31％。

本篇结论

本篇在实验室自行设计的热解钢甑反应装置中考察了不同种类的铁盐催化剂、不同比例的 Ni/Co/ZSM-5 催化剂对神府煤热解行为的影响，通过改变热解工艺来实现热解产物的定向催化，提高神府煤的热解焦油产率，改善焦油的品质，并且采用各种表征手段对催化剂的催化活性以及煤热解机理进行了探讨，得出了以下主要结论：

① 通过采用直接催化热解工艺对神府煤进行催化热解，分析得出原煤在热解温度为 550℃ 条件下焦油产率最高，$FeCl_2$、$FeCl_3$、$FeSO_4$、$Fe_2(SO_4)_3$、$Fe(NO_3)_3$ 等催化剂对焦油产率都产生影响，焦油产率的大小顺序为：$Fe_2(SO_4)_3$ 浑浊 $>FeCl_2>FeSO_4>$ 原煤 $>Fe_2(SO_4)_3$ 溶解 $>Fe(NO_3)_3>FeCl_3$。Fe^{2+} 可以提高焦油产率，Fe^{3+} 抑制了焦油生成，$Fe_2(SO_4)_3$ 催化剂的溶解状态对焦油产率有很大的影响，浑浊状态下的 $Fe_2(SO_4)_3$ 要比完全溶解状态下的 $Fe_2(SO_4)_3$ 对焦油产率提高效果明显，质量分数为 1.0% 的 $Fe_2(SO_4)_3$ 催化剂催化后的焦油产率可提高为 6.1%。经 H_2SO_4 处理过的煤热解后焦油产率要比其他酸处理后的焦油产率提高 0.69%。从 TG 和 DTG 曲线可以看出，$Fe_2(SO_4)_3$ 催化剂的加入对煤的热解有促进作用，降低了煤开始分解的温度，并且质量分数为 1.5% 的 $Fe_2(SO_4)_3$ 催化剂下煤的开始分解温度最低。动力学分析结果表明，煤的热解过程符合一级动力学，随着催化剂质量分数的增加，反应活化能先降低后增加，在质量分数为 1.5% 时，在低温段的反应活化能最低。GC 和 GC-MS 分析结果为热解气体的相对含量在 1.5% 时最大，其中 H_2 的相对含量也达到最大，$Fe_2(SO_4)_3$ 催化剂能提高煤焦油中脂肪烃的相对含量。

② 不同比例的 Ni/Co/ZSM-5 分子筛催化剂对神府煤热解产物产生了明显的催化改质作用，影响了神府煤热解煤气的产率以及气体组分的分布，改善了焦油组分的分布。其中经 Ni3Co5Z 催化剂催化后的热解煤气总浓度相比原煤热解总浓度提高 11.69%，H_2 浓度提高 4.25%，CH_4 浓度提高 5.37%。Ni3Co5Z 催化剂在热解温度为 650℃ 催化热解时，热解煤气总浓度要比在 550℃ 原煤热解总浓度提高 5.42%，H_2 浓度提高 6.77%，CH_4 浓度提高 0.5%，而催化剂的加入量对煤气浓度变化影响不大。Co3Ni1Z 催化剂能促进煤焦油中芳香烃的生成，催化后焦油中芳香烃相对含量较原煤提高了 22.16%；Co3Ni5Z 催化剂能促进酚类物质的生成，催化后酚类物质的相对含量较原煤提高了 7.86%。热解温度和催化剂加入量对煤焦油中脂肪烃的产率有很大的影响，热解温度为 700℃，催化剂添加量为 0.1g 时脂肪烃的产率最大，较原煤分别提高了 20.94% 和 11.16%。Ni/Co/ZSM-5 分子筛催化剂的酸量与催化剂的催化性能有密切的关系，一定程度的酸量能促进煤的热解，提高煤气的有效气体组分产率，改善煤热解油品的品质。

③ 在 1.0% 比例的 $Fe_2(SO_4)_3$ 催化剂、0.5g 添加量的 Ni3Co1Z 催化剂下，不同的热解温度对热解气体中的总组分相对含量以及各气体组分的相对含量都产生明显的影响，热解温度为 700℃ 时，H_2 的相对含量达到最大。在 510℃ 热解温度、1.0% 比例的 $Fe_2(SO_4)_3$ 催化剂下，改变热解网上方催化剂的加入量对煤气中各组分含量也有影响，随着催化剂加入量的增加热解气体总组分的相对含量不断下降，热解气体中各组分的含量也呈现出下降的趋势，

Fe$_2$(SO$_4$)$_3$ 催化剂和 Ni3Co1Z 催化剂共同抑制了热解煤气的产生。在热解温度为 510℃、0.5g 添加量的 Ni3Co1Z 催化剂下，改变 Fe$_2$(SO$_4$)$_3$ 催化剂的比例对热解煤气组成产生明显的影响，在 1.5% 的 Fe$_2$(SO$_4$)$_3$ 催化剂比例时热解煤气总组分含量达到最大，H$_2$ 和 CH$_4$ 的相对含量也达到最大。在 1.0% 的 Fe$_2$(SO$_4$)$_3$ 催化剂、添加量为 0.5g Ni3Co1Z 催化剂下，改变热解温度会影响到煤焦油中各组分相对含量，在 600℃时芳香烃化合物的相对含量达到最大，700℃时焦油中脂肪烃的相对含量达到最大。在 1.0% 的 Fe$_2$(SO$_4$)$_3$ 催化剂、510℃ 热解温度下，0.3g Ni3Co1Z 催化剂下焦油中的芳香烃相对含量最大，催化剂添加量为 0.1g 时脂肪烃含量达到最大。

参 考 文 献

[1] 周忠科，王立杰．我国煤基清洁能源发展潜力及趋势 [J]．中国煤炭，2011，37（5）：24-36．

[2] 榆林市兰炭产业发展调研组，艾保全．榆林市兰炭产业发展调研报告 [J]．中国经贸导刊，2010，18：20-23．

[3] 高晋生．煤的热解、炼焦和煤焦油加工 [M]．北京：化学工业出版社，2010．

[4] 周安宁，黄定国．洁净煤技术 [M]．徐州：中国矿业大学出版社，2010．

[5] 谢克昌．煤化工概论 [M]．北京：化学工业出版社，2012．

[6] 郭树才，胡浩权．煤化工工艺学 [M]．北京：化学工业出版社，2012．

[7] Alonso M J G，Alvarez D，Borrego A G，et al. Systematic effects of coal rank and type on the kinetics of coal pyrolysis [J]. Energy & Fuels，2001，15（2）：413-428．

[8] 崔丽杰，姚建中，林伟刚．喷动-载流床中粒径对内蒙霍林河褐煤快速热解产物的影响 [J]．过程工程学报，2003，3（2）：103-108．

[9] 吕太，张翠珍，吴超．粒径和升温速率对煤热分解影响的研究 [J]．煤炭转化，2005，28（1）：17-20．

[10] 孙晨亮，熊源泉，刘前鑫，等．各种因素对煤加压热解影响的实验研究 [J]．热能工程，1997，29（2）：30-34．

[11] 邓一英．平朔煤的热解试验研究 [J]．洁净煤技术，2008，14（2）：56-58．

[12] 朱学栋，朱子彬，朱学余，等．煤化程度和升温速率对煤热分解影响的研究 [J]．煤炭转化，1999（2）：43-47．

[13] 苏桂秋，崔畅林，卢波波．实验条件对煤热解特性影响的分析 [J]．电力与能源，2004，25（1）：10-13．

[14] 赵树昌，刘桂香，董振温，等．舒兰褐煤快速热解过程温度对焦油化学组成的影响 [J]．大连工学院学报，1982（4）：103-109．

[15] 袁帅，陈雪莉，李军，等．煤快速热解固相和气相产物生成规律 [J]．化工学报，2011，62（5）：1382-1388．

[16] 朱廷钰，肖云汉，王洋．煤热解过程气体停留时间的影响 [J]．燃烧科学与技术，2001，7（3）：307-310．

[17] 崔银萍，秦玲丽，杜娟，等．煤热解产物的组成及其影响因素分析 [J]．煤化工，2007，35（2）：10-15．

[18] Xu W C，Matsuoka K，Akiho H，et al. High pressure hydropyrolysis of coals by using a continuous free-fall reactor [J]. Fuel，2003，82（6）：677-685．

[19] 孙庆雷，李文，陈皓侃，等．神木煤显微组分热解和加氢热解的焦油组成 [J]．燃料化学学报，2005，33（4）：412-415．

[20] 张晓方，金玲，熊燃，等．热分解气氛对流化床煤热解制油的影响 [J]．化工学报，2009，60（9）：2299-2307．

[21] Wall T F，Liu G S，Wu H W，et al. The effects of pressure on coal reactions during pulverised coal combustion and gasification [J]. Progress in Energy & Combustion Science，2002，28（5）：405-433．

[22] 谢克昌．煤的结构与反应性 [M]．北京：科学出版社，2002．

[23] 熊源泉，刘前鑫．加压条件下煤热解反应动力学的试验研究 [J]．动力工程学报，1999，19（3）：77-81．

[24] Miura K. Mild conversion of coal for producing valuable chemicals [J]. Fuel Processing Technology，2000，62：119-135．

[25] Solomon P R，Fletcher T H，Pugmire R J. Progress in coal pyrolysis [J]. Fuel，1993，72（5）：587-597．

[26] Ekinci E，Yardim F，Razvigorova M，et al. Characterization of liquid products from pyrolysis of subbituminous coals [J]. Fuel Processing Technology，2002，77-78（1）：309-315．

[27] Tromp P J J. Coal pyrolysis [D]. Amsterdam：Amsterdam University，1987．

[28] 张晶，张生军，等．煤催化热解研究现状 [J]．煤炭技术，2014，33（4）：238-240．

[29] 郝丽芳，李松庚，等．煤催化热解技术研究进展 [J]．煤炭科学技术，2012，40（10）：108-112．

[30] 梁丽彤，黄伟，张乾，等．低阶煤催化热解研究现状与进展 [J]．化工进展，2015，34（10）：3617-3622．

[31] Ding L，Zhou Z，Guo Q，et al. Catalytic effects of Na_2CO_3 additive on coal pyrolysis and gasification [J]. Fuel，2015，142：134-144．

[32] Zhu T，Zhang S，Huang J，et al. Effect of calcium oxide on pyrolysis of coal in a fluidized bed [J]. Fuel Processing Technology，2000，64（1-3）：271-284．

[33] 何选明，方嘉淇，潘叶．Fe_2O_3/CaO 对低阶煤低温催化干馏的影响 [J]．化工进展，2014，33（2）：363-367．

[34] Su W，Fang M，Cen J，et al. Influence of metal additives on pyrolysis behavior of bituminous coal by TG-FTIR analysis [J]. Chinese Community Doctors，2013，32（7）：503-509．

［35］ 邹献武，姚建中，杨学民，等．喷动-载流床中 Co/ZSM-5 分子筛催化剂对煤热解的催化作用 ［J］．过程工程学报，2007，7（6）：1107-1113.

［36］ 张雷．煤热解制氢负载型催化剂的制备及其表征 ［D］．北京：中国矿业大学（北京），2009.

［37］ 郑小峰．负载型铁基催化剂的制备及其在神府煤催化加氢热解中的应用 ［D］．西安：西安科技大学，2013.

［38］ 李爽，陈静升，冯秀燕，等．应用 TG-FTIR 技术研究黄土庙煤催化热解特性 ［J］．燃料化学学报，2013，41（3）：271-276.

［39］ 陈静升，马晓迅，李爽，等.CoMoP/13X 催化剂上黄土庙煤热解特性研究 ［J］．煤炭转化，2012，35（1）：4-8.

［40］ Li S，Chen J，Hao T，et al. Pyrolysis of Huang Tu Miao coal over faujasite zeolite and supported transition metal catalysts ［J］. Journal of Analytical & Applied Pyrolysis，2013，102（7）：161-169.

［41］ Li Y，Amin M N，Lu X，et al. Pyrolysis and catalytic upgrading of low-rank coal using a NiO/MgO-Al$_2$O$_3$ catalyst ［J］. Chemical Engineering Science，2016，155：194-200.

［42］ 王兴栋，韩江则，陆江银，等．半焦基催化剂裂解煤热解产物提高油气品质 ［J］．化工学报，2012，63（12）：3897-3905.

［43］ Han J，Wang X，Yue J，et al. Catalytic upgrading of coal pyrolysis tar over char-based catalysts ［J］. Fuel Processing Technology，2014，122（1）：98-106.

［44］ Jin L，Bai X，Li Y，et al. In-situ catalytic upgrading of coal pyrolysis tar on carbon-based catalyst in a fixed-bed reactor ［J］. Fuel Processing Technology，2016，147：41-46.

［45］ 孙任晖，高鹏，刘爱国，等．低阶煤催化热解研究进展及展望 ［J］．洁净煤技术，2016，22（1）：54-59.

［46］ Murakami K，Shirato H，Ozaki J I，et al. Effects of metal ions on the thermal decomposition of brown coal ［J］. Fuel Processing Technology，1996，46（3）：183-194.

［47］ 李文，王娜，李保庆．寻甸褐煤的催化多段加氢热解过程 ［J］．化工学报，2003，54（1）：52-56.

［48］ 韩艳娜，王磊，余江龙，等．钙对褐煤热解和煤焦水蒸气气化反应性的影响 ［J］．太原理工大学学报，2013，44（3）：264-267.

［49］ Yang J B，Cai N S. A TG-FTIR study on catalytic pyrolysis of coal ［J］. Journal of Fuel Chemistry & Technology，2006，34（6）：650-654.

［50］ 杨景标，蔡宁生．应用 TG-FTIR 联用研究催化剂对煤热解的影响 ［J］．燃料化学学报，2006，34（6）：650-654.

［51］ 梁丽彤．低阶煤催化解聚研究 ［D］．太原：太原理工大学，2016.

［52］ 田靖，武建军，刘琼，等．伊宁长焰煤催化热解产物收率的研究 ［J］．能源技术与管理，2011（1）：116-118.

［53］ 何涛，马晓迅，罗进成，等．铜川煤催化加氢热解行为的研究 ［J］．煤炭转化，2008，31（2）：4-7.

［54］ Liu J，Hu H，Jin L，et al. Integrated coal pyrolysis with CO$_2$ reforming of methane over Ni/MgO catalyst for improving tar yield ［J］. Fuel Processing Technology，2010，91（4）：419-423.

［55］ Li G，Yan L，Zhao R，et al. Improving aromatic hydrocarbons yield from coal pyrolysis volatile products over HZSM-5 and Mo-modified HZSM-5 ［J］. Fuel，2014，130（7）：154-159.

［56］ Yan L J，Kong X J，Zhao R F，et al. Catalytic upgrading of gaseous tars over zeolite catalysts during coal pyrolysis ［J］. Fuel Processing Technology，2015，138：424-429.

［57］ 梁斌．神府煤催化热解特性研究 ［D］．西安：西北大学，2015.

［58］ 白建明．煤焦油深加工技术 ［M］．北京：化学工业出版社，2016.

［59］ 周岐雄，牛犇，李志娟，等．铁基催化剂对铁厂沟煤加氢热解特性的影响 ［J］．煤炭转化，2014，37（2）：21-24.

［60］ 周岐雄，牛犇，李敏，等．油酸包覆型 Fe$_2$O$_3$ 对铁厂沟煤加氢热解特性的影响 ［J］．煤化工，2014，42（3）：26-30.

［61］ 李保庆．煤加氢热解研究 I．宁夏灵武煤加氢热解的研究 ［J］．燃料化学学报，1995（1）：57-61.

［62］ Jin L，Zhou X，He X，et al. Integrated coal pyrolysis with methane aromatization over Mo/HZSM-5 for improving tar yield ［J］. Fuel，2013，114（4）：187-190.

［63］ Dong C，Jin L，Tao S，et al. Xilinguole lignite pyrolysis under methane with or without Ni/Al$_2$O$_3$ as catalyst ［J］. Fuel Processing Technology，2015，136：112-117.

［64］ 何国锋，戴和武，金嘉璐，等．低温热解煤焦油产率、组成性质与热解温度的关系 ［J］．煤炭学报，1994，19（6）：591-597.

［65］ Hrovat D A，Borden W T. Violations of Hund's rule in molecules-where to look for them and how to identify them ［J］. Journal of Molecular Structure-theochem，1997，96：211-220.

［66］ Warner N A，Ingraham T R. Kinetic studies of the thermal decomposition of ferric sulphate and aluminum sulphate ［J］. The Canadian Journal of Chemical Engineering，1962，40：263-267.

［67］ 郭延红，伏瑜. Fe_2O_3/CaO 复合催化剂对低阶煤催化热解行为的影响 ［J］. 煤炭科学技术，2017，45（4）：181-187.

［68］ NGUIMBI G R. 热解条件和催化剂对桦甸油页岩热解和燃烧特征及产油率影响 ［D］. 吉林：吉林大学，2016.

［69］ 甘艳萍. 粉煤低温快速热解主要影响因素的基础性研究 ［D］. 西安：西安建筑科技大学，2012.

［70］ Niu B，Jin L J，Li Y，et al. Interaction between hydrogen-donor and nondonor solvents in direct liquefaction of bulianta coal ［J］. Energy & Fuels，2016，10：10260-10267.

［71］ Meng X，Zhang H Y，Liu C，et al. Comparison of acid and sulfates for producing levoglucosan and levoglucosenone by selective catalytic fast pyrolysis of cellulose using Py-GC/MS ［J］. Energy & Fuels，2016，10：8369-8376.

［72］ Wiktorsson L P，Wanzl W. Kinetic parameters for coal pyrolysis at low and high heating rates-a comparison of data from different laboratory equipment ［J］. Fuel，2000，79（6）：701-716.

［73］ Zeng X，Wang Y，Yu J，et al. Coal pyrolysis in a fluidized bed for adapting to a two-stage gasification process ［J］. Energy & Fuels，2011，25（3）：1092-1098.

［74］ Arenillas A，Pevida C，Rubiera F，et al. Characterisation of model compounds and a synthetic coal by TG/MS/FTIR to represent the pyrolysis behaviour of coal ［J］. Journal of Analytical & Applied Pyrolysis，2004，71（2）：747-763.

［75］ 黄元波，郑志锋，蒋剑春，等. 核桃壳与煤共热解的热重分析及动力学研究 ［J］. 林产化学与工业，2012，32（2）：30-36.

［76］ Sonoyama N，Nobûta K，Kimura T，et al. Production of chemicals by cracking pyrolytic tar from Loy Yang coal over iron oxide catalysts in a steam atmosphere ［J］. Fuel Processing Technology，2011，92（4）：771-775.

［77］ 李文英，邓靖，喻长连. 褐煤固体热载体热解提质工艺进展 ［J］. 煤化工，2012，40（1）：1-5.

［78］ Botas J A，Serrano D P，García A，et al. Catalytic conversion of rapeseed oil into raw chemicals and fuels over Ni- and Mo-modified nanocrystalline ZSM-5 zeolite ［J］. Catalysis Today，2012，195（1）：59-70.

［79］ Zhu Z，Lu G，Zhang Z，et al. Highly active and stable Co_3O_4/ZSM-5 catalyst for propane oxidation：Effect of the preparation method ［J］. Acs Catalysis，2013，3（3）：1154-1164.

［80］ Vafaeian Y，Haghighi M，Aghamohammadi S. Ultrasound assisted dispersion of different amount of Ni over ZSM-5 used as nanostructured catalyst for hydrogen production via CO_2，reforming of methane ［J］. Energy Conversion & Management，2013，76（12）：1093-1103.

［81］ Yan B，Li W，Tao J，et al. Hydrogen production by aqueous phase reforming of phenol over Ni/ZSM-5 catalysts ［J］. International Journal of Hydrogen Energy，2016，42（10）：1-9.

［82］ Weng Y，Qiu S，Xu Y，et al. One-pot aqueous phase catalytic conversion of sorbitol to gasoline over nickel catalyst ［J］. Energy Conversion & Management，2015，94：95-102.

［83］ Amin M N，Li Y，Razzaq R，et al. Pyrolysis of low rank coal by nickel based zeolite catalysts in the two-staged bed reactor ［J］. Journal of Analytical & Applied Pyrolysis，2016，118：54-62.

［84］ 洪诗捷，张济宇. 工业废液碱对福建无烟煤水蒸气催化气化的实验室研究 ［J］. 燃料化学学报，2002，30（6）：481-486.

［85］ Yan J，Bai Z，Jin B，et al. Effects of organic solvent treatment on the chemical structure and pyrolysis reactivity of brown coal ［J］. Fuel，2014，128（4）：39-45.

［86］ Misirlioglu Z，Canel M，Sinag A. Hydrogasification of chars under high pressures ［J］. Energy Conversion & Management，2007，48（1）：52-58.

［87］ 闫伦靖，孔晓俊，白永辉，等. Mo 和 Ni 改性的 HZSM-5 催化剂对煤热解焦油的改质 ［J］. 燃料化学学报，2016，44（1）：30-36.

［88］ Li X，Wu H，Hayashi J I，et al. Volatilisation and catalytic effects of alkali and alkaline earth metallic species during the pyrolysis and gasification of Victorian brown coal. Part Ⅵ. Further investigation into the effects of volatile-char interactions [J]. Fuel, 2004, 83 (10): 1273-1279.

[89] Lee W J, Sang D K. Catalytic activity of alkali and transition metal salt mixtures for steam-char gasification [J]. Fuel, 1995, 74 (9): 1387-1393.

[90] Kong J, Zhao R, Bai Y, et al. Study on the formation of phenols during coal flash pyrolysis using pyrolysis-GC/MS [J]. Fuel Processing Technology, 2014, 127: 41-46.

[91] Huber G W, Corma A. Synergies between bio- and oil refineries for the production of fuels from biomass [J]. Angew Chem Int Ed Engl, 2007, 46 (38): 7184-7201.

[92] Nelson P F, Tyler R J. Catalytic reactions of products from the rapid hydropyrolysis of coal at atmospheric pressure [J]. Energy & Fuels, 1989, 3 (4): 488-494.

[93] 苗青, 郑化安, 张生军, 等. 低温煤热解焦油产率和品质影响因素研究 [J]. 洁净煤技术, 2014 (4): 77-82.

[94] Liang L, Huang W, Gao F, et al. Mild catalytic depolymerization of low rank coals: a novel way to increase tar yield [J]. Rsc Advances, 2014, 5 (4): 2493-2503.

[95] 邓靖, 李文英, 李晓红, 等. 橄榄石基固体热载体影响褐煤热解产物分布的分析 [J]. 燃料化学学报, 2013, 41 (8): 937-942.

[96] Amin M N, Li Y, Lu X, et al. In situ catalytic pyrolysis of low rank coal for the conversion of heavy oils into light oils [J]. Advances in Materials Science and Engineering, 2017: 1-8.

[97] Li Q, Feng X, Wang X, et al. Pyrolysis of Yulin coal over ZSM-22 supported catalysts for upgrading coal tar in fixed bed reactor [J]. Journal of Analytical & Applied Pyrolysis, 2017, 126: 390-396.

[98] Xu W, Tomita A. Effect of temperature on the flash pyrolysis of various coals [J]. Fuel, 1987, 66 (5): 632-636.

[99] Liu J, Zhang Y, Wang Y, et al. Studies on low-temperature pyrolysis characteristics and kinetics of the binder cold-briquetted lignite [J]. Journal of the Energy Institute, 2016, 89 (4): 594-605.

[100] Kok M V, Ozbas E, Karacao O, et al. Effect of particle size on coal pyrolysis [J]. Journal of Analytical & Applied Pyrolysis, 1998, 45 (2): 103-110.

[101] 闫伦靖. 煤焦油气相催化裂解生成轻质芳烃的研究 [D]. 太原: 太原理工大学, 2016.

[102] Dong J, Cheng Z, Li F. PAHs emission from the pyrolysis of western Chinese coal [J]. Journal of Analytical & Applied Pyrolysis, 2013, 104 (10): 502-507.

第四篇

兰炭废水酚/氨组分制备多孔炭结构调控及储电储热性能研究

第 **17** 章

兰炭废水酚/氨组分制备多孔炭技术概述

17.1 兰炭废水概述

17.1.1 兰炭废水的来源

煤炭分质利用是根据低阶煤的物质构成及其物理化学性质，采用中低温热解技术生产兰炭（又称半焦）、煤焦油和煤气的一种煤转化形式，是目前较切合我国国情的煤炭利用模式[1,2]。然而，炭化炉燃烧后的兰炭需要用水冷却，荒煤气也必须用水洗涤以保证煤气净化和较多的焦油产出，这就导致产生的兰炭废水具有成分复杂、污染物浓度高、色度高、毒性大、性质稳定、可生化性极差等特点，是一种高 COD、高氨氮、难降解的有机含酚废水[3,4]。

兰炭废水主要包括兰炭生产过程中用到的循环水、各种分离水、熄焦过程中产生的废水和冷却干馏炉底部产生的废水等。兰炭废水的主要来源包括以下四个方面：一是除尘洗涤水（主要含有各种各样的固体悬浮物），可澄清以后反复利用；二是熄焦废水（主要含有大量的高污染物）；三是各种塔与塔之间用到的循环水；四是生活污水。兰炭废水成分复杂多样，不但存在大量的重金属污染物，还存在一些无机污染物和各种各样的有机污染物等。它属于一种高毒性和高污染的工业废水，后续的净化处理难度系数较大[5-8]。

17.1.2 兰炭废水的水质特征和危害

兰炭废水中污染物含量多达几百种，成分十分复杂。兰炭废水中有机污染物高达三十几种，主要为酚类物质、焦油类物质、苯的同系化合物以及芳烃族化合物。无机污染物主要有氨氮、硫化物、氰化物等[9]。废水色度极高，废水中污染物质对人类、农作物、水产等构成极大危害，其 COD 可达 30000～40000mg/L、氨氮可达 5000～15000mg/L、酚的浓度较低时也在 1800mg/L 以上，因此必须对废水进行处理，使之达到相关标准才能进行排放[10]。兰炭废水中污染物成分与焦化废水相近，但其污染物浓度比焦化废水高 10 倍左右，比焦化废水更难降解[11-14]。兰炭废水中污染物若直接排放，不论对人体还是对自然环境都会产生极大危害。例如废水中的氨氮物质排入湖泊、江河中会导致水生植物迅速繁殖，造成水体营养富集，破坏生态平衡[15-17]。酚类物质作为一种原型质毒物，对自然界任何个体都会产生毒害作用。废水中的酚类物质对神经系统有较大亲和力，会导致神经系统病变，含酚废水直接灌溉农田会影响农作物的生长，生产出来的农作物不能使用，若废水经过硝化，产生的 NO_3^-、NO_2^- 为剧毒物质[18]。因此兰炭废水必须经处理后，达到相关行业标准才能进行排放，否则会严重破坏生态平衡，影响人类健康生活[19,20]。

17.1.3 兰炭废水的处理方法

迄今为止，国内外对兰炭废水的处理尚处于研究探索阶段，还没有成熟的处理工艺和成功的工程实例，大部分处理工艺主要借鉴水质相似的焦化废水处理工艺[21-25]。

但是，由于生产兰炭和焦炭所用煤种以及干馏温度的不同，造成了兰炭废水与焦化废水有很大的差异，焦化废水处理工艺的技术参数对兰炭废水并不完全适用[26,27]。此外，在现有兰炭废水处理工艺中，大多仅着眼于兰炭废水中污染物的处理和降解，目前有"先蒸氨后脱酚"和"先脱酚后蒸氨"两种工艺回收废水中的副产品，如图 17-1 所示。

一般废水脱酸脱氨脱酚工艺大致有以下三种方式：

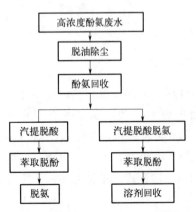

图 17-1　高浓度酚氨废水处理工艺流程

① 汽提脱酸、萃取脱酚、后脱氨及萃取剂回收工艺。其主要工艺流程为使用汽提的方法去除废水中的酸性气体 CO_2、H_2S 等，使用萃取方法分离废水中的酚类物质，脱酸脱酚后废水进入水塔并从侧线采出富氨气，塔顶采出回收溶剂，酚塔对萃取剂进行回收。但是这种方式有很多问题：经脱酸后废水的 pH 值为 9～10 的弱碱性，在该条件下萃取剂对于酚类物质的分配系数较低，萃取效果不是很好，且萃取剂易溶于碱性废水中，不利于后续回收。萃取剂一般选用二异丙醚，这种萃取剂对多元酚的分配系数不高，不适用于大量多元酚存在的废水处理。在汽提 H_2S 时，有大量

的 NH_3 存在，就使得 H_2S 汽提不彻底。所以目前很少采用[28,29]。

② 首先使用饱和 CO_2 气体对废水进行酸化处理，使得废水呈弱酸性后再进行萃取脱酚。脱酚后通过汽提去除水中的酸性气体和氨。该工艺正在研究过程中，尚未真正投入生产。

③ 汽提脱酸脱氨、后进行萃取脱酚及溶剂回收工艺。该工艺为使用一个带侧线的加压汽提塔进行酸性气和氨的分离，后萃取分离酚类物质，然后进行溶剂回收。根据汽提脱酸脱氨方法不同又分为双塔方案和单塔方案。比较传统的双塔方案是先使用一个汽提塔去除酸性气，然后再设置一个汽提塔分离氨，后续再萃取脱酚、溶剂回收；单塔方案是使用一个带侧线的汽提塔，塔顶采出酸性气体，侧线采出富氨气，然后再萃取脱酚、溶剂回收。相比较于单塔工艺，双塔操作需要的设备数量多，投资成本高，流程复杂，目前已渐渐被更先进的单塔汽提工艺所代替[30,31]。

综合以上分析，无论是"先蒸氨后脱酚"还是"先脱酚后蒸氨"，在汽提蒸氨时需要消耗热量、萃取脱酚时引入萃取剂、废水乳化严重，同时得到的产品尤其是杂酚物质分离困难[32,33]，严重影响工艺的实施，已成为煤炭分质利用领域亟需解决的问题。目前在兰炭废水方面虽然已有大量文献报道，但研究方向主要集中于废水的预处理[1,30]，主要是对废水中酚类和氨氮类化合物进行回收利用，这样不仅造成资源浪费而且污染环境。现行处理兰炭废水的方法存在投资费用高、运行复杂、排放水质不达标等不足，不适于工业推广。因此，研究兰炭废水资源化综合利用以及兰炭废水中有机污染物的深度处理方法、机制，对于当下逐渐升温的煤炭分质利用模式有着非常重要的理论和实际意义。

17.2 酚醛树脂概述

17.2.1 酚醛树脂简介

酚醛树脂于 19 世纪 70 年代被德国化学家拜耳发现，大概在 20 世纪初实现了第一种商业化酚醛树脂。近几年来国内外酚醛树脂的发展十分迅速，世界上以美国的酚醛树脂生产工艺最为发达。据统计，2022 年酚醛树脂消费量已达到 150 万吨以上，酚醛树脂生产工艺简单，性能优异，被应用于各个领域。我国已成为酚醛树脂的消费和生产大国，但是在生产技术上仍然与国外存在很大差距，因此，应加大创新力度，优化生产技术，不断进行技术创新，继续开发高性能的酚醛树脂[34,35]。

酚醛树脂是由酚与醛经缩聚反应制得的树脂，主要原料是苯酚及甲醛。此外，也可以用其他的酚类，如甲酚、二甲酚、间苯二酚及其他的醛如糠醛，有时也用苯胺、苯酚与甲醛缩聚。合成时加入的组分不同，可获得功能不同的改性酚醛树脂，从而使其具有优良的性能，如耐碱性、耐磨性、耐油性、耐腐蚀性等。酚醛树脂在制备过程中由于应用催化剂不同可以制备不同种类的酚醛树脂。当催化剂为碱性物质，反应环境 pH 值大于 7 时，苯酚和过量的甲醛反应会生成热固性酚醛树脂[36-38]。当催化剂为酸性物质，反应环境 pH 值小于 7 时，甲醛和过量的苯酚反应会生成热塑性酚醛树脂[39,40]。

① 热固性酚醛树脂又可称非线性酚醛树脂，其在无固化剂条件下具有自固性。通常是在碱性条件下，经催化剂催化缩聚而成的。一般用的催化剂为 NaOH、$NH_3 \cdot H_2O$、$Ba(OH)_2$、$Ca(OH)_2$、$Mg(OH)_2$、Na_2CO_3 等，苯酚和甲醛的缩聚反应主要发生在酚羟基

的对位上，整个反应分为两部分，即加成反应和缩聚反应，反应的方程式如图 17-2 所示。

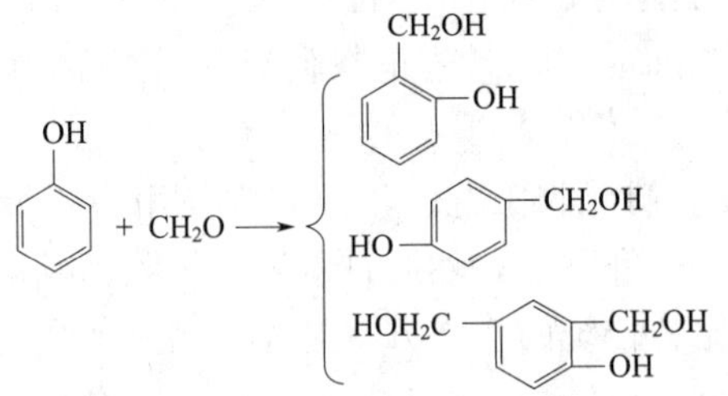

图 17-2　热固性酚醛树脂制备过程

② 热塑性酚醛树脂，是线性酚醛树脂，其在无固化剂作用时具有可塑性，一般是在 pH<3 的强酸性条件下，在催化剂 $H_2C_2O_4$、H_2SO_4、H_3PO_4 等的作用下，苯酚与甲醛的摩尔比值大于 1 时缩聚而成的。与热固性酚醛树脂一样，热塑性酚醛树脂的整个反应分为两部分，即加成反应和缩聚反应，反应的方程式如图 17-3 所示。

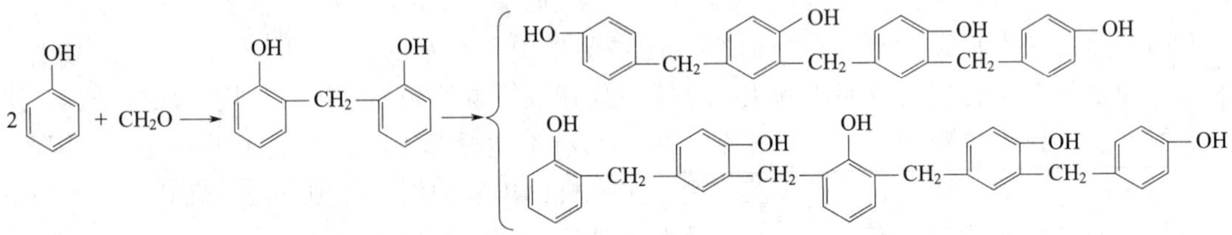

图 17-3　热塑性酚醛树脂制备过程

17.2.2　酚醛树脂的应用

酚醛树脂耐热性好、耐烧蚀、阻燃，具有较高的力学性能、电气性能，以及易于切割、低发烟、低毒等优良性能，已被广泛用于模压复合材料、隔热和电绝缘材料、摩擦材料、黏合剂等诸多领域[41-43]。

(1) 酚醛胶

热固性酚醛树脂作为胶黏剂的重要原料，其是一种多功能、与各种各样的有机和无机填料都能相容的物质。单一的酚醛树脂胶性脆，主要用于胶合板和精铸砂型的黏结。以其他高聚物改性的酚醛树脂为基料的胶黏剂，在结构胶中占有重要地位，其中酚醛-丁腈、酚醛-缩醛、酚醛-环氧、酚醛-环氧-缩醛、酚醛-尼龙等胶黏剂具有耐热性好、黏结强度高的特点。酚醛-丁腈和酚醛-缩醛胶黏剂还具有抗张、抗冲击、耐湿热老化等优异性能，是结构胶黏剂的优良品种。

(2) 酚醛涂料

酚醛树脂涂料分为四类，即水溶性酚醛树脂涂料、醇溶性酚醛树脂涂料、油溶性酚醛树脂涂料、改性酚醛树脂涂料[44,45]。

① 水溶性酚醛树脂涂料。由改性酚醛树脂、干性油、顺丁烯二酸酐、氨水等制成的水溶性树脂及颜料、助剂等组成，采用电沉积涂装，成膜性、耐腐蚀性、附着力较好，用作底漆[46]。

② 醇溶性酚醛树脂涂料。醇溶性酚醛树脂涂料分为热塑性和热固性两种。前者由热塑性酚醛树脂、乙醇组成，是醇胶漆的代用品，耐油、耐酸和绝缘性较好，涂膜脆，应

用较少；后者由热固性酚醛树脂、乙醇组成，耐油、耐水、耐热、绝缘性较好，不耐强碱[47]。

③ 油溶性酚醛树脂涂料。由油溶性酚（对叔丁酚或对苯基苯酚）醛（甲醛）树脂和干性油组成，涂膜坚硬，干燥快，附着力好，耐水和耐腐蚀性优于醇酸树脂涂料，耐候性差，用于罐头、船舶、绝缘材料工业[48]。

④ 改性酚醛树脂涂料。有松香改性和丁醇改性两种。前者由松香改性酚醛树脂和干性油、颜料、溶剂、助剂等组成，干燥迅速，耐腐蚀及力学性能较好，用于家具、建筑、船舶和绝缘材料等工业；后者由丁醇改性酚醛树脂和环氧树脂组成，涂膜较韧，耐腐蚀，用于罐头和化学工业[49]。

以松香改性酚醛树脂涂料的品种最多，产量最大，成为酚醛树脂涂料的主体，而醇溶性酚醛树脂涂料已很少生产。松香改性酚醛树脂涂料的耗油率高，其力学、防腐蚀和装饰等综合性能远不如其他新型合成树脂涂料，在世界涂料生产中产量已不大。同时，因酚醛树脂的制造需用大量干性油，所以常将它统计在油基涂料之中，在中国的产量一直居于涂料工业的首位（约占 25%）。

(3) 压塑粉

生产模压制品的压塑粉是酚醛树脂的主要用途之一。采用辊压法、螺旋挤出法和乳液法，使树脂浸渍填料并与其他助剂混合均匀，再经粉碎过筛即可制得压塑粉。常用木粉作填料，为制造某些高电绝缘性和耐热性制件，也用云母粉、石棉粉、石英粉等无机填料。压塑粉可用模压、传递模塑和注射成型法制成各种塑料制品。热塑性酚醛树脂压塑粉主要用于制造开关、插座、插头等电气零件，日用品及其他工业制品。热固性酚醛树脂压塑粉主要用于制造高电绝缘制件。增强酚醛塑料以酚醛树脂（主要是热固性酚醛树脂）溶液或乳液浸渍各种纤维及其织物，经干燥、压制成型的各种增强塑料是重要的工业材料。它不仅机械强度高、综合性能好，而且可进行机械加工。以玻璃纤维、石英纤维及其织物增强的酚醛塑料主要用于制造各种制动器摩擦片和化工防腐蚀塑料；高硅氧玻璃纤维和碳纤维增强的酚醛塑料是航天工业的重要耐烧蚀材料[50]。

(4) 酚醛纤维

主要以热塑性线性酚醛树脂为原料，经熔融纺丝后浸于聚甲醛及盐酸的水溶液中作固化处理，得到甲醛交联的体型结构纤维。为提高纤维强度和模量，将其与 5%～10% 的聚酰胺熔混后纺丝。这类纤维为金黄或黄棕色纤维，强度可达 11.5～15.9cN/dtex，抗燃性能突出，极限氧指数为 34，瞬间接触近 7500℃ 的氧-乙炔火焰，不熔融也不延燃，具有自熄性，还能耐浓盐酸和氢氟酸，但耐硫酸、硝酸和强碱的性能较差。主要用作防护服及耐燃织物或室内装饰品，也可用作绝缘、隔热与绝热、过滤材料等，还可加工成低强度、低模量碳纤维，活性炭纤维和离子交换纤维等[51]。

(5) 防腐蚀材料

热固性酚醛树脂在防腐蚀领域中常用的几种形式有：酚醛树脂涂料；酚醛树脂玻璃钢、酚醛-环氧树脂复合玻璃钢；酚醛树脂胶泥、砂浆；酚醛树脂浸渍、压型石墨制品。热固性酚醛树脂的固化形式分为常温固化和热固化两种。常温固化可使用无毒常温固化剂 NL，也可使用苯磺酰氯或石油磺酸，但后两种材料的毒性、刺激性较大。建议使用低毒高效的 NL 固化剂。填料可选择石墨粉、瓷粉、石英粉、硫酸钡粉，不宜采用辉绿岩粉[52]。

(6) 隔热保温材料

主要是酚醛树脂的发泡材料，酚醛泡沫产品特点是保温、隔热、防火、质轻，作为绝热、节能、防火的新材料，可广泛应用于中央空调系统、轻质保温彩钢板、房屋隔热降能保温、化工管道的保温材料（尤其是深低温的保温）、车船等场所的保温领域[53]。酚醛泡沫因其热导率低，保温性能好，被誉为保温之王。酚醛泡沫不仅热导率低、保温性能好，还具有难燃、热稳定性好、质轻、低烟、低毒、耐热、力学强度高、隔声、抗化学腐蚀能力强、耐候性好等多项优点，酚醛泡沫塑料原料来源丰富，价格低廉，而且生产加工简单，产品用途广泛。

(7) 电工电子材料

电子级酚醛树脂的主要应用领域为电子信息材料、电工绝缘材料。近年来酚醛树脂这种传统的人工合成树脂年产量还在逐年增加，但仍不能满足当今社会的需求。特别是其在电子材料领域的应用，近年来无论是在市场上还是在生产技术、产品性能上都有着巨大的变化。据调查统计，我国在电工电子材料领域对酚醛树脂的需求量以 15%～20% 的速度增长。随着电子信息产业不断发展，电子级酚醛树脂应用市场规模今后将会有更大幅度的提高[54]。

在我国，电子级酚醛树脂大量应用于电子材料制造行业，特别是环氧塑封料制造业及覆铜板制造业[55]。根据调查统计，目前我国环氧塑封料制造业每年需要作为固化剂的酚醛树脂约 4000 吨，覆铜板制造业对酚醛树脂的年需求量约为 10000 吨（不包括由生产厂家自己生产的纸基 CCL 的主树脂——改性酚醛树脂）。电子级酚醛树脂在发展新型高性能覆铜板、环氧塑封料中起到重要的作用。

17.3 酚醛多孔炭概述

17.3.1 酚醛多孔炭简介

酚醛多孔炭是以酚醛树脂为炭前驱体制备的一种多孔炭材料，其可以有效地吸附各种化学有害物质。不同类型材料中的酚醛多孔炭的孔径大小不同，所以吸附功能也存在着或多或少的差异。酚醛多孔炭材料由于每个分子之间都能够拥有相互发生吸引的光合作用力，所以在某一时间，分子被酚醛多孔炭内部的一个孔隙捕获，再次吸引进入整个酚醛多孔炭内部一个孔隙里的这个过程中，会直接导致各个分子之间不断地相互吸引，一直到分子能够完全填充整个酚醛多孔炭内部的一个孔隙。酚醛多孔炭也包含着许多人类肉眼都无法看到的细小微孔，这些细小微孔之所以具有巨大的实际应用价值，是因为其作为一种结构良好的多孔炭，比表面积比一般的片状材料要大得多，吸附性能也非常好，导致了其早年用于废水中的吸附处理，近年在电化学方面的应用也较为广泛[56-58]。多孔炭可以用来制作超级电容器的电极材料，制作的超级电容器能量储存多、综合性能稳定，这都是多孔炭自身孔径结构可以储存电解液离子的原因。部分多孔炭还可以带有磁性，增加了其相应功能和应用范围。多孔炭优越的吸附性能是因为在分子微观下孔隙结构均匀、分布复杂，多孔炭上含有的官能团对类似气体颗粒类物质都具有很强的吸附能力，而且使用过程性能稳定、耐酸碱、耐高温，这些都是多孔炭非常常见的良好性能，使得多孔炭在各个方面的应用都很广泛[59-61]。从近年研究分析，多孔炭应用已从简单的如对废水的吸附处理等扩展到医疗药物、环保、农林等众多领域。

17.3.2 酚醛多孔炭的制备

酚醛多孔炭的制备方法有一步炭化-活化法和两步炭化-活化法。无论是一步炭化-活化法还是两步炭化-活化法制备酚醛多孔炭都需要经过炭化和活化两个阶段。

(1) 炭化阶段

炭化阶段是制备多孔炭的第一阶段，也是活化的准备阶段[62]。这一阶段是在高温缺氧或者氧气较少的条件下，使得含碳的物质热解，从而可以形成多孔性的炭化材料。在热解过程中，氢、氧等一些非碳元素会以气体的形式挥发逸出，这一阶段的温度一般在 300～1000℃之间。多孔炭的性能将随着炭化温度的升高而逐渐升高，但是当温度达到一定程度之后，就会下降，因此选择一个适合的炭化温度非常重要。

(2) 活化阶段

活化阶段是多孔炭制备的第二阶段，也是制备多孔炭的核心阶段。这一阶段是利用化学试剂（KOH[63]、$NaOH$、H_3PO_4[64]、K_2CO_3[65]、CH_3COOK[66] 和 $ZnCl_2$[67]）或者气体（水蒸气、二氧化碳）对炭化后的样品进行进一步的处理。活化阶段可以使炭化材料的内部结构发生改变，使多孔炭的比表面积变大，多孔炭的吸附性能增强。目前为止，常用活化方法有物理活化法、化学活化法、物理-化学耦合活化法和模板法四种[68-71]。

1）物理活化法

物理活化法是先经过低温炭化，使得炭前驱体发生热分解反应，然后在高温条件下利用水蒸气、二氧化碳等氧化性气体高温活化，破坏炭基体表面、相应结构，利用氧化性来产生造孔作用。影响物理活化效果的因素较多，主要有炭化温度、活化温度、活化气体等几类。物理活化法工艺简单成熟，对相应设备的腐蚀较小，但所制得的多孔炭孔容较小，限制了其在相关性能方面的应用。

2）化学活化法

化学活化法是指在原料中加入一些具有腐蚀性的化学试剂，在加热处理的同时通入惰性气体进行保护，有选择地从原料中清除氢和氧。化学活化法主要使用的试剂有 K_2CO_3、K_3PO_4、KOH 以及 $ZnCl_2$ 等。活化在炭化之后不断进行，活化剂开始先与碳基材料发生反应，通过不断对碳基材料的刻蚀成孔，微孔不断产生并且逐渐纵深发展，且在孔隙结构边缘的碳原子结构属于不饱和结构，活性越高越容易产生活性位点，因此越容易与活化剂发生反应。之后则随着温度的不断升高，部分孔结构被烧穿、变大，在碳基材料表面则是表现出孔的不断扩大和继续纵深发展，致使所制得的产品具有较大的比表面积。利用炭前驱体本身性质的差异，控制活化剂比例及对应反应条件，可制备出具有不同应用范围及相应孔结构的多孔炭材料。化学活化法制备多孔炭过程中所需最终保温温度比物理活化法要低，活化所需时间较短，效率更高，产生的孔结构更为发达。

3）物理-化学耦合活化法

物理-化学耦合活化法是一种将化学活化法与物理活化法结合在一起的一种活化法。林星等[72] 运用物理-化学耦合法，以速生材红麻秆作为原材料，在最优条件下制得红麻秆基多孔炭，通过表征，发现其结构中具有大量发达的中孔结构，碘的吸附值可高达 1100mg/g。

4）模板法

模板法又有硬模板法和软模板法两种类型，是利用相应模板制备孔结构可控、易调整、均一的多孔炭材料的方法[73]。模板法相对于其他方法的显著优点是结构易于控制。模板法制备多孔炭不仅孔道可控性强，且所得多孔炭材料形貌多样[74]。但由于此类方法的缺点是制备过程复杂，最终仍需要脱除模板，致使成本也有所提高。主流的方法主要还是上述成本低处理效果明显的化学活化法和物理活化法[71]。

硬模板法是将具有如刚性纳米结构等特殊结构的硬模板通过溶液的浸渍、沉积等方式与炭前驱体进行混合，制备多孔炭的一种方法[75]。硬模板法又称无机模板法，最为常用的硬模板是硅胶，所制备的多孔炭材料孔径也可在微孔、中孔和大孔甚至很宽的范围内进行调控，还可以制备有序炭材料[76]。其主要的缺点是制备过程工艺复杂，脱除模板的过程中需使用酸来去除引入的模板，这样一来对应的成本也有所增加[77]。

软模板法是将炭前驱体和软模板通过组装配合形成一类复合物，后经炭化作用再去除模板制备多孔炭的一种方法[78]，使用的软模板多是一些两亲性表面活性剂和嵌段共聚物。软模板法虽然工序较硬模板法简单，但工业化大规模应用难，经济性不好。

17.3.3 酚醛多孔炭的应用

近年来，多孔炭在我国的应用市场较为广泛[79]。最早主要用在食品和医用领域。后来随着我国工业的发展以及多孔炭应用方面的不断增加，其使用又逐渐扩大到环保、新型碳素材料等领域[80-82]。目前国内外有关多孔炭的应用主要有以下几方面。

(1) 在液相中的应用

应用于居民生活用水中的提纯净化，城市污水、工业废水的处理，江河污水的净化、除臭以及重金属的回收。特别是在处理含铬废水时具有稳定的吸附能力，对废水的处理量大、效率高、成本低，具有很高的经济效益。

(2) 在气相中的应用

应用于烟尘废气处理、油气溶剂回收、空气净化、毒气防护以及一些工业废气的排放，也可以制作防毒面具等。其在气相应用中处理效果非常好，运行费用也低，可以使一些废气再生，达到资源化利用的目的。

(3) 在土壤中的应用

可以用相应结构的多孔炭处理土壤，一些除草剂中也可以通过加入多孔炭来抑制杂草的生长，同时处理过后的土壤对环境的污染也大大减弱。也可以以铜、锌等微金属类化合物浸渍多孔炭，经过有机硅烷处理后还可以供一些作物生长使用，并提高作物的产量。

(4) 在催化剂或载体中的应用

多孔炭本身具有一定的催化性质，将其直接作为催化剂使用就有一定的效果。由于其大的比表面积和多孔结构，也可以作为一个活性离子载体，如多孔炭负载醋酸锌用来做乙炔和乙酸合成的催化剂，还可以通过负载不同的物质来吸附水和大气中的特定物质[83]。

(5) 在超级电容器中的应用

多孔炭可作为炭电极，应用于超级电容器。电极材料决定着电容器的性能[84]。由于其具有较大的比表面积、孔数量多并且孔隙特别发达，因此可作为超级电容器的炭电极材料，对其改性可以制备出不同性能的新型电极材料[85]。

(6) 在储氢材料中的应用

多孔炭在储氢方面的应用也极其广泛，这是因为其具有非常大的比表面积，对氢的储存量非常大，解吸速度也快，可以不断地循环利用，并且其使用寿命也非常长，所以得到学者们的广泛关注，在当前和今后的一段时期内，其依然是科学研究的热点。

17.4 国内外研究现状

目前，利用酚醛树脂制备多孔炭材料呈现出方兴未艾且向纵深发展的趋势，尤其是近几年各种结构复杂、功能独特的研究体系被大量报道[40,86,87]。在前驱体酚醛树脂制备对多孔炭性能影响方面，吴俊达[88]以间苯二酚和甲醛为原料，经过两步炭化-活化法得到了孔道结构丰富的多孔炭材料，探究了碱脂比对多孔炭材料的影响。结果表明，在碱脂比为 4 : 1时，材料具有 188.2F/g 的高比电容，在 1A/g 的电流密度下循环 5000 周后电容保持率为85.8%。靳宝庆等[89]以间苯二酚、甲醛为原料，三水碳酸镁为催化剂，低温下合成炭质前驱体，再通过炭化获得孔隙发达的多孔炭材料，系统研究了原料浓度、催化剂用量、反应温度、反应时间、炭化温度以及炭化时间等工艺因素对多孔炭性能的影响。结果表明，适宜的制备条件是反应温度 85℃、反应时间 0.5h、间苯二酚质量 3g、催化剂用量 3g、炭化温度900℃、炭化时间 1.5h，获得密度为 1.23g/cm^3、气孔率为 39.71%、收率为 29.07%、比表面积为 193.475m^2/g、平均孔径为 22.696nm、抗压强度为 25.68MPa 的多孔炭，该工艺具有反应时间短、成本低廉和绿色环保等优点。苏茹月等[90]以水、间苯二酚、甲醛为原料，碳酸钠为催化剂制备 RF 溶胶，将溶胶与酚醛树脂一起炭化得到一种复合材料，并对这种材料进行表征。结果表明复合材料的密度低、压缩性能可调、800℃ 热导率可低至0.104W/(m·K)。尹纪伟等[91]以苯酚、甲醛和三乙烯四胺为原料合成球形酚醛树脂，可得最佳质量比为 1 : 1.13 : 0.04，经 800℃ 炭化后得到的多孔炭比表面积达 1431.89m^2/g。黄婧等[92]综述了酚醛树脂基多孔炭的制备和常用的孔径调控方法以及近年来的主要运用情况，并且对酚醛树脂多孔炭未来的研究与应用做出了展望。此外，近期 Cheng 等[93]、Wang 等[94]先后发现酚醛树脂前驱体对多孔炭孔径尺寸具有调控作用。然而，这些酚醛树脂作为炭前驱体制备炭材料的方法所用原料均为单一酚纯酚醛树脂，利用混合酚组分作为前驱体制备炭材料的研究却鲜有报道。

在酚醛树脂活化对多孔炭性能影响方面，张莉[95]用苯酚和甲醛为原料，KOH 为活化剂，采用悬浮聚合法合成球径在毫米级别的酚醛树脂球。研究结果表明，在醛酚比为 0.9，分散剂添加量为 8%，固化剂添加量为 10% 下得到的酚醛树脂球径平均达 1.04mm；在碱炭比 4 : 1，活化温度 800℃，活化时间 1.5h 下得到的多孔炭碘吸附值、亚甲基蓝吸附值分别为 2352mg/g、27mL/0.1g，比表面积为 2863m^2/g。王芳芳[96]以线性酚醛树脂为碳源、硝酸铜为模板剂制备不同孔径的多孔炭球，探究了固化温度、固化剂用量以及溶剂的种类等合成参数对酚醛树脂球形成的影响。研究表明：当固化温度为 150℃，酚醛树脂与固化剂的质量比为 1 : 0.14，乙醇和丙醇作为有机溶剂，有机溶剂和油相的体积比为 1 : 2 或 1 : 3，700℃ 炭化 2h 得到的多孔炭在 0.1A/g 的电流密度下循环 200 次后电容值达 159F/g，比表面积电容值达 37F/cm^2。谢飞[97]主要以酚醛树脂为原料，用水蒸气活化法制备酚醛树脂多孔炭，探究了活化温度、活化时间、炭化温度、炭化升温速率以及水蒸气的流量对酚醛树脂多孔炭吸附性能的影响，实验结果可得，在活化温度为 800℃、活化时间 1h、炭化温度800℃、炭化升温速率 2℃/min，以及水蒸气的流量 0.4mL/min 的条件下，所得的酚醛树脂球活性炭的比表面积为 726m^2/g，碘和苯吸附值分别为 907mg/g、273mg/g。代博文[98]以酚醛树脂、六次甲基四胺、聚乙烯醇（PVA）、碳纳米管（CNT）为原料，以溶胶凝胶-炭化以及活化法为基础，制备了一系列多孔炭材料，并对其结构与性能进行了探讨，研究结果表明，经过溶胶凝胶-炭化以及活化法制备出比表面积达到 2228 m^2/g、孔容 1.07 cm^3/g 的多孔炭。张仕伟[99] 用酚醛树脂基外墙保温板废弃物作为原料，采用水蒸气活化法制备多孔炭，探究了恒温时间、活化温度以及水蒸气流量对制备酚醛树脂多孔炭的影响。研究表明，在活化温度 650℃、水蒸气的流量达到 15g/h 下制得的多孔炭性能优良，对亚甲基蓝的吸附量为 664mg/g，最大比电容为 158.5F/g。此外，Cai、Liang、Zang、Sun 等[100-103] 分别报道了以酚醛树脂为炭前驱体制备多孔炭或碳基复合材料的方法，所用原料为单一酚纯酚醛树脂，活化造孔剂主要是强腐蚀性的 KOH、NaOH、$ZnCl_2$ 等。

在杂原子掺杂对多孔炭性能影响方面，苏英杰[104] 以废弃酚醛树脂保温板为原料，KOH 为活化剂，经过两步炭化-活化法制备了超级电容器电极材料，探究了碱炭比、活化时间、活化温度对多孔炭孔结构及电化学性能的影响。结果表明在碱炭比为 1:2、活化温度 600℃、活化时间 2h 下制备的多孔炭以微孔和少量的中孔结构形成多级孔结构，表面 N、O 元素含量分别为 1.61%、12.96%，比表面积 960 m^2/g；0.5A/g 电流密度时获得 315F/g 比电容。王乐[105] 以酚醛树脂为碳源，乙二胺四乙酸二钠锌盐为氮源、硬模板、活化剂，在 700～1200℃ 下制备的多孔炭材料的比电容达 270F/g，表现出优异的倍率性能。王强[106] 课题组以香蒲为碳源，制备氮原子掺杂的多孔纳米炭材料，得到的多孔炭吸附量 324mg/g，用 5.0A/g 恒电流进行测试，测得比电容为 177.3F/g，功率密度 78.4kW/kg，在将其经过 1400 次循环伏安充放电后，其比电容有所下降，下降到原来的 90%。同时，Guo、Wang、Yue 等[107-109] 相继发现 N、P 等杂原子掺杂可导致酚醛树脂基炭材料的比表面积增加，孔径分布优化。Wang、Liu 等[110,111] 也先后发现乌洛托品加入后，最终以 N 掺杂形式可使炭材料产生很多致密的微孔。这些工作为兰炭废水基酚醛树脂制备多孔炭以及杂原子"原位"自掺杂对炭材料结构、性能影响研究提供了参考，证明兰炭废水中的混合酚、氨组分作为前驱体制备炭材料的研究思路具有可行性。

在多孔炭电化学性能方面，刘志[112] 以木头为碳源，制备出木头多孔炭电容器电极材料，电容可达 156F/g，能量密度为 15.8Wh/kg，在进行 100 次充放电后，循环效率为 95%。许伟佳等[113] 以栓皮栎为碳源，采用 KOH 活化法制备出栓皮栎基软木多孔炭，得到 200～300nm 的薄片状样品，具有超微孔，也有微孔和介孔，比表面积为 2312 m^2/g，在 0.1A/g 电流密度下比电容为 296F/g，在 20A/g 电流密度时比电容依然可以达到 240F/g，利用浓度为 1mol/L 硫酸钠溶液作为电解液，自己组装的对称型超级电容器的能量密度为 19.62Wh/kg。耿克奇等[114] 将棉杆作为碳源，采用磷酸活化法制备棉杆基多孔炭，比表面积 1718 m^2/g，得到的多孔炭以微孔为主，用作电极材料时，比电容 218F/g，循环 1000 次以后比电容为 196F/g。郭秉霖等[115] 采用褐煤作为碳源，将甲基吡咯烷酮作为萃取剂，用 KOH 作为活化剂制备多孔炭，得到的褐煤料多孔炭比表面积 1252 m^2/g，在 3mol/L KOH 电解液中，50A/g 电流密度下，测得其比电容为 322F/g；在 2A/g 的电流密度下，测得比电容保持率为 90%。李曦等[116] 以酚醛树脂类材料作为碳源，将有机金属框架材料作为掺杂剂，通过高温炭化的方法，制备了炭泡沫，通过一系列的测试和表征，在 1A/g 时，比电容 169F/g，循环 2500 次后电容量下降为 97%，在 20A/g 时，比电容 123F/g。付兴平等[117] 以酚醛树脂作为碳源，通过原位 MgO 模板法，制备了多孔炭材料，该方法模板为柠檬酸镁，通过热解制备多孔炭材料，MgO 和 KOH 的共同作用，使所制备的炭材料兼具微孔、中孔以及大孔的独特孔结构特征，在 6mol/L 氢氧化钾水溶液中，扫描速度为 5mV/s

时，酚醛树脂基活性炭电极的比电容为 214F/g，扫描速度增加到 100mV/s 时，比电容保持率 75%，扫描速度增加到 50mV/s 时，在经过 5000 次循环后，比电容的循环保持率为 95.1%。诚然，兼具微孔、中孔和大孔的层次孔结构多孔炭被认为是理想的电极材料之一，但以兰炭废水资源化生产混合酚醛树脂，进而制备良好电化学性能的酚醛多孔炭材料在国内外尚属于研究空白。

基于上述研究现状，本课题拟在前期工作基础上，充分利用兰炭废水中诸多酚类、氨氮类成分，为混合酚醛树脂制备孔道丰富的层次孔结构，以便为多孔炭提供天然优势，将兰炭废水资源化得到的混合酚醛树脂用于制备酚醛多孔炭材料，研究对比不同活化剂的作用，明确酚醛多孔炭层次孔结构以及掺杂杂原子的形成机制，准确把握酚醛多孔炭材料结构与电化学性能以及其负载石蜡防泄漏、储热、光热转化性能的构效关系。

17.5　研究内容及技术路线

17.5.1　研究内容

本篇相关章节以兰炭废水为原料制备混合酚醛树脂，将其作为炭前驱体，以多重造孔机理为指导思想，选择 KOH 和腐蚀性较小的 Na_2CO_3、$NaHCO_3$、CH_3COONa、$Na_3C_6H_5O_7 \cdot 2H_2O$ 等作为造孔剂，制备双电层超级电容器的电极材料。同时通过扫描电镜（SEM）、透射电镜（TEM）、差热-热重（DTG-TG）、氮吸附、X 射线衍射（XRD）、拉曼（Raman）、红外（FTIR）和 XPS 等分析测试手段对所制备的酚醛多孔炭的孔结构和化学组成等进行表征，运用电化学工作站探究孔结构及表面性质与电化学性能之间的构效关系，并探究酚醛多孔炭的成孔机理。主要开展了以下三个方面的研究工作。

(1) 兰炭废水的水质分析及酚醛树脂制备

对典型兰炭废水的水质成分进行分析，确定其具有制备酚醛树脂的天然优势，变废水"处理"为"转化"，充分利用废水 65℃ 左右的余热以及以废水中的氨为催化剂、氨与醛发生反应生成的乌洛托品为固化剂，将废水中各种酚类化合物以及氨氮类化合物转化为热固性酚醛树脂。考察废水 pH 值、反应时间、反应温度、甲醛加入量等条件对酚醛树脂的影响，利用响应曲面法对酚醛树脂的制备条件进行优化，同时，对制备酚醛树脂后的兰炭废水的水质也进行测定，探究氨对酚醛树脂制备的影响，利用原位红外光谱仪、场发射扫描电子显微镜、差示热重分析仪等对制得的酚醛树脂进行表征，进而对其固含量、残炭率、凝胶时间、黏度、游离酚、游离醛等进行测定，在此基础上，选取兰炭废水中含量较高的几种酚类物质（苯酚、邻苯二酚、2,3-二甲基甲酚、间甲酚、2,6-二甲基苯酚）以及它们的混合物分别与甲醛反应制备单一酚酚醛树脂和混合酚酚醛树脂，利用差热-热重（DTG-TG）和红外（FTIR）对制备的不同酚醛树脂的成分、失重情况和热解动力学进行研究，考察不同酚和混合酚对所制备酚醛树脂热解速率的影响，探究不同酚类物质对热解产物孔道形成的影响，进而为以资源化兰炭废水中诸多酚类成分所得的热固性酚醛树脂为原料制备孔道丰富的多孔炭提供了依据和参考。

(2) 酚醛多孔炭制备及造孔机理研究

将源于兰炭废水的混合酚醛树脂作为炭前驱体，选择 KOH 和腐蚀性较小的 Na_2CO_3、$NaHCO_3$、CH_3COONa、$Na_3C_6H_5O_7 \cdot 2H_2O$ 等作为造孔剂，利用一步炭化-活化法制备酚醛多孔炭材料。通过扫描电镜（SEM）、透射电镜（TEM）、X射线衍射（XRD）、氮吸附、热重（TG）、光电子能谱仪（XPS）、拉曼（Raman）和红外（FTIR）等分析测试手段对所制备的炭材料孔结构和化学组成进行表征，研究兰炭废水资源化制备热固性酚醛树脂时生成的六次甲基四胺（乌洛托品）对多孔炭材料孔结构的改良作用，考察 KOH/Na$_2$CO$_3$ 等造孔剂添加量、炭化-活化温度、炭化-活化时间等不同制备工艺条件对多孔炭材料性能的影响，以期获得性能稳定，兼具微孔、中孔、大孔等多尺度结构调控的层次多孔炭，实现兰炭废水资源化利用，明确兰炭废水基酚醛多孔炭材料的多重成孔机理。

（3）多孔炭材料结构与电化学性能的构效关系

研究不同条件下制备的酚醛多孔炭材料的电化学性能，通过不同扫描速率下的循环伏安、恒流充放电、交流阻抗等测试技术对酚醛多孔炭作为超级电容器电极材料的可逆性、循环性能进行评价，考察不同条件下多孔炭电极的比电容与电流密度的关系，利用 XRD、拉曼光谱和能谱分析对电极材料表面和结构特性进行表征，同时通过不同扫描速率、不同电流密度下的 CV 曲线和恒流充放电曲线验证酚醛多孔炭的双层电容特性。

（4）酚醛多孔炭相变复合材料制备及储热性能研究

为有效利用 KOH 活化制备的大 SSA 多孔炭，提出以 KOH 活化后的酚醛多孔炭为骨架，负载石蜡，制备相变复合材料（PCC）。酚醛多孔炭拥有丰富的孔隙结构，可有效支撑相变材料，并且其优异的热导率有利于热能传输。同时，探究了 PCC 防泄漏和储热性能，并进行了光热转换测试。

17.5.2 技术路线

本课题以兰炭废水为原料，针对废水中酚类、氨氮化合物浓度较高，难降解、难处理的现状，资源化制备热固性酚醛树脂，将其作为炭前驱体采用不同活化剂活化制备酚醛多孔炭材料，并研究其作为超级电容器电极材料和相变复合材料的可能。研究技术路线如图 17-4 所示。

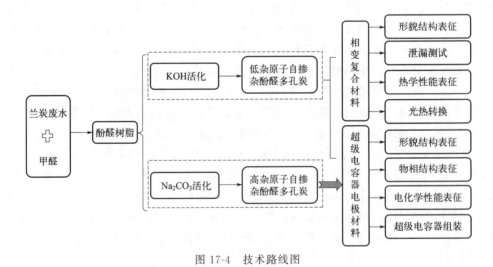

图 17-4　技术路线图

第**18**章

实验部分

18.1 实验原料

本研究所用的原料兰炭废水采集于陕西某年产 60 万吨的兰炭厂，废水未经任何处理，兰炭废水的主要水质指标如表 18-1 所示。兰炭废水中污染物的浓度和成分随生产兰炭的煤种不同以及生产工艺的不同而不同，使用前需将废水进行过滤去除废水中的滤渣。

表 18-1　陕西某兰炭废水的典型水质

名称	COD/(mg/L)	氨氮/(mg/L)	酚类/(mg/L)	温度/℃	pH	电导率/(mS/cm)	颜色
数据	27692	24770	1850	67	8.6	13.74	红褐色

18.2 试剂与仪器

(1) 实验试剂

本实验所用的主要试剂如表 18-2 所示。

表 18-2　主要试剂

名称	型号	公司
苯酚	分析纯	天津市红岩化学试剂厂
甲醛	分析纯	天津市百世化工有限公司
正庚烷	分析纯	天津市富宇精细化工有限公司
甲基异丁基酮	分析纯	阿拉丁试剂
异戊醇	分析纯	阿拉丁试剂
乙醚	分析纯	四川西陇化工有限公司
二氯甲烷	分析纯	天津市红岩化学试剂厂
氯化铵	分析纯	天津市津北精细化工有限公司
氨水	分析纯	河北省石家庄亚风化工厂
铁氰化钾	分析纯	阿拉丁试剂
甲醇	分析纯	天津市红岩化学试剂厂
乙酸铵	分析纯	河北省石家庄亚风化工厂

名称	型号	公司
溴化钾	分析纯	天津市百世化工有限公司
冰乙酸	分析纯	天津市富宇精细化工有限公司
乙酰丙酮	分析纯	阿拉丁试剂
硫酸	分析纯	天津市致远化学试剂有限公司
氢氧化钠	分析纯	河北省石家庄亚风化工厂
碘化钾	分析纯	天津市天力化学试剂有限公司
碘化汞	分析纯	河北省石家庄亚风化工厂
酒石酸钾钠	分析纯	天津市富宇精细化工有限公司
无水硫酸钠	分析纯	河北省石家庄亚风化工厂
LH-N$_2$ 试剂	—	兰州连华环保科技有限公司
LH-N$_3$ 试剂	—	兰州连华环保科技有限公司
LH-D 试剂	LH-D-500	兰州连华环保科技有限公司
LH-E 试剂	LH-E-500	兰州连华环保科技有限公司
碘	指示剂	天津市津北精细化工开发中心
盐酸	分析纯	天津市津北精细化工开发中心
间甲酚	分析纯	天津市天力化学试剂有限公司
2,3-二甲基苯酚	分析纯	天津市天力化学试剂有限公司
邻苯二酚	分析纯	天津市天力化学试剂有限公司
2,6-二甲基苯酚	分析纯	天津市天力化学试剂有限公司
硫酸铵	分析纯	天津市津北精细化工有限公司
氢氧化钾	分析纯	天津市天新精细化工开发中心
硫代硫酸钠	分析纯	天津市天新精细化工开发中心
可溶性淀粉	分析纯	天津市河东区红岩试剂厂
乙炔黑	>99%	广大烛光新能源科技有限公司
PTFE	60%(质量分数)	阿拉丁生化科技有限公司
碳酸钠	分析纯	天津市天新精细化工开发中心
碳酸氢钠	分析纯	天津市瑞金特化学品有限公司
乙酸钠	分析纯	天津市天欧博凯化工有限公司
柠檬酸钠	分析纯	天津市天欧博凯化工有限公司

(2) 实验仪器

其余大型仪器设备如表 18-3 所示。

表 18-3　主要仪器

仪器名称	公司
5B-3C 型 COD 多元速测仪	中国兰州连华科技公司
930 Compact IC Flex 离子色谱仪	瑞士万通
SX-4-9 箱式电阻炉	厦门宇电自动化科技有限公司

仪器名称	公司
NDJ-8S 黏度计	上海研锦科学仪器有限公司
电热鼓风干燥箱	上海研锦科学仪器有限公司
IR Prestige-21 傅里叶红外光谱仪	日本岛津公司
ASAP 2460M 型比表面积测定仪	美国麦克仪器公司
UV-2450 紫外可见分光光度计	日本岛津公司
SDT Q600 型差热热重分析仪	美国 TA 公司
QP 2010W/0 RP230V 型气相色谱-质谱联用仪	日本岛津公司
Zeissσ300 场发射扫描电子显微镜	德国蔡司公司
ESCALAB250 型 X 射线光电子能谱分析仪	美国热电公司 Thermo Electron Corporation
Tecnai G2 F30 透射电镜	美国 FEI 公司
Bruker Advance D8X 射线衍射仪	德国蔡司公司
LABRAM HR800 拉曼光谱仪	美国 HORIBA 公司
CHI 760E 电化学工作站	上海辰华仪器有限公司
雷磁 pH 计	上海仪电科学仪器股份有限公司
SHA-B 水浴恒温振荡器	常州金坛精达仪器制造有限公司
HH-2 电热恒温水浴锅	常州隆和仪器制造有限公司
DF-101B 集热式磁力搅拌器	常州诺基仪器有限公司
SHZ-D(Ⅲ)循环水式真空泵	河南省予华仪器有限公司
XL-RL 电热加热炉	扬州兴柳电气有限公司

实验所用小型仪器设备有电子天平、比色皿、烧杯、量筒、漏斗、研钵、锥形瓶、移液管、定性滤纸、玻璃棒、取样枪、铁架台、容量瓶、胶头滴管、滴定管等。

18.3 分析测试方法

18.3.1 兰炭废水水质分析方法

(1) 兰炭废水的 GC-MS 分析

利用 QP 2010W/0 RP230V 型气相色谱-质谱联用仪对兰炭废水中萃取的有机污染物进行 GC-MS 测定。

取调节 pH 值为 7 的兰炭废水 20mL，加入 10mL 甲基异丁基酮（MIBK），振动摇匀 5min 后，再加入 10mL 甲基异丁基酮，继续振动摇匀 5min，将其静置 20min。用无水硫酸钠去除有机层水分后，对废水中的酚类物质进行检测。

取兰炭废水 20mL，用硫酸调节 pH 值不小于 2，然后加入 10mL 二氯甲烷（DMC），振动摇匀 5min 后继续加入二氯甲烷 10mL，振动摇匀 5min 后将其静置 20min，水层用 NaOH 调节 pH 值大于 11，而后再次加入 10mL 二氯甲烷，振动摇匀 5min 后继续加入二氯甲烷 10mL，振动摇匀 5min 后静置 20min。将两次萃取的酸萃取相和碱萃取相混合，用无水硫酸钠去除其中水分，同用 GC-MS 对其中有机物质进行测量[118]。

正庚烷、乙酸乙酯（EAC）、乙醚的萃取与二氯甲烷的萃取方法一致。

（2）化学需氧量（COD）的测定

采用 5B-3C 型 COD 多元速测仪对处理前后的兰炭废水的 COD 进行测定。COD 去除率的计算公式如下：

$$COD \ 去除率 = \frac{COD_0 - COD}{COD_0} \times 100\% \tag{18-1}$$

式中　COD_0——制备酚醛树脂前兰炭废水的 COD 值，mg/L；

COD——制备酚醛树脂后兰炭废水的 COD 值，mg/L。

（3）氨氮（NH_3-N）的测定

氨氮含量测试方法采用纳氏比色法，纳氏试剂、掩蔽剂、铵标准溶液的配比都按照国标进行[119]。根据测试数据绘制 NH_3-N 标准曲线，如图 18-1 所示。

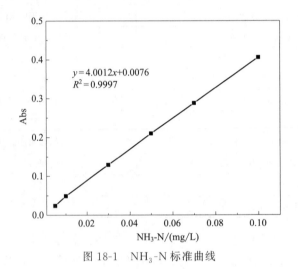

图 18-1　NH_3-N 标准曲线

兰炭废水吸光度按上述方法测定（全程做空白试验测定），实验所用蒸馏水需去除氨的污染。兰炭废水的吸光度与空白参比的吸光度相减，再按式(18-2)换算，氨氮含量（mg）通过标准曲线查得。

$$NH_3\text{-}N(mg/L) = m/V \times 1000 \tag{18-2}$$

式中　m——图 18-1 查得的氨氮含量，mg；

V——加入兰炭废水的体积，mL。

（4）离子色谱分析

采用瑞士万通 930 Compact IC Flex 离子色谱仪对兰炭废水中的离子含量进行分析，阴离子测试条件为离子柱采用 A5-250，泵流速 0.7mL/min，加热炉温度 40℃，淋洗液采用 3.2mmol/L 碳酸钠＋1mmol/L 碳酸氢钠溶液；阳离子测试条件为离子柱采用 C4-150，泵流速 1mL/min，加热炉温度 30℃，淋洗液采用 2.5mmol/L 甲磺酸溶液。

（5）X 射线粉末衍射仪分析

采用布鲁克 D8 Advance 型粉末衍射仪对零背景样品台上的兰炭废水进行 XRD 物相分析，测试条件：Cu 靶（$l = 1.5406\text{Å}$），Kα 线，Ni 滤波，测试电压电流分别为 40kV、40mA，扫描 2θ 为 5°～80°，以 6(°)/min 的速度进行扫描。

18.3.2 酚醛树脂的表征方法

(1) 酚醛树脂固含量的测定

取 3 个干净的表面皿，将其放入马弗炉，在 100℃下烘烤 20min 左右，待其冷却至室温后称量记为 m_0，然后称取大约 2.0g 的酚醛树脂记为 m_1，将称量好的酚醛树脂放在表面皿中，在马弗炉中 120℃下放置 2h 后取出，待其冷却至室温进行称量记为 m_2，测定 3 次，取平均值[120]。固含量计算公式如下：

$$固含量 = (m_2 - m_0) \div m_1 \times 100\% \tag{18-3}$$

(2) 酚醛树脂残炭率的测定

取已经干燥过的坩埚进行称重记为 w_1，称取酚醛树脂 2.0～3.0g 记为 w_2，将酚醛树脂置于坩埚在马弗炉内 800℃下进行煅烧 7min，待冷却至室温后取出对其称量，总质量记为 w_3。通过测定 3 次，取平均值记为酚醛树脂的残炭率[121]。计算公式如下：

$$残炭率 = (w_1 + w_2 - w_3) \div w_2 \times 100\% \tag{18-4}$$

(3) 酚醛树脂凝胶时间的测定

将大约 1.0g 的酚醛树脂放在加热用铁板上，铁板温度为 150℃，当酚醛树脂放置在铁板上时开始计时，同时用玻璃棒不断搅拌酚醛树脂，直至酚醛树脂出现第一滴液滴，此时的时间为酚醛树脂的凝胶时间[121]。

(4) 酚醛树脂黏度的测定

取 50.0g 酚醛树脂，用 50mL 的乙醇进行溶解，配制成质量分数为 50% 的酚醛树脂乙醇溶液，采用 NDJ-8S 黏度计测定其黏度[122]。

(5) 酚醛树脂中游离酚的测定

采用紫外可见分光光度计对酚醛树脂的游离酚进行测定。酚类化合物在铁氰化钾的作用下，当 pH 为 10 左右时，可与 4-氨基安替比林反应，并有橙红色的安替比林染料生成。显色后 30min 内，在 510nm 处用紫外可见分光光度计测定其吸光度，此时苯酚浓度与吸光度值成正比[123]。

1) 溶液的配制

① 配制 1.0g/L 的酚标准储备液，称取 0.10g 的苯酚，用蒸馏水溶解定容在 100mL 的容量瓶中。

② 配制 10.0mg/L 的酚标准中间液，用移液管移取 1.0mL 的酚标准储备液用蒸馏水定容在 100mL 的容量瓶中，现配现用。

③ 缓冲溶液的配制，称取 20.0g 的 NH_4Cl，用氨水溶解定容在 100mL 的容量瓶中，密封保存。

④ 2%(m/v) 的 4-氨基安替比林溶液的配制，称取 2.0g 的 4-氨基安替比林用蒸馏水溶解定容在 100mL 的容量瓶中。

⑤ 8%(m/v) 的铁氰化钾溶液的配制，称取 8.0g 的铁氰化钾用蒸馏水溶解定容在 100mL 的容量瓶中。

2) 实验步骤

① 标准系列管的制备。取 7 支 50mL 的比色管，分别加入若干酚标准中间液，制得 0.0mg/L、0.2mg/L、0.4mg/L、1.2mg/L、2.0mg/L、2.8mg/L 和 4.0mg/L 的一系列溶液，加入蒸馏水至 25mL，再分别加入 0.50mL 的缓冲溶液摇匀，再分别加入 1.00mL 2%

（m/v）的4-氨基安替比林溶液和1.00mL 8%（m/v）的铁氰化钾溶液，每加入一种摇匀后再加入另一种。所有试剂加入完毕摇匀后静置10min。

② 分光光度法测定。在510nm的波长下，用2cm的比色皿，蒸馏水作参比，测定溶液的吸光度。

③ 苯酚标准曲线的绘制。以一系列标准液在510nm处测定的吸光度值为纵坐标，浓度为横坐标，绘制标准曲线，标准曲线的相关系数达到0.999以上即为准确。

④ 酚类化合物的蒸馏。准确称取2.50g的酚醛树脂，用25mL的甲醇进行溶解，再加入70mL的蒸馏水，将其置于250mL的长颈烧瓶进行水蒸气蒸馏，蒸馏装置如图18-2所示。蒸馏2h后，取一滴蒸馏液置于烧杯中，再加入些许饱和溴水，若溶液不变浑浊立即停止蒸馏，将馏出液收集于锥形瓶中，蒸馏截止后，将锥形瓶中的溶液置于250mL的容量瓶内，定容至250mL备用。

最后，将酚标准中间液替换成定容至250mL的酚类化合物，重复实验步骤①、②测定酚醛树脂中游离酚的含量。

待测样品中酚醛树脂的残留酚含量的计算公式如下：

$$X_1 = (w_1 - w_2) \div m_3 \tag{18-5}$$

式中　X_1——待测样品中残留苯酚的含量，mg/g；

w_1——标准曲线上查得的苯酚的含量，mg；

w_2——标准曲线中查得的空白样的苯酚含量，mg；

m_3——待测样品的质量，g。

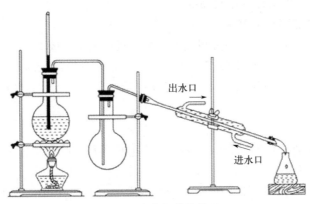

图18-2　水蒸气蒸馏装置

(6) 酚醛树脂中游离醛的测定

采用紫外可见分光光度计对酚醛树脂的游离醛进行测定。甲醛可与乙酰丙酮及氨反应生成黄色物质，在410nm处用紫外可见分光光度计测定其吸光度，此时甲醛浓度与吸光度值成正比[124]。

1) 溶液的配制

① 缓冲溶液的配制，准确称取50.0g乙酸铵，用6.0mL的冰乙酸进行溶解，最后用蒸馏水定容至100mL的容量瓶内。

② 制备0.049mol/L的乙酰丙酮溶液，移取0.5mL的乙酰丙酮溶液，用蒸馏水进行溶解定容至100mL的容量瓶内。

③ 制备 1.0g/L 甲醛储备液，移取 0.23mL 的甲醛溶液，用蒸馏水定容至 100mL，摇匀。

④ 制备 10.0mg/L 的甲醛标准液，移取 1.0mL 的甲醛储备液用蒸馏水定容至 100mL，摇匀。

2）实验步骤

① 取 7 支 50mL 的比色管，分别加入若干 10.0mg/L 的甲醛标准液，制得 0.00mg/L、0.20mg/L、0.40mg/L、0.80mg/L、1.20mg/L、2.00mg/L、2.80mg/L 的一系列标准溶液，加入蒸馏水至 25mL，摇匀。再分别加入 2.5mL 的缓冲溶液和 2.5mL 乙酰丙酮溶液，每加入一种摇匀后再加入另一种，所有试剂加入完毕后将 7 个比色管放在 75℃的恒温水浴锅中加热 30min，之后立即在冷水中冷却 10min。

② 以空白样为对照，以一系列标准液在 410nm 处用 2cm 的比色皿测定的吸光度值为纵坐标，甲醛标准溶液浓度为横坐标，绘制标准曲线，标准曲线的相关系数达到 0.999 以上即为准确。

3）样品的制备

准确称取 1.0g 的酚醛树脂，用 50mL 的蒸馏水进行溶解，再加入 10mL 的缓冲溶液，搅拌均匀放置 15min 后过滤，然后将滤液用蒸馏水定容至 250mL。

最后，将甲醛标准液替换成制备好的样品溶液，重复实验步骤①、②测定酚醛树脂中游离醛的含量。

待测样品中酚醛树脂的残留醛含量的计算公式如下：

$$X_2 = (w_1' - w_2') \div m_0' \tag{18-6}$$

式中　X_2——待测样品中残留甲醛的含量，mg/g；

　　　w_1'——标准曲线上查得的甲醛的含量，mg；

　　　w_2'——标准曲线中查得的空白样的甲醛含量，mg；

　　　m_0'——待测样品的质量，g。

(7) 酚醛树脂的红外光谱表征

采用日本岛津公司 IR Prestige-21 傅里叶红外光谱仪对制得的酚醛树脂所含的官能团进行测定，测试条件为：波数范围为 $7800\sim350cm^{-1}$；分辨率 $0.5cm^{-1}$；信噪比不小于 4000；在压强为 $40\sim60kPa$，酚醛树脂与溴化钾之比为 1∶100 的条件下，采用溴化钾压片法制备酚醛树脂样品。

(8) 酚醛树脂 SEM 表征

对最佳条件下制备的酚醛树脂样品采用扫描电子显微镜（德国蔡司公司 σ300 型）进行表面形貌分析。将酚醛树脂样品研磨至粒径小于 0.04mm 后，超声分散至乙醇溶液中。超声完毕后将上清液吸取 1~2 滴滴于铜网微栅内。加速电压设置为 $0.01\sim30kV$，分辨率为 2.2nm，对最佳条件下制备的酚醛树脂样品的表面进行形貌分析。

(9) 酚醛树脂的 TG-DSC 表征

利用美国 TA 公司 SDT Q600 型差热热重分析仪对最优条件下制备的酚醛树脂进行测试，在氮气保护下，以 Al_2O_3 空坩埚作为参比物，称取 10.0mg 酚醛树脂，以 5℃/min 的升温速率，在 25~1000℃的范围内对其进行测试。

(10) X 射线光电子能谱分析

采用 X 射线光电子能谱分析仪（美国热电公司 ESCALAB250）测定材料表面的元素组

成、化学态以及在表层的分布情况。控制载气压力为 55kPa，吹扫流量为 80mL/min，氧化时间为 9.3s，运行时间为 240s，炉温为 980℃，GC 柱温为 110℃，检测器为 TCD。

18.3.3 酚醛多孔炭的表征方法

(1) 酚醛多孔炭吸附性能的测试

多孔炭碘吸附值试验方法：测试准备的试剂和具体的测试方法参照 GB/T 12496.8—2015《木质活性炭试验方法 碘吸附值的测定》[125]。

将样品用研钵碾碎后，在粉碎机中进行进一步破碎，然后用 200 目筛（75μm）筛选样品，放入干燥箱中将温度调节为 120℃烘干，利用电子天平准确称量干燥好的样品 0.5g。置于干燥好的锥形瓶，并倒入盐酸（质量分数 5%）10mL。反复摇晃使样品被充分润湿，放在电炉上加热至微沸后，提高电炉温度并保持微沸 25s 左右，放入自来水中水浴冷却至室温，再加入 50mL 碘标准溶液。塞好瓶盖，在频率 240～280 次/min 的区间内振荡 15min，振荡好后立刻取出，并在铁架台上迅速过滤到干燥的烧杯之中，在滤纸上方加盖防止碘挥发，用移液管取开始过滤的溶液 20mL 倒入废液桶，再接着收集后面的 10mL 滤液，倒入装有 100mL 蒸馏水的广口锥形瓶中，利用硫代硫酸钠（$Na_2S_2O_3$）标准溶液对上述试样立刻滴定。当溶液颜色由红褐色向淡黄色变化时停止滴定，继续用淀粉指示液滴定至其由淡黄色变为无色，记录所消耗硫代硫酸钠的体积为后续计算所用。

碘吸附值 A_b 按式(18-7) 计算[126]：

$$A_b = \frac{X}{M} \times D \tag{18-7}$$

$$\frac{X}{M} = \frac{5(10c_1 - 1.2c_2V_1) \times 126.93}{m} \tag{18-8}$$

$$c = \frac{c_2V_1}{10} \tag{18-9}$$

式中　A_b——碘吸附量的测试值，mg/g；

　　X/M——每克多孔炭所吸附碘的质量，mg/g；

　　　　D——校正因子；

　　　c_1——配置的碘标准溶液的浓度，mol/L；

　　　c_2——$Na_2S_2O_3$ 标准溶液的浓度，mol/L；

　　　V_1——$Na_2S_2O_3$ 标准溶液消耗的体积，mL；

　　　　c——剩余滤液浓度，mol/L。

(2) 酚醛多孔炭透射电镜表征

利用美国 FEI 公司 Tecnai G2 F30 型场发射高分辨透射电子显微镜（带能谱 EDS）观察实验所制酚醛多孔炭的形貌特征。加速电压设置为 80～200kV，点分辨率 0.194nm，晶格分辨率 0.14nm，LaB$_6$ 灯丝。

(3) 酚醛多孔炭 BET 分析

采用美国麦克仪器公司 ASAP 2460M 型比表面积测定仪对多孔炭的比表面积和孔结构进行测试。吸附介质为 N_2，在 −196℃的液氮温度下，对多孔炭材料的吸附等温线、比表面积和孔结构进行测定。利用 BET 对多孔炭材料的比表面积进行计算，多孔炭微孔比表面积、外比表面积（中孔大孔）和微孔容积、孔径分布选用 Brunauer-Emmett-Teller（BET）方程和密度函数理论（DFT）进行计算。所测样品置于 125℃ 的烘箱中干燥 12h，继续在 300℃ 真空脱气 12h 去除吸附水及其他气体，之后称取大约 0.1g 进行测试。

（4）酚醛多孔炭 X 射线衍射测试

Cu Kα 射线特征谱线波长为 0.154nm，工作电压为 40kV，管电流为 30mA，扫描步长为 0.02°，扫描速率为 0.1s/step 和扫描角度为 5°~80° 的条件下，采用德国 Bruker Advance D8 型 X 射线衍射仪对酚醛多孔炭进行测试，数据分析采用 Jade 6.5。

（5）酚醛多孔炭拉曼分析

采用美国 HORIBA 公司（LABRAM HR800 型）拉曼光谱仪对酚醛多孔炭材料的石墨化程度进行检测。碳材料测试参数为：波长为 532nm，扫描范围波数 800~2200cm^{-1}。

18.3.4 酚醛多孔炭的电化学性能测试

（1）炭电极的制备

研磨好的多孔炭与乙炔黑混合后在超声波振荡仪中超声处理 20min 后，再与 PTFE 乳液超声混合 20min，多孔炭、乙炔黑、质量分数 60% 的 PTFE 乳液，三者按照 800：100：100 的质量比进行配比。将其在 75℃ 的水浴锅中干燥成糊状后，均匀涂抹于泡沫镍上，利用轧片机在 30MPa 的条件下制成炭薄片，将其用冲片机制成直径为 11mm 的圆片，并在 30MPa 的压力下附着于泡沫镍上，将其作为两电极测试系统所有的炭电极，三电极测试系统的电极是将二电极系统的炭薄片裁剪成长为 10mm 的正方形，将其在同压力下压于处理后的同尺寸泡沫镍上，即得三电极测试系统的炭电极。利用上述电极测试系统分别对兰炭废水基酚醛多孔炭的电化学性能进行研究。

（2）化学测试系统的组装

图 18-3 是实验所用电化学测试系统。三电极系统绿色接头对应的工作电极为前述制备的炭电极，参比电极（Hg/HgO）与白色接头相接，对电极采用铂电极针，电解液为 7mol/L 的 KOH 溶液。选用 Hg/HgO 为参比电极是因为 Hg/HgO 电极比其他电极稳定，且电势为 1 易于比较，在进行相应电化学性能测试之前，需先将前述炭电极于 7mol/L 的 KOH 溶液中充分浸泡，便于后续测定。

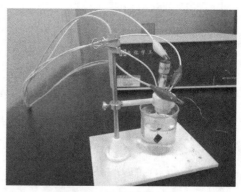

图 18-3　电化学测试系统

（3）电化学性能测试

1）循环伏安性能测试（CV）

循环伏安法是主要用于判断电极表面微观反应过程、电极反应可逆性的一种常用的技术手段[127]。采用电化学工作站（CHI 760E 型）测试酚醛多孔炭电极的循环伏安性能，测试条件：两电极电压为 0~1V，三电极电压为 -1~0V，扫描速率为 5~200mV/s。

2）恒电流充放电性能测试（GCD）

恒电流充放电法的测试条件为：电流密度范围选取 0.5~20A/g，两电极体系的测量电压为 0~1V，三电极体系的测量电压为 -1~0V。

3）交流阻抗特性测试（EIS）

利用所制备电极的模拟等效电路，测试交流阻抗数据，电极的离子扩散内阻、电子传导内阻等电化学参数进行计算。测试振幅为 5mV，测试的频率在 $0.01\sim100000Hz$ 之间。

4）循环稳定性测试

循环稳定性是衡量超级电容器电极性能的一个关键指标，利用所制备的电极组装的超级电容器在 20A/g 的电流密度下，充放电循环 $0\sim10000$ 次，通过比电容的变化评判酚醛多孔炭材料的循环稳定性。

（4）电化学性能计算方法

1）比电容的计算

比电容是评判电极材料电化学性能的一个重要指标，当循环伏安曲线呈现拟矩形的趋势越明显计算的比电容越准确。如果循环伏安曲线偏离矩形，则通过积分计算的比电容值与材料的实际比电容值相比会偏高，目前，有关利用交流阻抗来研究电极反应机理方面的报道较多，但从未见到有关通过交流阻抗计算比电容的报道[128]。

本实验比电容的比电容值的获得亦是根据恒流充放电测试结果，利用式（18-10）计算可得[129]。

两电极体系中，电容器的质量比电容值 C_{SP} 根据式（18-10）计算。

$$C_{SP} = \frac{2I\Delta t}{m'\Delta V} \tag{18-10}$$

三电极体系中，电容器的质量比电容值 C_{SP} 根据式（18-11）计算。

$$C_{SP} = \frac{I\Delta t}{m'\Delta V} \tag{18-11}$$

式中　　C_{SP}——电容器单电极的质量比电容，F/g；

　　　　I——电流密度，A/g；

　　　　Δt——放电时间，s；

　　　　m'——单个电极活性物质的质量，g；

　　　　ΔV——放电电压差，V。

2）能量密度和功率密度的计算

本实验组装的超级电容器利用所制备的酚醛多孔炭作为电极材料，通过两电极测试系统计算能量密度和功率密度的关系，计算公式如式（18-12）和式（18-13）。

$$E_t = \frac{1}{2}\frac{C_{SP}V_2}{4}\frac{1}{3.6} \tag{18-12}$$

式中　　E_t——电容器的能量密度，$Wh\cdot kg^{-1}$；

　　　　C_{SP}——质量比电容，F/g；

　　　　V_2——放电电压差，V。

$$P = \frac{E_t}{t} \tag{18-13}$$

式中　　P——电容器的功率密度，$W\cdot kg^{-1}$；

　　　　E_t——电容器的能量密度，$Wh\cdot kg^{-1}$；

　　　　t——放电时间，s。

18.3.5　热化学性能测试

（1）TG 测试

热分解曲线（TGA）使用热重分析仪（TGA，SETSYS 16/18，Setaram，法国）在

25～800℃的氮气气氛下以 10℃/min 的加热速率测量。

(2) DSC 测试

采用差示扫描量热仪（DSC，Discovery，TA），得出样品的相变温度、潜热以及比热容。在 DSC 测试中，样品经过从 40℃加热至 100℃的过程，并在 100℃时持续 3min，以排除样品的热历史干扰。然后将样品冷却至−20℃，最后以 10℃/min 的加热速率再次加热至 100℃，第二次运行用于分析相变性能。

(3) 热导率测试

热导率测量在热常数分析仪（热盘 TPS2500S）上进行，室温下不确定度为±(2～5)%。

(4) 热稳定测试

使用自行研发的装置从 500 次加热-冷却循环中评估相变稳定性。以约 10℃/min 的加热速率将样品快速加热至设定温度 80℃，并稳定 3min，以确保熔化过程完成。然后将样品温度迅速降至另一设定温度 20℃并稳定 3min，以确保结晶过程完成。此时，完成了一个循环。重复上述过程，并每 100 次循环取样进行 DSC 测试，直到完成 500 次循环。

(5) 光热转换测试

太阳能热转换实验在由氙灯光源提供的模拟阳光下进行，其中样品和光源之间的距离设置为 20cm，样品照射面积为 1.82cm^2。使用红外热成像仪（TiS75＋，Fluke）拍摄相应的红外图像。

对于评估太阳能热转换效率，应考虑相变材料中储存的潜热和显热，材料的光热转换效率计算公式如下所示：

$$\eta = m \times (\Delta H + Q)/P \times S \times \Delta t \tag{18-14}$$

$$Q = \int_{T_1}^{T_2} C_p \, \mathrm{d}T \tag{18-15}$$

式中，m 为样品质量；ΔH 和 Q 分别表示相变潜热和显热；P 是太阳模拟器的辐射强度；S 为样品面积；Δt 是照射时间。Q 可以用式(18-15) 计算，其中 C_p 是通过 DSC 测量样品的比热容得到。增加的温度范围设置为 29～59℃，以确保相变过程完全发生，C_p 取自温度区域的平均值。

第 **19** 章
兰炭废水资源化制备酚醛树脂研究

近年来，国内外对酚醛树脂的需求量越来越大，目前生产酚醛树脂的原料主要以单种酚和醛为主，有关利用兰炭废水中的主要酚、氨类化合物与甲醛反应生成热固性酚醛树脂的研究却鲜有报道。本章主要介绍利用兰炭废水 65℃左右的余热以及高氨氮化合物起催化剂和固化剂的双重作用等天然的优势，将兰炭废水变"处理"为"转化"资源化制备热固性酚醛树脂，并对酚醛树脂制备过程中的影响因素以及酚/氨组分的转化机制和产物的热解动力学进行研究，同时对兰炭废水衍生酚醛树脂的规模化生产也进行了摸索。

19.1 实验过程

对兰炭废水进行过滤，借助废水高氨氮催化、乳化成型以及 65℃左右的余热等有利条件，将兰炭废水资源化综合利用，兰炭废水中的多种酚类（如苯酚、间甲酚、2,3-二甲基苯酚、邻苯二酚和 2,6-二甲基苯酚等）物质，与加入的甲醛反应，将产生多种对应的酚醛树脂。同时兰炭废水中的氨氮类化合物与甲醛反应生成六次甲基四胺（乌洛托品）作为固化剂，在此固化剂的作用下制备的酚醛树脂为热固性混合酚醛树脂。制备工艺流程如图 19-1 所示。

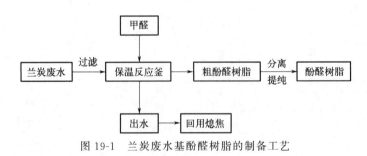

图 19-1 兰炭废水基酚醛树脂的制备工艺

19.2 兰炭废水的水质分析

(1) 兰炭废水的 GC-MS 分析

采用二氯甲烷、异戊醇、正庚烷、乙醚、甲基异丁基酮及乙酸乙酯为有机溶剂，对兰炭废水中的有机污染物进行萃取，对其总离子流进行测定。测试结果如图 19-2、图 19-3 以及表 19-1 所示。

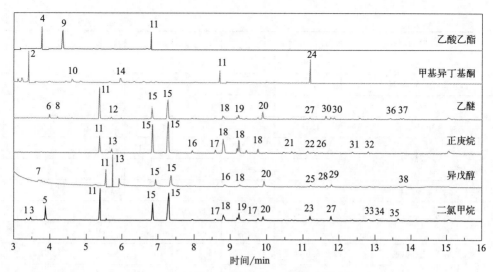

图 19-2　兰炭废水的 GC-MS 总离子流色谱图

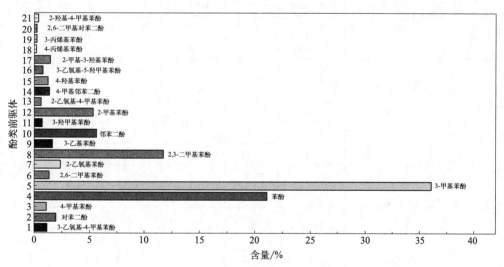

图 19-3　兰炭废水酚类物质定量分析图

表 19-1　兰炭废水中主要有机物及其相对含量

序号	化合物	保留时间 t/min	$C_{二氯甲烷}$/%	$C_{异戊醇}$/%	$C_{正庚烷}$/%	$C_{乙醚}$/%	$C_{甲基异丁基酮}$/%	$C_{乙酸乙酯}$/%
1	乙苯	3.352	0.82	—	—	—	—	—
2	3,5-二甲基-2-环乙烯基-1-甲基肟	3.408	—	—	—	—	12.03	—
3	1,3-二甲基苯	3.464	1.45	—	—	—	—	—
		3.833	0.59	—	—	—	—	—
4	3-乙氧基-4-甲基苯酚	3.774	—	—	—	—	—	4.78
5	环己酮	3.878	8.28	—	—	—	—	—
6	乙酸乙酯	3.989	—	—	—	2.86	—	—
7	异戊醇	3.703	—	5.10	—	—	—	—
		3.756	—	3.94	—	—	—	—

序号	化合物	保留时间 t/min	$C_{二氯甲烷}$/%	$C_{异戊醇}$/%	$C_{正庚烷}$/%	$C_{乙醚}$/%	$C_{甲基异丁基酮}$/%	$C_{乙酸乙酯}$/%
8	2-氨基异丙醚	4.208	—	—	—	0.98	—	—
9	对苯二酚	4.346	—	—	—	—	—	7.89
10	4-甲基苯酚	4.611	—	—	—	—	5.56	—
11	苯酚	5.373	17.58	—	9.14	27.62	12.73	14.56
		5.558	—	9.73	—	—	—	—
12	2-羟基丙酸戊酯	5.708	—	—	—	1.31	—	—
13	异戊醚	5.742	11.64	1.87	—	—	—	—
		5.926	10.48	—	—	—	—	—
14	5-羟基-2-戊酮	5.963	—	—	—	—	7.35	—
15	3-甲基苯酚	6.835	12.11	—	17.35	9.71	—	—
		6.935	—	9.56	—	—	—	—
		7.273	29.76	—	28.06	24.23	—	—
		7.362	—	23.02	—	—	—	—
16	2,6-二甲基苯酚	7.947	—	—	1.42	—	—	—
		—	—	—	—	—	—	—
		8.836	—	4.58	—	—	—	—
17	2-乙氧基苯酚	8.587	0.88	—	1.89	—	—	—
		9.241	4.82	—	—	—	—	—
		9.442	0.87	—	—	—	—	—
		9.760	1.45	—	—	—	—	—
18	2,3-二甲基苯酚	8.794	5.95	—	12.85	4.52	—	—
		9.261	—	3.20	—	—	—	—
		9.228	5.95	—	8.86	3.383	—	—
		9.438	—	—	1.82	—	—	—
		9.754	—	—	2.55	1.37	—	—
19	3-乙基苯酚	9.183	1.96	—	3.11	1.31	—	—
20	邻苯二酚	9.889	2.85	—	—	6.91	—	—
		9.929	—	8.14	—	6.91	—	—
21	草酸-2-异丙基苯基戊酯	10.469	—	—	0.80	—	—	—
		10.690	—	—	1.03	—	—	—
		10.780	—	—	0.63	—	—	—
22	1,5,5-三甲基-6-亚甲基-1-环己烯	11.127	—	—	1.84	—	—	—
23	3-羟甲基苯酚	11.194	3.02	—	—	—	—	—
24	邻甲基苯酚	—	—	—	—	—	23.55	—
25	4-甲基-2-乙氧基苯酚	11.208	—	2.41	—	—	—	—
26	4-庚氧基-1-乙醛基苯	11.300	—	—	1.00	—	—	—

序号	化合物	保留时间 t/min	$C_{二氯甲烷}$ /%	$C_{异戊醇}$ /%	$C_{正庚烷}$ /%	$C_{乙醚}$ /%	$C_{甲基异丁基酮}$ /%	$C_{乙酸乙酯}$ /%
27	4-甲基邻苯二酚	11.187	—	—	—	1.09	—	—
		11.774	3.27	—	—	1.84	—	—
28	4-羟基苯酚	11.640	—	2.46	—	3.35	—	—
29	3-乙氧基-5-羟甲基苯酚	11.795	—	3.52	—	—	—	—
30	2-甲基-1,3-苯二酚	11.874	—	—	—	1.91	—	—
		12.565	3.02	—	—	1.22	—	—
31	4-丙烯苯酚	12.366	—	—	—	0.78	—	—
32	1-羟基茚满	12.802	—	—	—	1.07	—	—
33	3-丙烯苯酚	12.817	1.10	—	—	—	—	—
34	2,6-二甲基-1,4-苯二酚	13.046	0.82	—	—	—	—	—
35	4-乙基-1,2-苯二酚	13.649	1.40	—	—	—	—	—
36	3-羟氢氧基-D-酪氨酸	13.707	—	—	—	0.83	—	—
37	9-十八烯-2-苯基-1,3-二氧戊环甲酯	13.784	—	—	—	1.16	—	—
38	丁酸-4-辛酯	13.858	—	0.97	—	—	—	—

(2) 兰炭废水的 XRD 分析

采用 X 射线粉末衍射仪对兰炭废水进行 XRD 物相分析（如图 19-4 所示），利用零背景样品台进行制样，用毛细管吸取兰炭废水，并滴到零背景样品台上，然后把样品台放置到真空干燥箱中，常温条件下进行干燥。当零背景样品台上的水分完全挥发完后，可以观察到，在样品台表面出现了少量兰炭废水的固体析出物。用同样的方法继续滴加兰炭废水到零背景样品台数次，并进行干燥，直到零背景样品台表面富集一层固体析出物为止。

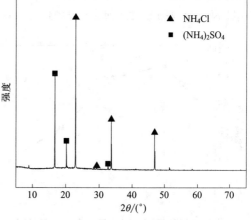

图 19-4　兰炭废水的 XRD 分析

图 19-4 是兰炭废水的 XRD 分析图。从图中可得，兰炭废水中氨的存在形式只有 NH_4Cl 和 $(NH_4)_2SO_4$ 两种。其为后续制备的酚醛树脂为热固性酚醛树脂提供了有力依据，也为后续制备的酚醛多孔炭存在 N 自掺杂提供了可靠证据。

(3) 兰炭废水的离子色谱分析

表 19-2 是兰炭废水的离子色谱分析表，结合兰炭废水的水质分析（图 19-2、图 19-3 和表 19-1）可得，废水中不仅有大量有机污染物，同时也有大量的无机离子。通过表 19-2 可以得出，兰炭废水中阳离子有 NH_4^+、K^+、Ca^{2+}，阴离子有 F^-、Cl^-、NO^{3-}、SO_4^{2-}，其中 NH_4^+ 离子的浓度较高，达到 4386.571ppm❶，其次是 Cl^- 和 SO_4^{2-} 离子，这与其 XRD

---

❶ 1ppm＝0.0001%。

分析结果相对应，即氨的存在形式只有 NH_4Cl 和（NH_4）$_2SO_4$ 两种形式。这进一步验证了废水有一定的刺激性氨味，也为后续制备自掺杂 N、O、S 原子的多孔炭提供了有力依据。

表 19-2 兰炭废水的离子色谱分析

阳离子	浓度 ppm	阴离子	浓度 ppm
NH_4^+	4386.571	F^-	30.967
K^+	27.234	Cl^-	1967.884
Ca^{2+}	2.569	NO^{3-}	45.962
		SO_4^{2-}	350.020

19.3　制备条件对酚醛树脂质量的影响

19.3.1　废水 pH 值对合成酚醛树脂质量的影响

为了探究不同废水 pH 值对合成酚醛树脂质量的影响，选取 80mL 兰炭废水为研究对象，加入 1.2mL 甲醛，反应时间为 2.5h，反应温度为 95℃，仅改变废水 pH 值（通过加入不同含量的氨水，使废水 pH 值分别为 9.18、9.50、10.00、10.50、11.00），探测不同废水 pH 值对合成酚醛树脂质量的影响。实验结果如图 19-5 所示。

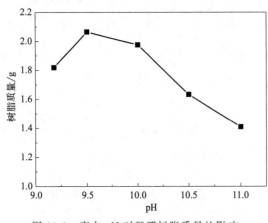

图 19-5　废水 pH 对酚醛树脂质量的影响

图 19-5 是不同废水 pH 值对制备酚醛树脂质量的影响图。从图中可得，当 pH 为 9.50 时生成的酚醛树脂质量最多。由图中还可以看出，生成酚醛树脂的质量随着 pH 值的增大，体现出先增加后减少的变化趋势。其原因可能是兰炭废水中的氨在反应过程中作为一种催化剂，使苯酚邻位上的氢更加活泼，更容易与甲醛反应生成酚醛树脂，其电离出的 OH^- 离子与苯酚生成苯氧负离子，其进一步与甲醛反应生成羟甲基苯酚，缩聚即得酚醛树脂。此外，当 pH 大于 9.5 后，继续增加 pH 时，电离出的铵根离子过量，致使铵根离子会与甲醛发生反应，生成六次甲基四胺（乌洛托品），这是一种很重要的固化剂，故会导致酚醛树脂质量减少。此结论与 Ghorbani M 等[130] 所得结论一致，发生如下的反应：

$$n\,C_6H_5\text{—}OH + n\,HCHO \xrightarrow{\text{氨}} [\text{—}C_6H_3(OH)\text{—}CH_2\text{—}]_n\text{—} + n\,H_2O \tag{19-1}$$

$$4NH_4^+ + 6HCHO \longrightarrow [(CH_2)_6N_4]H^+ + 3H^+ + 6H_2O \tag{19-2}$$

19.3.2　反应时间对合成酚醛树脂质量的影响

为了探究不同的反应时间对合成酚醛树脂质量的影响，本实验在 80mL 兰炭废水中加入

1.2mL 甲醛，废水 pH 为 9.50，反应温度为 95℃ 条件下，探究不同反应时间（1h、1.5h、2h、2.5h、3h）对酚醛树脂质量的影响。实验结果如图 19-6 所示。

图 19-6 是不同反应时间对制备酚醛树脂质量的影响图。由图可看出，随着反应时间的增加，酚醛树脂的质量不断增加。其原因可能是兰炭废水存在多种酚类物质，每一种酚与加入的甲醛都发生反应，将分别产生多种相应的酚醛树脂，刚开始的反应时间较短，甲醛与苯酚的反应不充分，主要发生加成反应，很少发生缩聚反应，因此制得的酚醛树脂质量较少。随着反应时间的增加，苯酚与甲醛能在氨的催化作用下充分发生反应，羟甲基之间也相互发生缩聚反应，于是制得的酚醛树脂质量也

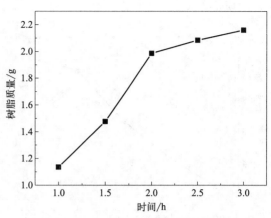

图 19-6　反应时间对酚醛树脂质量的影响

在逐渐增加。但当反应时间大于 2.5h 后，由于各种酚逐渐反应完全，致使所制得的酚醛树脂的质量基本趋于平稳。上述分析与 Chen J X 等[131] 所得结论相符。综合考虑可得，当反应时间为 2.5h 时，生成酚醛树脂的质量最佳，其为 2.08g。

19.3.3　反应温度对合成酚醛树脂质量的影响

为了探究不同反应温度对合成酚醛树脂质量的影响，本实验在 80mL 兰炭废水中加入 1.2mL 甲醛，废水 pH 为 9.50，反应时间为 2.5h 的条件下，探究不同反应温度（80℃、85℃、90℃、95℃、100℃）对制备酚醛树脂质量的影响。实验结果如图 19-7 所示。

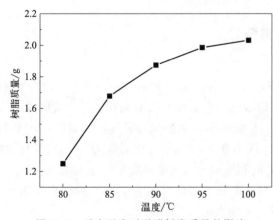

图 19-7　反应温度对酚醛树脂质量的影响

图 19-7 是不同反应温度对制备酚醛树脂质量的影响图。由图可以看出，酚醛树脂的质量随着反应温度的增加呈现出先增加后持平的趋势。其原因可能是低温时，兰炭废水中的酚与甲醛反应较慢且反应不完全，铵根离子与苯酚先进行反应生成苯氧负离子，其与加入的甲醛反应生成羟甲基苯酚；随着温度的升高，加成反应和缩聚反应都会发生，生成的羟甲基苯酚再与苯酚发生缩聚反应，进而生成酚醛树脂，其含量也显著增加；当反应温度再进一步增加（＞95℃）时，温度对酚醛树脂质量的影响效果不明显，且温度越高甲醛越易

挥发，致使其无法与苯酚反应，从而导致生成的酚醛树脂的质量几乎呈现水平趋势。此结论与 Ren Y 等人[132] 所得结论一致。综合考虑可得制备酚醛树脂的最优反应温度为 95℃。

19.3.4　甲醛加入量对酚醛树脂质量的影响

为了探究甲醛加入量对合成酚醛树脂质量的影响，本实验在废水 pH 为 9.50，反应时

间为 2.5h，反应温度为 95℃ 的条件下，探究在 80mL 兰炭废水中加入不同甲醛含量（0.6mL、0.8mL、1.0mL、1.2mL、1.4mL）对制备酚醛树脂质量的影响。实验结果如图 19-8 所示。

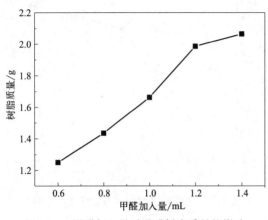

图 19-8 是酚醛树脂的质量随甲醛加入量变化的趋势图。增加甲醛加入量促进酚醛树脂的生成，当甲醛加入量大于 1.2mL 时，酚醛树脂的质量趋于平稳。其可能原因是甲醛加入量较少时，苯酚邻位上的 ［H］不活跃，生成的羟甲基苯酚较少，酚醛树脂的质量也较少。随着甲醛加入量的增加，废水中的酚类物质参加反应的就越多，会使得苯环上的电子云密度持续增加，反应发生的程度不断提高，致使生成的酚醛树脂的质量也逐渐增大。但当甲醛加入量大于 1.2mL 时，酚醛树脂的质量呈现出持平的趋势，其原因是兰炭废水的量一定，

图 19-8　甲醛加入量对酚醛树脂质量的影响

致使废水中酚的含量保持恒定，随着反应的进行，废水中酚的含量不断减少，其不足以与甲醛反应，导致甲醛加入量继续增加时，生成的酚醛树脂的质量反而持平并有下降的趋势。因此，综合考虑可得制备酚醛树脂的最优甲醛加入量为 1.2mL。

综上，通过单因素实验可得酚醛树脂制备的最优条件：废水 pH 为 9.5，反应时间为 2.5h，反应温度为 95℃，甲醛加入量为 1.2mL。为了考虑试验随机误差以及对试验的各个水平进行连续分析，进一步确定试验指标和各因素间的定量关系和交互效应，利用响应曲面法对兰炭废水制备酚醛树脂的实验条件进行优化。

19.3.5　响应曲面法优化酚醛树脂的制备条件

(1) 响应曲面设计

利用以上单因素实验数据，通过 Design Expert 软件，采用 Box-Behnk 研究废水的 pH、反应时间、甲醛加入量两两之间的交互效应。以 80mL 兰炭废水为研究对象，当反应温度为 95℃ 时，分析制备酚醛树脂过程中废水的 pH、反应时间、甲醛加入量等三因素及其水平对生成酚醛树脂质量的影响，设计的水平范围：pH 为 9.18～10；反应时间为 1～3h；甲醛加入量为 0.60～1.40mL。本实验中 pH、反应时间和甲醛加入量是自变量，分别用 A、B、C 来表示，并且用 -1、0、1 代表各自变量的高低，酚醛树脂的质量作为本实验的考察指标，从而进行中心组设计，以优化实验条件。设计方案如表 19-3 所示。

表 19-3　实验因素及自变量水平编码

因素	水平		
	-1	0	1
A:pH	9.18	9.59	10
B:反应时间/h	1	2	3
C:甲醛加入量/mL	0.6	1.0	1.4

（2）响应曲面实验结果分析

优化实验的反应温度调整在 95℃，本实验先对软件中的 Box-Behnken Design（BBD）进行设计，进一步探究制备酚醛树脂过程中的废水 pH（A）、反应时间（B）、甲醛加入量（C）这三个因素及水平对制备酚醛树脂质量的影响。表 19-4 是响应曲面软件进行回归和分析后的结果，绝对误差是真实值与软件得到的预测值的差，而相对误差是绝对误差除以真实值所得的比值。

表 19-4　响应曲面设计与实验结果

编号	因素			酚醛树脂质量		
	废水 pH	反应时间/h	甲醛加入量/mL	真实值/g	预测值/g	相对误差/%
1	−1	−1	0	1.9132	1.9220	−0.46
2	1	−1	0	1.9413	1.9425	−0.06
3	−1	1	0	1.7921	1.7909	0.07
4	1	1	0	1.7343	1.7255	0.51
5	−1	0	−1	1.5654	1.5625	0.19
6	1	0	−1	1.4332	1.4380	−0.33
7	−1	0	1	1.9114	1.9066	0.25
8	1	0	1	1.9832	1.9861	−0.15
9	0	−1	−1	1.6615	1.6556	0.36
10	0	1	1	1.3543	1.3584	−0.30
11	0	−1	−1	1.9826	1.9785	0.21
12	0	1	1	1.9217	1.9276	−0.31
13	0	0	0	2.1624	2.1626	−0.01
14	0	0	0	2.1463	2.1626	−0.76
15	0	0	0	2.1642	2.1626	0.07
16	0	0	0	2.1747	2.1626	0.56
17	0	0	0	2.1652	2.1626	0.12

将实验真实数据与预测数据进行对比，如图 19-9。从表 19-4 中可得出预测值与实验测

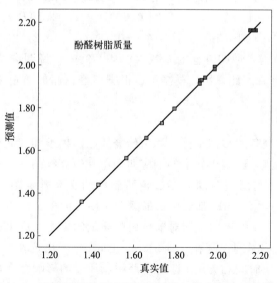

图 19-9　酚醛树脂制备过程中预测值与真实值的对应关系

量值的误差均小于 5%。此外,从图 19-9 中得出预测值与真实值的数据分布情况基本一致,说明建立的模型对酚醛树脂的最佳制备条件可以很好地预测。

（3）酚醛树脂质量的回归方差分析

利用软件中的 ANOVA,对实验数据二次多项回归拟合,回归方程的系数及显著性的检验结果如表 19-5。

表 19-5　酚醛树脂回归方程的系数及显著性的检验

项目	系数估计	标准差	平均和	均方	F 值	P 值	显著性
模型	—	—	1.08	0.1199	265.15	<0.0001	显著
失拟项	—	—	0.0003	0.0001	0.2049	0.8882	不显著
截距	2.16	0.0023	—	—	—	—	—
A	−0.0113	0.0037	0.0010	0.0010	9.52	0.0177	不显著
B	−0.0870	0.0037	0.0606	0.0606	568.28	<0.0001	显著
C	0.2231	0.0037	0.3981	0.3981	3733.63	<0.0001	显著
AB	−0.0215	0.0052	0.0018	0.0018	17.30	0.0042	不显著
AC	0.0510	0.0052	0.0104	0.0104	97.59	<0.0001	显著
BC	0.0616	0.0052	0.0152	0.0152	142.25	<0.0001	显著
A^2	−0.1620	0.0050	0.1105	0.1105	1030.85	<0.0001	显著
B^2	−0.1553	0.0050	0.1016	0.1016	952.57	<0.0001	显著
C^2	−0.2772	0.0050	0.3236	0.3236	3035.32	<0.0001	显著
R^2			0.9993				

表 19-5 是回归方程的系数及显著性的检验情况。由表可得模型的 P 值小于 0.05,回归方程系数也小于 0.05,说明对模型的影响显著。失拟项大于 0.05,说明实验测试数据与实验模型相符合,即该模型可用于本实验的模拟。

由 Design Expert7.0 软件得知,回归方程中 B、C、AC、BC、A^2、B^2、C^2 的影响都显著,并且由表 19-5 可得出酚醛树脂质量的二元多项的回归方程为:

$$y = 2.16 - 0.0113A - 0.0870B + 0.2231C - 0.0215AB + 0.0510AC$$
$$+ 0.0616BC - 0.1620A^2 - 0.1553B^2 - 0.2772C^2 \tag{19-3}$$

此外,由表 19-5 可得,回归方程的系数 R^2 为 0.9993,说明酚醛树脂的质量变化中有 99.93% 此模型可以解释,因此,用此模型可以根据酚醛树脂的质量来评判兰炭废水制备酚醛树脂的可行性。

（4）响应曲面分析

为了确定酚醛树脂制备的最佳条件,利用酚醛树脂的模型和二元回归方程式对两两因素之间的交互效应进行探测,绘制出如下的响应曲面图和等高线图。

图 19-10 是废水 pH 与反应时间对酚醛树脂制备的交互影响图。从响应曲面图可以看出,不同反应时间和不同废水 pH 都对生成酚醛树脂质量的多少产生了重要的影响,无论是随着反应时间还是废水 pH 的增加,均对酚醛树脂质量的影响呈现出先增加后减小的变化趋势。明显下降的趋势反应时间出现在 2.5~3.0h 之间,pH 出现在 9.79~10.00。但通过等高线分析可以发现,反应时间和废水 pH 对酚醛树脂质量的影响存在最优的区域,对酚醛树脂影响的交互区域 pH 范围在 9.38~9.79 之间,反应时间在 1.4~2.2h 之间。

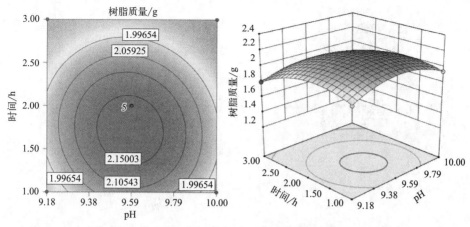

图 19-10　废水 pH 与反应时间对酚醛树脂制备的交互影响

图 19-11 是废水 pH 和甲醛加入量对酚醛树脂制备的交互影响图。从响应曲面图中可以看出废水 pH 与甲醛加入量都对酚醛树脂的质量产生了显著的影响，无论是随着废水 pH 的增加还是甲醛加入量的增加，酚醛树脂的质量变化都是先增加后减小。明显下降的趋势出现在甲醛加入量为 1.30～1.40mL，废水 pH 出现在 9.79～10.00。通过等高线分析可得，废水 pH 和甲醛加入量都对酚醛树脂制备的影响存在明显的交互区域，影响酚醛树脂质量的交互区域 pH 范围在 9.38～9.79，甲醛加入量在 1.00～1.30mL 之间。

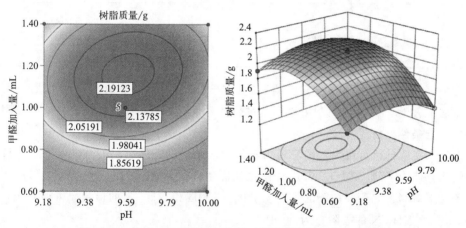

图 19-11　废水 pH 和甲醛加入量对酚醛树脂制备的交互影响

图 19-12 是反应时间和甲醛加入量对酚醛树脂质量的交互影响。从响应曲面图中可发现，反应时间和甲醛加入量对酚醛树脂的质量均产生了较大的影响，无论是随着反应时间还是甲醛加入量的增加，它们对制备酚醛树脂质量的影响都呈现先增加后减小的趋势。明显下降趋势出现在反应时间为 2.5～3h 左右，甲醛加入量出现在 1.30～1.40mL 之间。通过等高线分析发现，反应时间和甲醛加入量两者存在最优区域，影响酚醛树脂质量多少的交互区域：反应时间范围在 1.5～2.2h，甲醛加入量在 1.00～1.30mL。

(5) 验证实验

利用 Design Expert 7.0 对模型进行优化分析可得，酚醛树脂制备的最优条件 pH 为 9.59，反应时间为 1.96h，甲醛加入量为 1.18mL。

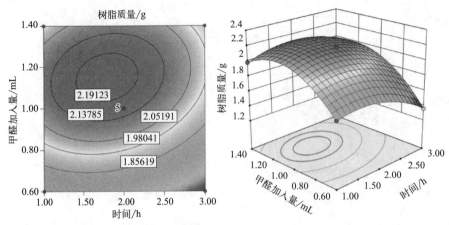

图 19-12 反应时间和甲醛加入量对酚醛树脂制备的交互影响

当反应温度为 95℃，以 80mL 兰炭废水为研究对象，控制酚醛树脂的制备条件 pH 为 9.59，反应时间为 2.0h，甲醛加入量为 1.20mL，并重复 3 次实验，实验结果见表 19-6 所示。

表 19-6 在最优条件下制备酚醛树脂的真实值与预测值

验证实验	酚醛树脂的质量/g		相对误差/%
	预测值	真实值	
1		1.9971	8.87
2	2.1916	2.0512	6.41
3		2.0165	7.99

由表 19-6 可知，通过 3 次重复实验测定，兰炭废水制备酚醛树脂的真实值与预测值的相对误差均不大于 15%，说明利用该模型对酚醛树脂制备的操作条件具有良好的预测效果。

(6) 最佳条件分析

从上述的实验分析可得出，酚醛树脂制备的最优条件：反应温度 95℃，废水 pH 9.59，反应时间 2.0h，甲醛加入量 1.20mL。在此最优条件下，得到的酚醛树脂质量为 2.1811g。在最优条件下对制备完酚醛树脂的兰炭废水进行 COD 和 NH_3-N 的检测，可得 COD 的去除率为 44.46%，NH_3-N 的去除率为 60.10%。

19.4 兰炭废水衍生酚醛树脂的性能和组分表征

19.4.1 酚醛树脂固含量的测定

分别取最佳条件下制备的酚醛树脂质量为 1.9988g、2.0071g、2.0003g 的三个样品，在 120℃时，放置于马弗炉中煅烧 2h，测定所制备酚醛树脂的固含量。

表 19-7 为酚醛树脂的固含量测定表格，由表可得，酚醛树脂的固含量为 94.25%，比常规酚醛树脂的固含量要大[133]，这可能是因为兰炭废水中的某些离子起到了加强酚醛树脂固含量的作用，固含量大的酚醛树脂更加具有干燥快、运输成本低的特点。

表 19-7　制备酚醛树脂的固含量

序号	表面皿质量 m_0/g	酚醛树脂的质量 m_1/g	酚醛树脂与表面皿的 总质量 m_2/g	固含量/%	平均值/%
1	38.3408	1.9988	40.2120	93.62	
2	33.5412	2.0071	35.4445	94.81	94.25
3	34.5089	2.0003	36.3954	94.31	

19.4.2　酚醛树脂残炭率的测定

分别取响应曲面优化条件下制备的酚醛树脂质量为 2.4156g、2.4327g、2.4927g 的三个样品，在 800℃置于马弗炉中煅烧 7min，测定酚醛树脂的残炭率。

表 19-8 为酚醛树脂残炭率的测定数据，由表可得兰炭废水基酚醛树脂在 800℃下的残炭率为 40.02%。兰炭废水基酚醛树脂的残炭率较高，说明该酚醛树脂可用于制备多孔炭材料的炭质前驱体。

表 19-8　制备酚醛树脂的残炭率

序号	坩埚质量 w_1/g	酚醛树脂的质量 w_2/g	酚醛树脂与坩埚的总质量 w_3/g	残炭率/%	平均值/%
1	57.9172	2.4156	58.8832	39.99	
2	59.7776	2.4327	61.2371	40.00	40.02
3	59.0594	2.4927	60.0580	40.06	

19.4.3　酚醛树脂凝胶时间的测定

分别取响应曲面优化后，最佳条件下制备的质量为 1.0002g、1.0008g、1.0006g 的三个酚醛树脂样品，在 150℃的加热铁板上测定酚醛树脂的凝胶时间。

表 19-9 是兰炭废水基酚醛树脂的凝胶时间测定数据，通过三次测定求得兰炭废水基酚醛树脂的平均凝胶时间为 92s，查阅相关文献得商用酚醛树脂的凝胶时间为 121s[134]，可见，兰炭废水基酚醛树脂的凝胶时间比商用酚醛树脂的凝胶时间短，其原因可能是兰炭废水成分复杂、含有的酚类物质较多（如图 19-2 和表 19-1），故其合成酚醛树脂时所需的活化能比商用酚醛树脂合成时所需的活化能要低，所以兰炭废水基酚醛树脂的凝胶时间较短。

表 19-9　制备酚醛树脂的凝胶时间

样品	酚醛树脂的质量/g	凝胶时间/s	平均值/s
自制	1.0002	85	
	1.0008	97	92
	1.0006	94	
商用	1.0005	121	121

19.4.4　酚醛树脂黏度的测定

取响应曲面优化后，最佳条件下制备的兰炭废水基酚醛树脂 50g，加入 50mL 乙醇溶液，搅拌摇匀，采用 NDJ-8S 黏度计测定其黏度。

表 19-10 是兰炭废水基酚醛树脂黏度的测定数据。由表中可得兰炭废水基酚醛树脂的黏度为 $1.5016\times10^4\,mPa\cdot s$，商用酚醛树脂的黏度为 $1.00\times10^4\,mPa\cdot s$[135]，兰炭废水基酚醛树脂的黏度比商用酚醛树脂的黏度要高。这可能是因为兰炭废水中的某些离子在生成酚醛树脂的过程中起到了改性的作用，使得兰炭废水基酚醛树脂的黏度比商用酚醛树脂的黏度要高。

表 19-10　兰炭废水基酚醛树脂的黏度

序号	黏度/(mPa·s)	平均值/(mPa·s)
1	14900	
2	15200	15016
3	14950	
商用	10000	10000

19.4.5　酚醛树脂游离酚的测定

利用紫外可见分光光度计，在 510nm 处，以蒸馏水为参比，对一系列浓度不同的溶液的吸光度进行测定（溶液浓度如表 19-11），绘制苯酚标准曲线，如图 19-13。

表 19-11　苯酚的浓度与吸光度的数据关系

序号	浓度/(mg/L)	吸光度	序号	浓度/(mg/L)	吸光度
1	0.00	0.010	5	2.00	0.247
2	0.20	0.035	6	2.80	0.337
3	0.40	0.051	7	4.00	0.455
4	1.20	0.147			

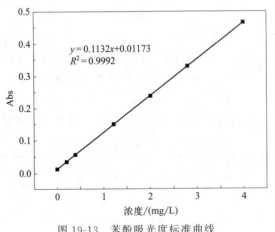

图 19-13　苯酚吸光度标准曲线

图 19-13 为苯酚的标准曲线图，由图可以看出，苯酚标准曲线的相关系数为 0.9992，可见其线性很好，苯酚的标准曲线方程为 $y=0.01173+0.1132x$，则按照标准曲线的测定方法，将酚的标准中间液替换成酚醛树脂制备的样液，测定酚醛树脂制备的样液的吸光度为 1.128，将其代入苯酚的标准曲线方程中可求得 x 为 9.861mg/L，进而代入式(18-5) 计算，得出兰炭废水基酚醛树脂中残留苯酚含量为 0.026mg/g，符合商用酚醛树脂要求。

19.4.6 酚醛树脂游离醛的测定

利用紫外可见分光光度计，在 410nm 处，以空白样为参比，测定 0.0mg/L、0.2mg/L、0.4mg/L、0.8mg/L、1.2mg/L、2.0mg/L、2.8mg/L 的一系列溶液的吸光度，绘制甲醛溶液标准曲线。甲醛浓度与吸光度的数据关系见表 19-12。

表 19-12　甲醛的浓度与吸光度的数据关系

序号	浓度/(mg/L)	吸光度	序号	浓度/(mg/L)	吸光度
1	0.20	0.106	4	1.20	0.458
2	0.40	0.140	5	2.00	0.713
3	0.80	0.304	6	2.80	0.986

图 19-14 为甲醛的标准曲线图，由此可以看出甲醛标准曲线的相关系数为 0.9991，线性很好。按照标准曲线的测定方法，将甲醛标准中间液替换成酚醛树脂制备得来的样液，测定得到酚醛树脂制备的样液的吸光度 0.092，将其代入甲醛的标准曲线方程中计算得 $x = 0.189$mg/L，进而代入式(18-6)计算得兰炭废水基酚醛树脂中残留甲醛含量为 0.0005mg/g，符合商用酚醛树脂要求。

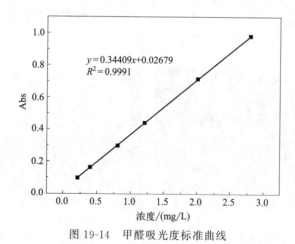

$$y = 0.34409x + 0.02679$$
$$R^2 = 0.9991$$

图 19-14　甲醛吸光度标准曲线

19.4.7 酚醛树脂红外光谱表征

对兰炭废水基酚醛树脂和标准酚醛树脂进行红外表征，如图 19-15 所示。

图 19-15 为兰炭废水基酚醛树脂的红外光谱图。从图中可以看出 757cm^{-1} 处为苯环上相邻位置的 C—H 吸收峰，821cm^{-1} 处为苯环上相反位置的 C—H 吸收峰，1112cm^{-1} 处为苯环上的 C—H 面内弯曲振动吸收峰，1456cm^{-1} 处为 CH$_2$ 的吸收峰，1613cm^{-1} 处为 C=C 吸收峰，1620cm^{-1} 处为苯环的吸收峰，2948cm^{-1} 处为苯环上 C—H 键伸缩振动吸收峰，3396cm^{-1} 处为酚羟基吸收峰，1464cm^{-1} 处为亚甲基官能团吸收峰[136]。上述特征峰的存在确定合成的物质为酚醛树脂，且与标准酚醛树脂相比，只是某些峰强度有差异，兰炭废水制备酚醛树脂的 FT-IR 光谱具有更高的峰强度，其原因可能是兰炭废水中大量的酚类及其衍生物在高浓度氨催化剂的作用下与甲醛反应生成酚醛树脂，从而提高了兰炭废水基酚醛树脂的峰强度。

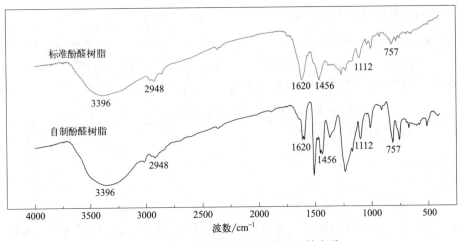

图 19-15　兰炭废水基酚醛树脂的红外光谱

19.4.8　酚醛树脂 SEM 表征

对兰炭废水基酚醛树脂和混合酚酚醛树脂（兰炭废水中含量较高的苯酚、间甲酚、2,3-二甲基苯酚、邻苯二酚和 2,6-二甲基苯酚几种酚类物质按照比例混合与甲醛反应制备的酚醛树脂）进行扫描电镜对比分析，如图 19-16 所示。

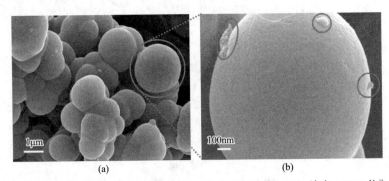

图 19-16　酚醛树脂的 SEM 图 [（a）放大 10000 倍，（b）放大 40000 倍]

图 19-16（a）为放大 10000 倍数下制备的酚醛树脂的 SEM 图像。从图中可以看出大多数酚醛树脂具有球形，这与文献报道一致[137,138]。说明利用兰炭废水中酚类物质与甲醛发生反应可制备酚醛树脂。得到的酚醛树脂球粒大小不一，聚集成大团块。这是因为废水中所含的不同酚类物质与甲醛反应时反应速度的差异，致使产生大小不一的球形结构。此外，当在更高的放大倍率 [40000 倍，图 19-16（b）] 下观察时，可以看到一些絮凝结构，这可能是由兰炭废水中的一些杂质引起的。

19.4.9　酚醛树脂 TG-DSC 表征

图 19-17 为兰炭废水基酚醛树脂的 TG-DSC 分析图。从图中的 TG 曲线可以看出，酚醛树脂的质量随着温度的升高而不断减少。当温度达到 300℃时，酚醛树脂的失重率约为15%，这可以归因于树脂固结和冷凝后残留水的蒸发。DSC 曲线在 160℃左右显示出一个虽小但可观察到的吸热峰，这与相关文献报道的缩合反应相对应，该缩合反应将产生少量低分

子挥发物，如水蒸气和氨[139]。在300~600℃的温度范围内，失重迅速，在550℃左右达到最大失重，失重为酚醛树脂的95%。这是酚醛树脂分解的结果，酚醛树脂产生热解产物，包括 H_2O、CO_2、CH_4 和 CO 的低分子烃物质（LMH）[136,140]。热解过程中涉及某些小分子的氧化还原反应导致热量释放，致使 DSC 曲线中在380℃和550℃左右出现两个放热峰。此外，在 DSC 曲线中，在490℃左右出现明显的吸热峰，这是由于酚醛树脂热解过程中吸热断链反应与放热氧化燃烧的竞争[141]。600℃后，是酚醛树脂热解的最后阶段，失重率逐渐降低。在这个阶段，虽然产生一定量的 LMH 挥发性物质，如 CO 和 CH_4，但发生的化学反应较少，质量损失很小。DSC 曲线中有三个吸热峰，进一步表明在链断裂反应过程中会产生挥发性物质，这需要更多的热量。当温度达到800℃时，酚醛树脂几乎不再失重，因此，后续制备酚醛多孔炭时，炭化-活化温度选择800℃。所制备的酚醛树脂的 TG-DSC 结果与标准酚醛树脂的结果一致。

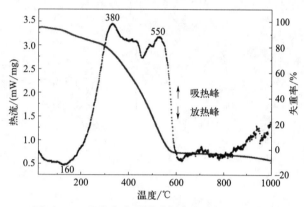

图 19-17　兰炭废水基酚醛树脂的 TG-DSC 分析

19.4.10　酚醛树脂 XPS 表征

图 19-18 是采用 XPS 测量的酚醛树脂表面原子的化学组成和元素价态。XPS 谱图显示了 C 1s、O 1s、N 1s、S 2p 的特征峰，从（a）图可得，以 290.2eV、288eV、284.8eV、283.9eV 为中心的高分辨率 C 1s 光谱归因于 COOR、C＝O、C—N 和 C—C。将 O 1s 的高分辨率 XPS 谱分解为三个峰［如（b）图所示］，指定为 C—OH（533.2eV）、C—O—C（532.5eV）和 C＝O（531.6eV）特征峰，含氧官能团有利于提高材料的润湿性，促进电解质离子的扩散，并进一步提高材料的电容性能。由 N1s 光谱［（c）图］可得，在结合能分别为 405.8eV、402eV、400.4eV 和 399eV 时可分成 4 个峰，对应于氧化氮（N-X）、第四系 N（N-Q）、吡咯基 N（N-5）和吡啶基 N（N-6）。其中 N-5 和 N-6 可以产生更多的赝电容来提高总电容，而 N-Q 的给电子特性可以提高材料的电导率。在 S 2p 的 XPS 光谱中［如图（d）］可以发现一个位于 168.4eV 处的峰属于 C—SO_x—C（$x=2,3,4$）。在 167.3eV 和 163.5eV 处的另外两个峰可分别分配为 S $2p_{1/2}$ 和 S $2p_{3/2}$。结合表 19-13 酚醛树脂的元素分析可得，兰炭废水基酚醛树脂的 N、O、S 含量很高，这些元素的存在有助于提高其电化学性能，从而证实兰炭废水中诸多酚类、氨氮类成分为资源化制备酚醛树脂并作为炭质前驱体，制备杂原子自掺杂、孔道丰富的层次孔结构多孔炭提供了天然的优势。

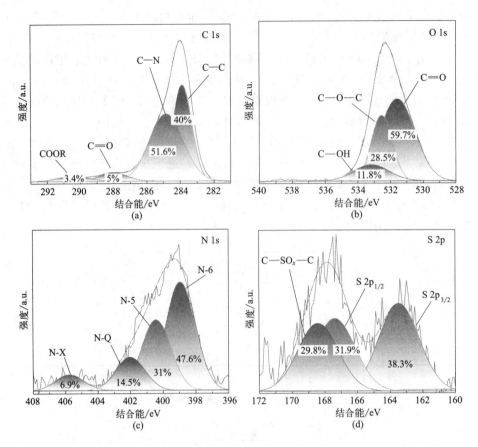

图 19-18　酚醛树脂的 XPS 图 [（a）C 1s，（b）O 1s，（c）N 1s，（d）S 2p]

表 19-13　酚醛树脂元素分析含量表

样品	N 质量分数/%	C 质量分数/%	H 质量分数/%	S 质量分数/%	O 质量分数/%
酚醛树脂	3.395	63.335	5.716	1.642	27.787

19.5　兰炭废水衍生酚醛树脂规模化制备探索

19.5.1　兰炭废水基酚醛树脂试验放大及经济评价

(1) 兰炭废水放大试验

兰炭废水基酚醛树脂制备实验在原有 60L 乙酸乙酯试验装置中，通过设备调试、工艺摸索，对 40L 兰炭废水进行放大试验，一次投料成功并实现稳定运行，顺利产出 0.86kg 酚醛树脂产品。

图 19-19 是兰炭废水基酚醛树脂制备的放大试验图，通过计算可得 1L 废水可生产酚醛树脂的量为 21.5g，约为实验室规模试验（每 1L 废水 24.825g 酚醛树脂）的 86.6%，表明该反应过程具有足够的稳定性，可以扩大规模。将工艺升级到 1t 废水，预计可获得 21.5kg 酚醛树脂（产量），反应需投放 15L 甲醛，兰炭废水的温度为 67℃（表 18-1），将其加热到 95℃的反应温度不需要太多的能量，同时，兰炭装置产生大量蒸汽，可足以用于加热反应，

因此处理的能耗成本为零。

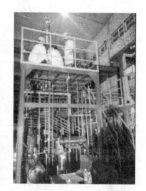

图 19-19　放大试验

(2) 经济评价

经济效益估算如表 19-14。目前甲醛的报价在 900~1250 元/t 之间，15L 甲醛的成本为 15 元，酚醛树脂的市场价格约为每吨 9000 元，生产的 21.5kg 酚醛树脂的价值为 193.5 元。采用该工艺处理 1t 兰炭废水，可实现利润约 178.5 元，可见经济效益显著。此外，本节提出的兰炭废水变"处理"为"转化"在环境方面具有很大的环保效益，资源化利用对兰炭废水起到了净化的作用，为当地提供了巨大的生态效益和社会效益。该技术对环境保护、树立企业形象、节能减排、拓展兰炭企业生产链等具有非常重要的现实意义，可能是未来兰炭废水处理与工艺研究的一个重要预处理方向。

表 19-14　兰炭废水处理效益估算

输入		输出	
原料	成本/CNY	产量	价格/CNY
1t 兰炭废水	0		
15L 甲醛	15	21.5kg 酚醛树脂	193.5
能量（加热反应物从 67℃至 95℃反应 2h）	0		
利润		178.5	

19.5.2　兰炭废水制备酚醛树脂后的水质分析

(1) 制备酚醛树脂后的兰炭废水的 GC-MS 分析

为了对兰炭废水后续进一步处理提供依据和可能，本节对制备酚醛树脂后的兰炭废水中的有机污染物萃取方法同本章 19.2 节，也进行了 GC-MS 分析，测试结果如图 19-20、图 19-21 和表 19-15 所示。

表 19-15　制备酚醛树脂后兰炭废水中主要有机物及其相对含量

序号	化合物	保留时间 t/min	$C_{二氯甲烷}$/%	$C_{异戊醇}$/%	$C_{正庚烷}$/%	$C_{乙醛}$/%	$C_{甲基异丁基酮}$/%	$C_{乙酸乙酯}$/%
1	甲基环己烷	3.642	—	—	5.91	—	—	—
		3.794	—	—	1.02	—	—	—

序号	化合物	保留时间 t/min	$C_{二氯甲烷}$/%	$C_{异戊醇}$/%	$C_{正庚烷}$/%	$C_{乙醚}$/%	$C_{甲基异丁基酮}$/%	$C_{乙酸乙酯}$/%
2	2-己酮	3.779	—	—	—	15.13	—	—
3	4-甲基-4-戊烯-2-酮	4.139	—	—	—	—	0.43	—
4	甲苯	4.478	—	0.58	—	—	—	—
		4.524	—	—	0.62	—	—	—
5	4-甲基-3-戊烯-2-酮	5.426	—	—	—	—	0.56	—
6	3-甲基-1-丁醇乙酸酯	7.575	—	0.74	—	—	—	—
7	乙酸丙酯	7.874	—	0.19	—	—	—	—
		8.026	—	0.17	—	—	—	—
8	2-乙基苯酚	9.318	—	—	—	5.11	—	—
		9.328	2.77	—	—	—	—	—
		9.445	—	—	—	—	—	0.51
9	二异戊醚	9.587	—	1.15	—	—	—	—
10	3-甲基-苯酚	10.322	0.46	—	—	0.69	—	—
		10.57	—	—	—	1.85	—	—
		10.58	1.17	—	—	—	—	—
11	3-甲基丁酸丁酯	9.739	—	0.18	—	—	—	—
		10.909	—	2.63	—	—	—	—
12	乙二醇月桂酸酯	12.947	—	0.49	—	—	—	—
		13.048	—	0.27	—	—	—	—
13	2,3-二羟基丁二酸二乙酯	13.834	—	2.57	—	—	—	—

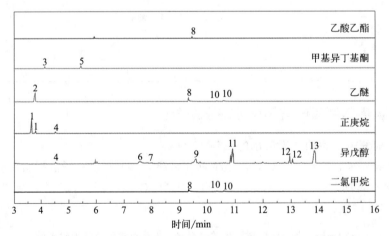

图 19-20　制备酚醛树脂后兰炭废水 GC-MS 总离子流色谱图

图 19-20、图 19-21 和表 19-15 分别是制备酚醛树脂后兰炭废水的 GC-MS 总离子流色谱图、酚类物质定量分析图、主要有机物及其相对含量表。结合图和表可以发现，制备酚醛树脂后兰炭废水中主要有机物仅有 13 种，其中有 1 种烷烃（1）、5 种酯（6、7、11、12、

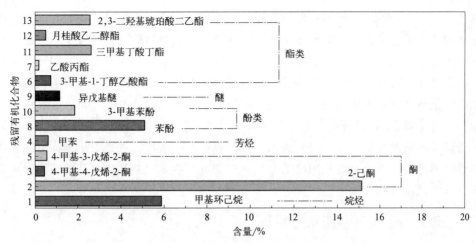

图 19-21 制备完酚醛树脂后兰炭废水有机物分析图

13）、1种芳烃（4）、2种酚（8、10）、3种酮（2、3、5）、1种醚（9）。通过对比制备酚醛树脂前后兰炭废水中有机物的含量可得，有机物含量由21种（如图19-3）降为13种（如图19-21），酚类物质大大减少，说明大多数酚类物质参加了反应，制备成了酚醛树脂。

（2）制备酚醛树脂后兰炭废水中游离酚、醛测定

对制备完酚醛树脂后的兰炭废水也进行了游离酚与游离醛的测定，测定方法如同酚醛树脂中酚、醛的测定。

处理前后兰炭废水颜色对比如图19-22所示，由于处理前和处理后废水的色度都相对较高，所以在进行兰炭废水水质分析时需要对试样进行一定的稀释。利用4-氨基反吡啶分光光度法测定资源化转化前后兰炭废水中苯酚的总含量分别为 1850.00mg/L 和 15.00mg/L，去除率为99.19%。而处理前的兰炭废水的 GC-MS 分析图谱（图19-2和表19-1）中未检测出醛类物质，乙酰丙酮分光光度法测定资源化转化后兰炭废水中甲醛含量为0.87mg/L，残留量达标，低于 GB 8978—1996 综合废水第三排放标准 5.00mg/L[142]。

前　　　　　　后

图 19-22　兰炭废水处理前后对比图

（3）制备酚醛树脂后兰炭废水的 COD、NH$_3$-N 测量

对兰炭废水资源化转化制备酚醛树脂前后的 COD 和 NH$_3$-N 也进行了测量，得出处理后 COD 和 NH$_3$-N 含量均有所下降，COD 含量由 27692mg/L 下降至 15380mg/L，NH$_3$-N 含量由 24770mg/L 下降至 9888mg/L，可见 COD 的去除率为 44.46%，NH$_3$-N 的去除率为 60.10%。由此可得，此法对兰炭废水 COD 和 NH$_3$-N 均有一定的去除效果，可为后续进一步的研究起到一定的参考作用。

19.6　兰炭废水中酚/氨组分的转化机制及产物热解动力学

众所周知，无机材料前驱体的品质直接决定了最后烧结产物的理化指标。这意味着在多孔炭制备过程中，相对于纯酚醛树脂作为炭质前驱体，兰炭废水基酚醛树脂在活化过程中形成的孔结构往往难以控制，兰炭废水中众多的酚类、氨氮类物质可能导致不同酚醛树脂炭质前驱体的炭化速度差异较大，进而对炭材料的孔道产生影响，导致制备的酚醛多孔炭形成天然的层次孔结构。因此，为了能更好地研究兰炭废水基酚醛树脂制备多孔炭的机制，选取兰炭废水中含量较高的几种酚类物质（苯酚、间甲酚、邻苯二酚、2,3-二甲基苯酚和2,6-二甲基苯酚）和含量最多的两种铵［NH_4Cl、$(NH_4)_2SO_4$］分别与甲醛反应制备单酚和混合酚酚醛树脂以及不同的乌洛托品，对制备的酚醛树脂以及乌洛托品进行表征，同时探究酚醛树脂炭质前驱体的转化机制、炭化速度的差异，以期进一步证明兰炭废水基酚醛树脂可为制备孔道丰富的多孔炭材料提供天然优势。

19.6.1　酚醛树脂与乌洛托品的制备

(1) 单酚酚醛树脂的制备

按照兰炭废水中各酚的百分含量，分别称取一定量的苯酚、间甲酚、邻苯二酚、2,3-二甲基苯酚和2,6-二甲基苯酚置于水热反应釜中，用氨水调节各溶液的pH值与制备酚醛树脂的兰炭废水pH值相同（即pH=9.5），加入一定量的甲醛溶液，将反应釜置于95℃的电热鼓风干燥箱中进行反应2h，采用真空泵对溶液抽滤，将滤饼在远红外干燥箱中干燥，即得酚醛树脂，取出后密封保存，供后续测定和分析。

(2) 混合酚酚醛树脂的制备

取五个反应釜分别放置一定量的苯酚，然后用移液管分别移取一定量的间甲酚、2,3-二甲基苯酚、邻苯二酚和2,6-二甲基苯酚以及按一定比例将这四种单酚混合的混合物置于各反应釜中，利用氨水调节pH值至9.5，然后加入一定量的甲醛，将反应釜放入电热鼓风干燥箱在95℃下反应2h，待其降至室温后取出，并将反应釜中样品搅匀后进行抽滤，取出滤纸上黏稠状样品，在60℃下放入远红外干燥箱烘12h，密封保存得到酚醛树脂样品，进行后续测定和分析。

(3) 单铵对应乌洛托品的制备

分别称取一定量的NH_4Cl、$(NH_4)_2SO_4$置于水热反应釜中，用氨水调节各溶液的pH值至9.5后，各加入一定量的甲醛溶液，在95℃的电热鼓风干燥箱中使其反应2h，待反应结束后自然冷却至室温，取出反应釜中样品放入真空干燥箱，温度调节为60℃，干燥12h，将干燥好的样品装入样品袋密封保存待用。

(4) 混铵对应的乌洛托品的制备

在水热反应釜中，将NH_4Cl、$(NH_4)_2SO_4$按一定比例均匀混合，然后用氨水调节各溶液的pH值为9.5，再加入一定量的甲醛溶液，在120℃的电热鼓风干燥箱中，使其反应2h后，自然冷却至室温，将样品放入真空干燥箱，温度调节为60℃，干燥12h，即可得到两种铵混合制备的乌洛托品样品。

19.6.2　单酚酚醛树脂的表征及热解动力学研究

选取兰炭废水中含量较高的苯酚、间甲酚、2,3-二甲基苯酚、邻苯二酚、2,6-二甲基苯酚等五种酚类物质分别与甲醛反应制备五种相对应的不同单酚的酚醛树脂，利用红外光谱和DTG-TG对制备的各酚醛树脂进行表征并对其热解动力学进行研究。

(1) 单酚生成酚醛树脂的红外光谱表征

图 19-23 为五种单酚制备的酚醛树脂的红外光谱图，表 19-16 为不同酚醛树脂对应的特征吸收峰位[143,144]。结合图 19-23 与表 19-16 可以看出，$3440cm^{-1}$ 处为酚羟基的吸收峰，$2919cm^{-1}$、$2869cm^{-1}$、$1460cm^{-1}$ 和 $1371cm^{-1}$ 处为亚甲基的吸收峰，$1616cm^{-1}$、$810cm^{-1}$、$756cm^{-1}$ 和 $667cm^{-1}$ 处为苯环的吸收峰。这些单酚制备的酚醛树脂的红外光谱图与标准酚醛树脂的红外光谱图的出峰位置都基本吻合[145]，证明所合成的物质就是酚醛树脂，但有些峰强度与标准酚醛树脂相比存在差异，其原因可能是不同前驱体酚苯环上的取代基种类、数目不同。

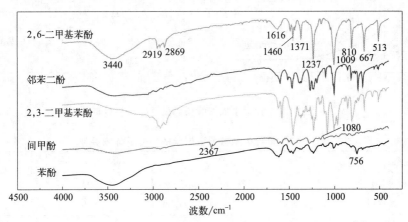

图 19-23　单酚酚醛树脂的红外光谱

表 19-16　酚醛树脂的特征吸收峰与峰位归属对应表

吸收峰/cm^{-1}	峰位归属	吸收峰/cm^{-1}	峰位归属
3300~3500	O—H 伸缩振动	1080	C—O—C 伸缩振动
2800~2950	亚甲基的 C—H 伸缩振动	1009	羟甲基的 C—O 伸缩振动
1616	苯环上的—C=C—伸缩振动	810	苯环上的 C—H 面外振动
1460	亚甲基弯曲振动	756	苯环上的 C—H 面外振动
1371	亚甲基弯曲振动	667	苯环上的 C—H 面外振动
1237	O—H 变角振动,C—O 伸缩振动		

(2) 单酚生成酚醛树脂的热分析表征

不同单酚生成酚醛树脂的 TG 和 DTG 曲线如图 19-24 所示，热分解参数如表 19-17 所示。结合图表可得，在 200~300℃时，邻苯二酚、2,3-二甲基苯酚以及 2,6-二甲基苯酚与甲醛生成的酚醛树脂开始热分解，而苯酚、间甲酚与甲醛反应所得到的酚醛树脂在 360℃ 以上才开始发生热分解，其原因可能是邻苯二酚、2,3-二甲基苯酚以及 2,6-二甲基苯酚的酚羟基邻位低温时已发生取代，致使与甲醛反应生成的线性聚合物具有交联结构，而苯酚、间甲酚的酚羟基邻、对位比较稳定，在高温才能发生取代，进而与甲醛反应生成交联结构的线性聚合物，而这些线性聚合物再发生缩聚反应才能生成酚醛树脂。通过对这五种酚醛树脂的最大失重率进行比较，发现苯酚、邻苯二酚与甲醛反应得到的酚醛树脂失重率最大仅为 30% 左右，间甲酚酚醛树脂失重率为 40%，但 2,3-二甲基苯酚、2,6-二甲基苯酚酚醛树脂失重率却高达 70% 以上，不同的酚类物质的失重率差异很大，造成这种现象的主要原因可能与酚类物质苯环上不同的取代基种类和数目的多少有关，致使得到的各酚醛树脂种类与性质有所差异，这为其作为炭质前驱体制备兼具大孔、中孔、微孔的层次孔结构多孔炭提供了可能。

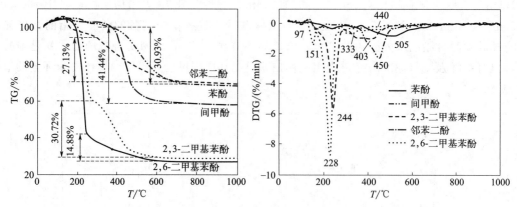

图 19-24　单种酚生成酚醛树脂的 TG、DTG 曲线

表 19-17　单种酚制备酚醛树脂的热分解详细参数

样品	T_s/℃	T_{max}/℃	T_e/℃	$(d\alpha/dt)_{max}$/(%/min)	Δw_{max}/%
苯酚酚醛树脂	396.72	522.12	627.91	0.831	34.52
邻苯二酚酚醛树脂	252.17	331.05	577.29	0.615	28.44
2,3-二甲基苯酚酚醛树脂	209.3	245.10	299.59	4.782	71.60
间甲酚酚醛树脂	364.34	449.61	493.62	1.913	47.66
2,6-二甲基苯酚酚醛树脂	198.59	233.7	318.51	5.233	81.40

（3）单酚生成酚醛树脂的热解动力学参数

非均相固体反应的动力学方程的表示如下：

$$\frac{dx}{dt} = K(T)(1-x)^n \tag{19-4}$$

式中　　x——失重率，%；

$K(T)$——温度函数；

n——反应级数。

转变分数 x 表示为：

$$x = \frac{w_z - w_t}{w_z - w_f} \tag{19-5}$$

式中　　w_z——初始质量，g；

w_t——t 时刻的质量，g；

w_f——残余质量，g。

温度函数 K（T）表示为：

$$K = Ae^{-\frac{E}{RT}} \tag{19-6}$$

式中　　E——反应活化能，kJ·mol^{-1}；

A——指前因子，min^{-1}；

R——摩尔气体常数，8.314J·(mol·K)$^{-1}$；

T——绝对温度，K。

在式(19-4) 中代入式(19-6)，可得：

$$\frac{\mathrm{d}x}{\mathrm{d}t}=A\,\mathrm{e}^{-\frac{E}{RT}}(1-x)^n \tag{19-7}$$

将升温速率 $\beta=\mathrm{d}T/\mathrm{d}t$ 代入式(19-7) 中可得：

$$\frac{\mathrm{d}x}{\mathrm{d}T}=\frac{A}{\beta}\,\mathrm{e}^{-\frac{E}{RT}}(1-x)^n \tag{19-8}$$

对式(19-8) 采用 Coats-Redfern 积分法进行拟合运算：

$n=1$ 时，

$$\ln\frac{-\ln(1-x)}{T^2}=\ln\frac{AR}{\beta E}\left(1-\frac{2RT}{E}\right)-\frac{E}{RT} \tag{19-9}$$

$n\neq 1$ 时，

$$\ln\frac{1-(1-x)^{1-n}}{T^2(1-n)}=\ln\frac{AR}{\beta E}\left(1-\frac{2RT}{E}\right)-\frac{E}{RT} \tag{19-10}$$

当 $2RT/E\ll 1$，则 $1-2RT/E\approx 1$。此时，$Y=\ln\dfrac{-\ln(1-x)}{T^2}$ 或 $Y=\ln\dfrac{1-(1-x)^{1-n}}{T^2(1-n)}$，

$X=1/T$。当 $n=1$ 时，用 $\ln\dfrac{-\ln(1-x)}{T^2}$ 值对 $1/T$ 值作图；当 $n\neq 1$ 时，用 $\ln\dfrac{1-(1-x)^{1-n}}{T^2(1-n)}$

值对 $1/T$ 值作图可得一条直线。通过拟合方程求出斜率 $-E/R$ 和截距 $\ln\dfrac{AR}{\beta E}\left(1-\dfrac{2RT}{E}\right)$，从而
计算出反应活化能 E 与指前因子 A。

图 19-25 为酚醛树脂的热解动力学拟合曲线，表 19-18 是由动力学拟合曲线得出的酚醛
树脂热解动力学参数。结合图 19-25 与表 19-18 可得，各单酚酚醛树脂的热分解为 2 级反应，
动力学拟合相关系数均大于 0.98。热分解区域主要有低温、高温两个区域，2,3-二甲基苯
酚、邻苯二酚以及 2,6-二甲基苯酚在高温段的反应活化能要低于低温段的反应活化能，这
是因为高温有利于热分解反应的进行，因此反应物分子在高温条件下转化成活化分子所需的
能量低于低温条件时所需的能量，致使酚醛树脂在高温条件下反应转化率较高。而苯酚、间
甲酚在高温条件下的活化能高于低温条件下的活化能，其原因是苯酚与间甲酚的酚羟基邻、
对位更活跃，致使低温时就已经反应完全。从表 19-18 发现，由苯酚、间甲酚、邻苯二酚、

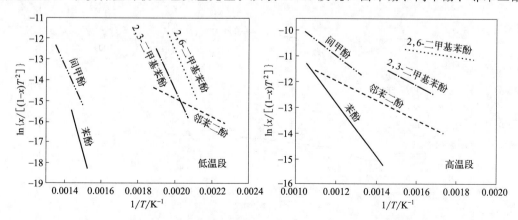

图 19-25 单种酚生成酚醛树脂的热解动力学拟合曲线

2,3-二甲基苯酚以及2,6-二甲基苯酚生成的酚醛树脂在高温时,反应活化能逐渐减小,意味着反应越容易。这可能是由于在低温时,苯酚、间甲酚苯环上邻、对位的酚羟基未取代,而邻苯二酚、2,3-二甲基苯酚以及2,6-二甲基苯酚的邻位酚羟基已被取代,与甲醛反应生成具有交联结构的线型聚合物,进而发生缩聚反应后生成不能继续固化的酚醛树脂。因此,在同一温度下,邻苯二酚、2,3-二甲基苯酚以及2,6-二甲基苯酚比苯酚、间甲酚需要的活化能高,即反应活化能也相应增高。证实不同酚制备的酚醛树脂的热解速率差异较大。

表 19-18　单种酚生成酚醛树脂的热解动力学参数

样品	$T/℃$	A/min^{-1}	$E/(kJ/mol)$	n	R^2
苯酚酚醛树脂	403~527	1273.89	64.82	2	0.9858
	527~742	$1.85×10^5$	95.50	2	0.9803
邻苯二酚酚醛树脂	234~329	22.37	35.82	2	0.9847
	376~547	7.69	30.59	2	0.9903
2,3-二甲基苯酚酚醛树脂	181~259	$1.25×10^{10}$	107.82	2	0.9975
	441~627	4771.98	53.58	2	0.9837
间甲酚酚醛树脂	352~436	6785.80	65.85	2	0.9938
	462~490	$2.08×10^{10}$	149.20	2	0.9969
2,6-二甲基苯酚酚醛树脂	196~250	$2.18×10^{11}$	118.51	2	0.9971
	337~553	146.58	29.03	2	0.9859

19.6.3　混合酚酚醛树脂的表征及热解动力学研究

将苯酚分别与间甲酚、邻苯二酚、2,3-二甲基苯酚、2,6-二甲基苯酚以及这五种单酚物质按照一定比例均匀混合,分别加入一定量的甲醛溶液制备出五种相对应的酚醛树脂。利用原位红外分析仪对各酚醛树脂进行红外测定,用DTG-TG对不同的酚醛树脂和标准酚醛树脂的热重和热解动力学分别进行研究。

(1) 混合酚生成酚醛树脂的红外光谱表征

图19-26为酚醛树脂的红外光谱图,表19-19为酚醛树脂特征吸收峰与峰位归属对应表,由图中可以看出,$3438cm^{-1}$、$2912cm^{-1}$、$1618cm^{-1}$处分别对应于酚羟基、亚甲基、

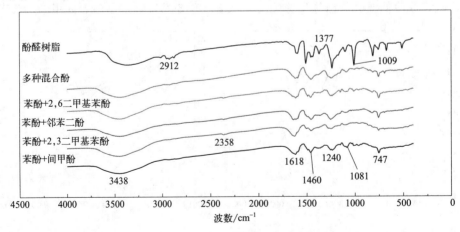

图 19-26　混合酚生成酚醛树脂的红外光谱图

苯环的吸收峰。与标准酚醛树脂的红外光谱图进行对比，发现这些酚醛树脂在红外光谱图中的吸收峰位置与之基本吻合，可以确定合成的这些物质是酚醛树脂。一些峰强度的差异，可能与前述单酚生成的酚醛树脂一样，由选取酚试剂的取代基种类及数目不同所致。

表 19-19　混合酚生成酚醛树脂红外特征吸收峰对应表

吸收峰/cm^{-1}	峰位归属	吸收峰/cm^{-1}	峰位归属
3438	O—H 伸缩振动	1240	O—H 变角振动，C—O 伸缩振动
2912	亚甲基的 C—H 伸缩振动	1081	C—O—C 伸缩振动
1618	苯环上的—C≡C—伸缩振动	1009	羟甲基的 C—O 伸缩振动
1460	亚甲基弯曲振动	747	苯环上的 C—H 面外振动
1377	亚甲基弯曲振动		

(2) 混合酚生成的酚醛树脂的热重分析

图 19-27 和表 19-20 为混合酚生成酚醛树脂的 TG、DTG 曲线图及热解特性参数表。从图表可得，苯酚、2,6-二甲基苯酚的混合酚与甲醛反应得到的酚醛树脂开始热解时所需的温度最高，当热解温度达到 504℃ 时热解速率达到最大，617℃ 时热解结束，且失重率最小。苯酚与邻苯二酚组成的混合酚与甲醛反应生成的酚醛树脂开始热解时所需的温度最低，热解速率最大时其热解温度在所有混合酚生成的酚醛树脂中最低，热解结束时温度却达到最高，为 623℃。混合酚不同失重率也差异较大，原因与前述相同，由不同酚类物质苯环上取代基的种类和数目不同所致。由 TG 曲线可得，所有样品开始时的失重现象均趋于较为平滑的下降趋势，可能是酚醛树脂与水分进一步缩合所致。在热解的主要阶段内，刚开始失重率大幅度下降，而后曲线趋于平缓，表明平缓阶段内的化学反应较少，质量损失也不大，但是所需的热量却极高[146]。

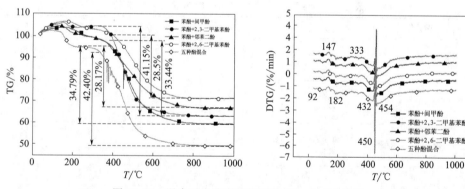

图 19-27　混合酚生成酚醛树脂的 TG、DTG 曲线

表 19-20　混合酚生成酚醛树脂的热解特性参数表

反应体系酚类化合物	T_s/℃	T_{max}/℃	T_e/℃	$(d\alpha/dt)_{max}$/(%/min)	Δw_{max}/%
苯酚＋间甲酚	371.64	450.75	580.48	5.584	40.25
苯酚＋邻苯二酚	337.67	395.12	623.12	0.700	33.21
苯酚＋2,3-二甲基苯酚	396.49	456.91	536.25	1.475	37.34
苯酚＋2,6-二甲基苯酚	414.27	503.88	617.19	0.860	26.14
五种酚混合	346.56	448.02	523.03	1.830	37.29

(3) 混合酚生成的酚醛树脂的热解动力学参数

多种酚生成酚醛树脂的热解动力学参数拟合曲线如图 19-28 所示，表 19-21 为混合酚生成酚醛树脂的热解动力学参数表。从表可得，高温段时，苯酚与间甲酚、邻苯二酚、2,3-二甲基苯酚、2,6-二甲基苯酚混合生成的酚醛树脂所需的活化能低于低温段，其原因是高温时有利于酚类物质苯环上的酚羟基取代，得到交联结构线性聚合物，缩聚即得酚醛树脂。而五种单酚混合生成的酚醛树脂高温时所需活化能反而最高，其原因可能是不同的酚类物质之间相互交联影响相互作用，致使其在低温就有部分的酚醛树脂生成。结合图 19-28 和表 19-21 可得，不同酚混合与甲醛反应所得酚醛树脂的热解都是 2 级热解反应，动力学拟合的相关系数均在 0.98 以上。相比单酚得到的酚醛树脂，混合酚生成的酚醛树脂的活化能普遍较高，表明混合酚生成的酚醛树脂的交联度更高。

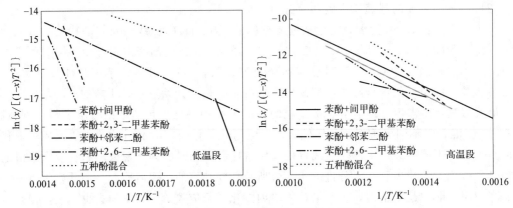

图 19-28　多种酚生成酚醛树脂的动力学参数拟合曲线

表 19-21　多种酚生成酚醛树脂的热解动力学参数

反应体系酚类化合物	$T/℃$	$E/(kJ/mol)$	A/min^{-1}	n	R^2
苯酚＋间甲酚	258~270	334.13	$3.32×10^{10}$	2	0.9811
	270~727	70.90	7119.18	2	0.9942
苯酚＋邻苯二酚	253~436	52.73	0.742	2	0.9904
	441~560	37.07	7.19	2	0.9985
苯酚＋2,3-二甲基苯酚	393~411	326.97	$1.99×10^{10}$	2	0.9969
	411~496	123.85	$8.33×10^{7}$	2	0.9979
苯酚＋2,6-二甲基苯酚	403~431	283.36	$1.38×10^{10}$	2	0.9878
	441~560	95.07	$1.84×10^{5}$	2	0.9983
五种酚混合	312~360	36.11	$5.25×10^{2}$	2	0.9982
	441~560	83.00	$1.51×10^{5}$	2	0.9951

19.6.4　单铵/混铵乌洛托品的表征及热解动力学研究

选取兰炭废水中含量较高的氯化铵、硫酸铵以及这两种的混合铵分别与甲醛反应制备不同的乌洛托品，利用红外光谱对这些生成的乌洛托品进行红外分析，利用 DTG-TG 对制备的这些乌洛托品的热重和热解动力学分别进行研究。

(1) 乌洛托品红外表征

图 19-29 是乌洛托品的红外光谱图，表 19-22 为乌洛托品的特征吸收峰与峰位归属表。结合图 19-29 和表 19-22 可以明显看出，在 $3176cm^{-1}$、$1616cm^{-1}$、$873cm^{-1}$、$1300\sim1000cm^{-1}$ 和 $815cm^{-1}$ 处存在铵的吸收峰，亚甲基的吸收峰在 $1402cm^{-1}$。与标准乌洛托品的红外光谱图对比，发现出峰位置基本吻合[147]，因此可确定实验制备出来的物质就是乌洛托品。测得的样品在某些峰的位置及强度上有所差异，可能是由样品与 KBr 的混合比例、压片厚度不同以及反应物中含有杂质引起的。

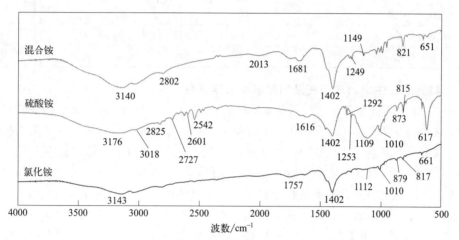

图 19-29　乌洛托品的红外光谱

表 19-22　乌洛托品的特征吸收峰与峰位归属

吸收峰/cm^{-1}	峰位归属	吸收峰/cm^{-1}	峰位归属
3176	N—H 伸缩振动	1402	亚甲基剪式振动
3018	C—H 伸缩振动	1300~1000	C—N 伸缩振动
2825	醛基 C—H 伸缩振动	873	N—H 面外弯曲振动
2727	醛基 C—H 伸缩振动	815	N—H 面外弯曲振动
1616	N—H 变形振动		

(2) 单铵/混铵生成的乌洛托品的热重分析

图 19-30 是不同铵制备的乌洛托品的 TG 和 DTG 曲线图，表 19-23 是根据不同铵制备

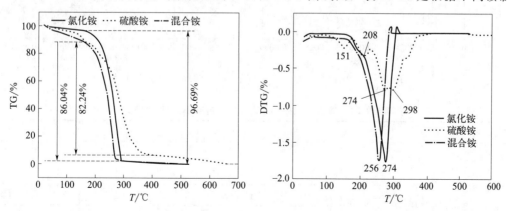

图 19-30　单铵/混铵生成乌洛托品的 TG、DTG 曲线

的乌洛托品的 TG 和 DTG 曲线求出的热分解特性参数。硫酸铵、氯化铵、混合铵与甲醛反应制备乌洛托品过程中，在约 150℃ 以前是内部脱水过程，在 160～300℃ 左右失重率可达 96％ 左右，这是由各乌洛托品分解所造成的，氯化铵和混合铵制备的乌洛托品在 500℃ 左右完全分解，而硫酸铵制备的乌洛托品在 680℃ 左右完全失重。从 DTG 曲线也可以看出硫酸铵的分解速率小于氯化铵和混合铵，说明硫酸铵合成的乌洛托品更稳定。

表 19-23　单铵/混铵乌洛托品的热分解参数

样品	$T_s/℃$	$T_{max}/℃$	$T_e/℃$	$(d\alpha/dt)_{max}/(\%/min)$	$\Delta w_{max}/\%$
氯化铵乌洛托品	223	272	293	1.76	100
硫酸铵乌洛托品	224	275	357	0.78	100
混合铵乌洛托品	215	255	275	1.75	100

(3) 单铵/混铵生成的乌洛托品的热解动力学参数

图 19-31 是不同铵制备乌洛托品的动力学拟合曲线，表 19-24 是不同铵制备的乌洛托品在反应区域的动力学参数。结合图 19-31 与表 19-24 可以得出，不同铵制备的乌洛托品的热分解反应均为 2 级反应，并且动力学拟合相关系数都在 0.98 以上，通过比较不同铵制备的乌洛托品在高温和低温区域的热分解可得，高温段反应所需要的活化能要高于低温段反应所需要的活化能，这是因为高温下的热分解反应需要更多的热量，所以在高温区域下反应物分子转化成活化分子所需的能量大于低温区域下所需的能量。与表 19-21 对比可得，混合酚在 441～560℃ 反应活化能为 83kJ/mol，混合铵在 62～175℃ 反应活化能为 8.7kJ/mol、287～394℃ 反应活化能为 24kJ/mol，由此可得制备酚醛树脂过程中，兰炭废水中的氨类化合物作为催化剂先与甲醛进行反应，然后催化甲醛与废水中的酚类化合物进行反应，同时也证实了制备的酚醛树脂是热固性酚醛树脂，与前述观点一致。

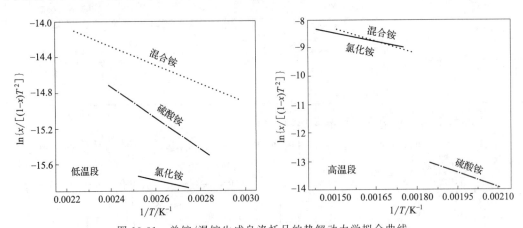

图 19-31　单铵/混铵生成乌洛托品的热解动力学拟合曲线

表 19-24　单铵/混铵生成乌洛托品的热解动力学参数

样品	$T/℃$	$E/(kJ/mol)$	A/min^{-1}	n	R^2
氯化铵乌洛托品	39～82	4.5	1.32×10^{-6}	2	0.9955
	84～144	17.3	1.33×10^{-1}	2	0.9965
硫酸铵乌洛托品	90～152	14.6	5.56×10^{-4}	2	0.9886
	296～423	28.5	6.25×10^{-2}	2	0.9989

样品	$T/℃$	$E/(kJ/mol)$	A/min^{-1}	n	R^2
混合铵乌洛托品	62～175	8.7	$5.76×10^{-5}$	2	0.9940
	287～394	24.0	$6.63×10^{-1}$	2	0.9963

19.7　本章小结

① 利用兰炭废水中含有的大量酚类、氨氮类化合物与甲醛反应，资源化制备酚醛树脂，研究了废水 pH 值、反应时间、反应温度、甲醛加入量等条件对制备酚醛树脂质量的影响，并利用响应曲面法对制备酚醛树脂的条件进行了优化：废水 pH 为 9.59、反应时间为 2h、反应温度为 95℃、甲醛加入量为 1.20mL。可制得酚醛树脂 2.1811g。

② 兰炭废水衍生的酚醛树脂固含量为 94.25%，残炭率为 40.02%，凝胶时间为 92s，黏度为 $1.50×10^4$ mPa·s，游离酚为 0.026mg/g，游离醛为 0.0005mg/g，符合酚醛多孔炭作炭质前驱体的要求。此外，SEM 观察整体呈球形，红外光谱、TG-DSC 表征发现性质也与商用酚醛树脂相近。

③ 选取兰炭废水中的主要酚类、氨类物质分别与甲醛反应制备单酚/混酚酚醛树脂、单铵/混铵乌洛托品，在对这些物质对比表征的同时，研究它们的热解动力学，证明兰炭废水中的酚类、氨类物质形成的各种酚醛树脂、乌洛托品炭质前驱体热分解速率差异较大，可为制备层次孔结构的酚醛多孔炭提供天然优势。

④ 在实验室 80mL 兰炭废水实验基础上，对 40L 兰炭废水进行资源化转化放大，得到酚醛树脂 0.86kg。制备酚醛树脂后兰炭废水的 COD 去除率为 44.46%，NH_3-N 去除率为 60.10%，游离酚去除率为 99.19%，游离醛残留量 0.87mg/L，符合相关国家标准，同时经济效益可观，证明兰炭废水资源化制备酚醛树脂的方案可行。

第**20**章
KOH活化对酚醛多孔炭结构及性能调控

本实验利用KOH作为活化剂，上述兰炭废水基混合酚醛树脂为炭质前驱体，采用一步炭化-活化法制备酚醛多孔炭，探索不同碱脂比、炭化-活化时间、炭化-活化温度等因素对酚醛多孔炭性能的影响，利用碘吸附值和比电容对制备的酚醛多孔炭的性能进行评价，利用响应曲面法对酚醛多孔炭的制备条件进行优化，进而确定酚醛多孔炭的最佳制备条件，最后采用扫描电镜、比表面积及孔径分析、X射线衍射、电容性能分析等测试手段，探究其孔径分布状况、形貌特征以及电化学性能。从理论和实验相结合的角度系统研究酚醛多孔炭电化学性能的影响因素以及造孔机制，以期为推进兰炭废水资源化制备酚醛多孔炭的研究进程提供理论依据。

20.1　实验流程

以KOH作为活化剂活化兰炭废水基酚醛树脂制备酚醛多孔炭，实验流程如图20-1所示。

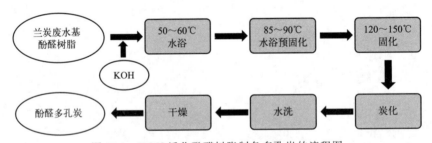

图20-1　KOH活化酚醛树脂制备多孔炭的流程图

称取一定量的酚醛树脂粉末于一定体积的KOH水溶液中浸渍24h，使其充分浸渍均匀，然后再加入一定质量的氢氧化钾。之后在110℃条件下干燥，将干燥好的浸渍物料放入管式炉内，在惰性气体N_2保护下，以5℃/min的升温速度加热到所需活化温度，当温度达到预设温度后保持一定的时间，待炭化-活化结束后，继续在通N_2情况下，给管式炉降温至100℃左右，取出活化好的样品。将活化后的样品用一定浓度的HCl在磁力搅拌器上搅拌并加热保持20min左右，再用蒸馏水冲洗炭化-活化后的物料直至呈中性。洗涤结束后再进行抽滤，将抽滤后的样品在110℃的烘箱中干燥，待样品干燥后降至室温，装入密封袋，进行吸附、电性能等测试。

20.2 制备条件对酚醛多孔炭性能的影响

20.2.1 碱脂比对酚醛多孔炭性能的影响

炭化-活化温度为800℃，炭化-活化时间为1h，对KOH与酚醛树脂的比例分别为2:1、2.5:1、3:1、3.5:1、4:1、4.5:1制备的多孔炭试样进行碘吸附和比电容实验测试，考察KOH与酚醛树脂比例的不同对酚醛多孔炭吸附性能和比电容的影响。测试结果如图20-2所示。

图20-2为KOH与酚醛树脂的不同比例对酚醛多孔炭吸附性能和比电容的影响。由图可以看出，酚醛多孔炭对碘的吸附值和比电容随着碱脂比的增加均呈现出先增大后减小的趋势，当KOH与酚醛树脂的比例为3:1时，多孔炭对碘的吸附值和比电容值均达到最大，分别为1465.8mg/g、291.5F/g。其原因可能是在炭化-活化过程中，当KOH与酚醛树脂的比例小于3:1时，活化剂KOH与酚醛树脂中的碳活性点反应比较弱，抑制了焦油的产生。此过程中

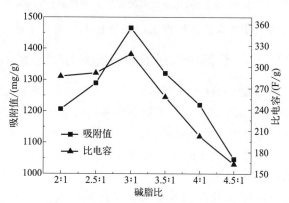

图20-2 碱脂比对酚醛多孔炭性能影响

主要是物料中非碳元素的其他挥发性物质的挥发，也就是说在此过程中主要是开孔，孔结构主要是刚生成的微孔。随着KOH与酚醛树脂的比例的增加，当比例超过3:1时，部分孔会塌陷，其原因是过量的KOH会与支撑孔隙的碳骨架反应，其对多孔炭的开孔起到抑制作用，进而导致多孔炭的比表面积减小，从而使酚醛多孔炭的吸附性能和比电容都有所降低。

20.2.2 炭化-活化温度对酚醛多孔炭性能的影响

选取KOH与酚醛树脂比例为3:1，炭化-活化时间为1h，炭化-活化温度分别为700℃、750℃、800℃、850℃、900℃的多孔炭进行碘吸附和比电容测试，炭化-活化温度对酚醛多孔炭吸附性能和比电容的影响如图20-3所示。

图20-3为炭化-活化温度对酚醛多孔炭吸附性能和比电容的影响图。由图可以看出，随着炭化-活化温度由700℃不断增加到900℃，多孔炭对碘的吸附能力和比电容均呈现先增大后减小的趋势，在800℃时吸附值达到最大为1458.9mg/g，850℃时比电容达到最大为314F/g。这可能是由于在温度低于700℃时，酚醛树脂中的炭质与KOH反应剧烈，生成的CO_2以及非碳元素挥发性物质的挥发，导致形成了一定数量的微孔。随着比表面积的增加，吸附能力也增强，并在800℃时达到峰值。然而随着炭化-活化温度的继续增加，当温度大于800℃时，酚醛树脂中的炭质与KOH的过度反应，使得微孔不断扩大，进而形成中孔甚至大孔，同时孔的增大也使开孔受到抑制，致使多孔炭的比表面积减小，对碘的吸附性能也

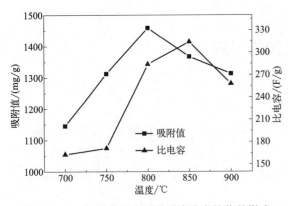

图 20-3　炭化-活化温度对酚醛多孔炭性能的影响

随之下降。此外，随着温度的继续增加，杂原子自掺杂将发挥作用，产生的更多微孔为电解液离子提供更多的活性位点，提升了多孔炭的电容性能。但当温度高于 850℃ 时，杂原子官能团分解，在 KOH 活化下，N 原子自掺杂形成的吡咯基 N（N-5）和吡啶基 N（N-6）开始向第四系 N（N-Q）转换，同时在惰性 N₂ 气氛下，KOH 与 C 反应生成的 K₂O 也与碳发生反应被还原为 K，而碳元素以 CO_2 或 CO 逸出，使多孔炭孔结构由微孔向中孔和大孔方向发展，致使比电容有所下降。

20.2.3　恒温时间对酚醛多孔炭性能的影响

选取 KOH 与酚醛树脂比例为 3∶1，炭化-活化温度为 850℃，炭化-活化时间分别为 0.5h、1h、1.5h、2h 下制备的多孔炭进行碘吸附和比电容测试，考察炭化-活化时间对多孔炭吸附性能和比电容的影响，实验结果如图 20-4 所示。

图 20-4 为不同炭化-活化时间对多孔炭性能的影响图。图中明显可以看出，随着炭化-活化时间的增加，多孔炭的吸附能力和比电容均呈现出先增加后减小的趋势。这可能是由于随着炭化时间的不断延长，炭质不断地烧失，大量挥发性物质也不断地挥发，使得闭塞的孔洞得以打开。同时由于物料与活化剂的反应，导致不断有新的孔洞生成，开孔和扩孔同时进行，致使多孔炭的比表面积不断增加，对碘的吸附值和比电容也随之增加。当炭化-活化时间为 1h 时，多

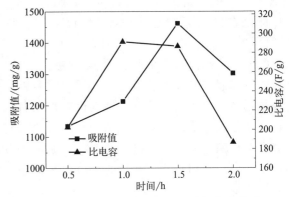

图 20-4　炭化-活化时间对多孔炭性能的影响

孔炭比电容达到最大，其值为 291.50F/g；当炭化-活化时间为 1.5h 时，多孔炭吸附能力达到最大，吸附值为 1461.83mg/g。而当炭化-活化时间继续增加时（＞1.5h），多孔炭的比电容以及对碘的吸附能力都有所降低，其原因可能是炭质的过度烧失，使得活性炭的孔洞之间的隔壁不断变薄直至连通，导致孔洞扩大，由微孔变为中孔甚至大孔，因此，多孔炭的比表面积下降，对碘的吸附性能和比电容也随之下降。此外，从图中还可以发现，比电容和吸附值的最佳炭化-活化时间存在差异，其原因是随着炭化-活化时间的延长，多孔炭中的自掺杂杂原子 N、S、O 基团会分解，致使比电容在 1.5h 比 1h 略微降低。

20.2.4　KOH 活化酚醛树脂制备多孔炭的响应曲面优化

(1) 响应曲面设计

利用 Design Expert 软件，运用响应曲面法 Box-Behnken Design（BBD）对酚醛多孔炭

制备过程中碱脂比、炭化-活化时间、炭化-活化温度等三因素三水平进行优化研究，设计的水平范围为碱脂比 $2\sim4$，炭化-活化温度 $700\sim900℃$，炭化-活化时间 $0.5\sim2.0h$，分别用 A、B、C 来表示，并且用 -1、0、1 代表各自变量的高低，酚醛多孔炭的碘吸附值和比电容分别作为本实验的考察指标，进行中心组实验设计，对实验条件进行优化。实验因素及自变量水平如表 20-1 所示。

表 20-1　实验因素及自变量水平编码

因素	水平		
	-1	0	1
A:碱脂比/(g/g)	2	3	4
B:温度/℃	700	800	900
C:时间/h	0.5	1	2

（2）响应曲面模型及回归方程显著性检验

采用响应曲面法设计的实验数据如表 20-2。通过软件对实验得到的真实数据进行回归分析即得预测值。预测值与真实数据的对应关系如图 20-5 所示。

表 20-2　响应曲面法设计与实验结果

编号	因素			碘吸附值/(mg/g)		相对误差/%	比电容/(F/g)		相对误差/%
	A	B	C	真实值	预测值		真实值	预测值	
1	-1	-1	0	1046.34	1047.10	-0.07	182.80	184.24	-0.25
2	1	-1	0	1201.87	1195.36	0.54	77.54	77.26	0.11
3	-1	1	0	1300.82	1307.33	-0.50	194.36	194.64	0.00
4	1	1	0	978.02	977.26	0.08	87.60	86.16	-0.17
5	-1	0	-1	1333.91	1325.44	0.63	236.02	235.16	0.31
6	1	0	-1	1208.37	1207.17	0.10	95.73	96.59	-0.75
7	-1	0	1	1276.42	1277.62	-0.09	189.47	188.61	1.01
8	1	0	1	1205.62	1214.09	-0.70	110.88	111.74	-0.71
9	0	-1	-1	1289.47	1297.18	-0.60	84.23	83.65	0.69
10	0	1	-1	1340.18	1342.14	-0.15	81.47	82.05	-0.77
11	0	-1	1	1302.58	1300.62	0.15	57.28	56.70	0.45
12	0	1	1	1305.5	1297.79	0.59	77.03	77.61	-0.89
13	0	0	0	1457.22	1452.95	0.29	324.30	323.30	0.36
14	0	0	0	1436.67	1452.95	-1.13	322.76	323.30	1.64
15	0	0	0	1467.22	1452.95	0.97	323.30	323.30	-0.14
16	0	0	0	1448.23	1452.95	-0.33	323.65	323.30	0.35
17	0	0	0	1455.42	1452.95	0.17	322.50	323.30	-0.79

根据表 20-2 可以发现，多孔炭的碘吸附值和比电容的预测值与真实值的误差均小于 5%。真实数据分布与预测数据分布基本吻合（如图 20-5），这都表明建立的模型可行，可以预测酚醛多孔炭制备过程中的优化条件。

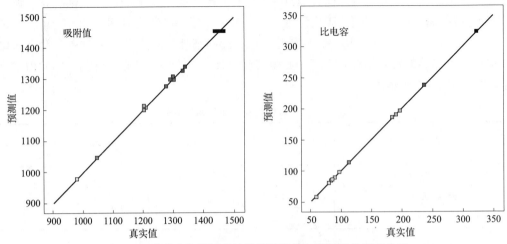

图 20-5　酚醛多孔炭制备过程的真实值与预测值的对应关系

表 20-3　碘吸附值的回归方程系数及其显著性检验

项目	系统估计	标准差	平方和	均方	F	P	显著值
模型	—	—	3.149×10^5	34989.35	280.25	<0.0001	显著
失拟项	—	—	358.68	119.56	0.9281	0.5046	不显著
截距	1452.95	5.00	—	—	—	—	—
A	−45.45	3.95	16526.53	16526.53	132.37	<0.0001	显著
B	10.53	3.95	887.47	887.47	7.11	0.0322	显著
C	−10.23	3.95	836.61	836.61	6.70	0.0360	显著
AB	−119.58	5.59	57199.90	57199.90	458.14	<0.0001	显著
AC	13.69	5.59	749.12	749.12	6.00	0.0441	显著
BC	−11.95	5.59	570.97	570.97	4.57	0.0698	不显著
A^2	−187.27	5.45	1.477×10^5	1.477×10^5	1182.72	<0.0001	显著
B^2	−133.92	5.45	75512.27	75512.27	604.82	<0.0001	显著
C^2	−9.60	5.45	388.12	388.12	3.11	0.1212	显著
R^2				0.9972			

　　将表 20-2 中的碘吸附数据二次多项回归拟合，即得碘吸附值的回归方程系数及显著性检验分析结果，如表 20-3 所示。回归均方差与误差均方差的比值用 F 表示，其所对应的概率用 P 表示。由表可得，回归模型的 P 值小于 0.05，其对模型影响显著，失拟项大于 0.05，表明二次多项式回归模型正确。而碘吸附值的回归模型中其 P 值是 0.5046，可见模型失拟项不显著，说明用其进行实验模拟可行。对碘吸附值回归方程中 A、B、C、AB、AC、A^2、B^2、C^2 影响显著，酚醛多孔炭碘吸附值 y_1 的二元多项式回归方程为：

$$y_1 = 1452.95 - 45.45A + 10.53B - 10.23C - 119.58AB + 13.69AC$$
$$-11.95BC - 187.27A^2 - 133.92B^2 - 9.60C^2 \qquad (20-1)$$

　　将表 20-2 中的比电容数据进行二次多项回归拟合，回归方程系数和显著性检验结果如表 20-4 所示。表中 P 值小于 0.05 时，失拟项大于 0.05，说明其对模型影响显著，二次多项式回归模型正确。比电容的回归模型中其 P 值为 0.065，说明模型失拟项不显著，可用于实验的模拟。比电容回归方程中 A、B、C、AC、BC、A^2、B^2、C^2 影响显著，比电容 y_2 的二元多项式回归方程为：

$$y_2 = 323.30 - 53.86A + 4.83B - 7.85C - 0.3748AB + 15.43AC$$
$$+ 5.63BC - 52.35A^2 - 135.37B^2 - 112.92C^2 \qquad (20\text{-}2)$$

此外，酚醛多孔炭碘吸附值 y_1 的回归方程的相关系数 R^2 为 0.9972，比电容 y_2 的回归方程的相关系数 R^2 为 0.9994，表明 99.72% 的碘吸附值和 99.94% 的比电容可用此模型模拟。因此，可以利用此模型预测制备酚醛多孔炭的最佳工艺条件。

表 20-4　比电容的回归方程系数及其显著性检验

项目	系统估计	标准差	平方和	均方	F	P	显著值
模型	—	—	1.815×10^5	20168.04	13295.31	<0.0001	显著
失拟项	—	—	8.56	2.85	5.56	0.065	不显著
截距	323.30	0.5508	—	—	—	—	—
A	-53.86	0.4354	23209.51	23209.51	15300.33	<0.0001	显著
B	4.83	0.4354	186.33	186.33	122.83	<0.0001	显著
C	-7.85	0.4354	492.82	492.82	324.88	<0.0001	显著
AB	-0.3748	0.6158	0.5618	0.5618	0.3703	0.5620	不显著
AC	15.43	0.6158	951.72	951.72	627.40	<0.0001	显著
BC	5.63	0.6158	126.68	126.68	83.51	<0.0001	显著
A^2	-52.35	0.6002	11539.95	11539.95	7607.44	<0.0001	显著
B^2	-135.37	0.6002	77163.24	77163.24	50868.07	<0.0001	显著
C^2	-112.92	0.6002	53692.81	53692.81	35395.74	<0.0001	显著
R^2	0.9994						

(3) 响应曲面分析

为了确定酚醛多孔炭作为电极材料的最佳制备条件，根据制备酚醛多孔炭的模型和二元回归方程式拟合，绘制出如下的响应曲面和等高线图（图 20-6～图 20-8），各因素及其交互作用对酚醛多孔炭的碘吸附值和比电容的影响可以通过该图直观地反映出来。

1）碱脂比和炭化-活化温度的交互效应

图 20-6 是碱脂比和炭化-活化温度对酚醛多孔炭吸附性能和比电容的交互效应。从响应曲面图可得，不同碱脂比和炭化-活化温度都对酚醛多孔炭的吸附性能和比电容产生了重要的影响，无论是随着碱脂比增加还是随着炭化-活化温度增加，它们对酚醛多孔炭的吸附性能和比电容的影响都呈现出先增加后减小的趋势。明显下降的趋势碱脂比出现在 3.5～4.0，炭化-活化温度出现在 850～900℃。但通过等高线分析发现，两者之间存在一个对碘吸附值和比电容最优的区域，对碘吸附值和比电容的交互区域炭化-活化温度均在 750～850℃，对碘吸附值的碱脂比范围为 2.5～3.5 之间，对比电容的碱脂比交互区域范围在 2.0～3.0，通过对比单因素实验结果以及综合考虑对碘吸附值和比电容同时作用的影响，最优区域选择炭化-活化温度为 750～850℃，碱脂比为 2.0～3.5 之间所围成的椭圆形深红色区域。在这个区域里，酚醛多孔炭的碘吸附值为 1400mg/g，比电容为 323.59F/g。

2）炭化-活化温度、炭化-活化时间的交互效应

图 20-7 是炭化-活化温度、炭化-活化时间对酚醛多孔炭性能的交互效应。从响应曲面图

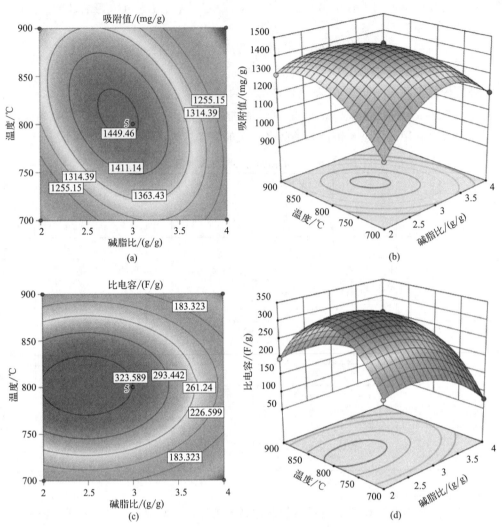

图 20-6　碱脂比、温度对吸附值和比电容的交互效应［（a）（c）为等高线图，（b）（d）为响应曲面图］

可以发现，无论是随着炭化-活化时间增加还是随着炭化-活化温度的增加，它们对酚醛多孔炭的吸附性能和比电容的影响都呈现出先增加后减小的趋势。但是二者相比较，炭化-活化温度对酚醛多孔炭性能的影响比较大一些，明显的下降趋势出现在炭化-活化温度 850℃左右。由图 20-7 的等高线图可得，炭化-活化温度、炭化-活化时间的交互作用对酚醛多孔炭性能的影响存在一个最优的区域，即炭化-活化温度在 800℃左右，炭化-活化时间在 1h 左右所围成的椭圆形深红色区域。在此区域内，酚醛多孔炭的碘吸附值可达 1450mg/g，比电容为293.44F/g。此外，从等高线图中还可以明显地看到炭化-活化温度和时间对比电容的影响远大于对碘吸附值的影响，其原因是试验用的酚醛树脂为混合酚醛树脂，温度的升高和时间的延长致使多孔炭中自掺杂的 N、O、S 等杂原子基团分解和挥发现象严重，而这些原子恰好有助于提高电极材料的电性能，但其对碘吸附值的影响甚微，这是因为碘吸附主要靠多孔炭表面的物理吸附和内部的化学吸附完成。

　　3）碱脂比、炭化-活化时间的交互效应

　　图 20-8 为碱脂比、炭化-活化时间对酚醛多孔炭性能的交互效应图。从响应曲面图可以

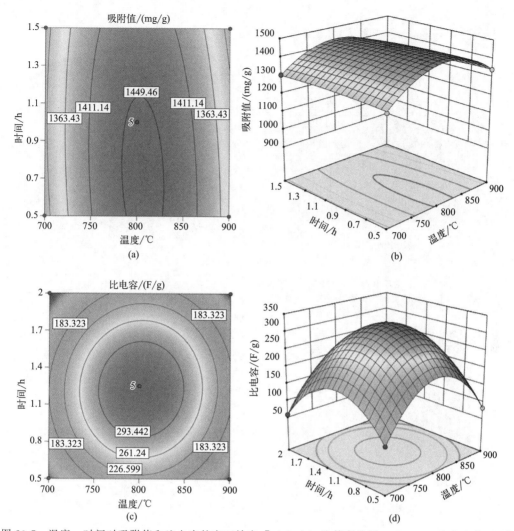

图 20-7　温度、时间对吸附值和比电容的交互效应〔（a）（c）为等高线图，（b）（d）为响应曲面图〕

发现，该影响与炭化-活化温度、时间对酚醛多孔炭性能的影响类似。炭化-活化时间与碱脂比相比较，对酚醛多孔炭性能的影响较小，随着炭化-活化时间的增加，酚醛多孔炭吸附值变化不明显，比电容却呈现出先增加后减小的趋势（1.1～1.3h 左右开始下降），而随着碱脂比的增加，酚醛多孔炭吸附值和比电容均呈现出先增加后降低的趋势，明显的下降趋势出现在碱脂比 3.5 左右。碱脂比、炭化-活化时间对酚醛多孔炭碘吸附值和比电容的影响，也存在着交互作用区域。对多孔炭吸附值和比电容的交互区域碱脂比范围在 2.5～3.2，炭化-活化时间为 1h 左右所围成的深红色椭圆形区域，在此区域内，碘吸附值可达到 1457.22mg/g，比电容达到 320.90F/g。但对比图 20-6、图 20-7 可以发现，该区域内的红色相对于图 20-6、图 20-7 较深且该区域呈现椭圆形，说明碱脂比、炭化-活化时间的交互作用也强，其原因是交互作用的强弱可以通过等高线的形状反映，图形越圆说明交互作用越弱[148]。

（4）验证实验

利用 Design Expert 7.0 对模型进行优化分析可得，制备酚醛多孔炭的最优条件为碱脂

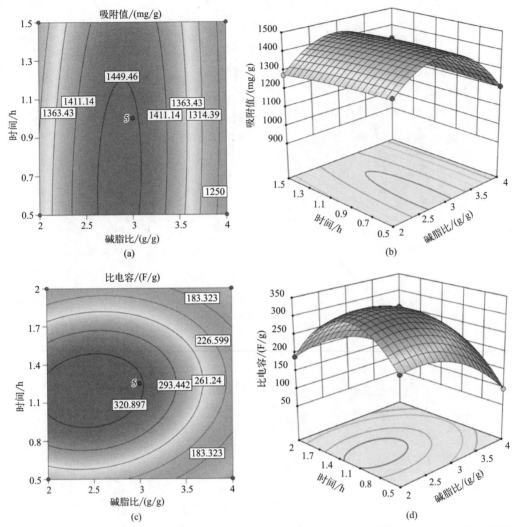

图 20-8　碱脂比、时间对碘吸附值和比电容的交互效应 [（a）（c）为等高线图，（b）（d）为响应曲面图]

比 2.798：1、炭化-活化温度 816.43℃、炭化-活化时间 1.22h。碘吸附值最大为 1457.22mg/g，比电容最大为 323.59F/g。

控制电极材料——酚醛多孔炭的制备条件碱脂比 2.8：1、炭化-活化时间 1.2h、炭化-活化温度为 816℃，并重复 3 次实验，实验结果见表 20-5 所示。

表 20-5　在最优条件下制备酚醛多孔炭的真实值与预测值

验证实验	碘吸附值/(mg/g)		相对误差/%	比电容/(F/g)		相对误差/%
	预测值	真实值		预测值	真实值	
1		1448.92	0.51		317.03	0.38
2	1456.25	1452.65	0.24	318.23	317.15	0.34
3		1451.87	0.30		317.19	0.33

由表 20-5 可知，在最优条件下，通过三次重复实验制备的酚醛多孔炭的碘吸附值和比电容真实值与预测值的相对误差均不大于 1%，说明该模型对酚醛多孔炭的制备条件具有良

好的预测效果。在此最优条件下，得到的酚醛多孔炭的碘吸附值为 1461.83mg/g，比电容最大为 291.50F/g。

20.3 KOH 活化后酚醛多孔炭的结构变化

20.3.1 KOH 活化后酚醛多孔炭的 X 射线衍射和拉曼分析

通过 X 射线衍射和拉曼对不同温度（700℃、800℃、900℃）下制备的酚醛多孔炭进行成分与结构分析。测试结果如图 20-9 所示。

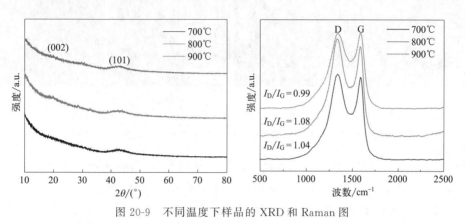

图 20-9　不同温度下样品的 XRD 和 Raman 图

图 20-9 是不同温度下样品的 XRD 和 Raman 图。在 XRD 图中可以看到当 2θ 为 43°时，各个温度下均有一个宽的衍射峰，其对应（101）衍射峰，但没有尖峰，表明制备的酚醛多孔炭为非晶碳结构，石墨化程度较低。由于高密度微孔的存在，没有观察到样品的（002）衍射峰。随着温度的升高，样品的特征峰（101）强度逐渐减弱，说明高温活化导致的缺陷和结构无序化增加，有利于产生更多的孔隙和缺陷[149]。从 Raman 图可看到，多孔炭材料在 1341cm^{-1}（D 峰）和 1582cm^{-1}（G 峰）处存在两个典型特征峰，分别代表晶粒尺寸较小的无定形碳和晶体石墨结构[150,151]。D 峰和 G 峰的面积比 I_D/I_G 可以反映石墨化程度的大小，其值越小，代表石墨化程度越高[152-154]。随着温度升高，I_D/I_G 值呈现出先增大后减小的趋势。样品在 800℃时，I_D/I_G 为 1.08，其数值大于 1，说明样品缺陷程度大，孔隙多，从而导致石墨化程度较低。到 900℃时，I_D/I_G 值减小至 0.99，说明温度进一步升高后，孔道塌陷，样品缺陷度减小，这与 XRD 分析结果一致。

20.3.2 KOH 活化后酚醛多孔炭形貌及杂原子分布分析

利用扫描电镜、透射电镜（带能谱）对响应曲面优化条件下制备的酚醛多孔炭和不加活化剂制备的酚醛多孔炭固体样品的形貌结构进行测定分析，测试结果如图 20-10 所示。

图 20-10（a）为未经 KOH 活化的酚醛树脂 SEM 图，图 20-10（b）（c）分别为 KOH 活化后的酚醛多孔炭 SEM 图、KOH 活化后的酚醛多孔炭 TEM 图。从图 20-10（a）（b）对比可以看出，未经 KOH 活化的酚醛树脂基本呈圆球无孔结构，而 KOH 活化后的酚醛多孔炭材料表面呈蜂窝状，形成了相互连接的孔道结构。这些孔道里存在微米和一定数量纳米级别的孔，呈蜂窝状、无规则排列，增加了多孔炭的比表面积，为电解质离子的储存和运输提供了

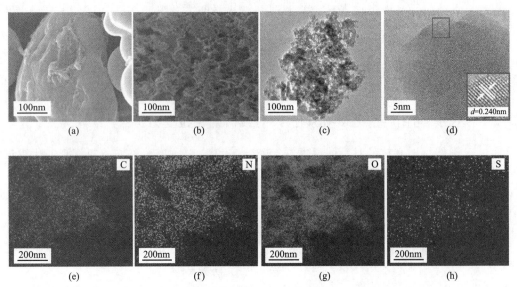

图 20-10　（a）酚醛树脂（b）多孔炭的 SEM（c）多孔炭的 TEM
（d）多孔炭的高分辨率 TEM 图像（e）～（h）多孔炭中 C、N、O、S 元素分布图

通道，致使样品的电荷存储能力得以提高。此外，从图 20-10（c）的透射图像进一步可以得知，在样品的孔壁上有大量的蠕虫状微孔，从透射电镜能谱图 20-10（d）～（h）可以得出，KOH 活化后的炭材料主要由无定形多孔炭组成，由晶面间距可得多孔炭的碳层间距离约为 0.240nm。这可能是因为在 KOH 活化过程中，高温下产生的金属钾会穿透碳晶格的内部结构并扭曲碳层，导致碳层间距小于常规石墨（0.34nm）[155]。EDX 元素映射图可观察到大量的 N、O 和 S 原子在 KOH 活化后的炭材料中很好地分散，证实了 N、O 和 S 基团在兰炭废水中起到了掺杂效应，这表明 KOH 活化在多孔炭材料的制备过程中有效地发挥了造孔作用。

20.3.3　KOH 活化后酚醛多孔炭的比表面积分析

图 20-11 为酚醛多孔炭的孔径分布及 N_2 吸脱附等温线图。从图可得，KOH 活化后样品的比表面积和总孔体积发生了明显的变化，比表面积活化前后由 47.7395m^2/g 增大到

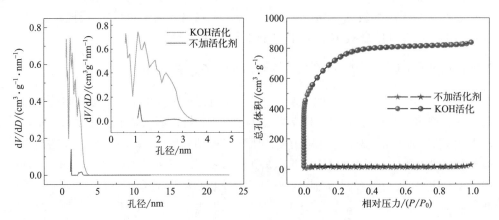

图 20-11　酚醛多孔炭孔径分布及 N_2 吸脱附曲线图

$2522.9m^2/g$，总孔体积由 $0.04cm^3/g$ 增大到 $1.29cm^3/g$。孔径分布图证实活化后样品具有了分层的孔隙结构，$1\sim2nm$ 的微孔结构更加丰富，其为离子快速的传输与扩散提供了通道，使电解质的传递效率得到提升，从而将有效降低材料的电阻，使电荷得以加速传输。从吸脱附等温线图可以看出，活化前吸脱附等温线存在滞后回路，属于 H4 型，说明多孔炭材料有一定量的微孔和中孔结构，同时还存在狭窄的裂隙孔结构。KOH 活化后吸脱附曲线呈 Ⅳ 型，并伴有回滞环。吸附度在低压区（$P/P_0<0.1$）时，样品的吸附度急剧上升，表现出微孔和介孔特性，高压区则未见吸附过程，这意味着 KOH 活化，使多孔炭产生了大量的微孔和中孔，其有利于电荷的储存。然而，KOH 具有强碱性，对样品腐蚀严重，使可增加比电容的 N、O、S 原子大量流失，使自掺杂作用大幅降低。

20.4 KOH 活化后酚醛多孔炭 N/O/S 元素变化

图 20-12 是 KOH 活化酚醛多孔炭最佳条件下的表面原子化学组成和状态测试图。从图中可以看出，样品的 C 1s 峰在 288.9eV、286.1eV、284.5eV、283.9eV 处可分成四个峰，分别对应 COOR、C＝O、C—N 和 C—C ［图（a）所示］。O 1s 的高分辨率 XPS 谱分解为三个峰 ［图（b）所示］，分别对应 C—OH（534.2eV）、C—O—C（533eV）和 C＝O

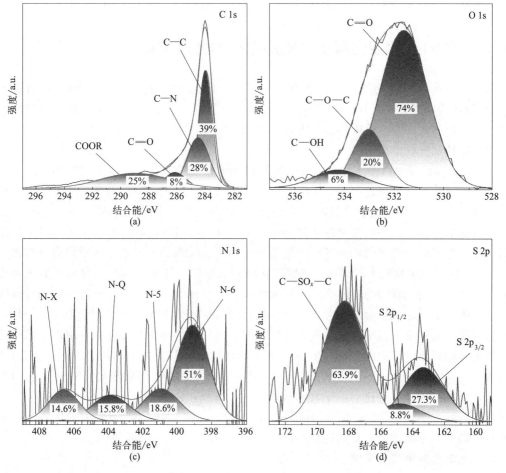

图 20-12 KOH 活化下样品的 XPS 图 (a) C 1s，(b) O 1s，(c) N 1s，(d) S 2p

（531.6eV），含氧官能团对于增强电子转移能力引入更多的活性位点，促进产生额外的伪间隙法拉第反应至关重要。N 1s 光谱［图（c）］在结合能分别为 406.6eV、403.8eV、400.9eV 和 399.1eV 时可分成 4 个峰，分别对应于氧化氮（N-X）、第四系 N（N-Q）、吡咯基 N（N-5）和吡啶基 N（N-6），N-5 和 N-6 是主要的两种含氮官能团，它们通过引入电子和提供足够的电化学活性位点来提高材料的电容性能，而 N-Q 对提高炭质材料的电导率起主导作用，其有利于获得较高的电导率和超电容。在 S 2p 的 XPS 光谱［如图（d）］中可以清楚地看到，在 168.3eV 处有一个峰，属于 C—SO$_x$—C（$x=2,3,4$），在 164.8eV 和 163.3eV 处的两个峰可分别对应于 S 2p$_{1/2}$ 和 S 2p$_{3/2}$[156]。通过表 20-6 酚醛树脂、直接炭化酚醛树脂、KOH 活化酚醛树脂样品的元素含量对比，也可以得到 KOH 活化后的酚醛多孔炭样品中掺杂 N 为 0.760%、S 含量为 0.914%，其相对于酚醛树脂以及直接炭化的酚醛树脂均已大幅度降低。这表明，KOH 作用下样品中部分含 N、O、S 的官能团内部杂原子发生了分解。

表 20-6　酚醛多孔炭元素分析含量表

样品	N 质量分数/%	C 质量分数/%	H 质量分数/%	S 质量分数/%	O 质量分数/%
酚醛树脂	3.395	63.335	5.716	1.642	27.787
直接炭化	2.139	77.143	1.713	1.229	14.181
KOH 活化	0.760	86.505	0.509	0.914	1.913

20.5　KOH 活化后酚醛多孔炭的电化学性能变化

根据响应曲面的优化条件（碱脂比 2.8：1、炭化-活化时间 1.2h、炭化-活化温度为 816℃）制备的酚醛多孔炭和未活化的酚醛多孔炭，在 7mol/L 氢氧化钾溶液为电解液的两电极、三电极体系中测定所制样品的电化学性能。

(1) 循环伏安性能测试

图 20-13 显示了 KOH 活化前后酚醛多孔炭在不同扫描速率下获得的 CV 曲线。从 CV 曲线可以看出，在低扫描速率下，酚醛多孔炭活化前后均呈现出凸起的准矩形形状。在相同的扫描速率下，KOH 活化后的酚醛多孔炭［（b）图］具有较高的响应电流，所围成的面积也更接近于标准矩形。而当扫描速率超过 20mV s^{-1} 时，不加活化剂的多孔炭［（a）图］CV 曲线偏离矩形，存在较为尖锐的峰，其原因是未活化的多孔炭孔隙不发达，致使电荷在内部分布分散[157]。同时电极材料中的微孔与电解液接触存在电阻，使微孔内电解液离子的运动速度受限，其次微孔内电解液的电阻会产生欧姆压降，二者同时作用，导致电容效应出现分散现象。此刻改变电压达到平台的相应速度时，就会导致循环伏安曲线偏离矩形形状，并且有尖锐的峰出现，表明总电容来自双层电容和赝电容。双层电容可能是混合酚分解产生的微孔所致，赝电容则是由电极材料中存在的 N、O、S 等杂原子引起的伪间隙效应导致。而 KOH 活化的多孔炭，即使在 200mV s^{-1} 的高扫描速率下，CV 曲线仍然表现出稍稍突起的准矩形形状，说明其仍具有快速的离子转移能力[158]。此外，KOH 活化后的多孔炭 CV 曲线积分面积要远远大于未活化样品的积分面积，说明 KOH 活化后样品具有较大的比表面积和发达的孔隙结构，致使比电容得到提高。

(2) 恒流充放电性能测试

图 20-14 是 KOH 活化前后酚醛多孔炭在不同电流密度下的恒流充放电图。从 GCD 曲

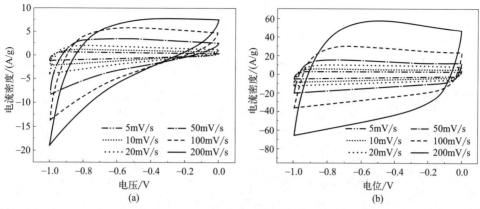

图 20-13　KOH 活化前后多孔炭在不同扫描速率下循环伏安图［（a）未活化，（b）KOH 活化］

线可看出，曲线均为对称等腰三角形，说明样品充放电可逆性优良，而 KOH 活化后的多孔炭［（b）图］放电时间远远长于不加活化剂多孔炭［（a）图］的放电时间，说明 KOH 活化后样品具有较高的比表面积和发达的孔隙结构，具有双层电容和赝电容，这与比表面积和 CV 曲线分析一致。从图中还可以看出，KOH 活化后的多孔炭没有明显的压力降（IR drop），说明 KOH 活化后样品电荷转移和离子扩散速率显著。这些优越的性能归因于相互连接的微孔、中孔、大孔的层次孔结构和 N、O、S 等杂原子的自掺杂，其大大缩短了离子在电极之间的运输距离，样品电容性能得以提高。这与样品的孔径分布图（图 20-11）分析一致。

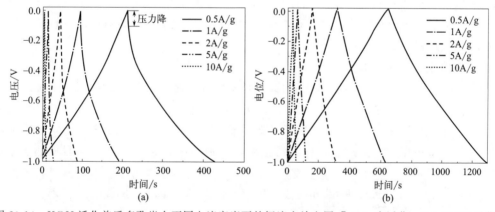

图 20-14　KOH 活化前后多孔炭在不同电流密度下的恒流充放电图［（a）未活化，（b）KOH 活化］

(3) 比电容测试

图 20-15 是比电容随电流密度变化曲线图和样品的 Ragone 图。从图中可以得出，当电流密度从 0.2A/g 增大到 20A/g 时，未活化多孔炭的比电容从 117.2F/g 急剧下降至 34F/g，速率性能极低，只有 29.01%；而 KOH 活化后的多孔炭的比电容从 343F/g 降至 268F/g，速率性能为 78.13%。可见，KOH 活化可以有效提高样品的速率性能，其原因是酚醛树脂经活化后，其碳结构转化为多孔结构，为离子的快速扩散提供通道；此外，N、O、S 杂原子的自掺杂进入碳骨架，为多孔炭材料提供了更多的电化学活性区域，使离子的传输特性增强。

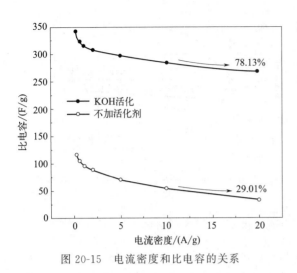

图 20-15　电流密度和比电容的关系

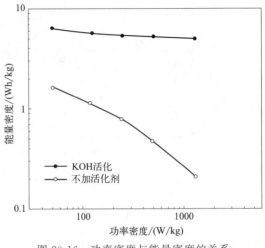

图 20-16　功率密度与能量密度的关系

(4) 功率密度与能量密度的关系

图 20-16 是功率密度与能量密度的关系图。由图可得，未活化的多孔炭，随着功率密度的增大能量密度一直下降，在电流密度由 0.2A/g 增大到 5A/g 时，功率密度由 50.43W/kg 增大到 1264.21W/kg，能量密度由 1.66Wh/kg 降至 0.21Wh/kg；KOH 活化后的多孔炭，随着功率密度的变化能量密度变化甚微，几乎呈水平趋势，当电流密度由 0.2A/g 增大到 5A/g 时，功率密度由 50.03W/kg 增大到 1269.38W/kg，能量密度由 6.24Wh/kg 降至 5.01Wh/kg。由此可得酚醛多孔炭电极材料在高功率时，未活化的多孔炭能量损失较大，功率性能较差。而 KOH 活化后的多孔炭能量损失较小，具有较为良好的功率性能。再次证实 KOH 活化过程起到了造孔的作用。

(5) 交流阻抗特性测试

图 20-17 为样品的 Nyquist 图，其由高频范围的准半圆和低频范围的线性分量组成。在高频区，阻抗曲线与实轴的交点体现了电极电阻、电解液电阻以及二者之间的接触电阻之和，即等效串联电阻 R_S[159-161]，半圆弧反映了极化电阻以及 N、O、S 等杂原子官能团引起的法拉第反应电阻，由图可得，样品活化后与实轴交点的 R_S（0.39Ω）明显低于未活化

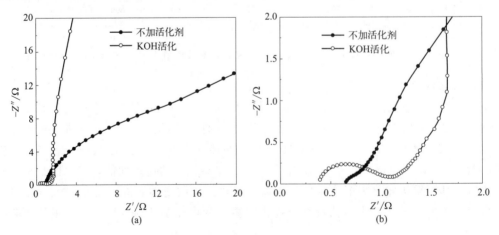

图 20-17　(a) 样品的 Nyquist 图　(b) 局部放大图

的 R_S（0.64Ω）。说明 KOH 活化后的多孔炭孔结构较丰富，这与前述比表面积和孔径分布原因一致（图 20-11），也反映出电极材料内部的电阻也较小，但 KOH 活化的多孔炭出现了明显的半圆弧，说明电极材料与电解液离子之间接触一般，其原因是 KOH 的刻蚀作用较强，致使多孔炭自掺杂的 N、O、S 等杂原子较未活化的有所减少（表 20-6），以致赝电容贡献减少，但是相应的双层电容的比例反而增大。在低频区域，KOH 活化的多孔炭曲线趋向于与虚轴平行，说明酚醛多孔炭经 KOH 活化后电容性能较好，具有典型的双层电容器特点，再次证实 KOH 活化多孔炭兼具微孔、中孔、大孔的层次孔结构。

(6) 循环稳定性测试

图 20-18 显示了 KOH 活化前后的多孔炭在电流密度为 20A/g 下的循环性能和库仑效率图。从内部小图可以发现，组装的超级电容器都能够稳定循环 10000 次，但是，未活化多孔炭[图(a)]的性能曲线出现弯曲，电容保持率和库仑效率分别为 100% 和 92%，可见其库仑效率不断衰减，有明显的下降趋势，其原因是样品的孔数目较少，孔径分布不均，使得样品的电化学性能较差。而 KOH 活化后的多孔炭[图(b)]在循环中的电容保持率为 100%、库仑效率为 97%，其显著的长期稳定性和突出的库仑效率也得益于层次的多孔结构，确保了稳定和连续的电子/离子传输。此外，自掺杂 N、O、S 原子的分布可以改善材料表面的润湿性，缩短离子的传输距离，杂原子自掺杂和丰富的孔结构协同作用使材料的电化学性能得到大大的改善。

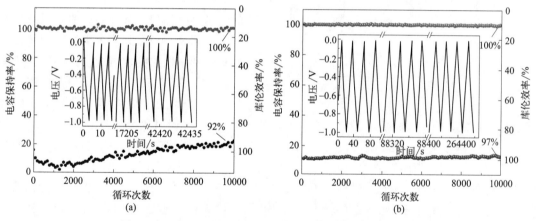

图 20-18　KOH 活化前后多孔炭的循环性能和库仑效率图
（内部为循环 10000 次的恒流充放电曲线图）[（a）未活化，（b）KOH 活化]

20.6　KOH 对兰炭废水基酚醛树脂的活化造孔机制

为了能更好地研究兰炭废水基酚醛树脂制备多孔炭的机制，选取兰炭废水中含量较高的五种酚类物质（苯酚、间甲酚、2,3-二甲基苯酚、邻苯二酚和 2,6-二甲酚）、两种铵类物质（氯化铵、硫酸铵）、五种酚混合、两种铵混合以及五种酚和两种铵混合分别与甲醛反应制备不同的酚醛树脂和乌洛托品，探究酚醛树脂和乌洛托品作为炭质前驱体炭化-活化过程中热解速率的差异，以期进一步证明酚、氨在制备孔道丰富的多孔炭过程中的竞争关系。

20.6.1 KOH活化过程中单酚对酚醛多孔炭的贡献

选取前述制备的酚醛树脂作为炭质前驱体制备酚醛多孔炭，考察碱脂比、炭化-活化温度、炭化-活化时间等因素对单酚生成的酚醛多孔炭性能的影响，研究单酚经 KOH 活化在制备酚醛多孔炭过程中的作用，从而证实兰炭废水基酚醛树脂作为炭质前驱体利用一步炭化-活化法制备酚醛多孔炭的可行性。

(1) 碱脂比对单酚生成的酚醛多孔炭吸附性能的影响

选取炭化-活化温度为 800℃、炭化-活化时间为 1h、不同碱脂比（1∶1、2∶1、3∶1、4∶1）对单酚生成的酚醛多孔炭吸附性能的影响（如图 20-19）。

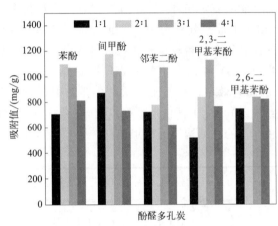

图 20-19　碱脂比对单酚生成的酚醛
多孔炭吸附性能的影响

图 20-19 是碱脂比对单酚生成的酚醛多孔炭的吸附性能影响图。从图中可以看出，随着碱脂比的增加，不同酚制备的酚醛多孔炭的碘吸附值（除 2，6 二甲基苯酚外）均呈现出先增大后减小的趋势。造成这些变化的原因可能是活化剂用量过小时，活化剂 KOH 与酚醛树脂中的碳活性点反应比较弱；活化剂用量过大时，致使孔隙结构丰富的多孔炭，在形成大量孔隙的同时，活化剂亦对已形成的孔隙结构有一定的刻蚀，一部分孔洞坍塌，导致比表面积降低，碘的吸附值变小。在碱脂比为 3∶1 时，邻苯二酚、2,3-二甲基苯酚、2,6-二甲基苯酚生成的酚醛多孔炭的吸附性能最好，苯酚、间甲酚生成的酚醛多孔炭在碱脂比为 2∶1 时吸附值最高，但碱脂比 2∶1 与 3∶1 时，对碘吸附值的影响不大。从图中还可以看出，碱脂比对 2,6-二甲基苯酚生成的酚醛多孔炭吸附性能的影响不大，说明 KOH 活化后，2,6-二甲基苯酚生成的酚醛多孔炭表面的孔结构较少，导致吸附值基本无变化。2,6-二甲基苯酚在碱脂比 2∶1 时吸附值降低的原因可能是碘液的挥发而导致的碘的标准溶液浓度的下降，也可能是加入试剂量的准确性，或加入盐酸微沸时温度和时间的掌控所致。因此，综合考虑最佳的碱脂比为 3∶1。

(2) 炭化-活化温度对单酚生成的酚醛多孔炭吸附性能的影响

以 KOH 为活化剂，碱脂比为 3∶1、炭化-活化时间为 1h、不同炭化-活化温度（600℃、700℃、800℃、900℃）下不同酚醛多孔炭的碘吸附值，如图 20-20 所示。

图 20-20 是炭化-活化温度对单酚生成的酚醛多孔炭的吸附性能影响图。从图中可得，随着炭化-活化温度的升高，酚醛多孔炭的碘吸附值均先升高后降低。其原因可能是温度较低时，KOH 与酚醛树脂的反应速度缓慢，因此多孔炭的比表面积较小，致使其吸附性能也较低。当温度过高时，KOH 与酚醛树脂的反应则太剧烈，反应生成孔隙结构的同时会对先前产生的微孔有一定的烧失，致使树脂消耗过度，从而使多孔炭的孔结构减少，吸附性能也有所下降。苯酚、间甲酚酚醛多孔炭在 700℃时的吸附性能最好。2,3-二甲基苯酚、邻苯二酚以及 2,6-二甲基苯酚酚醛多孔炭在 800℃的碘吸附值最高，但从 700℃到 800℃生成酚醛多孔炭的碘吸附值变化不明显。从图中还可以看出，对 2,6-二甲基苯酚而言，炭化-活化温

度对其多孔炭吸附性能的影响不大。其原因可能与2,6-二甲基苯酚生成的酚醛多孔炭中的微孔结构较少有关。因此，综合考虑选取700℃为最佳炭化-活化温度。

(3) 炭化-活化时间对单酚生成的酚醛多孔炭吸附性能的影响

以KOH为活化剂、碱脂比为3∶1、炭化-活化温度为700℃、不同炭化-活化时间（0.5h、1h、1.5h、2h）下不同单酚生成酚醛多孔炭的碘吸附值如图20-21所示。

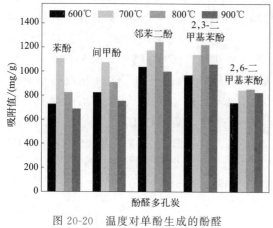

图20-20　温度对单酚生成的酚醛
多孔炭吸附性能的影响

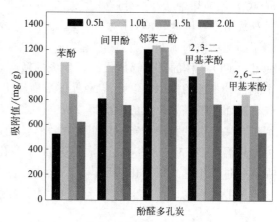

图20-21　炭化-活化时间对单酚生成的酚醛
多孔炭吸附性能的影响

图20-21是炭化-活化时间对单酚生成的酚醛多孔炭的碘吸附值的影响。从图中可以直观地看出，随着炭化-活化时间的递增，酚醛多孔炭的碘吸附值均呈现先增加后减小的趋势。其原因可能是在炭化-活化过程中，当温度一定时，随着活化时间的加长，其烧失率亦会增大，在开始活化时，活化反应主要产生的是微孔结构，当活化时间延长后，活化的作用不再是产生微孔，而主要是进行扩孔，进而导致微孔的数量减少，致使其多孔炭的吸附性能降低。间甲酚酚醛多孔炭的最佳炭化-活化时间为1.5h。其他酚醛多孔炭在1h时吸附性能最好，但炭化-活化时间从1h到1.5h，间甲酚酚醛多孔炭的碘吸附值变化并不大。此外，对比五种酚醛多孔炭，2,6-二甲基苯酚酚醛多孔炭的碘吸附值明显低于其他酚醛多孔炭，进一步说明了2,6-二甲基苯酚酚醛多孔炭的表面孔结构较少。因此，综合考虑选取1h为最佳炭化-活化时间。

20.6.2　KOH活化酚醛树脂的热分析及其对多孔炭的造孔机理

(1) KOH活化酚醛树脂的热重分析

图20-22为KOH活化酚醛树脂的TG和DTG曲线图，表20-7为KOH活化酚醛树脂的热分解参数。结合图20-22以及表20-7可知，300℃之前所有酚醛树脂都在分解失重，300~600℃失重率较低，700℃后的失重率最高。这可能是因为300℃树脂中的酚醛基团缩合脱水，大量水分子挥发，形成质量损失和低分子烃类挥发物分解。700~800℃苯酚生成的酚醛树脂与混合酚生成的酚醛树脂开始分解，而间甲酚、2,3-二甲基苯酚、2,6-二甲基苯酚及邻苯二酚生成的酚醛树脂在800℃以上才开始分解。这是因为KOH主要与酚羟基和羧基等含氧官能团及脂肪侧链发生反应，而苯酚所含有的含氧官能团最少，所以最先开始反应，致使在700℃左右开始发生分解。通过对比这六种样品的最大失重率发现，间甲酚生成的酚

醛树脂、2,6-二甲基苯酚生成的酚醛树脂、邻苯二酚生成的酚醛树脂和2,3-二甲基苯酚生成的酚醛树脂经KOH活化制得的多孔炭最大失重率在85%左右，而苯酚生成的酚醛树脂和混合酚生成的酚醛树脂经KOH活化制得的多孔炭最大失重率在90%以上，尤其是混合酚生成的酚醛树脂多孔炭的失重率几乎达到100%，说明KOH对混合酚生成的酚醛树脂的活化效果最好。出现这种现象的原因是当温度升至350～550℃之间时，氢氧化钾（熔点360℃）已为熔融状开始分解，生成的—OH基团取代酚醛树脂中的H原子，并以H₂的形式释放出来，因此，KOH对多孔炭微晶层之间交联网状结构的形成起到促进作用，同时抑制了酚类物质的挥发。当温度升高到600℃时，反应生成的K_2O和K_2CO_3开始与碳反应，使其以CO气体的形式释放出来，生成的碱金属钾在多孔炭表面自由穿行，致使其表面产生了刻蚀，刻蚀的作用使多孔炭的微孔结构和平面结构得到增大及其电子分布情况也得到改善，从而使酚醛多孔炭的性能得以提高。当温度大于850℃时，过多的炭烧失，使微孔结构坍塌，多孔炭的孔径分布不理想，导致其性能也有所降低，可得KOH活化制备多孔炭测定的最佳温度在750～850℃之间，这与前述多孔炭电化学性能分析一致，再次证实了KOH在活化过程中起到了活化作用[162]。此外，各酚类物质苯环上取代基的种类和数目的不同，使得酚醛树脂的性质也出现差异，致使不同类型的酚醛树脂的耐热性能也有所不同。

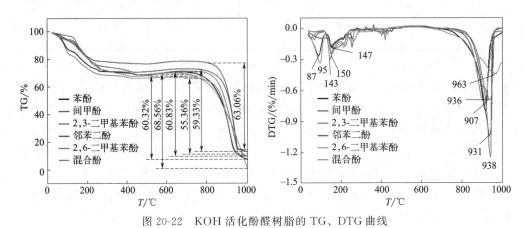

图 20-22　KOH 活化酚醛树脂的 TG、DTG 曲线

表 20-7　KOH 活化酚醛树脂的热分解参数

样品	$T_s/℃$	$T_{max}/℃$	$T_e/℃$	$(d\alpha/dt)_{max}/(\%/min)$	$\Delta w_{max}/\%$
苯酚酚醛树脂+KOH	788	911	940	0.798	91.80
间甲酚酚醛树脂+KOH	853	936	947	1.250	85.36
2,3-二甲基苯酚酚醛树脂+KOH	816	910	932	0.723	88.66
邻苯二酚酚醛树脂+KOH	853	932	951	1.037	85.09
2,6-二甲基苯酚酚醛树脂+KOH	833	933	950	0.696	89.00
混合酚酚醛树脂+KOH	792	866	987	0.335	99.39

$$2C+6KOH \longrightarrow 2K_2CO_3 + 2K + 3H_2 \tag{20-3}$$

$$K_2CO_3 \longrightarrow K_2O + CO_2 \tag{20-4}$$

$$CO_2 + C \longrightarrow 2CO \tag{20-5}$$

$$K_2CO_3 + 2C \longrightarrow 2K + 3CO \tag{20-6}$$

$$C + K_2O \longrightarrow 2K + CO \tag{20-7}$$

(2) KOH 活化酚醛树脂的热解动力学参数

图 20-23 为 KOH 活化各酚醛树脂的动力学参数拟合曲线，表 20-8 为 KOH 活化各酚醛树脂在反应区域的动力学参数。结合图 20-23 与表 20-8 可得，KOH 活化各酚醛树脂的反应均为 2 级反应，动力学拟合相关系数 R^2 均在 0.99 以上。各酚醛树脂的分解区域出现高温和低温两个区域，其中高温段的反应活化能低于低温段的反应活化能，这是因为高温有利于KOH 活化分解反应的进行，所以在高温下反应物分子转化成活化分子所需要的能量要小于低温下所需的能量。根据表 20-8 发现，在高温条件下 KOH 活化酚醛树脂的反应活化能顺序为混合酚酚醛树脂＞苯酚酚醛树脂＞2,3-二甲基苯酚酚醛树脂＞邻苯二酚酚醛树脂＞间甲酚酚醛树脂＞2,6-二甲基苯酚酚醛树脂，即反应难度依次升高，这是因为 KOH 主要与碳活性点、酚羟基、羧基等含氧官能团以及脂肪侧链发生反应，由于混合酚中不同酚提供的含氧官能团以及脂肪侧链不等，致使混合酚形成的酚醛树脂与各单种酚生成的酚醛树脂相比，混乱度增加，进而导致 KOH 活化的反应活化能最低。

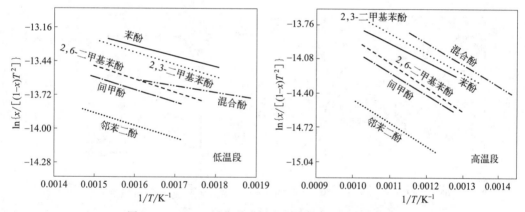

图 20-23　KOH 活化酚醛树脂的热解动力学拟合曲线

表 20-8　KOH 活化酚醛树脂热解动力学参数

样品	$T/^\circ C$	$E/(kJ/mol)$	A/min^{-1}	n	R^2
苯酚酚醛树脂 +KOH	279~380	28.20	5.76×10^{-3}	2	0.99988
	508~698	14.52	4.61×10^{-3}	2	0.99355
间甲酚酚醛树脂 +KOH	312~398	35.24	6.75×10^{-3}	2	0.99954
	514~698	17.74	5.83×10^{-3}	2	0.99766
2,3-二甲基苯酚酚醛树脂 +KOH	279~389	30.92	5.96×10^{-3}	2	0.99923
	467~689	16.96	4.69×10^{-3}	2	0.99942
邻苯二酚酚醛树脂 +KOH	312~407	36.90	7.89×10^{-3}	2	0.99602
	547~727	17.28	6.84×10^{-3}	2	0.99696
2,6-二甲基苯酚酚醛树脂 +KOH	291~394	37.68	6.73×10^{-3}	2	0.99920
	496~707	18.08	4.98×10^{-3}	2	0.99856

样品	$T/℃$	$E/(kJ/mol)$	A/min^{-1}	n	R^2
混合酚酚醛树脂	256~348	33.02	$6.91×10^{-3}$	2	0.99731
+KOH	421~597	9.56	$3.45×10^{-3}$	2	0.99372

20.6.3　KOH活化乌洛托品的热分析及其对多孔炭的造孔机理

(1) KOH活化乌洛托品的热重分析

图 20-24 是 KOH 活化不同铵生成的乌洛托品的 TG、DTG 曲线图，表 20-9 为 KOH 活化各乌洛托品的热分解特性参数。结合图 20-24 以及表 20-9 可知，KOH 活化氯化铵乌洛托品、硫酸铵乌洛托品和混合铵乌洛托品都在 100℃ 左右开始分解，300~600℃ 基本无失重，而 700℃ 左右均出现了比较大的失重现象。这是因为在 100℃ 左右主要是水分及低挥发性物质的挥发，同时乌洛托品在 200℃ 左右也开始分解。从三种物质的最大失重率来看，KOH 活化硫酸铵乌洛托品的失重率只有 55% 左右（29.83%＋24.38%），活化氯化铵乌洛托品的失重率在 75% 左右（14.19%＋60.35%），活化混合铵乌洛托品的失重率高达 86% 以上（31.21%＋55.70%）。说明 KOH 对乌洛托品活化效果普遍不如酚醛树脂，出现这种现象的原因可能是铵类物质没有碳活性点以及不同铵类物质的缩合反应能力不同，生成的乌洛托品种类和性质差异较大，致使其与 KOH 的反应能力也有所区别。

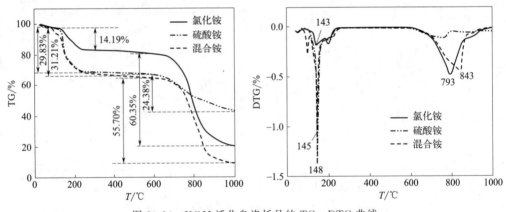

图 20-24　KOH活化乌洛托品的 TG、DTG 曲线

表 20-9　KOH活化乌洛托品的热解参数

样品	$T_s/℃$	$T_{max}/℃$	$T_e/℃$	$(d\alpha/dt)_{max}/(\%/min)$	$\Delta w_{max}/\%$
氯化铵乌洛托品＋KOH	127	145	500	0.185	79.31
硫酸铵乌洛托品＋KOH	132	147	226	1.372	57.52
混合铵乌洛托品＋KOH	132	145	215	1.041	90.61

(2) KOH活化乌洛托品热解动力学参数

表 20-10 为 KOH 活化各乌洛托品的热解动力学参数，图 20-25 为 KOH 活化各乌洛托品的热解动力学拟合曲线。结合表 20-10 与图 20-25 可得，KOH 活化各乌洛托品的热分解均为 2 级反应，动力学拟合相关系数 R^2 都在 0.98 以上。KOH 活化各乌洛托品的分解区域也出现高温和低温两个区域，发现 KOH 活化各乌洛托品在高温区间的反应活化能要低于低

温段的反应活化能，这是因为 KOH 活化后的乌洛托品在高温时有利于放出更多的 NH_3，所以在高温阶段分解更容易，反应活化能更低一些。根据表 20-10 发现，在主要的高温分解反应段，KOH 活化混合铵乌洛托品的反应活化能小于 KOH 活化氯化铵和硫酸铵乌洛托品的反应活化能，其原因是混合铵合成的乌洛托品分解速率较快，大部分来不及活化就已经分解了，其结果也与图 20-24 发现的混合铵合成乌洛托品失重率最高相对应，证实 KOH 活化混合铵乌洛托品的反应活化能最低。

表 20-10　KOH 活化乌洛托品的热解动力学参数

样品	$T/℃$	$E/(kJ/mol)$	A/min^{-1}	n	R^2
氯化铵乌洛托品	156～210	15.52	$20.16×10^{-4}$	2	0.99351
＋KOH	270～389	13.18	$8.13×10^{-4}$	2	0.99900
硫酸铵乌洛托品	164～212	16.86	$11.2×10^{-4}$	2	0.98930
＋KOH	248～364	15.32	$1.34×10^{-4}$	2	0.99607
混合铵乌洛托品	162～198	16.92	$7.44×10^{-4}$	2	0.98236
＋KOH	242～333	11.90	$1.51×10^{-4}$	2	0.99953

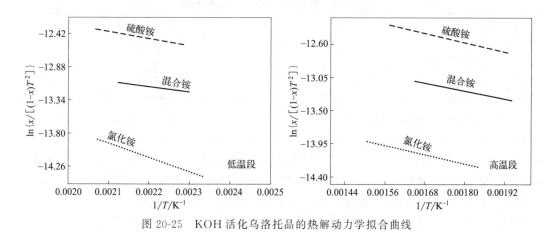

图 20-25　KOH 活化乌洛托品的热解动力学拟合曲线

20.6.4　KOH 活化混合酚铵树脂的热分析及其对多孔炭的造孔机理

(1) 混合酚铵树脂的热重分析

图 20-26 为混合酚铵树脂的 TG、DTG 曲线图，表 20-11 为混合酚铵树脂的热分解特性参数。结合图 20-26 以及表 20-11 可知，KOH 活化混合铵乌洛托品在 100℃ 以前是内部脱水过程，KOH 活化混合酚酚醛树脂和混合酚铵树脂在 200℃ 以前是各酚醛树脂内部的吸附水受热脱离过程。由三种混合物的最大失重率可发现，混合酚生成的酚醛树脂经 KOH 活化后最大失重率高达 99% 以上（31.21%＋68.56%），混合铵生成的乌洛托品 KOH 活化后失重率也接近 87%（31.21%＋55.70%），但混合酚铵生成的树脂经 KOH 活化后的失重率达 83% 左右（31.21%＋51.61%），其在 100～200℃ 之间失重率较大，300～600℃ 基本无失重情况，而 600℃ 后又开始失重。因此推测混合酚铵树脂在 200℃ 以前，不仅发生了内部吸附水受热脱离现象，还发生了乌洛托品的热分解，所以在这个过程中混合酚铵树脂的失重率大于混合酚酚醛树脂失重率。出现这种现象的原因可能是混合酚铵中不同酚、铵类物质生成的

酚醛树脂和乌洛托品的热解速率不同，生成的酚醛树脂和乌洛托品的种类和性质差异较大，缩合反应能力不同，致使与活化剂 KOH 的反应能力也有所区别。此外，反应过程中先合成的酚醛树脂和乌洛托品发生固化反应，逐渐硬化成型，低温下不进行分解或炭化。

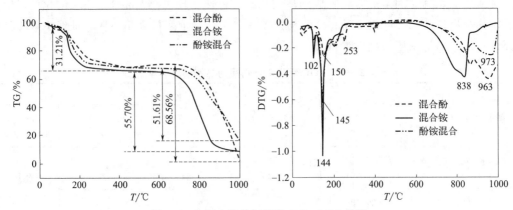

图 20-26　混合酚铵树脂的 TG、DTG 曲线

表 20-11　混合酚铵树脂的热分解参数

样品	$T_s/℃$	$T_{max}/℃$	$T_e/℃$	$(d\alpha/dt)_{max}/(\%/min)$	$\Delta w_{max}/\%$
混合酚酚醛树脂＋KOH	650	792	879	0.335	99.39
混合铵乌洛托品＋KOH	132	145	215	1.041	90.61
混合酚铵树脂＋KOH	719	840	858	0.245	83.47

(2) 混合酚铵树脂热解动力学参数

图 20-27 为混合酚铵树脂的热解动力学拟合曲线，表 20-12 为混合酚铵热解动力学参数。结合图 20-27 与表 20-12 可得，各混合物形成产物的分解均为 2 级反应，且动力学拟合相关系数都在 0.98 以上。将各混合物形成产物的分解区域分为高温和低温两个区间，发现每组混合物形成产物在高温区间的反应活化能要低于低温区的反应活化能，与前述酚、铵得到的酚醛树脂、乌洛托品一致，其原因是高温条件下，反应物分子转化成活化分子所需要的能量低，有利于分解反应进行。根据表 20-12 发现，在低温分解反应温度区，KOH 活化混合酚酚醛树脂的活化能最高，KOH 活化混合铵乌洛托品的活化能最低。而在高温分解反应温度区，KOH 活化混合酚酚醛树脂的活化能最低，KOH 活化混合酚铵树脂的活化能最高。

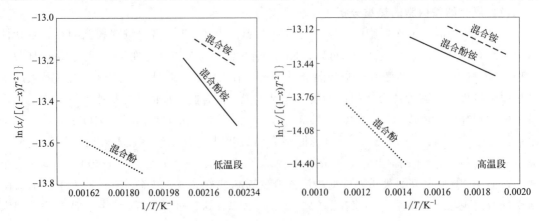

图 20-27　混合酚铵树脂的热解动力学拟合曲线

但随着温度升高，可以发现在 333℃ 前，KOH 活化混合铵乌洛托品样品与其他样品相比，活化能都是最低，而当酚、铵同时作为酚醛树脂前驱体时，在相近温度段，活化能均不同程度地得到了提升。说明如果没有前驱体酚的参与，混合铵形成的乌洛托品在 KOH 作用下更容易发生分解反应。此外，也再次证实混合酚铵生成的混合树脂是酚醛树脂与乌洛托品发生固化反应的热固性酚醛树脂，KOH 难以对其活化。

表 20-12　混合酚铵热解动力学参数

样品	$T/℃$	$E/(kJ/mol)$	A/min^{-1}	n	R^2
混合酚酚醛树脂＋KOH	256～348	33.02	$6.91×10^{-3}$	2	0.99731
	421～597	9.56	$3.45×10^{-3}$	2	0.99372
混合铵乌洛托品＋KOH	162～198	16.92	$7.44×10^{-4}$	2	0.98236
	242～333	11.90	$1.51×10^{-4}$	2	0.99953
混合酚铵树脂＋KOH	162～210	22.78	$4.63×10^{-3}$	2	0.99103
	262～412	14.72	$1.31×10^{-5}$	2	0.99887

20.6.5　KOH 活化过程中酚/氨组分对多孔炭孔道贡献

利用扫描电镜对不同酚作前驱体制备的酚醛多孔炭进行表征，理清不同酚在制备混合酚醛多孔炭材料中孔的贡献作用。

（1）苯酚生成酚醛多孔炭的 SEM

图 20-28 是以苯酚生成的酚醛树脂为前驱体经 KOH 活化前后的酚醛多孔炭在不同放大倍数下的扫描电镜图。由图（a）（b）可以看出，未经 KOH 活化的酚醛多孔炭表面呈现出大小不一的颗粒状结构，并且光滑不规整排列，未发现明显的孔隙结构。对比图（a）和图（c）可以看出，加入 KOH 活化后，苯酚生成的酚醛多孔炭表面呈海绵状，出现了丰富的孔隙结构。这是因为 KOH 与酚醛树脂发生了一系列的缩聚反应，嵌入了酚醛树脂的内部，为其创造出丰富的孔结构。结合图（c）和图（d）可以看出，通过活化剂活化的苯酚生

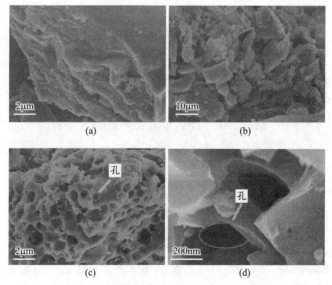

图 20-28　苯酚前驱体生成酚醛多孔炭的 SEM 图
［（a）和（b）为不加活化剂的多孔炭，（c）和（d）为 KOH 活化的多孔炭］

成的酚醛多孔炭表面形成了一些凹陷纳米级的大孔（约＞400nm）。说明苯酚生成的酚醛树脂经 KOH 活化后制备的多孔炭产生的孔较少，对多孔炭孔结构的贡献以 400nm 的大孔为主。

(2) 间甲酚生成酚醛多孔炭的 SEM

图 20-29 是以间甲酚生成的酚醛树脂为前驱体经 KOH 活化前后的酚醛多孔炭在不同放大倍数下的扫描电镜图。由图（a）（b）可以看出，不加活化剂的间甲酚生成的酚醛多孔炭材料的表面有一些坑坑洼洼的凹陷结构存在，但没有形成明显的孔隙结构。对比图（a）和图（c）可以得出，间甲酚生成的酚醛树脂经 KOH 活化后，生成的多孔炭材料的表面出现了一定的孔隙结构，但孔结构较少。结合图（d）可以说明，间甲酚产生的酚醛多孔炭的表面孔结构与苯酚酚醛多孔炭的表面孔结构相似，孔洞较少且没有明显的孔隙结构，且均以纳米级大孔为主（约＞500nm），说明间甲酚对多孔炭生成过程中孔结构的贡献以 500nm 的大孔为主。

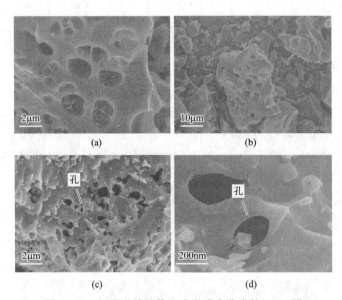

图 20-29　间甲酚前驱体生成酚醛多孔炭的 SEM 图
［（a）和（b）为不加活化剂的多孔炭，（c）和（d）为加 KOH 活化的多孔炭］

(3) 2,3-二甲基苯酚生成酚醛多孔炭的 SEM

图 20-30 为以 2,3-二甲基苯酚生成的酚醛树脂为前驱体经 KOH 活化前后的酚醛多孔炭的 SEM 图。由图（a）（b）可以看出，当不加活化剂的时候多孔炭表面形貌为不规则的块状结构，且表面规整，没有发现明显的孔结构。从图（c）（d）可以看出，在经过活化剂 KOH 浸渍再炭化-活化后，2,3-二甲基苯酚生成的酚醛树脂产生的多孔炭表面呈现出蜂窝状结构，存在丰富的孔结构，且孔与孔交错相连，大多以介孔和纳米级（约＞200nm）大孔为主。这说明 2,3-二甲基苯酚酚醛树脂形成的多孔炭产生的孔结构要优于苯酚和间甲酚所合成的孔结构，对多孔炭孔结构的贡献以介孔和 200nm 的大孔为主。

(4) 邻苯二酚生成酚醛多孔炭的 SEM

图 20-31 是以邻苯二酚生成的酚醛树脂为前驱体经 KOH 活化前后的酚醛多孔炭在不同放大倍数下的扫描电镜图。由图（a）（b）可以看出，不加活化剂时，邻苯二酚生成的酚醛多孔炭的表面与间甲酚生成的酚醛多孔炭的表面相似，都存在少量凹陷。对比图（a）（c）

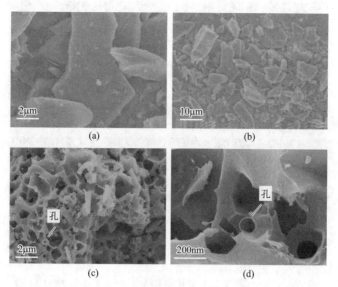

图 20-30　2,3-二甲基苯酚前驱体生成酚醛多孔炭的 SEM 图

[（a）和（b）为不加活化剂的多孔炭，（c）和（d）为加 KOH 活化的多孔炭]

可以看出，加入 KOH 活化后，邻苯二酚生成的酚醛多孔炭出现了丰富、致密的孔隙结构，并且孔洞之间相互连接，呈明显的蜂窝状结构，可见，KOH 对邻苯二酚的活化作用明显。与苯酚、间甲酚相比，加入 KOH 后，邻苯二酚形成的酚醛多孔炭表面的孔结构丰富密集，且以介孔及纳米级（约＞150nm）大孔为主，说明邻苯二酚对多孔炭孔结构的贡献以介孔和 150nm 大孔为主。

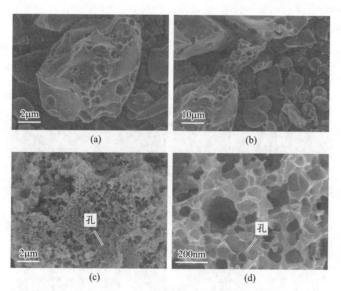

图 20-31　邻苯二酚前驱体生成酚醛多孔炭的 SEM 图

[（a）和（b）为不加活化剂的多孔炭，（c）和（d）为加 KOH 活化的多孔炭]

（5）2,6-二甲基苯酚生成酚醛多孔炭的 SEM

图 20-32 是以 2,6-二甲基苯酚生成的酚醛树脂为前驱体经 KOH 活化前后的酚醛多孔炭在不同放大倍数下的扫描电镜图。从图（a）（b）可看出，不加活化剂时，2,6-二甲基苯酚

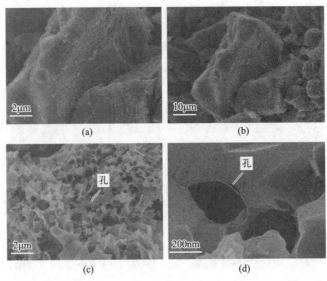

图 20-32　2,6-二甲基苯酚前驱体生成酚醛多孔炭的 SEM 图

［（a）和（b）为不加活化剂的多孔炭，（c）和（d）为加 KOH 活化的多孔炭］

形成的酚醛多孔炭的表面较为平整，与其他酚醛多孔炭相比没有明显的颗粒状或凹陷结构，呈现出块状结构。对比图（a）（c）结合图（d）可看出，经活化后，多孔炭表面出现了明显的孔隙，呈现海绵状结构，且孔道之间纵横相连，表明 KOH 对 2,6-二甲基苯酚形成的酚醛树脂也具有较好的活化作用。2,6-二甲基苯酚酚醛树脂形成的多孔炭与苯酚酚醛树脂形成的多孔炭孔结构相似。孔径以微米级（约＞1μm）大孔为主，说明 2,6-二甲基苯酚对多孔炭孔结构的贡献主要是 1μm 的大孔。

（6）混合酚生成酚醛多孔炭的 SEM

图 20-33 为以五种酚混合生成的酚醛树脂为炭质前驱体经 KOH 活化前后的酚醛多孔炭在不同放大倍数下的扫描电镜。从图（a）（b）可以看出，未加活化剂的混合酚酚醛树脂，

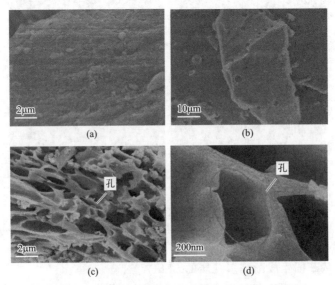

图 20-33　混合酚前驱体生成酚醛多孔炭的 SEM 图

［（a）和（b）为不加活化剂的多孔炭，（c）和（d）为加 KOH 活化的多孔炭］

在高温炭化之后，并没有很大程度上改变材料的表面结构，基本是块状结构，只存在一些凹陷和少量的坑坑洼洼。由图（c）（d）可以看出，KOH 活化的混合酚酚醛多孔炭具有发达的孔隙结构，各种大小的孔隙紧密均匀排布，活化作用非常明显。混合酚酚醛多孔炭产生孔径不一的孔道，主要是由于混合酚形成的五种酚醛树脂分别被 KOH 活化产生了不同的孔径所致。五种酚得到的酚醛树脂经 KOH 活化后，对多孔炭孔结构的贡献均得到了发挥。此外，混合酚中 2,6-二甲基苯酚与邻苯二酚的含量低于其他三种，所以最终产生的孔结构反而没有 2,6-二甲基苯酚、邻苯二酚酚醛多孔炭的孔结构丰富。

（7）混合酚铵形成酚醛多孔炭的 SEM

图 20-34 为混合酚铵经 KOH 活化后得到的多孔炭在不同放大倍数下的扫描电镜图。从图中可以看出，混合酚铵酚醛树脂在 KOH 活化作用下形成的多孔炭表面有丰富的孔结构和发达的孔隙存在，表面大小不一的孔排布呈蜂窝状结构，从图（b）可以看到有微米级的孔结构，但有些地方是凹陷不是孔隙结构，其孔径也是一些微米级孔。对比前述电镜图可以看出混合酚铵多孔炭中有了氨的加入，多孔炭的孔隙变得圆润且规则，进一步证明兰炭废水中的酚、氨均对多孔炭孔道产生重要的贡献。

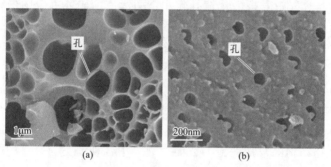

图 20-34　混合酚铵前驱体形成酚醛多孔炭的 SEM 图

[（a）放大 10000 倍，（b）放大 40000 倍]

（8）酚醛多孔炭的比表面积分析

由于酚醛多孔炭的电镜图仅检测到了中孔和大孔，为了进一步阐明 KOH 活化兰炭废水基酚醛树脂的造孔机制，验证酚醛多孔炭中是否存在微孔结构，对不同酚及其混合酚制得的酚醛多孔炭在微孔条件下，进行了孔径分布和 N_2 吸附-脱附测试，结果如图 20-35 所示。

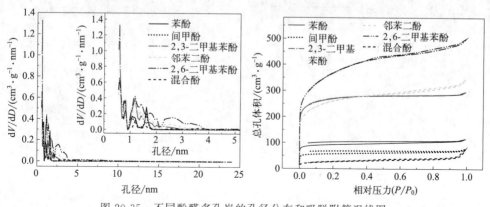

图 20-35　不同酚醛多孔炭的孔径分布和吸脱附等温线图

图 20-35 为不同酚及其混合后制得的酚醛多孔炭的孔径分布和 N_2 吸附-脱附测试图。根据 IUPAC 分类，所有样品均呈现Ⅳ型吸附-脱附曲线，且所有样品的吸附度在低压区均有急剧上升趋势，说明这些样品均具有微孔材料的特点。另外，邻苯二酚、2,3-二甲基苯酚、2,6-二甲基苯酚和混合酚的吸脱附曲线在 P/P_0 大约 0.45 处出现迟滞环，表明这四种物质制备的多孔炭存在着大量的微孔和中孔。而苯酚和间甲酚合成的酚醛多孔炭吸脱附曲线并未闭合，说明该两种酚在活化过程中仅产生了少量的微孔和中孔。DFT 模型得到的孔径分布曲线证实了单酚和混合酚活化后都具有微孔和中孔，其中苯酚和间甲酚提供的中孔和微孔体积较小，邻苯二酚、2,3-二甲基苯酚和 2,6-二甲基苯酚提供的中孔和微孔体积较大，混合酚的微孔和中孔体积则介于两者之间，该结果与电镜结合证实了制备的酚醛多孔炭兼具微孔、中孔和大孔的层次孔结构。

20.7　KOH 活化对酚醛多孔炭结构及电化学性能的作用机理

KOH 活化混合酚醛树脂制备酚醛多孔炭主要是利用了 KOH 的强碱性，使其在酚醛树脂转变为酚醛炭材料过程中发挥活化造孔作用，而炭质前驱体混合酚醛树脂来源于兰炭废水。这些酚醛树脂充分利用了废水 65℃ 左右余热以及废水中氨既作为催化剂参与整个反应，同时又与甲醛发生反应生成乌洛托品作为固化剂的作用，将废水中的各种酚类化合物以及氨氮类化合物变"处理"为"转化"，这就导致得到的热固性酚醛树脂样品中含有丰富的 N、O、S 等常规用于改善酚醛多孔炭的杂原子。在 KOH 活化混合酚醛树脂制备酚醛多孔炭过程中，一方面兰炭废水中包含的 21 种酚所生成的酚醛树脂在炭化过程中因热分解速率的差异，本身使孔道具有了大孔、中孔、微孔等不同层次的孔结构，在 KOH 强碱作用下，可更好地促进这种层次孔结构的形成；另一方面，废水中各种酚类、氨氮类化合物转化得到的 N、O、S 在 KOH 和炭化作用下，使 N、O、S 发挥了"自掺杂"固化作用，从而为超级电容器提供了电化学性能优异的多孔炭电极材料。其制备及活化机理如图 20-36 所示。

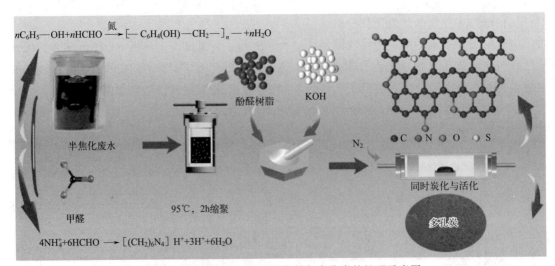

图 20-36　KOH 活化酚醛树脂制备多孔炭的机理示意图

炭废水中含有大量的酚、氨物质（如图 19-2、图 19-3 以及表 19-1），其与加入的甲醛反应，可资源化得到本章酚醛多孔炭的原料酚醛树脂［如式(19-1)和式(19-2)］。该酚醛树脂经分析，杂原子 N、O、S 含量分别为 3.395%、27.787% 和 1.642%（如图 20-12 和表 20-6 所示），可见兰炭废水中的一些杂质随着反应转入混合酚醛树脂中，为制备 N、O、S 自掺杂的多孔炭材料提供了依据。当该酚醛树脂作为炭质前驱体，其中的 21 种酚醛树脂由于热分解速率的差异，导致炭化过程中形成的酚醛多孔炭孔道本身就已经存在了差异。利用 KOH 对其进行活化炭化，活化剂 KOH 将与酚醛树脂中的炭质发生反应，得到 K_2CO_3 和碱金属钾。当炭化温度达到一定程度时，K_2CO_3 还会进一步分解产生 K_2O，K_2O、K_2CO_3 等碱金属化合物也将与酚醛树脂中的部分碳发生反应，使其以 CO_2、CO 等氧化物的形式释放出来，这些生成的气体不断地溢出，在酚醛多孔炭形成过程中起到了扩孔的作用［如式(20-3)～式(20-7)］。此外，形成的碱金属钾又可在多孔炭平面之间自由穿行，致使其表面产生不同程度的刻蚀，在酚醛树脂活化过程中起到了造孔的作用。这意味着，混合酚醛树脂在组分自身热解速率差异、强碱性 KOH 活化、CO_2/CO 气体扩孔以及金属钾自由穿行等因素的协同下，致使制备的酚醛多孔炭如前所述兼具了微孔、大孔、中孔的层次孔结构，具有了较大的比表面积（2522.9m^2/g，如图 20-11 所示）。

对 KOH 活化后的酚醛多孔炭表面原子化学组成和状态进行测试发现，该活性炭存在大量的含氮官能团（N-X、N-Q、N-5、N-6）、含氧官能团（C—OH、C—O—C、C＝O）、含硫官能团 C—SO_x—C（$x=2$，3，4）。吡咯基 N（N-5）和吡啶基 N（N-6）官能团能通过引入电子和提供电化学活性位点来提高材料的电容性能，第四系 N（N-Q）官能团对提高炭质材料的电导率起到主导作用，有利于获得较高的电导率和超电容；C—OH、C—O—C、C＝O 等含氧官能团能为增强电子转移能力引入更多的活性位点，促进产生额外的伪间隙法拉第反应；C—SO_x—C（$x=2$，3，4）含硫官能团对应的 S $2p_{1/2}$ 和 S $2p_{3/2}$ 杂原子可以增加酚醛多孔炭的法拉第反应和表面润湿性，进而增强电解质离子的快速迁移，从而导致该酚醛多孔炭发挥了 N/O/S 的自掺杂作用，具有较好的电化学性能。但将其与未活化的酚醛树脂相比发现，杂原子 N、O、S 含量明显大幅降低，分别仅为 0.76%、1.913% 和 0.914%，说明在强碱性 KOH 的作用下，制备的多孔炭产生了较多微孔、中孔，具有了较大比表面积，同时也导致更多的 N、O、S 官能团暴露，在 KOH 腐蚀和高温分解作用下，自掺杂的杂原子 N、O、S 含量较小，电化学性能比电容仅为 291.50F/g。

20.8 本章小结

① 利用 KOH 活化兰炭废水衍生的酚醛树脂制备酚醛多孔炭，考察了碱脂比、炭化-活化温度、炭化-活化时间对多孔炭碘吸附和比电容的影响，并利用响应曲面法对其操作条件进行优化，可得碱脂比 2.8∶1、炭化-活化温度 816℃、炭化-活化时间为 1.2h 时，制备的多孔炭材料的碘吸附值为 1461.83mg/g，比电容为 291.50F/g。

② 利用扫描电镜、透射电镜、XRD、拉曼、XPS、BET、红外分析等对酚醛多孔炭进行表征，发现 KOH 活化的酚醛多孔炭中存在大量的极性基团，材料表面有微米和一定数量纳米级别的孔洞，且许多孔道相互连接，呈蜂窝状无规则排列。最优条件下制备的酚醛多孔炭样品比表面积为 2522.9m^2/g，总孔体积 1.29cm^3/g。N、O、S 元素较直接炭化后的多孔炭大幅降低，证实强碱性的 KOH 对多孔炭活化作用显著，同时与 N、S 杂原子官能团也发生了反应。

③ 利用活化剂 KOH 对兰炭废水中的五种主要酚类物质、两种主要铵类物质、五种酚

混合、两种铵混合以及酚铵混合制备的酚醛树脂、乌洛托品进行活化，研究发现低温时KOH活化混合铵乌洛托品的活化能最低，KOH活化混合酚酚醛树脂的活化能最高，高温时KOH活化混合酚酚醛树脂的活化能最低，混合酚铵树脂的活化能最高，证实混合铵形成的乌洛托品在低温KOH作用下发生分解反应，高温时混合酚铵产生了酚醛树脂与乌洛托品发生固化反应得到的热固性酚醛树脂，KOH难以对其活化。同时扫描电镜、BET等表明不同酚类前驱体对制备的酚醛多孔炭材料孔道产生不同的贡献。

④ 采用一步炭化-活化法制备的经KOH活化后的多孔炭材料具有良好的导电性和可靠的充放电可逆性，电荷转移和离子扩散速率显著，组装的超级电容器稳定循环10000次后，循环中电容保持率为100%、库仑效率为97%。

第**21**章

Na₂CO₃ 活化对酚醛多孔炭结构及性能调控

$$\text{Na}_2\text{CO}_3 \text{ 活化对酚醛多孔炭结构及性能调控}$$

KOH 作为活化剂活化酚醛树脂虽然可以制备比表面积较大的多孔炭材料，但由于 KOH 为强碱，对设备有一定的腐蚀性，且多孔炭中自掺杂的 N、O、S 含量较少，因此本章选择腐蚀性较小的碳酸钠（Na_2CO_3）、碳酸氢钠（$NaHCO_3$）、乙酸钠（CH_3COONa）、柠檬酸钠（$Na_3C_6H_5O_7 \cdot 2H_2O$）等弱碱性活化剂制备酚醛多孔炭，通过 SEM、TEM、XRD、BET、XPS、Raman 和 FTIR 等对所制备的酚醛多孔炭材料孔结构和化学组成等进行表征。探究兰炭废水中不同酚类作为炭质前驱体对制备酚醛多孔孔结构的影响，研究兰炭废水中氨氮生成的乌洛托品作为固化剂，同时作为氮源自掺杂对多孔炭性能的影响。考察造孔剂种类、造孔剂添加量、炭化-活化温度和炭化-活化时间等操作条件对多孔炭材料性能的影响，明确兰炭废水中混合酚类、氨氮对弱碱活化酚醛多孔炭材料孔结构的控制、改良作用，厘清炭材料的成孔机理，获得兼具微孔、中孔和大孔的层次孔结构、高比表面积、大孔容、优异电化学性能的多孔炭材料，以期实现兰炭废水的资源化利用。

21.1 实验流程

利用腐蚀性较小的弱碱性活化剂活化酚醛树脂制备酚醛多孔炭的实验流程如图 21-1 所示。

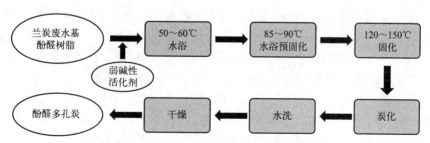

图 21-1　Na_2CO_3 活化酚醛多孔炭制备流程图

图 21-1 是 Na_2CO_3 活化制备酚醛多孔炭的流程图。将酚醛树脂与一定量的弱碱性活化剂混合均匀，置于 $50\sim60℃$ 水浴中加热搅拌 15min，待充分混合后再将水浴温度升至 $85\sim90℃$，预固化 1h。预固化产物置于 $120\sim150℃$ 真空烘箱中充分固化 12h。固化结束后将其研磨并压片处理。在惰性气体 N_2 的保护下，以 5℃/min 的升温速率将样品置于管式炉进行

炭化，炭化结束随炉冷却至室温，研磨，用稀盐酸和蒸馏水洗涤至中性，在120℃真空干燥箱中干燥即得酚醛多孔炭材料。

21.2 制备条件对酚醛多孔炭性能的影响

21.2.1 活化剂对酚醛多孔炭吸附性能的影响

在炭化-活化温度为800℃、炭化-活化时间为1.5h下，考察不同活化剂种类、不同盐脂比对酚醛多孔炭吸附性能的影响（如图21-2）。

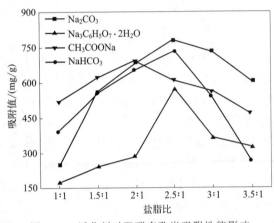

图 21-2　活化剂对酚醛多孔炭吸附性能影响

图 21-2 是不同的活化剂（Na_2CO_3、$NaHCO_3$、CH_3COONa、$Na_3C_6H_5O_7 \cdot 2H_2O$）在不同盐脂比（1∶1、1.5∶1、2∶1、2.5∶1、3∶1、3.5∶1）下对酚醛多孔炭吸附性能的影响。从图中可以看出，随着盐脂比的逐渐增加，多孔炭对碘的吸附能力总体均呈现出先增大后减小的趋势，其原因可能是当活化剂加入较少时，酚醛树脂表面的反应点位较少，反应受到限制，甚至可能会有一部分活化剂还没来得及有效发挥作用，就已经分解消耗，因此抑制了多孔炭的成孔效果，从而导致了碘吸附效率较低。

在此过程中酚醛树脂被活化剂活化后，其中的水分、CO_2 等挥发性物质挥发，致使在此时形成的孔结构大多为刚生成的微孔，使多孔炭有一定的吸附性能。随着盐脂比的增加，活化剂分解所产生的气体越来越多，活化剂水解反应也越来越强烈，造孔的能力增强，与树脂的反应量也逐渐增加，炭表面的孔逐渐增多，比表面积变大，吸附能力增强。但当活化剂增加到一定程度后，继续增加活化剂，活化剂与多孔炭表面的反应变得愈发剧烈，致使刚生成的微孔被不断刻蚀坍塌，部分孔壁被烧穿，破坏了多孔炭原本生成的孔隙结构，进而导致吸附能力开始下降。此外，剧烈的反应也会抑制焦油的挥发，致使开孔受到了抑制，成孔效果变差，碳的反应消耗加剧，产率降低，多孔炭的性能也随之降低。活化剂 $NaHCO_3$、CH_3COONa、$Na_3C_6H_5O_7 \cdot 2H_2O$ 在活化过程中最终都是转化成 Na_2CO_3 发挥作用，在相等盐脂比条件下，$NaHCO_3$、CH_3COONa 中的有效钠离子量仅为 Na_2CO_3 的一半，同时价格本身也比 Na_2CO_3 贵，$Na_3C_6H_5O_7 \cdot 2H_2O$ 虽然钠离子量大于 Na_2CO_3，但是其价格贵且分子量大、分子结构复杂，难以穿刺酚醛树脂内部形成孔道，由此可得 Na_2CO_3 为活化剂且盐脂比为 2.5∶1 时制备的酚醛多孔炭的吸附能力最佳，这是因为酚醛树脂在炭化-活化过程中 Na_2CO_3 首先水解生成 $NaHCO_3$，当活化温度达到 270℃时，CO_2 气体被释放，形成一部分孔道结构。而 Na_2CO_3 作为活化剂时，其受热分解温度较高，当温度低于 800℃时，Na_2CO_3 相当于一些文献报道的纳米 SiO_2、纳米 $CaCO_3$ 等起到硬模板的占位作用[163]；当温度高于 800℃时，Na_2CO_3 开始与碳发生反应，开始发挥活化作用，形成越来越多新的微孔，随着温度的升高，微孔逐渐扩大为中孔，进而一部分中孔相互连通，另一部分中孔逐渐扩大成为大孔。最后，致使形成的多孔炭就会拥有微孔、中孔以及大孔的多层次孔结构。从中可得选用 Na_2CO_3 作为活化剂、盐脂比为 2.5：1 时制备的酚醛多孔炭的性能最佳。

$$Na_2CO_3 + H_2O \longrightarrow NaHCO_3 + NaOH \tag{21-1}$$

$$2NaHCO_3 \longrightarrow Na_2CO_3 + H_2O + CO_2 \uparrow \tag{21-2}$$

$$Na_2CO_3 + 2C \longrightarrow 2Na + 3CO \uparrow \tag{21-3}$$

21.2.2 盐脂比对酚醛多孔炭性能的影响

选 Na_2CO_3 为活化剂，炭化-活化温度为 800℃，炭化-活化时间为 1.5h 下，考察不同盐脂比对酚醛多孔炭性能的影响（如图 21-3）。

图 21-3 是盐脂比对酚醛多孔炭吸附性能和比电容的影响。从图中可以看出，随着 Na_2CO_3 与酚醛树脂比例的增加，所得酚醛多孔炭的碘吸附值和比电容均呈现出先增大后减小的趋势。当盐脂比为 2.5：1 时，碘吸附值和比电容都达到最大，分别为 798.32mg/g 和 311F/g。其原因是 Na_2CO_3 发生水解反应[如式（21-1）～式（21-2）]，水解产物 NaOH 对炭质刻蚀产生孔洞[164]，同时 Na_2CO_3 与炭质发生反应[如式（21-3）]生成的 CO气体有扩孔作用，产物 Na 的自由穿

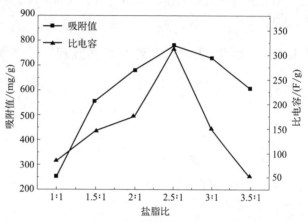

图 21-3　盐脂比对酚醛多孔炭性能影响

行对多孔炭也起到了造孔和扩孔的双重作用。另外，当盐脂比小于 2.5：1 时，Na_2CO_3 与碳不仅反应不充分，Na_2CO_3 的水解产物也少，只起到硬模板作用，但是当 Na_2CO_3 过量时，致使生成的部分微孔、中孔不断相互连接变成大孔，甚至会造成大孔与大孔的相互连接，部分孔道坍塌，从而破坏了酚醛多孔炭形成的微孔、中孔、大孔的多层次孔结构，进而导致碘吸附性能降低，比电容也降低。

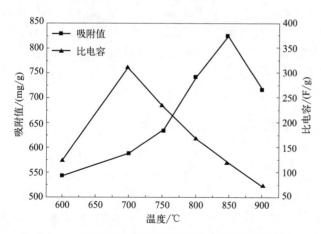

图 21-4　炭化-活化温度对制备酚醛多孔炭性能影响

21.2.3 炭化-活化温度对酚醛多孔炭性能的影响

选取 Na_2CO_3 为活化剂，在盐脂比为 2.5：1、炭化-活化时间为 1.5h 条件下，考察炭化-活化温度分别为 600℃、700℃、750℃、800℃、850℃、900℃时，对制备酚醛多孔炭性能的影响（如图 21-4 所示）。

图 21-4 是炭化-活化温度对制备酚醛多孔炭性能的影响图。由图可以

看出，随着炭化-活化温度的升高，酚醛多孔炭吸附能力和比电容均呈现出先增大后减小的趋势，在850℃时碘吸附值达到最大，为 836.9mg/g，这是因为在温度较低时，Na_2CO_3 只起到硬模板的作用，随着水分的挥发，Na_2CO_3 逐渐结晶，形成盐和树脂均匀分散的混合物，其成孔是 Na_2CO_3 结晶体被水溶掉后，留下的空位形成的占位成孔。此外，Na_2CO_3 不仅受热分解，同时还进行水解反应。随着温度的升高，Na_2CO_3 与碳发生反应更加强烈，活化作用更明显，反应物受热分解放出的气体对 Na_2CO_3 刻蚀炭化后的炭基体造成越来越多的微孔，使其比表面积增加，碘吸附能力也随之增强，当超过 850℃时，随着反应的进行，微孔逐渐扩大，进而形成中孔甚至大孔，致使酚醛多孔炭的比表面积变小，其对碘的吸附值也随之降低。而比电容的最佳温度为 700℃，其原因是制备酚醛树脂的兰炭废水是高 COD、高氨氮、难降解的有机含酚废水，其中含有的 N、O 和 S 等杂原子的自掺杂能提升炭材料的比电容，但是当温度过高，其中含 N、O 和 S 的官能团会受热分解，致使酚醛多孔炭的比电容降低。

21.2.4　炭化-活化时间对酚醛多孔炭性能的影响

以 Na_2CO_3 为活化剂，盐脂比 2.5：1，炭化-活化温度为 700℃，考察炭化-活化时间分别为 0.5h、1h、1.5h、2h、2.5h 对酚醛多孔炭性能的影响，实验结果如图 21-5 所示。

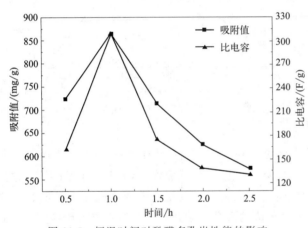

图 21-5　恒温时间对酚醛多孔炭性能的影响

图 21-5 是不同炭化-活化时间对酚醛多孔炭性能的影响图。从图中可以明显看出，碘吸附值和比电容均随着炭化-活化时间的增加呈现出先增加后减小的趋势。当炭化-活化时间为 1h 时，酚醛多孔炭吸附能力最大，对碘的吸附值为 868.5mg/g，比电容为 311.23F/g。这是因为随着炭化时间的不断增加，大量挥发性物质不断地挥发以及酚醛树脂中含 N、O、S 的官能团发生断裂，使闭塞的孔洞得以打开。此外，由于物料中炭质与活化剂的不断反应，导致有新的孔洞生成，开孔和扩孔同时进行，致使酚醛多孔炭对碘的吸附性能和比电容也随之上升。当炭化-活化时间超过 1h 时，可能因为添加的 Na_2CO_3 受热分解和水解过程结束，加之含 N、O、S 等的官能团也在不断分解，原生成的部分微孔、中孔相互连接变成大孔，甚至会造成孔洞的塌陷，从而使比表面积减小，吸附能力和比电容也随之下降。

21.2.5　Na_2CO_3 活化酚醛树脂制备多孔炭的响应曲面优化

(1) 响应曲面设计

运用响应曲面法 Box-Behnken Design（BBD）进一步设计实验，考察酚醛多孔炭制备过程中的盐脂比、炭化-活化时间、炭化-活化温度三因素三水平对酚醛多孔炭的碘吸附和比电容的影响，设计的水平范围为盐脂比为 1~3，炭化-活化温度为 600~900℃，炭化-活化时间为 0.5~2.5h。本实验中盐脂比、炭化-活化温度和炭化-活化时间是自变量，分别用 A、

B、C 来表示，并且用 -1、0、1 代表各自变量的高低，酚醛多孔炭的碘吸附值和比电容作为本实验的考察指标进行设计，以优化制备条件。实验因素及自变量水平编码如表 21-1。

表 21-1　实验因素及自变量水平编码

因素	水平		
	-1	0	1
A:盐脂比/(g/g)	1	2	3
B:温度/℃	600	750	900
C:时间/h	0.5	1.5	2.5

(2) 响应曲面模型及回归方程显著性检验

根据表 21-1 设计方案进行 17 组实验，并进行响应曲面模型及回归方程显著性检验。具体实验设计方案及分析结果见表 21-2。表中碘吸附值和比电容的预测值是真实数据进行回归分析获得。真实值与预测值的对应关系如图 21-6 所示。

表 21-2　响应曲面法设计与实验结果

编号	因素			碘吸附值/(mg/g)		相对误差/%	比电容/(F/g)		相对误差/%
	A	B	C	真实值	预测值		真实值	预测值	
1	-1	-1	0	526.76	541.09	-2.72	95.70	97.43	-1.81
2	1	-1	0	465.60	468.48	-0.62	105.30	108.58	-3.11
3	-1	1	0	642.55	639.67	0.45	131.50	128.22	2.49
4	1	1	0	531.22	516.90	2.70	197.20	195.47	0.88
5	-1	0		823.01	811.72	1.37	44.25	44.25	0.01
6	1	0		538.18	538.34	-0.03	50.32	48.77	3.08
7	-1	0	1	783.88	783.72	0.02	39.82	41.37	-3.89
8	1	0	1	850.43	861.72	-1.33	115.25	115.25	0.00
9	0	-1		317.10	314.07	0.96	48.25	46.52	3.59
10	0	1		358.18	372.35	-3.96	160.12	163.40	-2.05
11	0	-1	1	460.72	446.55	3.08	139.65	136.37	2.35
12	0	1	1	532.23	535.26	-0.57	135.45	137.17	-1.27
13	0	0	0	1055.23	1044.48	1.02	309.23	313.61	-1.42
14	0	0	0	1046.36	1044.48	0.18	320.34	313.61	2.10
15	0	0	0	1047.36	1044.48	0.27	312.12	313.61	-0.48
16	0	0	0	1038.02	1044.48	-0.62	315.30	313.61	0.54
17	0	0	0	1035.44	1044.48	-0.87	311.05	313.61	-0.82

从表 21-2 可以发现实验预测值与实验真实值的误差均小于 5%。另外，在图 21-6 中可以看到，实验所得数据的分布与预测数据的分布基本相同，这表明所建立的模型适用于预测优化酚醛多孔炭的制备条件。

对表 21-2 中的数据，通过二次多项回归拟合，获得碘吸附和比电容的回归方程的系数及其显著性检验结果，如表 21-3 和表 21-4。回归模型的 P 值均小于 0.05，失拟项的 P 值都大于 0.05，说明模型影响显著，可用于实验模拟。经过回归方程模拟，发现酚醛多孔炭的

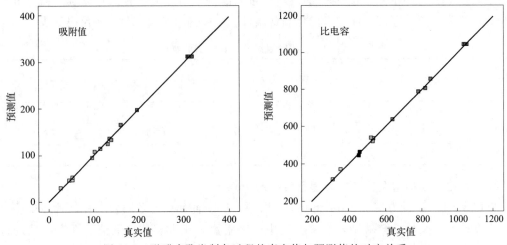

图 21-6　酚醛多孔炭制备过程的真实值与预测值的对应关系

碘吸附值符合预期，碘吸附值回归方程中 A、B、C、AC、A^2、B^2、C^2 影响显著，比电容回归方程中 A、B、C、AB、BC、A^2、B^2、C^2 影响显著，酚醛多孔炭碘吸附值 y_1 和比电容 y_2 的二元多项式回归方程为：

$$y_1 = 1044.48 - 48.85A + 36.75B + 73.85C - 12.54AB + 87.85AC$$
$$+ 7.61BC - 85.56A^2 - 417.38B^2 - 210.04C^2 \tag{21-4}$$
$$y_2 = 313.61 + 19.60A + 29.42B + 15.90C + 14.03AB + 17.34AC$$
$$- 29.02BC - 119.82A^2 - 61.36B^2 - 131.38C^2 \tag{21-5}$$

此外，酚醛多孔炭碘吸附值 y_1 的回归方程的相关系数 R^2 为 0.9988，比电容 y_2 的回归方程的相关系数 R^2 为 0.9990，表明 99.88% 的碘吸附值和 99.90% 的比电容可以用模型解释，因此，酚醛多孔炭的制备条件的优化可以用此模型进行预测。

表 21-3　碘吸附值回归方程系数及其显著性检验

项目	系统估计	标准差	平方和	均方	F 值	P 值	显著性
模型	—	—	1.127×10^6	1.253×10^5	648.13	<0.0001	显著
失拟项	—	—	1102.14	367.38	5.86	0.0603	不显著
截距	1044.48	6.22	—	—	—	—	—
A	-48.85	4.92	19088.04	19088.04	98.76	<0.0001	显著
B	36.75	4.92	10804.94	10804.94	55.90	0.0001	显著
C	73.85	4.92	43627.63	43627.63	225.72	<0.0001	显著
AB	-12.54	6.95	629.31	629.31	3.26	0.1141	不显著
AC	87.85	6.95	30867.68	30867.68	159.70	<0.0001	显著
BC	7.61	6.95	231.44	231.44	1.20	0.3101	不显著
A^2	-85.56	6.78	30826.64	30826.64	159.49	<0.0001	显著
B^2	-417.38	6.78	7.335×10^5	7.335×10^5	3794.99	<0.0001	显著
C^2	-210.04	6.78	1.858×10^5	1.858×10^5	961.05	<0.0001	显著
R^2				0.9988			

表 21-4　比电容回归方程系数及其显著性检验

项目	系统估计	标准差	平方和	均方	F 值	P 值	显著性
模型	—	—	1.819×10^5	20210.62	1040.91	<0.0001	显著
失拟项	—	—	59.81	19.94	1.05	0.4629	不显著
截距	313.61	1.97	—	—	—	—	—
A	19.60	1.56	3073.28	3073.28	158.28	<0.0001	显著
B	29.42	1.56	6924.88	6924.88	356.65	<0.0001	显著
C	15.90	1.56	2023.43	2023.43	104.21	<0.0001	显著
AB	14.03	2.20	786.80	786.80	40.52	0.0004	显著
AC	17.34	2.20	1202.70	1202.70	61.94	0.0601	不显著
BC	−29.02	2.20	3368.06	3368.06	173.47	<0.0001	显著
A^2	−119.82	2.15	60450.07	60450.07	3113.37	<0.0001	显著
B^2	−61.36	2.15	15854.26	15854.26	816.55	<0.0001	显著
C^2	−131.38	2.15	72674.16	72674.16	3742.95	<0.0001	显著
R^2				0.9990			

(3) 响应曲面的分析

为了确定酚醛多孔炭的最佳制备操作条件，可根据制备酚醛多孔炭的模型和二元回归方程式，绘制响应曲面图和等高线图。盐脂比、炭化-活化温度和炭化-活化时间各因素及其两两之间对酚醛多孔炭的碘吸附和比电容的交互作用可以通过图 21-7～图 21-9 直观地反映出来。

1) 盐脂比和炭化-活化温度的交互效应

图 21-7 显示了盐脂比和炭化-活化温度对酚醛多孔炭吸附性能和比电容的交互效应。从响应曲面图可以看出，炭化-活化温度和盐脂比均对酚醛多孔炭的吸附性能和比电容产生了重要的交互影响，随着盐脂比和炭化-活化温度的增加，酚醛多孔炭的吸附性能呈现出先增加后减小的变化趋势，盐脂比和炭化-活化温度对酚醛多孔炭比电容的影响类似其吸附性能，也呈现出先增加后减小的变化趋势，但与吸附性能相比，对比电容的影响稍微弱一些。盐脂比大于 2.5：1、炭化-活化温度大约在 800℃时，碘吸附值和比电容均出现了明显的下降趋势，但通过等高线分析发现，盐脂比和炭化-活化温度之间存在最优的区域，对酚醛多孔炭性能影响的交互区域即盐脂比范围在(1.5：1)～(2.5：1)之间，炭化-活化温度在 700～800℃之间围成的红色椭圆状区域。这个区域内，其碘吸附值为 1006.11mg/g，比电容达到 301.326F/g。

2) 炭化-活化温度和炭化-活化时间的交互效应

图 21-8 是炭化-活化温度和炭化-活化时间对酚醛多孔炭的碘吸附性能和比电容的交互效应。通过响应曲面图可以观察到，炭化-活化时间和炭化-活化温度相比较，炭化-活化时间对酚醛多孔炭性能的影响较小，但随着炭化-活化时间的增加，不论是碘吸附还是比电容刚开始一直呈现增加的趋势，明显的下降趋势出现在炭化-活化时间为 2h 后。而炭化-活化温度对碘吸附和比电容的影响较大，且随着炭化-活化温度的增加，碘吸附和比电容均呈现出先增加后逐渐降低的趋势，明显的下降趋势出现在炭化-活化温度在 800℃左右。炭化-活化温度和炭化-活化时间对碘吸附和比电容的影响之间存在显著的相互作用，通过等高线图分析，

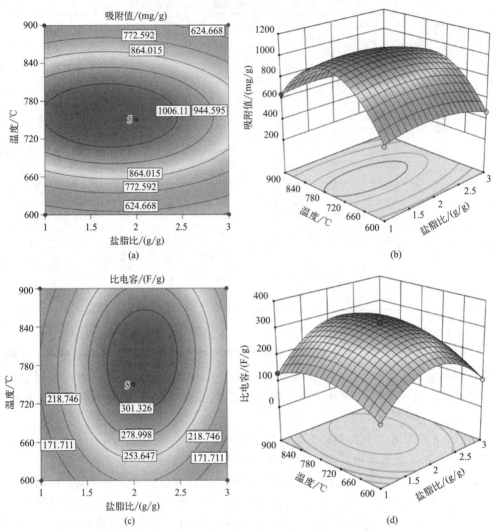

图 21-7　盐脂比、炭化-活化温度对碘吸附和比电容的交互效应
［（a）（c）为等高线图，（b）（d）为响应曲面图］

可以发现两者之间的最佳区域，即碘吸附和比电容性能最优值区域，对碘吸附的交互区域炭化-活化温度在 700～800℃、对比电容的交互区域炭化-活化温度在 720～840℃，由于炭化-活化温度对二者性能的影响出现了不同的温度范围，后期有关温度对比电容的影响将做进一步的研究，炭化-活化时间均为 1.0～2.0h，但联系单因素实验影响和综合考虑碘吸附和比电容，最优区域选择炭化-活化温度为 700～800℃、炭化-活化时间为 1.0～2.0h 之间所围成的椭圆形深红色区域。这个区域内，酚醛多孔炭的碘吸附值达到 1006.11mg/g，比电容达到 301.326F/g。

3）盐脂比和炭化-活化时间的交互效应

从图 21-9 可看出盐脂比和炭化-活化时间对酚醛多孔炭碘吸附性能和比电容的交互效应。从响应曲面图可以发现，随着盐脂比的增加，碘吸附值先增加后逐渐趋于稳定。对于比电容来说，随着盐脂比的增加，比电容呈现出先增大后减小的趋势，炭化-活化 1h 后对比电容影响较小，而对碘吸附的影响却很大，其原因可能是活化剂 Na_2CO_3 的不断分解以及水

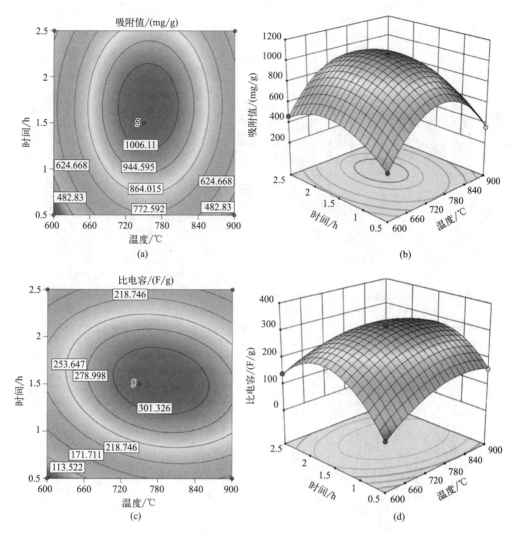

图 21-8　炭化-活化温度、炭化-活化时间对碘吸附和比电容的交互效应

[（a）（c）为等高线图，（b）（d）为响应曲面图]

解产生气体的同时，生成的 NaOH 对其进行刻蚀造孔和气体造孔的双重效应，其原理与单因素分析一致。然而随着时间的延长，刚生成的部分微孔、中孔不断地相互连接变成大孔，甚至会造成大孔与大孔相互连接致使坍塌，从而破坏了酚醛多孔炭原有的微孔、中孔、大孔的层次孔结构，同时长时间的炭化-活化可能会导致兰炭废水生成的自掺杂 N、O、S 等杂原子挥发，致使比电容下降，这与单因素分析一致。通过等高线分析发现，两者之间存在一个最优的区域，对碘吸附的交互区域盐脂比在(1∶1)～(2.5∶1)，对比电容的交互区域盐脂比在(1.5∶1)～(2.5∶1)，炭化-活化时间均为 1.0～2.0h，但联系单因素实验影响和综合考虑碘吸附和比电容，最优区域选择盐脂比为(1.5∶1)～(2.5∶1)，炭化-活化时间均为 1.0～2.0h 之间，对比图 21-7、图 21-8 可以发现，该区域内的红色相对于图 21-7、图 21-8 较浅且呈圆形形状，说明交互作用较弱。在该区域，比电容的等高线呈现出圆形而非图 21-7 和图 21-8 中的椭圆形，这表明相比较图 21-7 和图 21-8 而言，该区域的交互作用更为微弱。

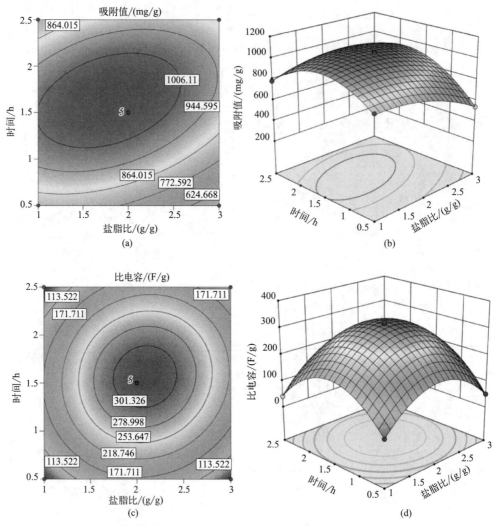

图 21-9 盐脂比、炭化-活化时间对碘吸附和比电容的交互效应

[（a）（c）为等高线图，（b）（d）为响应曲面图]

（4）验证实验

利用 Design Expert 7.0 对模型进行优化分析可得制备酚醛多孔炭的最优条件，即盐脂比 2.13：1、炭化-活化时间 1.52h、炭化-活化温度为 784℃。

控制酚醛多孔炭的制备条件盐脂比为 2：1、炭化-活化时间为 1.5h、炭化-活化温度为 780℃，并重复 3 次实验，如果相对误差不大于 15%，说明该模型对酚醛多孔炭制备的条件有良好的预测效果。实验结果见表 21-5 所示。

表 21-5 在最优条件下制备多孔炭的真实值与预测值

验证实验	碘吸附值/(mg/g)		相对误差/%	比电容/(F/g)		相对误差/%
	预测值	真实值		预测值	真实值	
1		1045.45	0.12		314.89	0.10
2	1046.67	1044.98	0.16	315.21	315.02	0.06
3		1046.12	0.05		314.78	0.14

由表 21-5 可知，上述的相对误差均不大于 1%，说明该模型对酚醛多孔炭的制备条件具有良好的预测效果。在此最优条件下，得到的酚醛多孔炭的碘吸附值为 1046.36mg/g，比电容为 315.32F/g。

21.3　Na₂CO₃ 活化后酚醛多孔炭的结构变化

利用 XRD、扫描电镜、透射电镜、BET 等测试手段对响应曲面优化条件制备的酚醛多孔炭进行表征和分析。

21.3.1　酚醛多孔炭 XRD 和拉曼分析

图 21-10(a) 为 Na₂CO₃ 活化后不同温度下多孔炭的 X 射线衍射图。从图中可以看出，在 2θ 为 22°和 43°处的衍射峰分别对应石墨化碳材料的（002）和（101）晶面，说明样品具有良好的导电性能。炭化温度为 800℃制备的酚醛多孔炭样品在 2θ 为 22°时，（002）界面的峰出现向右偏移的趋势，其原因可能是氮原子插入引起晶格畸变[165]。此外，随着温度的升高，在 2θ 为 43°时的衍射峰变得更加明显，说明酚醛多孔炭的石墨化程度降低。从拉曼光谱[图 21-10(b)]中也可以看出制备样品的石墨化程度。D 带（1341cm⁻¹）与碳缺陷结构的无序振动有关，而 G 带（1582cm⁻¹）与石墨碳的振动有关。随着温度升高，D 峰和 G 峰的强度比逐渐增大，再次证实样品石墨化程度降低[166]。

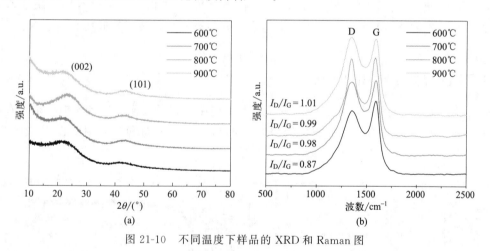

图 21-10　不同温度下样品的 XRD 和 Raman 图

21.3.2　Na₂CO₃ 活化后酚醛多孔炭形貌及杂原子分布分析

利用扫描和投射电镜观察响应曲面优化条件制备的酚醛多孔炭固体样品的形貌结构，实验结果如图 21-11 所示。

图 21-11(a) 为未加 Na₂CO₃ 的酚醛树脂 SEM 图，图 21-11(b) 为 Na₂CO₃ 活化后的酚醛多孔炭 SEM 图，（c）为 Na₂CO₃ 活化后的酚醛多孔炭 TEM 图。对比图 21-11（a）（b）可以看出，酚醛树脂被 Na₂CO₃ 活化后，材料的形态发生了明显的变化，出现蜂窝状结构和大量的孔洞。蜂窝状结构促进了比表面积的增加和丰富孔隙的形成，这有助于电解质离子的储存和传输，提高其电化学性能。图 21-11(c) 透射电镜图像进一步验证了介孔和大孔的

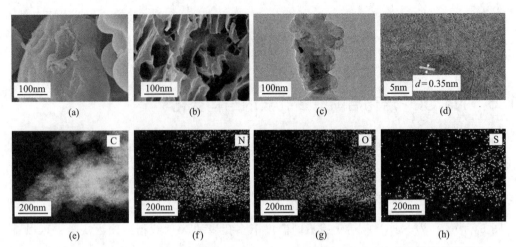

图 21-11　(a) 酚醛树脂 (b) 多孔炭的 SEM (c) 多孔炭的 TEM (d) 多孔炭的高分辨率
TEM 图像 (e) ～ (h) 多孔炭中 C、N、O、S 元素分布图

共存。样品由球形变为蜂窝多孔状，可能是由水溶性前驱体酚醛树脂与 Na_2CO_3 的相互作用引起的，同时碳与 Na_2CO_3 之间的过度氧化还原反应以及 Na_2CO_3 的水解反应，导致孔隙结构不断生成，破坏了酚醛树脂的球形结构，使样品具有较丰富的孔隙结构，其可提供丰富的活性位点，表现出卓越的电化学性能。从透射能谱图 21-11(d)～(h)得出多孔炭在约 0.35nm 的距离处具有清晰的晶格条纹，属于石墨 (002) 平面，还可以看出兰炭废水衍生的 N、O 和 S 杂原子被检测到并很好地分散在多孔炭表面中，表明其成功实现了 N、O 和 S 杂原子的自掺杂。

21.3.3　酚醛多孔炭 BET 分析

由于 SEM 仅检测到酚醛多孔炭有中孔和大孔存在，为了验证酚醛多孔炭中是否存在微孔结构，对酚醛多孔炭的微孔分布情况进行了测试。孔径分布和吸脱附等温线如图 21-12 所示。

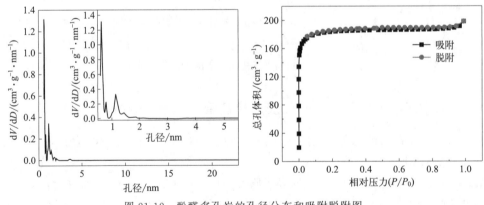

图 21-12　酚醛多孔炭的孔径分布和吸附脱附图

根据 IUPAC 分类，吸附脱附等温线呈 Ⅳ 型，说明存在明显的迟滞环。在低压区（$P/P_0 < 0.1$），样品的吸附度急剧上升，但在高压区未见吸附过程。这意味着在 Na_2CO_3 活化

过程中产生了微孔和中孔。最优条件下制备的样品的比表面积为 $717.51m^2/g$，总孔体积 $0.31cm^3/g$。根据 DFT 法计算出的孔径分布曲线可以看出酚醛多孔炭孔的孔径分布为 $0.5\sim$ 1.4nm，说明样品的比表面积相应地大大增加，通过微孔测试证实了酚醛多孔炭兼具微孔、中孔和大孔的层次孔结构。这与吸附性能相吻合。

21.4　Na_2CO_3 活化后酚醛多孔炭的 N/O/S 元素变化

用 XPS 方法分析了酚醛树脂经 Na_2CO_3 活化后的多孔炭的表面元素组成和价态，结果如图 21-13 所示。

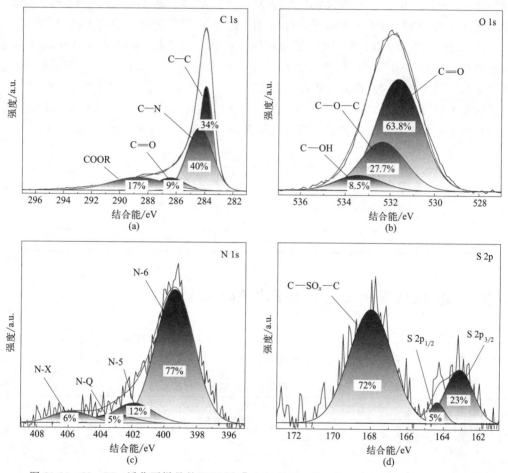

图 21-13　Na_2CO_3 活化下样品的 XPS 图 [（a）C 1s，（b）O 1s，（c）N 1s，（d）S 2p]

图 21-13 是样品的表面元素组成和价态分析。从图中可以看出，经 Na_2CO_3 活化后的多孔炭除 C 1s、N 1s、O 1s 和 S 2p 外，没有观察到其他元素和化学态的存在。C、N、O、S 的原子含量分别为 82.49%、3.04%、14.04% 和 0.41%。以 288.7eV、286.3eV、284.3eV、283.8eV 为中心的高分辨率 C 1s 光谱归因于 COOR、C═O、C—N 和 C—C [图(a)]。将 O 1s 的高分辨率 XPS 谱分解为 3 个峰 [图（b）所示]，指定为 C—OH（533.4eV）、C—O—C（532.4eV）和 C═O（531.6eV）[167]。含氧官能团对于增强电子转移能力，以及引入更多的活性位点和促进产生额外的伪间隙法拉第反应至关重要。N 1s 光

谱[图(c)]可分解为 4 个峰，分别为结合能在 405.8eV、403.1eV、401.8eV 和 399.4eV 时，对应于氧化氮（N-X）、第四系 N（N-Q）、吡咯基 N（N-5）和吡啶基 N（N-6）[168]。N-5 和 N-6 是主要的两种含氮官能团，它们通过引入电子和提供足够的电化学活性位点，可以提高材料的电子传导性，从而提高材料的电容性能[169-171]，而 N-Q 主导提高炭质材料的电导率，有利于获得较高的电导率和超电容。在 S 2p 的 XPS 光谱中［如图（d）］可以发现有一个位于 168.0eV 处的峰属于 C—SO_x—C（$x = 2, 3, 4$）[172]。在 164.3eV 和 163.2eV 处的另外两个峰可分别分配为 S $2p_{1/2}$ 和 S $2p_{3/2}$[173]。通过表 21-6 酚醛树脂、直接炭化酚醛树脂、Na_2CO_3 活化酚醛树脂样品的元素含量对比，也可以得到 Na_2CO_3 活化后的酚醛多孔炭样品中掺杂 N 为 2.739%、O 含量为 8.627%、S 含量为 1.378%，其与直接炭化生成的酚醛多孔炭相比，N（2.139%）、S（1.229%）杂原子含量增多，而 O 含量（14.181%）减少，其原因是部分 Na_2CO_3 发生了水解反应生成 $NaHCO_3$，在活化过程中有 CO_2 气体释放［如式(21-1)～式(21-2)]，同时 Na_2CO_3 还起到硬模板的占位作用。与 KOH 活化酚醛树脂的 XPS 相比较（如图 20-12）可得，Na_2CO_3 活化酚醛树脂 N、O、S 含量明显高于 KOH 活化酚醛树脂的含量，其原因是酚醛树脂在 KOH 作用下，样品中部分含 N、O、S 官能团内部杂原子发生了自身分解。这些结果表明，在所制备的多孔炭中，N、O、S 杂原子可以成功地进行自掺杂，其杂原子官能团能够提高电极表面的润湿性，从而增加材料的导电性。

表 21-6　酚醛多孔炭元素分析含量表

样品	N 质量分数/%	C 质量分数/%	H 质量分数/%	S 质量分数/%	O 质量分数/%
酚醛树脂	3.395	63.335	5.716	1.642	27.787
直接炭化	2.139	77.143	1.713	1.229	14.181
Na_2CO_3 活化	2.739	80.88	1.037	1.378	8.627

21.5　不同酚醛多孔炭的杂原子比较研究

对酚醛树脂、直接炭化制备的酚醛多孔炭、KOH 活化后的酚醛多孔炭、Na_2CO_3 活化后的酚醛多孔炭进行元素含量和 XPS 分析对比研究，结果如表 21-7 和图 21-14 所示。

表 21-7　不同多孔炭元素分析含量表

样品	N 质量分数/%	C 质量分数/%	H 质量分数/%	S 质量分数/%	O 质量分数/%
酚醛树脂(a)	3.395	63.335	5.716	1.642	27.787
直接炭化(b)	2.139	77.143	1.713	1.229	14.181
KOH 活化(c)	0.76	86.505	0.509	0.914	1.913
Na_2CO_3 活化(d)	2.739	80.88	1.037	1.378	8.627

表 21-7 列出了不同多孔炭材料的元素含量，图 21-14 是对应的不同多孔炭的 XPS 图，结合表和图可以看出，由兰炭废水资源化得到的酚醛树脂 N、O、S 含量分别为 3.395%、27.787% 和 1.642%，说明兰炭废水中富含氨氮、硫化物等物质。直接炭化和活化剂活化后 N、O、S 含量均不同程度地有所降低，这些杂原子自掺杂到酚醛多孔炭中，可以提高其法拉第反应和表面润湿性，从而增强电解质离子的快速迁移。直接炭化后样品中的 N、O、S 元素含量下降，说明高温炭化会导致酚醛树脂表面含 N、O、S 的官能团分解挥发。此外，

Na_2CO_3 活化后的 N、O、S 元素含量要比 KOH 活化后的多，这是由于 KOH 的刻蚀性强，产生较多的微孔和中孔，使其具有较大的比表面积，从而导致更多含 N、O、S 的官能团暴露在外部，被高温分解。而 Na_2CO_3 造孔产生的主要是介孔和大孔，比表面积较小，含 N、O、S 官能团暴露在外部的较少，因此，活化后 N、O、S 元素含量相对 KOH 活化后的较多，能有效发挥 N、O、S 自掺杂作用。从表中可以看出，各多孔炭除 C 1s、O 1s 外，还观察到 N 1s 和 S 2p。N 掺杂有利于获得较高的电导率和超电容。O 掺杂对于增强电子转移能力，以及引入更多的活性位点，促进产生额外的伪间隙法拉第反应至关重要。KOH 活化、Na_2CO_3 活化后样品的电化学检测结果表明，N、O、S 杂原子掺杂不仅提高样品表面润湿性，还增加电解质在电极上的有效比表面积，而且有利于法拉第电荷转移反应，从而产生赝电容。

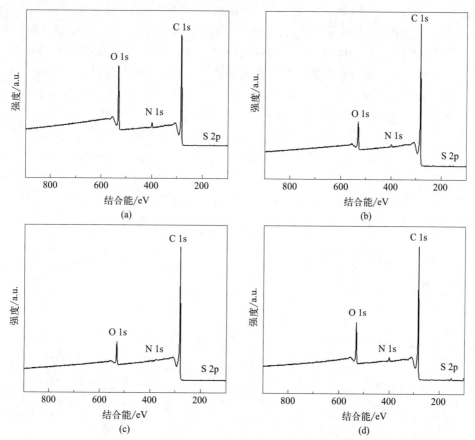

图 21-14 样品的 XPS [（a）酚醛树脂，（b）未活化，（c）KOH 活化，（d）Na_2CO_3 活化]

21.6 Na_2CO_3 活化后酚醛多孔炭的电化学性能变化

从 Na_2CO_3 活化酚醛多孔炭的单因素实验中发现，盐脂比、炭化-活化时间对多孔炭的碘吸附和比电容影响一致，而炭化-活化温度出现了偏差，于是对不同的炭化-活化温度下样品的电化学性能做了进一步的研究，从而确定兰炭废水基酚醛多孔炭作为电极材料的最佳制备工艺条件。

21.6.1 温度对酚醛多孔炭电化学性能的影响

在盐脂比2:1、炭化-活化时间为1.5h、Na_2CO_3活化剂作用下，考察不同炭化-活化温度制备的多孔炭材料的电化学性能。

(1) 循环伏安性能测试和恒流充放电性能测试

图21-15(a)为不同温度下的样品在扫描速率为$10mV \cdot s^{-1}$的CV曲线，图21-15(b)为不同温度下的样品在电流密度为$1A \cdot g^{-1}$的GCD曲线。从图(a)可以看出，所有样品的循环伏安曲线（CV）都显示出良好的准矩形形状，同时随着温度的升高，CV曲线包围的面积呈现出先增大后减小的趋势，700℃时CV曲线所围面积最大，比电容与包围的面积成正比例关系，在相同的扫描速率下，随着温度的升高比电容也是先增大后减小，即CV曲线的包围面积越大，比电容越大，其结果与单因素实验结果一致。由图21-15(b)可得所有样品的静电流充放电（GCD）曲线均为对称的等腰三角形，说明Na_2CO_3活化后的多孔炭具有良好的电化学可逆性，体现出典型的双层电容特性。700℃制备的多孔炭的充电时间最长，而充放电时间的长短直接反映了电容器电容量的大小。温度对材料电化学活性与比表面积大小和孔径分布多少成正比，但从图中可以看出，电化学活性与孔径分布和比表面积大小有偏差。其原因是兰炭废水基制备的酚醛多孔炭存在N、O、S等杂原子自掺杂，其次兰炭废水中的氨在制备酚醛树脂过程中电离出的铵根离子除了和甲醛发生反应生成六次甲基四胺（乌洛托品）固化剂外，还可以分解成多个自由基存在，于是制备多孔炭时，产生的自由基对碳原子进行攻击形成含氮官能团，同时还可以增加孔隙度。N、O、S等杂原子协同可以改善材料的浸润性，提高导电性能，增加双层电容，这可以大大抵消由于比表面积减少而引起的电催化活性的下降。

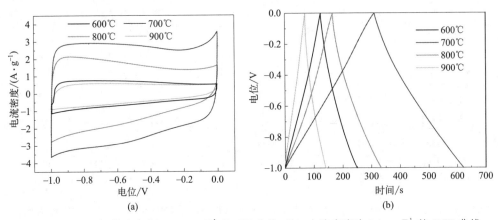

图21-15 (a) 扫描速率为$10mV \cdot s^{-1}$的CV曲线 (b) 电流密度为$1A \cdot g^{-1}$的GCD曲线

(2) 比电容测试

图21-16是比电容与电流密度的关系图。比电容随着电流密度的增大一直下降，当电流密度小于$0.5A \cdot g^{-1}$时，样品的倍率性能急剧下降，电流密度大于$0.5A \cdot g^{-1}$后，样品的倍率性能趋向于平缓，这表明所述材料展现了优秀的倍率性能。其根本原因在于材料具备分级的微孔、中孔和大孔结构，其中微孔极大地提高了电解液离子的储存[174]。中孔的存在，为电解液离子提供了通道，使其能够快速传输。当电流密度为$0.5A \cdot g^{-1}$时，在温度为600℃、700℃、800℃、900℃所制样品的比电容分别为108F/g、284.25F/g、152F/g、

58F/g。同时，从图中可以很明显看出，相同电流密度下700℃所制样品的比电容值一直遥遥领先，比电容的保持率为79.45%。

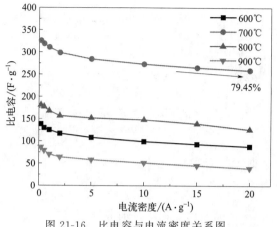

图 21-16　比电容与电流密度关系图

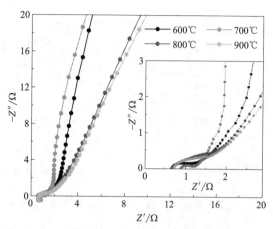

图 21-17　不同炭化温度的多孔炭电极的 Nyquist 图

(3) 交流阻抗特性测试

图 21-17 为不同炭化温度的多孔炭材料的 Nyquist 图，交流阻抗谱图反映的是电极材料与电解液界面的动力学关系。从图中可以看出，在高频区域，经 Na_2CO_3 活化后的所有样品均有较小的半圆弧出现，说明电极材料与电解液之间接触良好，通过对 600℃、700℃、800℃、900℃下所制样品与实轴交点的分析，可得其对应的 R_s 分别为 0.66Ω、0.83Ω、0.64Ω、0.67Ω，虽然 800℃ 所制样品的电阻最小，但是温度高使得自掺杂 N、O、S 官能团受热分解，导致材料的电化学性能大打折扣。在低频区域，Na_2CO_3 活化后的多孔炭曲线趋向于与虚轴平行，说明酚醛树脂经 Na_2CO_3 活化后制备的多孔炭具有优良的电容性能，700℃ 所制样品离虚轴最近且直线斜率最大，说明其电容性能最好。综合研判，选取 700℃ 为电极材料的最佳制备温度。

21.6.2　最优条件所制酚醛多孔炭的电性能测试

(1) 循环伏安性能测试和恒流充放电性能测试

图 21-18(a) 为 700℃ 酚醛多孔炭在不同扫描速率（$10mV \cdot s^{-1}$、$20mV \cdot s^{-1}$、$50mV \cdot s^{-1}$、$100mV \cdot s^{-1}$、$200mV \cdot s^{-1}$）下的 CV 曲线，图 21-18(b) 为不同电流密度（$0.5A \cdot g^{-1}$、$1A \cdot g^{-1}$、$2A \cdot g^{-1}$、$5A \cdot g^{-1}$、$10A \cdot g^{-1}$、$20A \cdot g^{-1}$）下的 GCD 曲线。从图 (a) 可以看出，当扫描速率在 $10 \sim 200mV \cdot s^{-1}$ 的范围之内时，多孔炭的 CV 曲线均呈现出准矩形形状，只是扫描速率增大到 $200mV \cdot s^{-1}$ 时，样品的 CV 曲线出现了轻微的扰动，这是因为在大的扫描速率下，有些电解液离子在部分小微孔中来不及扩散就流走，致使层次孔结构得不到充分的利用，无形中增大了电极材料的内阻。从图 (b) 可得，在电流密度为 $0.5A \cdot g^{-1}$、$1A \cdot g^{-1}$、$2A \cdot g^{-1}$、$5A \cdot g^{-1}$、$10A \cdot g^{-1}$、$20A \cdot g^{-1}$ 下，GCD 曲线均为对称的等腰三角形，电压降很微小可忽略，表明制备的多孔炭充放电可逆性和双层电容特性优异。即使在相对较大的电流密度 $20A \cdot g^{-1}$ 下，GCD 曲线仍然保持对称，表明 700℃ 所制多孔炭的孔结构优异，内阻较小。可见，Na_2CO_3 活化兰炭废水基酚醛树脂制备的多孔炭作超级电容器的电极材料可行。

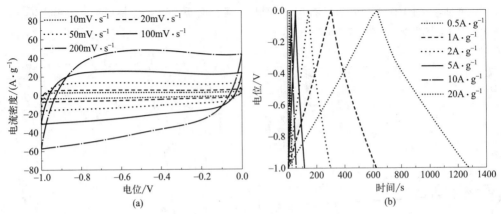

图 21-18　700℃样品在不同扫描速率和电流密度下的 CV 和 GCD 曲线

(2) 样品的 Ragone 和循环稳定性测试

图 21-19(a) 为样品的 Ragone 图，图 21-19(b) 为样品的循环稳定性能和库仑效率图。从图 (a) 可以看出，当电流密度由 $0.5A \cdot g^{-1}$ 增大到 $10A \cdot g^{-1}$ 时，功率密度由 $121.99W \cdot kg^{-1}$ 增大到 $4995.92W \cdot kg^{-1}$，能量密度由 $5.92Wh \cdot kg^{-1}$ 降至 $4.08Wh \cdot kg^{-1}$，说明在高功率时，电极材料的能量损失较小，表明样品具有良好的速率容量和储能性能。与图 20-18 对比可得，Na_2CO_3 活化后的酚醛多孔炭的电化学性能优于 KOH 活化后的酚醛多孔炭的性能。此外，由图 21-19(b) 可以得出，样品在 $20A \cdot g^{-1}$ 下进行 10000 次循环后，仍然保持高度稳定的电化学性能，即使在 10000 次循环后，也只观察到容量出现微弱的衰减，可忽略不计，循环中的电容保持率在 100％、库仑效率 99.83％。以上结果表明，Na_2CO_3 活化制备的酚醛多孔炭性能优良，将其用于超级电容器的电极材料更加优异。

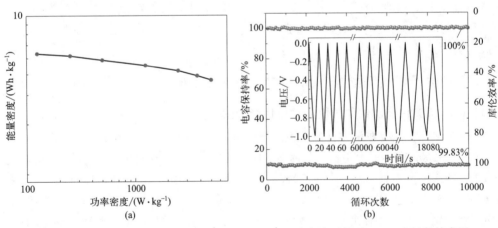

图 21-19　(a) 样品的 Ragone 图　(b) $20A \cdot g^{-1}$ 电流密度下循环 10000 次的保持率图

21.7　Na_2CO_3 对兰炭废水基酚醛树脂的模板/活化双重造孔机制

21.7.1　Na_2CO_3 活化对酚醛多孔炭性能的影响

选取前述兰炭废水中酚/氨组分制备的不同酚醛树脂分别作为炭质前驱体制备相对应的

酚醛多孔炭，考察不同盐脂比、炭化-活化温度、炭化-活化时间等因素对制备的酚醛多孔炭性能的影响。

(1) 盐脂比对酚醛多孔炭吸附性能的影响

选取 Na_2CO_3 为活化剂，炭化-活化温度为 $800℃$，炭化-活化时间为 $1.5h$ 时，考察盐脂比分别为 $1:1$、$2:1$、$3:1$ 时，不同单酚/混酚与甲醛生成的酚醛树脂经 Na_2CO_3 活化后制备的不同酚醛多孔炭的吸附性能，其结果如图 21-20 所示。

图 21-20 是不同盐脂比对不同酚醛多孔炭吸附性能的影响。从图中可以明显看出，盐脂比为 $2:1$ 时不同单酚制备的对应酚醛多孔炭的碘吸附值都比 $3:1$ 和 $1:1$ 时大。其原因可能与前述 KOH 活化原理一样，活化剂用量过大时，活化过程中形成大量孔隙的同时，活化剂对已经形成的孔隙也造成了刻蚀，导致部分孔洞坍塌，致使碘的吸附值有所下降。从中可得选取活化剂与酚醛树脂的质量比为 $2:1$。

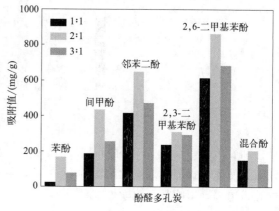

图 21-20 不同盐脂比对多孔炭性能的影响

(2) 炭化-活化温度对酚醛多孔炭吸附性能的影响

在 Na_2CO_3 为活化剂，炭化-活化时间为 $1.5h$，盐脂比 $2:1$ 下，考察炭化-活化温度（$650℃$、$750℃$、$850℃$、$950℃$）对酚醛多孔炭性能的影响（如图 21-21）。

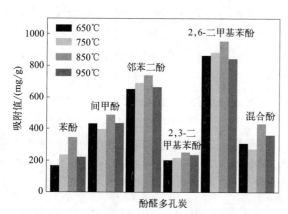

图 21-21 温度对酚醛多孔炭性能的影响

图 21-21 为不同炭化-活化温度对酚醛多孔炭吸附性能的影响。从图中可得，酚醛多孔炭的吸附性能随着温度的升高呈现先增大后减小的趋势，可能是因为随着温度的升高，酚醛树脂与 Na_2CO_3 混合物中挥发性物质快速挥发，其中产生的部分气体会从混合物内部溢出，造成孔道结构，使酚醛树脂炭化-活化时，内部逐渐出现大量的微孔和介孔，这些孔增加了碘的吸附能力。碘吸附能力的增加说明温度的升高可以使酚醛多孔炭的总孔容快速增大。当温度大于 $850℃$ 时，酚醛多孔炭的吸附能力减小，其原因是当温度过高时，之前在多孔炭内部已经形成的孔洞相连接的地方也开始挥发，导致了扩孔作用的加快，破坏了原来形成的孔结构，造成了孔洞的崩塌。因此，在 $850℃$ 时碘吸附值达到最大。最佳的活化温度为 $850℃$。

(3) 炭化-活化时间对酚醛多孔炭吸附性能的影响

选取炭化-活化温度 $850℃$，Na_2CO_3 为活化剂，盐脂比为 $2:1$，考察炭化-活化时间为 $1.0h$、$1.5h$、$2.0h$ 时，单酚生成酚醛多孔炭的吸附性能，如图 21-22 所示。

图 21-22 为炭化-活化时间对酚醛多孔炭吸附性能的影响。由图可以看出，炭化-活化时间为 $1.5h$ 时，不同酚制备的酚醛多孔炭的碘吸附值均最大。在炭化阶段，在一定的程度上

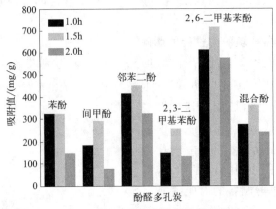

图 21-22　时间对酚醛多孔炭性能的影响

还伴随着活化，炭化-活化时间过长或者过短，都会影响酚醛多孔炭的性能。炭化-活化时间过短会使原料提前完成炭化阶段并开始活化。炭化-活化时间过长导致酚醛多孔炭活化生成的孔道坍塌，影响其电化学性能。

21.7.2　Na$_2$CO$_3$ 活化酚醛树脂的热分析及其对多孔炭的造孔机理

(1) 酚醛树脂的热重分析

图 21-23 是 Na$_2$CO$_3$ 活化酚醛树脂的 TG、DTG 曲线图，表 21-8 是根据不同酚醛树脂 TG 和 DTG 曲线求出的热分解特性参数。结合图 21-23 和表 21-8 可以得出，Na$_2$CO$_3$ 活化不同的酚醛树脂在 200℃之前，各酚醛树脂内部的吸附水受热脱除，失重率为 15%左右，此过程没有热解反应。而 Na$_2$CO$_3$ 活化各酚醛树脂最主要的失重过程发生在 300～800℃之间，失重率最大的可达到 70%左右，这是由于各酚醛树脂在此阶段发生了热解反应。此外，从 DTG 曲线图上看到，Na$_2$CO$_3$ 活化的各酚醛树脂均在 300～600℃范围内主峰的两侧不同程度地存在着一个凸起的部分，证明实验中的各酚醛树脂的热解和 Wei Z 等[175] 的观点一致，各酚醛树脂的热解阶段是由三个阶段组成，而且这几个阶段是相互叠加并不是完全分开的。通过比较这六个样品的最大失重率，可以发现各酚醛树脂的失重率各不相同，这种现象产生的原因是不同的酚类物质苯环上的取代基数目和种类不同，致使树脂苯环上取代基的空间位阻效应差异较大，使生成的各酚醛树脂热解速率和热分解特性有所差异。

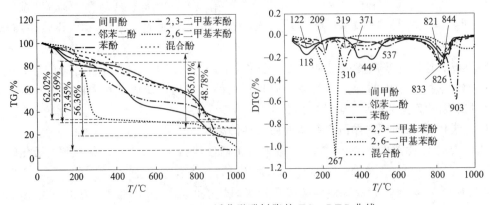

图 21-23　Na$_2$CO$_3$ 活化酚醛树脂的 TG、DTG 曲线

表 21-8　Na₂CO₃ 活化酚醛树脂的热分解参数

表 21-8　**Na₂CO₃ 活化酚醛树脂的热分解参数**

样品	$T_s/℃$	$T_{max}/℃$	$T_e/℃$	$(d\alpha/dt)_{max}/(\%/min)$	$\Delta w_{max}/\%$
苯酚酚醛树脂＋Na₂CO₃	623	825	870	0.27	67.4
间甲酚醛树脂＋Na₂CO₃	482	839	889	0.21	83.8
2,3-二甲基苯酚酚醛树脂＋Na₂CO₃	726	904	919	0.59	93.3
邻苯二酚酚醛树脂＋Na₂CO₃	568	815	875	0.25	68.6
2,6-二甲基苯酚酚醛树脂＋Na₂CO₃	231	264	294	1.08	91.7
混合酚醛树脂＋Na₂CO₃	635	823	872	0.31	74.6

（2）酚醛树脂热分析动力学参数

图 21-24 是 Na₂CO₃ 活化酚醛树脂热解动力学拟合曲线，表 21-9 是 Na₂CO₃ 活化后酚醛多孔炭的热解动力学参数。结合图 21-24 与表 21-9 可以得出，Na₂CO₃ 活化各酚醛树脂的热分解反应均为 2 级反应，Na₂CO₃ 活化各酚醛树脂的动力学拟合相关系数都在 0.98 以上。将 Na₂CO₃ 活化五种单酚酚醛树脂和混合酚酚醛树脂的热解区域分为低温和高温两个区域，通过比较发现，Na₂CO₃ 活化苯酚、2,3-二甲基苯酚和 2,6-二甲基苯酚生成的酚醛树脂在低温段的反应活化能要高于高温段的反应活化能，而 Na₂CO₃ 活化间甲酚、邻苯二酚以及混合酚生成的酚醛树脂在低温段的反应活化能要低于高温段的反应活化能，说明苯环上接枝的含氧官能团以及脂肪侧链不同，引起空间位阻效应以及树脂苯酚环上的活性位点差异较大，进而导致 Na₂CO₃ 活化的前三种酚醛树脂的主要热分解反应在高温段进行，而后两种酚醛树脂的主要热分解反应在低温段进行。此外，Na₂CO₃ 活化的五种单酚酚醛树脂由于不同酚提供的含氧官能团以及脂肪侧链不同，混乱度增加，导致在低温段 Na₂CO₃ 活化的混合酚酚醛树脂反应活化能更低一些，更容易热分解。

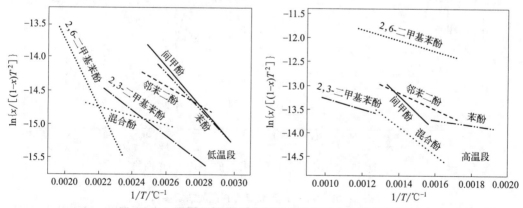

图 21-24　Na₂CO₃ 活化酚醛树脂的热解动力学拟合曲线

表 21-9　**Na₂CO₃ 活化酚醛树脂热解动力学参数**

样品	$T/℃$	$E/(kJ/mol)$	A/min^{-1}	n	R^2
苯酚酚醛树脂＋Na₂CO₃	63～119	22.8	1.68×10^{-3}	2	0.9972
	248～368	4.6	1.29×10^{-5}	2	0.9989
间甲酚酚醛树脂＋Na₂CO₃	63～130	24.1	1.05×10^{-1}	2	0.9978
	372～479	29.0	7.40×10^{-3}	2	0.9953

样品	$T/℃$	$E/(kJ/mol)$	A/min^{-1}	n	R^2
2,3-二甲基苯酚酚醛树脂 +Na₂CO₃	92～208	16.3	$3.40×10^{-4}$	2	0.9915
	490～707	9.2	$5.33×10^{-6}$	2	0.9918
邻苯二酚酚醛树脂 +Na₂CO₃	77～135	11.6	$3.77×10^{-4}$	2	0.9989
	305～502	14.3	$1.36×10^{-4}$	2	0.9898
2,6-二甲基苯酚酚醛树脂 +Na₂CO₃	154～319	41.7	$1.65×10^{-1}$	2	0.9987
	305～574	9.3	$9.07×10^{-5}$	2	0.9941
混合酚酚醛树脂 +Na₂CO₃	107～196	6.1	$9.08×10^{-5}$	2	0.9955
	337～508	23.7	$8.87×10^{-5}$	2	0.9966

21.7.3 Na₂CO₃ 活化乌洛托品的热分析及其对多孔炭的造孔机理

(1) 乌洛托品的热重分析

图 21-25 是 Na₂CO₃ 活化不同乌洛托品的 TG、DTG 曲线，表 21-10 是根据各乌洛托品的 TG 和 DTG 曲线求出的热分解特性参数。结合图 21-25 和表 21-10 可以得出，Na₂CO₃ 活化硫酸铵、氯化铵、混合铵制备乌洛托品的过程中，在 150℃ 之前是内部脱水过程，在 160～300℃ 左右是主要失重过程，失重率可达 80% 左右，这是由各乌洛托品自身分解所造成的，查阅相关文献[176] 可以得知纯的乌洛托品在 280℃ 左右完成失重，两者失重范围相匹配。

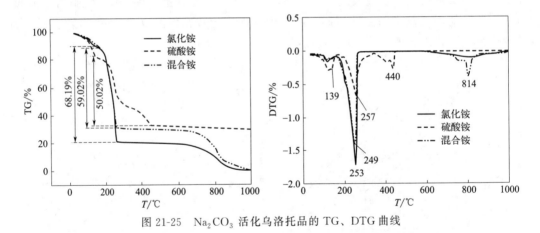

图 21-25　Na₂CO₃ 活化乌洛托品的 TG、DTG 曲线

表 21-10　Na₂CO₃ 活化乌洛托品的热解参数

样品	$T_s/℃$	$T_{max}/℃$	$T_e/℃$	$(dα/dt)_{max}/(\%/min)$	$Δw_{max}/\%$
氯化铵乌洛托品+Na₂CO₃	210	251	274	1.71	97.3
硫酸铵乌洛托品+Na₂CO₃	211	254	300	0.66	79.3
混合铵乌洛托品+Na₂CO₃	202	248	285	1.39	97.6

(2) 乌洛托品热分析动力学参数

图 21-26 是 Na₂CO₃ 活化不同乌洛托品的动力学参数拟合曲线，表 21-11 为 Na₂CO₃ 活

化乌洛托品在反应区域的动力学参数。结合图 21-26 和表 21-11 可得，Na_2CO_3 活化各乌洛托品的热分解均为 2 级反应，而且动力学拟合相关系数都在 0.98 以上。发现 Na_2CO_3 活化各乌洛托品在低温段的反应活化能略微低于高温段的反应活化能，这是因为 Na_2CO_3 活化乌洛托品时自身产生了水解反应［如式(21-1)～式(21-2)］，其水解产物 $NaHCO_3$ 在 50℃ 就开始分解释放出 CO_2，所以低温阶段更有利于其分解，反应活化能更低一些。根据表 21-11 发现，不论是高温还是低温分解反应段，Na_2CO_3 活化氯化铵乌洛托品的反应活化能都要小于 Na_2CO_3 活化硫酸铵和混合铵乌洛托品的反应活化能，这是因为在相同的 pH 值时，氯化铵中的铵根离子浓度要比硫酸铵和混合铵的高，故生成乌洛托品更容易，所以生成氯化铵乌洛托品所需要的能量少，对应的反应活化能也低。因此，Na_2CO_3 活化氯化铵乌洛托品的反应活化能最低。

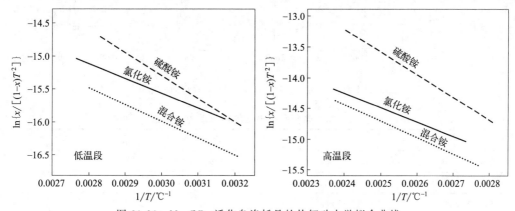

图 21-26　Na_2CO_3 活化乌洛托品的热解动力学拟合曲线

表 21-11　Na_2CO_3 活化乌洛托品热解动力学参数

样品	$T/℃$	$E/(kJ/mol)$	A/min^{-1}	n	R^2
氯化铵乌洛托品 +Na_2CO_3	42～91	18.6	$5.48×10^{-3}$	2	0.9802
	93～149	19.7	$5.98×10^{-3}$	2	0.9808
硫酸铵乌洛托品 +Na_2CO_3	39～82	29.3	$8.58×10^{-1}$	2	0.9903
	84～144	30.7	$9.89×10^{-1}$	2	0.9972
混合铵乌洛托品 +Na_2CO_3	40～84	20.9	$1.09×10^{-2}$	2	0.9858
	90～151	22.3	$1.28×10^{-2}$	2	0.9805

21.7.4　Na_2CO_3 活化混合酚铵树脂的热分析及其对多孔炭的造孔机理

(1) 混合酚铵树脂的热重分析

图 21-27 是 Na_2CO_3 活化混合酚铵树脂的 TG、DTG 曲线，表 21-12 是根据 TG 和 DTG 曲线求出的热分解特性参数。从图 21-27 的 TG 曲线可以看出，Na_2CO_3 活化混合铵乌洛托品在 150℃ 之前是内部脱水过程，Na_2CO_3 活化混合酚酚醛树脂和混合酚铵树脂的过程在 200℃ 之前是各酚醛树脂内部的吸附水受热脱离过程。结合图 21-27 和表 21-12 可以得出，混合酚铵树脂在 200～300℃ 之间失重率较大。因此，推测混合酚铵树脂在 300℃ 以前，不仅发生了酚醛树脂内部吸附水受热脱离现象，还发生了乌洛托品的热分解，所以在热解过程中混合酚铵树脂的失重率大于混合酚酚醛树脂的失重率。Na_2CO_3 活化的混合酚酚醛树脂最主

要的失重过程发生在 300~900℃ 之间，失重率最大可达到 65% 左右，这是由于 Na_2CO_3 活化的混合酚酚醛树脂热解过程中不同前驱体的酚产物热解速率不同，造成在不同的温度都在发生失重。Na_2CO_3 活化乌洛托品的主要失重过程发生在 160~300℃ 之间，失重率可达 54%，证实乌洛托品确实在 300℃ 前就能发生热分解。

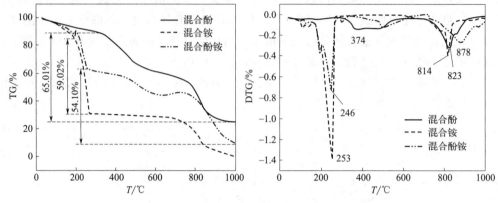

图 21-27 混合酚铵树脂的 TG、DTG 曲线

表 21-12 混合酚铵树脂的热解动力学参数

样品	$T_s/℃$	$T_{max}/℃$	$T_e/℃$	$(d\alpha/dt)_{max}/(\%/min)$	$\Delta w_{max}/\%$
混合酚酚醛树脂＋Na_2CO_3	635	823	872	0.31	74.6
混合铵乌洛托品＋Na_2CO_3	202	248	285	1.39	97.6
混合酚铵树脂＋Na_2CO_3	684	875	931	0.26	90.9

（2）混合酚铵树脂热分析动力学参数

图 21-28 是 Na_2CO_3 活化不同酚醛树脂和乌洛托品的动力学参数拟合曲线，表 21-13 是 Na_2CO_3 活化不同酚醛树脂和乌洛托品在反应区域的动力学参数。结合图和表可得，混合酚和混合铵在低温区间的反应活化能要低于高温段的反应活化能，这是由于活化剂 Na_2CO_3 发生了水解反应［如式（21-1）］，其水解产物 $NaHCO_3$ 在 50℃ 就开始分解释放出 CO_2［如式（21-2）］，所以在低温阶段时，$NaHCO_3$ 就已经开始了分解反应，温度低所以需要的反应活化能也低。而混合酚铵高温段的活化能低于低温段的活化能，其原因是混合酚铵中不同的酚、铵的反应速率不同，对应生成的不同酚醛树脂和不同乌洛托品的性能就不同，活化剂

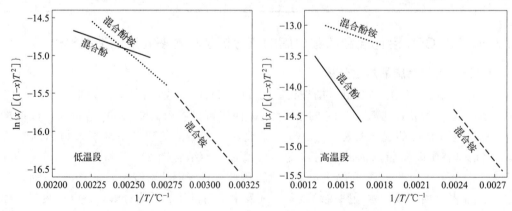

图 21-28 混合酚铵树脂的热解动力学拟合曲线

Na_2CO_3 自身不仅发生了水解反应，同时和碳还发生了氧化还原反应[如式(21-3)]，致使活化剂 Na_2CO_3 在混合酚铵中除了起到硬模板作用，同时还起到了活化的作用，所以 Na_2CO_3 活化混合酚铵树脂，与 KOH 活化相比，活化能大幅度降低。综合可得以上的热分解反应均属 2 级反应，且动力学拟合相关系数都在 0.98 以上。从表 21-13 还可得出，不论低温段还是高温段，混合酚的活化能（低温 6.1kJ/mol，高温 22.3kJ/mol）都低于混合铵的活化能（低温 20.9kJ/mol，高温 23.7kJ/mol）。但随着温度升高，可以发现在 40～84℃时混合铵乌洛托品活化能较高，107～196℃时混合酚酚醛树脂相对混合铵乌洛托品、混合酚铵树脂的活化能要低，289～452℃时混合酚铵树脂活化能最低。说明低温时 Na_2CO_3 活化的混合铵乌洛托品首先需要较高的能量热解，随着温度的升高，Na_2CO_3 活化的混合酚酚醛树脂和混合酚铵树脂依次开始热解。再次证实由于乌洛托品起到了固化作用，混合酚铵生成的酚醛树脂为热固性酚醛树脂，而 Na_2CO_3 作为弱碱，和 KOH 一样难以对其进行活化。

表 21-13　混合酚铵树脂热解动力学参数

样品	$T/℃$	$E/(kJ/mol)$	A/min^{-1}	n	R^2
混合酚酚醛树脂 +Na_2CO_3	107～196	6.1	9.08×10^{-5}	2	0.9955
	337～508	22.3	8.87×10^{-5}	2	0.9966
混合铵乌洛托品 +Na_2CO_3	40～84	20.9	1.09×10^{-2}	2	0.9858
	90～151	23.7	1.28×10^{-2}	2	0.9805
混合酚铵树脂 +Na_2CO_3	92～171	14.1	8.27×10^{-5}	2	0.9937
	289～452	6.2	1.15×10^{-5}	2	0.9830

21.7.5　Na_2CO_3 活化过程中酚/氨组分对多孔炭孔道贡献

(1) 苯酚生成酚醛多孔炭的 SEM

图 21-29 是以苯酚生成的酚醛树脂为炭质前驱体经 Na_2CO_3 活化前后的酚醛多孔炭在不同放大倍数下的扫描电镜图。图（a）（b）是苯酚酚醛树脂未经 Na_2CO_3 活化制备的酚醛多

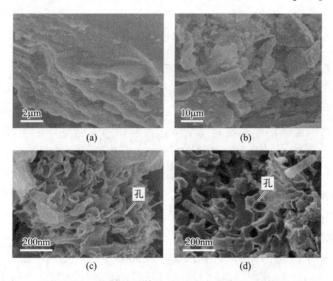

图 21-29　苯酚前驱体生成酚醛多孔炭的 SEM 图

[（a）和（b）为不加活化剂的多孔炭，（c）和（d）为加活化剂的多孔炭]

孔炭，可以看出未活化的多孔炭基本呈块状结构，其表面有不规则的颗粒存在，其表面未发现有明显的孔隙结构排布，对比图（c）（d）可得，经 Na_2CO_3 活化后制备的酚醛多孔炭表面明显出现了不同类型的凹陷结构，而且也有不同类型的孔道存在，其表面可观察到海绵状、丰富的孔隙结构。说明苯酚生成的酚醛树脂经 Na_2CO_3 活化后制备的多孔炭产生的孔道结构较为丰富，其对多孔炭孔结构的贡献以 100nm 左右的大孔为主。

（2）间甲酚生成酚醛多孔炭的 SEM

图 21-30 是以间甲酚生成的酚醛树脂为炭质前驱体经 Na_2CO_3 活化前后的酚醛多孔炭在不同放大倍数下的扫描电镜图。对比图（a）（b）和图（c）（d）可以看出，经 Na_2CO_3 活化后的多孔炭，内部布满丰富的孔隙结构，多孔炭从表面到内里孔隙都均匀排列，孔隙结构非常明显，存在许多 100～150nm 的大孔。表明 Na_2CO_3 活化间甲酚为前驱体的酚醛树脂比 KOH 活化效果要好，同时也说明在 Na_2CO_3 活化作用下，间甲酚对多孔炭孔结构的贡献以 100～150nm 的大孔为主。

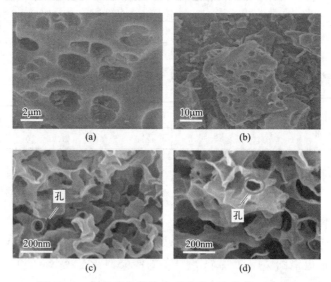

图 21-30　间甲酚前驱体生成酚醛多孔炭的 SEM 图
［（a）和（b）为不加活化剂的多孔炭，（c）和（d）为加了活化剂的多孔炭］

（3）2,3-二甲基苯酚生成酚醛多孔炭的 SEM

图 21-31 是以 2,3-二甲基苯酚生成的酚醛树脂为炭质前驱体经 Na_2CO_3 活化前后的酚醛多孔炭的 SEM 图。图（a）（b）与图（c）（d）对比可得，经活化剂 Na_2CO_3 浸渍再炭化-活化，2,3-二甲基苯酚生成的酚醛多孔炭表面由原来的规整表面变为非常不规整且呈现出蜂窝状结构的表面，有了丰富的孔结构，有纳米级别的孔道出现，以 100nm 左右的大孔为主，同时还有少量 50nm 以下的介孔，孔与孔之间交错相连整齐排布，形成了孔道。说明 2,3-二甲基苯酚为前驱体制备的酚醛多孔炭在 Na_2CO_3 活化作用下，对多孔炭的贡献主要是介孔和 100nm 左右的大孔。

（4）邻苯二酚生成酚醛多孔炭的 SEM

图 21-32 是以邻苯二酚生成的酚醛树脂为炭质前驱体经 Na_2CO_3 活化前后的酚醛多孔炭在不同放大倍数下的扫描电镜图。未经 Na_2CO_3 活化的多孔炭[图（a）（b）]表面呈现出块状和坑坑洼洼结构，对比图（c）（d）可以看出，邻苯二酚生成的酚醛树脂经 Na_2CO_3 活化后

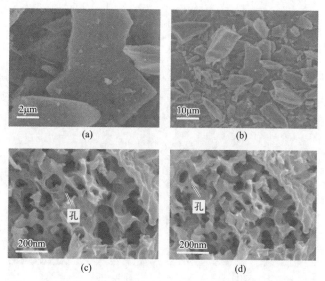

图 21-31　2,3-二甲基苯酚前驱体生成酚醛多孔炭的 SEM 图

［（a）和（b）为不加活化剂的多孔炭，（c）和（d）为加了活化剂的多孔炭］

制备的多孔炭表面具有了丰富的孔隙结构，而且产生的孔洞之间相互连接，说明邻苯二酚所合成的酚醛多孔炭以 50nm 以下的介孔为主。与 KOH 活化邻苯二酚酚醛树脂相比，Na_2CO_3 活化后其孔道明显更为丰富，证明 Na_2CO_3 的活化效果更好，能促进更深层次的激活，产生更多的微孔，同时说明邻苯二酚对多孔炭孔结构的贡献主要是 50nm 以下的介孔。

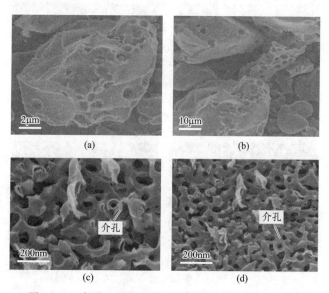

图 21-32　邻苯二酚前驱体生成酚醛多孔炭的 SEM 图

［（a）和（b）为不加活化剂的多孔炭，（c）和（d）为加了活化剂的多孔炭］

(5) 2,6-二甲基苯酚生成酚醛多孔炭的 SEM

图 21-33 是以 2,6-二甲基苯酚生成的酚醛树脂为炭质前驱体经 Na_2CO_3 活化前后制备的酚醛多孔炭在不同放大倍数下的 SEM 图。对比图（a）（b）（c）（d）可以看出，2,6-二甲基苯酚为前驱体制备的酚醛多孔炭由原来的平整表面、没有明显孔隙的结构变为表面具有非常明显

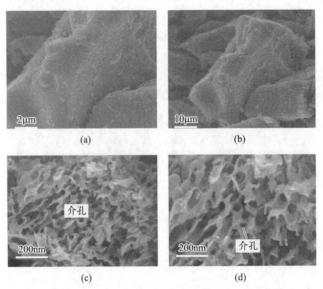

图 21-33　2,6-二甲基苯酚前驱体生成酚醛多孔炭的 SEM 图

[（a）和（b）为不加活化剂的多孔炭，（c）和（d）为加了活化剂的多孔炭]

的沟壑和孔道结构，且沟壑之间纵横相连，有明显的间隙和孔的结构，以介孔为主。可以得出，Na_2CO_3 对 2,6-二甲基苯酚酚醛树脂起到了活化的作用，说明 2,6-二甲基苯酚对多孔炭孔结构的贡献是以介孔为主。

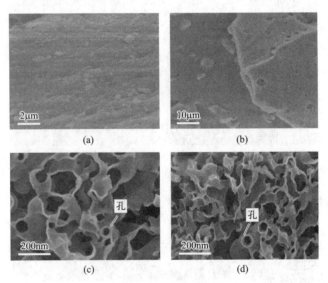

图 21-34　混合酚前驱体生成酚醛多孔炭的 SEM 图

[（a）和（b）为不加活化剂的多孔炭，（c）和（d）为加了活化剂的多孔炭]

(6) 混合酚生成酚醛多孔炭的 SEM

图 21-34 是以混合酚生成的酚醛树脂为炭质前驱体经 Na_2CO_3 活化前后的酚醛多孔炭在不同放大倍数下的扫描电镜图。对比图 21-34(a)(b)(c)(d)可以看出，在活化剂 Na_2CO_3 的作用下混合酚酚醛多孔炭经高温炭化后具有发达的微孔、介孔、大孔交错的孔隙结构，各种大小不一的孔隙紧密排布。说明取兰炭废水中主要的五种酚类物质按照一定的比例混合后经

Na_2CO_3 活化后制备的酚醛多孔炭材料孔结构层次明显，从而证实利用兰炭废水制备酚醛树脂，再将其经 Na_2CO_3 活化制备兰炭废水基酚醛多孔炭的方法完全可行，且经济又环保。

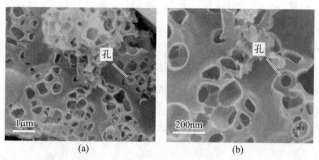

图 21-35　混合酚铵前驱体生成酚醛多孔炭的 SEM 图 [（a）放大 10000 倍，（b）放大 40000 倍]

(7) 混合酚铵生成酚醛多孔炭的 SEM

图 21-35 为 Na_2CO_3 活化后制得的混合酚铵多孔炭在不同放大倍数下的扫描电镜图。从图中可以看出，混合酚铵多孔炭经 Na_2CO_3 活化后的表面呈现蜂窝状结构，且具有发达的孔隙结构，各种大小不一的孔隙紧密排布。其孔径有微米级和纳米级。与图 21-34 混合酚多孔炭对比可得铵的加入使多孔炭的孔隙变得圆润且规整，再次验证了将兰炭废水资源化转化制备兰炭废水基酚醛多孔炭时，活化剂对多孔炭的孔结构产生了重要的贡献。

(8) 酚醛多孔炭 BET 分析

由于酚醛多孔炭的电镜图仅检测到了中孔和大孔，为了验证酚醛多孔炭中是否存在微孔结构，利用 BET 对响应曲面法优化后的最佳工艺条件下制备的不同酚前驱体的酚醛多孔炭的微孔分布情况进行了测试，孔径分布和吸脱附等温线如图 21-36 所示。

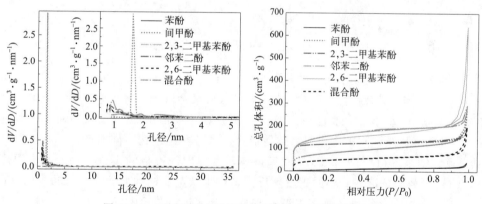

图 21-36　不同酚醛多孔炭的孔径分布和吸脱附等温线

从孔径分布图可以看出，材料表面分布有 $1\sim2nm$ 的微孔及几纳米的中孔，但相比 KOH 活化，微孔分布明显降低，说明弱碱性的 Na_2CO_3 活化作用较差，致使形成的孔结构相比 KOH 活化不丰富；从吸脱附等温线可见，所有样品吸脱附类型为 I 型和 IV 型的混合型。在相对压力 $P/P_0 < 0.9$ 时，吸脱附曲线一直上升缓慢，当 $P/P_0 < 0.9$ 时，只有 2,6-二甲基苯酚为前驱体的酚醛多孔炭吸附曲线迅速上升，其余酚醛多孔炭上升缓慢，并且均发生了毛细管现象，出现了明显的吸附量以及较大的回滞环，表明兰炭废水中含量较高的几种酚类成分（苯酚、间甲酚、2,3-二甲基苯酚、邻苯二酚、2,6-二甲基苯酚以及这五种单酚的

混合酚）制备的不同酚醛多孔炭中均存在大量的微孔和中孔结构。

21.8　Na₂CO₃活化对酚醛多孔炭结构及电化学性能的作用机理

　　Na₂CO₃活化酚醛树脂制备酚醛多孔炭的作用机理与KOH的作用机理类似，主要是为了避免KOH的强碱腐蚀作用，使21种酚醛树脂能在炭化-活化造孔过程中发挥热分解速率差异的同时，含有的大量N、O、S杂原子能尽可能多地保留在制备的酚醛多孔炭中，发挥更优异的电化学性能。此外，Na₂CO₃与文献报道的纳米SiO₂、纳米CaCO₃等一样，发挥硬模板的占位作用，有利于层次孔结构的形成。制备机理如图21-37所示。

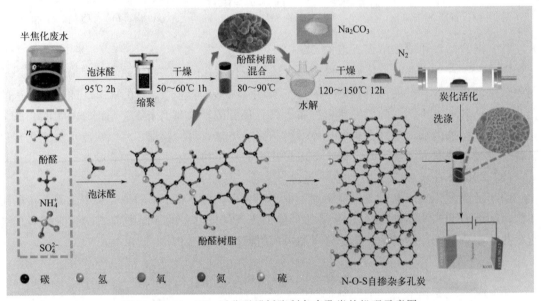

图21-37　Na₂CO₃活化酚醛树脂制备多孔炭的机理示意图

　　利用Na₂CO₃对兰炭废水所得的酚醛树脂进行活化炭化。Na₂CO₃首先将发生水解反应生成NaHCO₃，当炭化-活化温度较低时，NaHCO₃又会发生分解反应，生成新鲜的活化剂Na₂CO₃和CO₂气体[如式(21-1)～式(21-2)]。这些原位溢出的CO₂气体对热分解速率有差异的21种酚醛树脂起到扩孔作用，致使形成一部分孔道结构，同时产生的Na₂CO₃与前述文献报道的纳米SiO₂、纳米CaCO₃等一样，发挥出硬模板的占位作用。而当温度较高时，Na₂CO₃开始与酚醛树脂中的碳发生反应，产生碱金属钠和CO气体[如式(21-3)]，其中溢出的CO气体将导致越来越多的微孔形成，金属钠也将会与KOH产生的碱金属钾一样，可在多孔炭平面之间自由穿行，致使其表面产生不同程度的刻蚀，在酚醛树脂活化过程中起到了造孔的作用。随着温度的继续升高，微孔会逐渐被溢出的气体和金属钠的自由穿行扩大为中孔，进而一部分中孔相互连通形成空隙，另一部分中孔逐渐扩大成为大孔。最后，在混合酚酚醛树脂组分自身热解速率差异、Na₂CO₃活化、Na₂CO₃硬模板、CO₂/CO气体扩孔以及金属钠自由穿行等因素的混合作用下，致使形成的多孔炭拥有了微孔、中孔以及大孔的多层次孔结构，具有了一定的比表面积。

　　对Na₂CO₃活化后的酚醛多孔炭表面原子化学组成和状态进行测试发现，制备的酚醛活性炭中存在大量可提高材料电容及电导性能的含氮官能团（N-X、N-Q、N-5、N-6）、可促进产生额外伪间隙法拉第反应的含氧官能团（C—OH、C—O—C、C=O）以及可增强电解质离子快速迁移的含硫官能团 C—SO$_x$—C（$x=2$，3，4），致使该酚醛多孔炭发挥了 N/O/S 的自掺杂作用，具有优异的电化学性能。将其与 KOH 活化的酚醛多孔炭相比发现，杂原子 N、O、S 含量大幅提升，分别从 0.76%、1.913%、0.914% 提高至 2.739%、8.627%、1.378%，说明 Na$_2$CO$_3$ 碱性较弱，活化产生的主要是介孔和大孔，比表面积较小，含 N、O、S 官能团暴露较少，因此可保证它们保存在制备的酚醛炭材料中，有效发挥杂原子自掺杂作用，使酚醛多孔炭作为超级电容器电极材料具有优异的循环稳定性。

21.9　本章小结

① 选择腐蚀性较小的 Na$_2$CO$_3$、NaHCO$_3$、CH$_3$COONa、Na$_3$C$_6$H$_5$O$_7$·2H$_2$O 等弱碱性活化剂对兰炭废水衍生的酚醛树脂进行活化，考察了活化剂种类、盐脂比、炭化-活化温度、炭化-活化时间对多孔炭碘吸附和比电容的影响，并利用响应曲面法对其操作条件进行优化。实验结果表明 Na$_2$CO$_3$ 为活化剂、盐脂比 2∶1、炭化-活化时间为 1.5h、炭化-活化温度为 780℃，得到的多孔炭材料性能最优，碘吸附值为 1046.36mg/g，比电容为 315.32F/g。

② 利用扫描电镜、透射电镜、XRD、拉曼、XPS、BET、红外光谱等对酚醛多孔炭进行表征，发现 Na$_2$CO$_3$ 活化的酚醛多孔炭存在大量的极性基团，相比 KOH 活化的酚醛多孔炭，材料表面微米、纳米级别的孔洞更为丰富，最优条件下制备的样品比表面积为 717.51m^2/g，总孔体积 0.31cm^3/g。N、O、S 元素与 KOH 活化后的多孔炭相比，含量较多，说明 Na$_2$CO$_3$ 作为弱碱性，可有效保留 N、O、S 元素，实现这些杂元素的自掺杂作用。

③ 利用活化剂 Na$_2$CO$_3$ 对兰炭废水中的五种主要酚类物质、两种主要铵类物质、五种酚混合、两种铵混合以及酚铵混合制备的酚醛树脂和乌洛托品进行活化，研究发现不论是低温段还是高温段，Na$_2$CO$_3$ 活化混合酚酚醛树脂的活化能都低于 Na$_2$CO$_3$ 活化混合铵乌洛托品的活化能。但随着温度升高，40~84℃时 Na$_2$CO$_3$ 活化混合铵乌洛托品的活化能较高，107~196℃时 Na$_2$CO$_3$ 活化混合酚酚醛树脂的活化能最低，289~452℃时 Na$_2$CO$_3$ 活化混合酚铵树脂的活化能最低。采用扫描电镜、BET 等对制得的各种酚醛多孔炭进行表征发现，Na$_2$CO$_3$ 活化不同酚类前驱体产生的孔道没有 KOH 活化的丰富。

④ 采用一步炭化-活化法制备了 Na$_2$CO$_3$ 活化后的 N、O、S 自掺杂多孔炭，该材料比电容可达 319F/g，组装的超级电容器经过 10000 次循环后，循环中的电容保持率为 100%、库仑效率为 99.83%，具有优异的电化学性能，说明 Na$_2$CO$_3$ 活化制备的多孔炭材料作为超级电容器电极材料具有优异的循环稳定性。

第**22**章

酚醛多孔炭相变复合材料制备及储热性能研究

22.1 概述

相变材料（PCM）在相变过程中能够吸收和释放大量的潜热，且温度保持相对恒定。这使其成为一种有前途的太阳能热能存储材料[102-104]。同时，有机固-液 PCM 作为优异的热能存储材料，具有宽的工作温度范围、长期循环稳定性和无过冷特性，吸引了研究人员的目光[105-107]。然而，吸收太阳辐射的能力差、固液相变期间液体的泄漏以及固有的低热导率限制了其大规模应用[108]。为了解决上述问题，目前大多数研究集中于将有机固-液 PCM 浸入导热碳基材料（例如，膨胀石墨、石墨烯、碳纳米管、碳纤维和其他碳材料）中，以增强其光吸收能力、导热性和抗泄漏性[109]。

为了有效利用 KOH 活化后的酚醛多孔炭，本章以 KOH 活化制备的酚醛多孔炭（NOSPC）作为载体，将石蜡（PW）添加到 NOSPC 支撑材料中，得到具有太阳能光热转换能力且形状稳定的相变复合材料（PCC），详细地讨论了 PCC 的微观结构、储热性能、热循环稳定性和光热转换能力。

22.2 酚醛多孔炭相变复合材料制备

相变材料的负载率与多孔炭的比表面积和孔隙度有关，所以选择 KOH 活化制备的高比表面积酚醛多孔炭为载体负载石蜡。酚醛多孔炭相变复合材料制备如图 22-1 所示。

探究了活化剂比例对相变复合材料结构、热学性能影响。酚醛多孔炭按 KOH 与NOSPC 质量比 1∶1、2∶1、3∶1 和 4∶1 分别命名为 NOSPC-1、NOSPC-2、NOSPC-3 和NOSPC-4。此外，使用相同的方法炭化 SWPR，但不加 KOH 活化，标记为 NOSPC-0。

22.3 酚醛多孔炭形貌结构表征

通过 SEM 图像来评估所制备的 NOSPC 的微观形貌。图 22-2 展现了不同制备条件对最终产物形貌和微观结构造成的影响。

如图 22-2(a) 和图 22-2(b) 所示，在活化剂比例为 1∶1 和 2∶1 时，SWPR 在 KOH 活

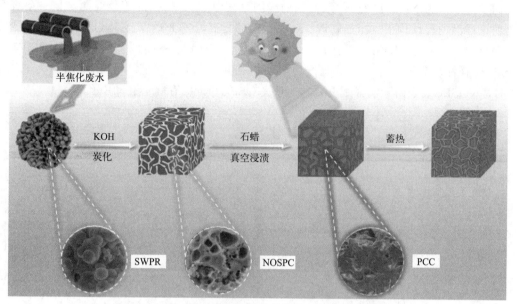

图 22-1　相变复合材料的制备流程图

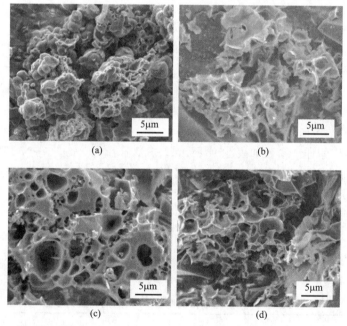

图 22-2　（a）NOSPC-1（b）NOSPC-2（c）NOSPC-3（d）NOSPC-4 的 SEM 图像

化下由团聚的球状转换为不规则块材，且有少量孔出现。随着活化剂比例的增加，有利于离子扩散的三维交联的多孔结构在 NOSPC-3 中出现［图 22-2（c）］，其拥有不同大小的孔隙结构，这些孔隙之间有良好的连通性。当 KOH 比例增加时，NOSPC-4 中发达的孔结构消失。这是由于活化剂使用过量导致孔隙塌陷［图 22-2(d)］。

　　为了进一步探究不同活化剂比例比酚醛多孔炭孔结构的影响，对不同比例的 NOSPC 进行了 N_2 吸脱附测试，如图 22-3 所示。

图 22-3(a) 为 NOSPC 的 N_2 吸脱附曲线图。其中 NOSPC-0 的等温线几乎呈一条直线，这表明该样品的孔结构很少。而随着 KOH 比例的提高，NOSPC-1 到 NOSPC-4 的 N_2 吸附量均明显增加，其中 NOSPC-3 有着最大的吸附量，说明其 SSA 最大。此外，NOSPC-1～NOSPC-4 样品均显示典型的 I 等温线，表明多孔炭均以微孔为主。当相对压力为 0.05～0.4 时，NOSPC-3 吸附量明显上升，这表明 NOSPC-3 同时存在微孔和中孔。

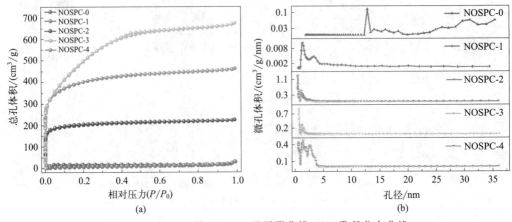

图 22-3　NOSPC 的 （a） N_2 吸脱附曲线 （b） 孔径分布曲线

图 22-3(b) 是 NOSPC-0～NOSPC-4 的孔径分布曲线。NOSPC-0 的孔径主要分布在 13nm 和 30nm 附近，NOSPC-3 在 0.7～2nm 的微孔明显多于 NOSPC-2 和 NOSPC-4，并在 2～4nm 内有较多的中孔分布。NOSPC-3 结合了微孔、介孔和大孔，其中大孔可以作为 PCM 和传输通道的缓冲存储层，其中介孔和微孔提供更大的 SSA 和毛细管力[110]。因此，这种分级孔隙结构为 PW 提供了出色的封装能力。NOSPC-4 样品的孔隙度相对较低，这是过度活化导致孔隙结构崩溃的结果。

NOSPC 孔结构的详细参数如表 22-1 所示。SSA 随着 NOSPC-1～NOSPC-4 的 KOH 原料比的增加而增加，并且 NOSPC-3 的 SSA 可以达到 $2523m^2/g$。然而，随着 KOH 比例的进一步增加，NOSPC-4 的 SSA 降低。这可能是因为更多的 KOH 刻蚀，导致其孔道塌陷。这些破碎的结构可以在 NOSPC-4 的 SEM 图像中找到［图 22-2(d)］。此外，NOSPC-2～NOSPC-4 的 SSA 大于 NOSPC-0，这进一步证明了 KOH 的活化作用。NOSPC-1 的 SSA（$18m^2/g$）低于 NOSPC-0（$48m^2/g$），这可能是由于球形结构之间存在较多的间隙，导致 NOSPC-1 的 SSA 比 NOSPC-0 的 SSA 小。

表 22-1　不同活化剂比例制备 NOSPC 的孔结构参数

样品	比表面积/(m^2/g)		孔体积/(cm^3/g)	
	总比表面积	微孔比表面积	总孔体积	微孔体积
NOSPC-0	48	0	0.04	0
NOSPC-1	18	0	0.05	0
NOSPC-2	1425	1230	0.71	0.55
NOSPC-3	2523	1875	1.3	0.78
NOSPC-4	1767	699	1.04	0.32

图 22-4 是 NOSPC 的 XRD 图，图中 NOSPC-1 在约为 23°处出现尖峰，在 43°处出现的

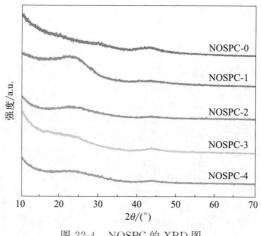

图 22-4　NOSPC 的 XRD 图

峰较为平缓，说明 NOSPC-1 中存在石墨化结构。相比之下，NOSPC-2 ～ NOSPC-4 的 (002) 峰强度减弱，变得相对平缓，这说明随着 KOH 比例的增加，KOH 活化会破坏 NOSPC 的石墨结构，导致材料从石墨层的堆积结构向无定形结构转变。

22.4　相变复合材料的表征与分析

22.4.1　形貌结构分析

采用真空浸渍法将 PW 引入 NOSPC 形成 PCC。图 22-5 为相变复合材料的 SEM 图。

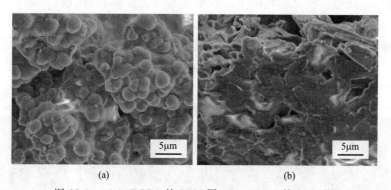

图 22-5　（a）PCC-0 的 SEM 图　（b）PCC-3 的 SEM 图

图 22-5(a) 是不加 KOH 制备的相变复合材料，可以看到石蜡包覆在球的表面和间隙。图 22-5(b) 是 PCC-3 的 SEM 图，可以观察到，PW 已沉积并填充到 NOSPC-3 的表面和孔隙中，从而形成均匀的层状结构，具有稳定的形状。

通过 FT-IR 和 XRD 验证 PW 和 NOSPC 之间的关系，图 22-6 为 PW、NOSPC-3 和 PCC-3 的 FT-IR 和 XRD 图。

如图 22-6(a) 的 FT-IR 谱图所示，在 $2915cm^{-1}$、$2844cm^{-1}$、$1466cm^{-1}$ 和 $721cm^{-1}$ 处可以明显观察到典型的 PW 吸收峰[111]。然而，在 PCC-3 中只能观察到甲基和亚甲基拉伸振动的吸收峰，其他弯曲和摇摆峰较弱且难以检测。这表明 NOSPC 的引入抑制了 PW 的微

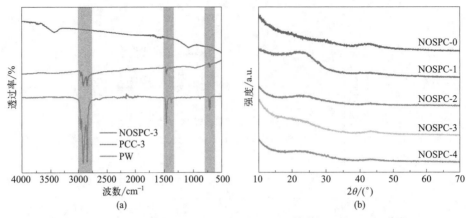

图 22-6　PW、NOSPC-3 和 PCC-3 的（a）红外谱图（b）XRD 谱图

尺度运动，可以成功地防止熔融 PW 的泄漏。此外，纯 PW 的 XRD 谱图如图 22-6（b）所示，在 21.3°和 23.7°处显示石蜡的特征衍射峰[112]，表明其处于结晶状态。PCC-3 中也出现了典型的石蜡峰，没有新的峰出现。同时，PW 和 PCC 之间的峰值比较没有明显变化。结果表明 PW 物理上结合到 NOSPC 框架中。添加 NOSPC 保持了 PW 的结晶状态，并防止了其他额外杂质的形成，这对于确保整个蓄热过程中 PCC 的相变至关重要。

22.4.2　泄漏测试

以 PCC-3 为例，对其熔化形状稳定性和潜在的热管理应用进行了研究和评价。

将 PCC-3 和纯 PW 置于 80℃ 的烘箱中，并记录它们在不同时间的形状变化。如图 22-7 所示，可以看出，在泄漏测试期间纯 PW 在加热后已完全熔化并流动，而 PCC-3 的形状没有发生改变，滤纸上没有液体泄漏的痕迹，表明 NOSPC-3 有效地防止了熔融 PW 的泄漏，复合材料 PCC-3 具有良好的形态稳定性。碳框架中丰富的纳米微孔/介孔通道为 NOSPC-3 提供了强大的毛细管力来吸收液体 PW。因此，熔融石蜡仍然可以很好地限制在 NOSPC

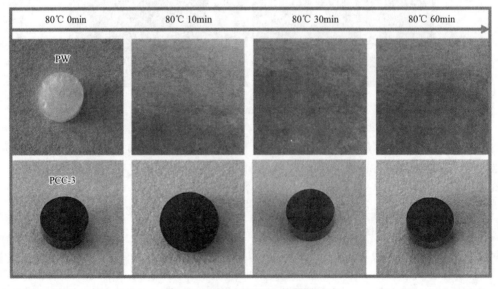

图 22-7　PW 和 PCC-3 的泄漏试验

中。结果表明，PCC-3 具有良好的形态稳定性和良好的储热能力，适合于热管理应用。

22.4.3 热化学性能分析

利用热重分析（TGA）评估 PW 和 PCC 样品在 25～800℃ 范围内的热稳定性。图 22-8 (a) 显示了 PW 和 PCC-x 的 TGA 曲线。表 22-2 列出了根据这些趋势计算的分解温度和重量损失。

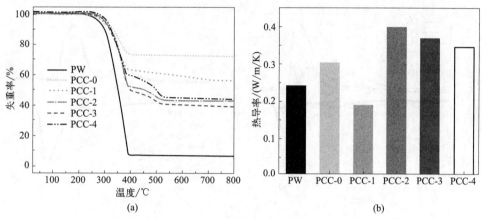

图 22-8　(a) PW 和 PCC-x 的热重曲线　(b) PW 和 PCC-x 的热导率

如图 22-8(a) 所示，根据 TGA 曲线，在 100℃ 时有 1% 的重量损失，这是由于去除了样品表面吸收的水。由于 PW 分解，PW 呈现一步失重特征，起始温度约为 316℃。PCC-x 呈现两步失重特征，两个分解温度分别为 PW 和 NOSPC 的分解，分别约为 310℃ 和 450℃。这些发现表明，即使在 300℃ 下，PCC 也能保持强大的热稳定性，保证了在高温环境下也能使用。表 22-2 显示了 PW 的负载率。PW 负载率等于失重率/93.80%。PCC-0～PCC-4 计算 PW 负载率分别为 28.55%、39.65%、52.19%、54.18% 和 43.50%。说明更大 SSA 的 PCC 可以存储更多的 PW。

表 22-2　PW 和 PCC-x 样品的分解温度和失重参数

样品	起始分解温度/℃	失重率/%	石蜡负载率/%
PW	316.05	93.80	100
PCC-0	306.48	26.78	28.55
PCC-1	301.35 524.66	37.19 7.00	39.65
PCC-2	319.25 451.87	48.96 9.18	52.19
PCC-3	322.52 446.74	50.82 9.93	54.18
PCC-4	320.86 448.18	40.89 16.74	43.50

同时 PCM 的实际应用在很大程度上取决于材料的热传递性能。采用热常数分析仪测定 PCC 样品的热导率，测量结果如图 22-8(b) 所示。纯 PW 样品的热导率为 0.24W/m/K，这与之前报道的 PW 热导率值一致[113]。随着 KOH 用量的增加，炭载体样品的热导率从 0.2W/m/K 增加到 0.4W/m/K。与纯 PW 样品相比，PCC-3 的热导率提高了 66%，表明本

工作中炭载体材料的合成可以显著提高 PCC 样品的传热性能。此外，可以注意到，PCC-3 比其他样品具有更高的导热性。这可能是因为与其他样品相比，NOSPC-3 具有合理分级多孔结构和适当孔隙分布，增加了与 PW 的接触面积，有效降低了界面的热阻，并且提供了高效的传热路径和连续通道。

为了评价相变材料的储热性能，用 DSC 研究了 PCC-x 的相变焓。PW 和 PCC-x 的 DSC 曲线以及 PCC-3 加热冷却循环 500 次的 DSC 曲线如图 22-9 所示。

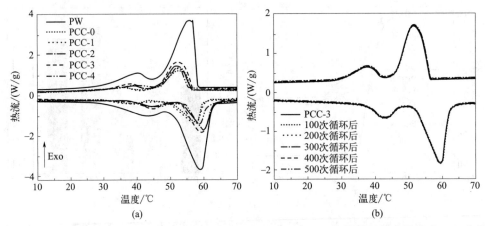

图 22-9　（a）PW 和 PCC-x 的 DSC 曲线　（b）PW 和 PCC-x 500 次热循环和冷循环后 DSC 曲线

图 22-9（a）为 PW 和 PCC-x 的 DSC 曲线，从 DSC 曲线可以清楚地看出，由于 PW 相变材料在吸热熔化过程中经历了两个阶段，PW 和 PCC-x 具有双重吸热和放热峰，结晶温度范围为 20~60℃。此外，在冷却期间也可以观察到类似的转变。PW 相变材料和 PCC 支撑基质在 PCC-x 样品中的物理相互作用会影响它的初始熔融温度，使其比纯 PW 样品低。然而，PCC-x 样品的初始结晶温度与 PW 样品相近，这说明熔化过程更容易发生这种相互作用。

相应的相变参数包括相变温度（熔化起始温度 T_m，结晶起始温度 T_c）和相变焓（熔融焓 H_m，结晶焓 H_c）列于表 22-3 中。PCC-0 和 PCC-1 的 T_m 值增加了约 7℃，PCC-2、PCC-3 和 PCC-4 的 T_m 略有下降，而 T_c 与 PW 样品的 T_c 大致相等。这可能是由 PW 相变材料和 NOSPC 支撑基质之间的物理相互作用引起的，表明支撑材料可以提供热路径以加速熔化并从有序状态过渡到无序状态。此外，所有 PCC 的焓值都低于纯 PW 的焓值，因为在该温度范围内炭载体材料没有相变贡献[114]。此外，随着 PCC 样品中 PW 添加量的增加，相变焓逐渐增加。PCC-3 样品的最大熔融焓为 84.07J/g，结晶焓为 81.33J/g。

表 22-3　PW 和 PCC-x 样品的相变性能

样品	T_m/℃	ΔH_m/(J/g)	T_c/℃	ΔH_c/(J/g)
PW	35.03	205.17	58.32	204.10
PCC-0	30.76	62.13	56.35	60.33
PCC-1	31.04	68.47	56.17	67.36
PCC-2	39.55	72.25	56.54	67.80
PCC-3	39.33	84.07	56.20	81.33
PCC-4	40.33	54.36	55.23	53.59

通过 DSC 热循环和冷循环进一步评估了 PCC-3 的热循环稳定性[图 22-9(b)]。500 次循环前后的热性能参数如表 22-4 所示。在 500 次加热-冷却循环后，PCC-3 在加热和冷却期间的峰值几乎与初始曲线一致，表明了 PCC-3 具有优异的热循环稳定性。

表 22-4　DSC 循环 500 次前后的热性能参数

循环次数	$T_m/℃$	$\Delta H_m/(J/g)$	$T_c/℃$	$\Delta H_c/(J/g)$
100	37.27	81.26	56.50	80.53
200	37.28	81.16	56.51	80.19
300	37.26	81.81	56.50	80.43
400	37.34	81.88	56.51	79.37
500	37.42	80.25	56.52	79.69

22.4.4　光热转换应用

通过模拟 250mW/cm 光强下的太阳光，研究了纯 PW 和 PCC-3 的光热转换行为。检测装置如图 22-10 所示。

图 22-11(a) 显示了 PW 和 PCC-3 的光热转换曲线。在光照射下，PW 的温度缓慢上升至约 47℃ （1134s），在关闭光源后迅速下降至约 26℃ （2546s）。固体 PW 仅微弱吸收光，在该光照射下不能熔化。当 PCC-3 暴露在模拟阳光下时，温度持续升高，加热速率高于纯 PW。PCC-3 的温度-时间曲线在 120~370s（温度范围 46~58℃）的时间范围内有两个平台，斜率较小，对应于 PCC-3 中 PW 的熔化能量储存。在整个熔化相变过程中，PCC-3 经历两次斜率变化，对应于

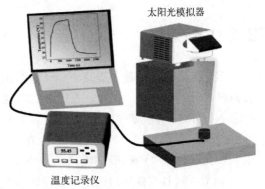

图 22-10　太阳能光热转换装置示意图

PW 的 DSC 曲线中的两个熔化转变峰[图 22-11(a)]。从 370~1130s，温度上升到 62℃ 左右并稳定下来。当光源关闭时，温度迅速下降，观察到与晶体外部的相变过程相对应的平台，最终温度下降到恒定的室温。

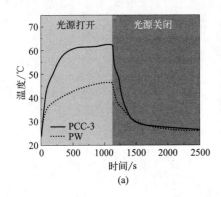

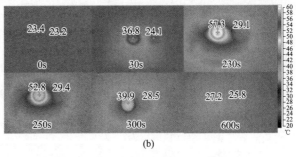

(b)

图 22-11　（a）PW 和 PCC-3 的光热转换曲线　（b）光热转换的红外成像图片

类似地，图 22-11(b) 中的红外成像图片显示了光照过程，也显示了 PCC-3 样品在光照相同时间时可以获得更高的温度和更多的热能。结果表明，NOSPC-3 载体可以通过将光转化为热而用作有效的加热器。在 PCC-3 复合材料中，光能通过光热转换和相变来存储和释放。

根据式(18-14)可得，PCC-3 的太阳能光热转换效率 η 约为 95%。结果如表 22-5 所示。增加的温度范围设置为 29～59℃，C_p 取自温度区域的平均值。结果表明，NOSPC-3 可以作为太阳能光热转换系统中 PW 的理想载体。在模拟阳光下，PCC-3 实现了快速的光收集和光热转换，产生的热能通过相变过程被有效存储。太阳能驱动的 PCC 在可再生能源和清洁能源方面具有巨大的潜力。

表 22-5　PCC-3 样品的太阳能光热转换效率参数

样品	PCC-3		样品	PCC-3
样品质量/g	0.7		开始时间/s	43
样品面积/cm^2	1.82		结束时间/s	313
温度/℃	35～57		$P/(\text{mW/cm}^2)$	250
$C_p/(\text{J/g/℃})$	3.75		$\eta/\%$	95

22.5　本章小结

① KOH 活化可以显著提高 NOSPC 的比表面积和总孔容，其中 NOSPC-3 有着最大的比表面积（2523m^2/g）。此外，石蜡被成功地负载到 NOSPC-3 的孔道中。

② NOSPC-3 丰富的孔道结构，使其 PW 负载率最高，PCC-3 复合材料也具有最大的熔值（ΔH_m 为 84.07J/g），同时，PCC-3 在 25℃时热导率为 0.4W/m/K。与纯 PW（0.24W/m/K）相比，PCC-3 的热导率提高了 66%。

③ PCC-3 也具有良好的热循环稳定性和光热转换能力，经过 500 次热/冷循环后，PCC-3 复合材料的潜热仍高达 80.25J/g。光热转换实验所计算出的相变复合材料的光热转换效率为 95%。

本篇结论

本工作针对陕北地区兰炭废水酚/氨含量高、难以处理的技术瓶颈，变废水"处理"为"转化"，将废水中的酚类、氨氮类化合物转化为热固性酚醛树脂，进而将其作为炭质前驱体，利用活化剂活化制备用于超级电容器的酚醛多孔炭电极材料。研究活化剂种类、活化剂比例、炭化-活化温度、炭化-活化时间等因素对多孔炭性能的影响，利用响应曲面对多孔炭制备条件进行优化，分析活化剂作用下酚醛树脂热解为多孔炭过程的作用机制，探究其作为超级电容器的电极材料的电化学性能。得到如下主要结论：

① 分析发现兰炭废水中有 21 种酚类化合物和 NH_4Cl、$(NH_4)_2SO_4$ 两种氨氮类化合物。以兰炭废水为研究对象，分别考察废水 pH 值、反应时间、反应温度、甲醛加入量等因素对酚醛树脂质量的影响，通过响应曲面获得最优的制备条件：废水 pH 为 9.59、反应时间为 2h、反应温度为 95℃、甲醛加入量为 1.20mL。此时，制备的酚醛树脂质量达到最大，为 2.1811g。经 40L 兰炭废水放大试验，得到酚醛树脂 0.86kg。兰炭废水 COD 的去除率为44.46%，氨氮的去除率为 60.10%，游离酚去除率为 99.19%，游离醛残留量 0.87mg/L。酚醛树脂固含量为 94.25%，残炭率为 40.02%，凝胶时间为 92s，黏度为 $1.50 \times 10^4 mPa \cdot s$，游离酚为 0.026mg/g，游离醛为 0.0005mg/g。为了有效利用得到的酚醛树脂，选取兰炭废水中的主要酚类、氨类物质分别与甲醛反应，研究发现兰炭废水中的酚类、氨类物质形成的各种酚醛树脂、乌洛托品热分解速率差异较大，为制备层次孔结构的酚醛多孔炭提供了天然优势，证实兰炭废水制得的酚醛树脂可作为制备酚醛多孔炭的炭质前驱体来综合利用。

② 采用 KOH 对酚醛树脂进行活化造孔，考察碱脂比、炭化-活化温度、炭化-活化时间对多孔炭性能的影响，并利用响应曲面法对其操作条件进行优化，可得碱脂比 2.8:1、炭化-活化温度 816℃、炭化-活化时间为 1.2h 时，制备的多孔炭样品性能最佳，碘吸附值为1461.83mg/g，比电容为 291.50F/g，比表面积为 $2522.9m^2/g$，总孔体积为 $1.29cm^3/g$，表面 N、O、S 等杂原子含量较少。样品 CV 曲线在 $10 \sim 200mV \cdot s^{-1}$ 扫描速率下均呈准矩形形状，在 $0.5 \sim 20A \cdot g^{-1}$ 的不同电流密度下 GCD 曲线均为对称的等腰三角形，说明该材料具有良好的导电性和可靠的充放电可逆性，当电流密度从 $0.2A \cdot g^{-1}$ 增大到 $20A \cdot g^{-1}$时，比电容从 343F/g 降至 268F/g，速率性能为 78.13%，组装的超级电容器稳定循环10000 次后，循环中的电容保持率在 100% 以上、库仑效率为 97% 以上，说明样品的电荷转移和离子扩散速率显著。利用 KOH 对兰炭废水中的五种主要酚类物质、两种主要铵类物质单独或相互混合制备的酚醛树脂、乌洛托品进行活化，证实混合铵形成的乌洛托品低温时在KOH 作用下发生分解反应，高温时混合酚铵产生酚醛树脂与乌洛托品发生固化生成热固性酚醛树脂，KOH 难以对其活化。同时扫描电镜、BET 等表明不同酚类前驱体对制备的酚醛多孔炭材料孔道产生不同的贡献。

③ 利用腐蚀性较小的 Na_2CO_3、$NaHCO_3$、CH_3COONa、$Na_3C_6H_5O_7 \cdot 2H_2O$ 等弱碱性活化剂对酚醛树脂进行活化造孔，考察活化剂种类、活化剂比例、炭化-活化温度、炭化-活化时间等对酚醛多孔炭碘吸附和比电容的影响，并利用响应曲面法对其操作条件进行优

化，结果表明 Na_2CO_3 为活化剂、盐脂比 2∶1、炭化-活化时间为 1.5h、炭化-活化温度为 780℃时，制备的多孔炭材料的碘吸附值为 1046.36mg/g，比电容为 315.32F/g，比表面积为 717.51m²/g，总孔体积 0.31cm³/g。N、O、S 自掺杂量较 KOH 活化显著增加，说明弱碱性的 Na_2CO_3 可有效保证 N、O、S 杂元素的自掺杂。高温时，N、O、S 杂原子官能团受热分解，再次研究了不同温度对多孔炭电化学性能的影响，可得 700℃时，Na_2CO_3 活化的酚醛多孔炭性能最佳，在电流密度范围 0.2～20A·g⁻¹ 内，电容保持率可达 79.45%，在 20A·g⁻¹ 的电流密度下经过 10000 次循环后电容保持率为 100%、库仑效率为 99.83%。说明其作为超级电容器电极材料具有优异的循环稳定性。利用活化剂 Na_2CO_3 对兰炭废水中的五种主要酚类物质、两种主要铵类物质、五种酚混合、两种铵混合以及酚铵混合制备的酚醛树脂和乌洛托品进行活化，证实活化剂 Na_2CO_3 在混合酚铵树脂中起到硬模板和活化的双重作用，通过扫描电镜、BET 等对制得的各种酚醛多孔炭进行表征发现，Na_2CO_3 活化不同酚类前驱体产生的孔道没有 KOH 活化的丰富，但电化学性能优异。

④ 为有效利用 KOH 活化后的酚醛多孔炭，利用 KOH 活化后的酚醛多孔炭为载体，采用真空浸渍法制备 PCC。研究了 KOH 比例对制备 PCC 孔结构的影响，以及对 PCC 热化学性能的影响。结论包括：KOH 比例的增加使得 NOSPC-1～NOSPC-4 产生了不同的孔径分布，其中 NOSPC-3 有着最大的比表面积（2523m²/g）。PCC-3 复合材料也具有最大的熔值（ΔH_m 为 84.07J/g），同时，热导率和太阳光吸收率均得到显著的提高。经过测试，PCC-3 在 25℃时热导率为 0.4W/m/K。与纯 PW（0.24W/m/K）相比，PCC-3 复合材料的热导率提高了 66%。经过 500 次热/冷循环后，PCC-3 复合材料的潜热仍高达 80.25J/g。光热转换实验所计算出的相变复合材料的光热转换效率为 95%。PCC-3 复合材料具有良好的稳定性、导热性、光热转换效率，具有巨大的实际应用潜力和应用价值。为设计和合成基于多孔炭材料的形状稳定相变材料提供了一种简单、低成本的方法。

参 考 文 献

[1] 谢克昌.能源"金三角"发展战略研究 [M].北京：化学工业出版社，2016.

[2] 郑化安.中低温煤热解技术研究进展及产业化方向 [J].洁净煤技术，2018，24（01）：13-18.

[3] Yang J W，Hou Z K，Meng F Q，et al. Sustainability analysis for the wastewater treatment technical route for coal-to-synthetic natural gas industry through zero liquid discharge versus standard liquid discharge [J]. ACS Sustainable Chemistry & Engineering，2020，8（22）：8425-8435.

[4] Zhang M，Zhang Z，Liu S，et al. Ultrasound-assisted electrochemical treatment for phenolic wastewater [J]. Ultrason Sonochem，2020，65：105058.

[5] Liu Y，Liu Y J，Liu J. Study on the removal effects and genotoxicity evaluation of phenols in a semi-coking wastewater treatment stages [J]. Journal of Water Chemistry and Technology，2020，42（4）：297-304.

[6] Mishra L，Paul K K，Jena S. Coke wastewater treatment methods：Mini review [J]. Journal of the Indian Chemical Society，2021，98（10）：100133.

[7] Ma X Y，Wang X C，Liu Y J，et al. Variations in toxicity of semi-coking wastewater treatment processes and their toxicity prediction [J]. Ecotoxicology and Environmental Safety，2017，138：163-169.

[8] Fu Y T，Li C B，Zhao G Z，et al. Progress in treatment technology of phenol-containing industrial wastewater [J]. IOP Conference Series：Earth and Environmental Science，2021，787（1）：012054.

[9] Bai X，Nie M，Diwu Z，et al. Simultaneous biodegradation of phenolics and petroleum hydrocarbons from semi-coking wastewater：Construction of bacterial consortium and their metabolic division of labor [J]. Bioresource technology，2021，347：126377.

[10] Wang W，Han H J，Yuan M，et al. Treatment of coal gasification wastewater by a two-continuous UASB system with step-feed for COD and phenols removal [J]. Bioresource Technology，2010，102（9）：5454-5460.

[11] Xu W C，Zhao H，Cao H B，et al. New insights of enhanced anaerobic degradation of refractory pollutants in coking wastewater：Role of zero-valent iron in metagenomic functions [J]. Bioresource Technology，2019，300：122667.

[12] Wei C，Wu H P，Kong Q P，et al. Residual chemical oxygen demand（COD）fractionation in bio-treated coking wastewater integrating solution property characterization [J]. Journal of Environmental Management，2019，246：324-333.

[13] Kong Q P，Wu H Z，Liu L，et al. Solubilization of polycyclic aromatic hydrocarbons（PAHs）with phenol in coking wastewater treatment system：Interaction and engineering significance [J]. Science of the Total Environment，2018，628-629：467-473.

[14] Yang W L，He C D，Wang X Z，et al. Disolved organic matter（DOM）removal from bio-treated coking wastewate using a new polymeric adsorbent modified with dimethylamino groups [J]. Bioresource Technology，2017，241：82-87.

[15] Kwarciak-Kozowska A，Worwg M. The impact of an ultrasonic field on the efficiency of coke wastewater treatment in a sequencing batch reactor [J]. Energies，2021，14（4）：1-18.

[16] Othman N，Noah N F M，Shu L Y，et al. Easy removing of phenol from wastewater using vegetable oil-based organic solvent in emulsion liquid membrane process [J]. Chinese Journal of Chemical Engineering，2016，25（1）：45-52.

[17] Chu L B，Wang J L，Dong J，et al. Treatment of coking wastewater by an advanced Fenton osidation process using iron powder and hydrogen peroxide [J]. Chemosphere，2012，86（4）：409-414.

[18] Zhuang H F，Han H J，Jia S Y，et al. Advanced treatment of biologically pretreated coal gasification wastewater by a novel integration of heterogeneous catalytic ozonation and biological process [J]. Bioresource Technology，2014，166：592-595.

[19] Singh A. A review of wastewater irrigation：Environmental implications [J]. Resources，Conservation and Recycling，2021，168：105454.

[20] Mao G Z，Han Y X，Liu X，et al. Technology status and trends of industrial wastewater treatment：A patent analysis [J]. Chemosphere，2021，288（2）：132483.

[21] Liu Y，Wu Z Y，Peng P，et al. A pilot-scale three-dimensional electrochemical reactor combined with anaerobic-

anoxic-oxic system for advanced treatment of coking wastewater [J]. Journal of Environmental Management，2020，258：110021.

[22] Li J，Wu J，Sun H，et al. Advanced treatment of biologically treated coking wastewater by membrane distillation coupled with pre-coagulation [J]. Desalination，2016，380 (15)：43-51.

[23] Song X L，Wang C，Liu M Q，et al. Advanced treatment of biologically treated coking wastewater by persulfate oxidation with magnetic activated carbon composite as a catalyst [J]. Water Science & Technology，2018，77 (7)：1891-1898.

[24] Said K，Ismail A F，Karim Z A，et al. A review of technologies for the phenolic compounds recovery and phenol removal from wastewater [J]. Process Safety and Environmental Protection，2021，151 (1)：257-289.

[25] Gao X Y，Zhang H，Wang Y Q，et al. Study on preparation of a novel needle coke heterogeneous electro-Fenton cathode for coking wastewater treatment [J]. Chemical Engineering Journal，2023，455：140696.

[26] Rai A，Gowrishetty K K，Singh S，et al. Simultaneous bioremediation of cyanide，phenol，and ammoniacal-N from synthetic coke-oven wastewater using bacillus sp. NITD 19 [J]. Journal of Environmental Engineering，2021，147 (1)：04020143.

[27] Martinkova L，Chmatal M. The integration of cyanide hydratase and tyrosinase catalysts enables effective degradation of cyanide and phenol in coking wastewaters [J]. Water Research，2016，102 (10)：90-95.

[28] Li J N，Wang S Z，Li Y H，et al. Supercritical water oxidation of semi-coke wastewater：Effects of operating parameters，reaction mechanism and process enhancement [J]. Science of The Total Environment，2019，710：134396.

[29] Zhou L，Liu Y，Duan J，et al. Analysis of removal and comprehensive genotoxicity of phenols in semi-coking wastewater [J]. Technology of Water Treatment，2017，43 (02)：102-106.

[30] Zhang W，Wang S L. Thermal degradation and kinetic analysis of organic constituents in coal-gasification wastewater with a novel treatment [J]. International Journal of Low-Carbon Technologies，2020，15 (4)：620-628.

[31] Liu Z，Teng Y，Xu Y，et al. Ozone catalytic oxidation of biologically pretreated semi-coking wastewater (BPSCW) by spinel-type $MnFe_2O_4$ magnetic nanoparticles [J]. Separation and Purification Technology，2020，278：118277.

[32] He L，Wang C R，Chen X Y，et al. Preparation of Tin-Antimony anode modified with carbon nanotubes for electrochemical treatment of coking wastewater [J]. Chemosphere，2022，288 (part2)：132362.

[33] Wu Z，Zhu W，Liu Y，et al. An integrated three-dimensional electrochemical system for efficient treatment of coking wastewater rich in ammonia nitrogen [J]. Chemosphere，2020，246：125703.

[34] Liu Y，Zhang L，Zhao W，et al. Fabrication and properties of carbon fiber-Si_3N_4 nanowires-hydroxyapatite/phenolic resin composites for biological applications [J]. Ceramics International，2020，46 (10)：16397-16404.

[35] Mirzapour A，Asadollahi M H，Baghshaei S，et al. Effect of nanosilica on the microstructure，thermal properties and bending strength of nanosilica modified carbon fiber/phenolic nanocomposite [J]. Composites Part A Applied Science and Manufacturing，2014，63：159-167.

[36] Oya T，Nishino A. Formability mechanism of CFRP sheets using multiscale model based on microscopic characteristics of thermosetting resin [J]. Multiscale and multidisciplinary modeling，experiments and design，2021，4 (1)：65-76.

[37] Hu J，Dong H F，Song S X. Research on recovery mechanism and process of waste thermosetting phenolic resins based on mechanochemical method [J]. Advances in Materials Science and Engineering，2020，1：1-12.

[38] Yu Z，Jiang Z，Sun Z，et al. Effect of microwave-assisted curing on bambooglue strength：Bonded by thermosetting phenolic resin [J]. Construction & Building Materials，2014，68 (10)：320-325.

[39] Tang K H，Zhang A L，Ge T J，et al. Research progress on modification of phenolic resin [J]. Materials Today Communications，2021，26：101879.

[40] Xue M L，Lv K H，Gao S Q，et al. Synergistic effect of thermoplastic phenolic resin and multiwalled carbon nanotubes on the crystallization of polyoxymethylene [J]. Journal of Polymer Science，2020，58 (7)：997-1010.

[41] Pablo M P，Laura C，Raúl O，et al. Cure kinetics of a composite friction material with phenolic resin/rubber compounds as organic binder [J]. Plastics，Rubber and Composites，2022，51 (10)：507-519.

[42] Kumar R S，Mohanraj M，Ganesan S，et al. Mechanical and morphological characteristics study of chemically treated banana fiber reinforced phenolic resin composite with vajram resin [J]. Journal of Natural Fibers，2022，19

(12)：4731-4746.

[43] Hala B，Marya R，Kamal G，et al. Effect of filler content on flexural and viscoelastic properties of coir fibers and argania nut-shells reinforced phenolic resin composites [J]. Journal of Bionic Engineering，2022，19（6）：1886-1898.

[44] Liu J，Guan H，Song D M. Preparation and characterization of microcapsulated red phosphorus and kinetic analysis of its thermal oxidation [J]. Kinetics and Catalysis，2017，58（2）：191-197.

[45] de Hoyos-Martinez P L，Issaoui H，Herrera R，et al. Wood fireproofing coatings based on biobased phenolic resins [J]. ACS Sustainable Chemistry & Engineering，2021，9（4）：1729-1740.

[46] Li J L，Wang Y H，Gao H W，et al. Nickel boride/boron carbide particles embedded in boron-doped phenolic resin-derived carbon coating on nickel foam for oxygen evolution catalysis in water and seawater splitting [J]. ChemSusChem，2021，14（24）：5499-5507.

[47] Mokhothu T H，John M J. Bio-based coatings for reducing water sorption in natural fibre reinforced composites [J]. Scientific Reports，2017，7（1）：13335.

[48] Ma Y，Jiang D，Yang Y，et al. The effect of complex emulsifier on the structure of tung oil and phenolic amides containing microcapsules and its anti-fouling and anti-corrosion performances [J]. Coatings，2022，12（4）：447.

[49] Kathalewar M，Sabnis A，D′melo D. Polyurethane coatings prepared from CNSL based polyols：Synthesis，characterization and properties [J]. Progress in Organic Coatings，2014，77（3）：616-626.

[50] Fatemeh J，Bahareh R，Mehdi S K，et al. Fabrication of high thermal stable cured novolac/Cloisite 30B nanocomposites by chemical modification of resin structure [J]. Polymers for Advanced Technologies，2020，31（2）：226-232.

[51] Kandola B K，Luangtriratana P. Thermo-physical performance of organoclay coatings deposited on the surfaces of glass fibre-reinforced epoxy composites using an atmospheric pressure plasma or a resin binder [J]. Applied Clay Science，2014，99：62-71.

[52] Mallik B P，Shreepathi S. Electrochemical and mechanical studies on influence of curing agents on performance of epoxy tank linings [J]. Progress in Organic Coatings，2015，78：340-347.

[53] Xiong J Z，Yan X. Preparation of nano-TiN composite phenolic foam decoration materials [J]. Ferroelectrics，2021，580（1）：99-111.

[54] Motawie A M，Mohamed M Z，Ahmed S M，et al. Synthesis and characterization of modified novolac phenolic resin nanocomposites as metal coatings [J]. Russian Journal of Applied Chemistry，2015，88（6）：970-976.

[55] Sahar A，Moshera M，Nahla M，et al. Modified resol type phenolic resin nanocomposites as surface metal coatings [J]. SPE Polymers，2021，2（1）：28-37.

[56] Huang J，Wen J，Jiang C F，et al. The preparation and application of phenolic resin-based porous carbon [J]. Journal of Functional Materials，2015，46（1）：01016-01021.

[57] Wang T，Xue L，Liu Y，et al. N self-doped hierarchically porous carbon derived from biomass as an efficient adsorbent for the removal of tetracycline antibiotics [J]. Science of the Total Environment，2022，822：153567.

[58] Gao P Q，Zhang Y，Du J Z，et al. Preparation and application of porous activated carbon using phenolic distillation residue [J]. Journal of Materials Science，2021，56：16902-16915.

[59] Kong X D，Gao H P，Song X L，et al. Adsorption of phenol on porous carbon from Toona sinensis leaves and its mechanism [J]. Chemical Physics Letters，2020，739：137046.

[60] Liu J L，Wu X M，Chen S，et al. Phenolic resin-coated porous silicon/carbon microspheres anode materials for lithium-ion batteries [J]. Silicon，2021，14：4823-4830.

[61] Zhou R J，Chen G，Ouyang Y J，et al. A type of MOF-derived porous carbon with low cost as an efficient catalyst for phenol hydroxylation [J]. Journal of Chemistry，2021，10：7978324.

[62] Ye G，Wang Y，Zhu W，et al. Preparing hierarchical porous carbon with well-developed microporosity using alkali metal-catalyzed hydrothermal carbonization for VOCs adsorption [J]. Chemosphere，2022，298：134248.

[63] Liu Y Y，Li L Q，Duan Z S，et al. Chitosan modified nitrogen-doped porous carbon composite as a highly-efficient adsorbent for phenolic pollutants removal [J]. Colloids and Surfaces A：Physicochemical and Engineering Aspects，2020，610（5）：125728.

[64] 谢新苹，蒋剑春，孙康，等. 磷酸活化剑麻纤维制备活性炭试验研究 [J]. 林产化学与工业，2013，33（03）：

105-109.

［65］ 陈涵. 采用碳酸钾活化法制备油茶壳活性炭 ［J］. 福建农林大学学报：自然科学版，2013，42 （01）：110-112.

［66］ 杨威. 酒糟热解特性及其活性炭制备的研究 ［D］. 湛江：广东海洋大学，2020.

［67］ Wu W J，Wu C L，Zhang G J，et al. Preparation of microporous carbonaceous CO_2 adsorbents by activating bamboo shoot shells with different chlorides：Experimental and theoretical calculations ［J］. Journal of Analytical and Applied Pyrolysis，2022，168：105742.

［68］ Li A J，Chuan X Y. Effect of activation temperature on the properties of double layer capacitance of diatomite-templated carbon ［J］. Acta Geologica Sinica：English Edition，2017，91 （S1）：161-162.

［69］ Zhang Y，Liu L，Zhang P X，et al. Ultra-high surface area and nitrogen-rich porous carbons prepared by a low-temperature activation method with superior gas selective adsorption and outstanding supercapacitance performance ［J］. Chemical Engineering Journal，2018，355：309-319.

［70］ Zhong L C，Zhang Y S，Wang T，et al. Optimized methods for preparing activated carbon from rock asphalt using orthogonal experimental design ［J］. Journal of Thermal Analysis and Calorimetry，2019，136 （5）：1989-1999.

［71］ Canales-flores R A，Prieto-garcia F. Activation Methods of Carbonaceous Materials Obtained from Agricultural Waste ［J］. Chemistry & biodiversity，2016，13 （3）：261-268.

［72］ 林星，林冠烽，黄彪. 物理化学活化法制备红麻杆基活性炭及其表征 ［J］. 材料导报，2019，33 （01）：198-202.

［73］ Zhang W，Cheng R R，Bi H H，et al. A review of porous carbons produced by template methods for supercapacitor applications ［J］. New Carbon Materials，2021，36 （1）：69-81.

［74］ Guan L，Hu H，Teng X L，et al. Templating synthesis of porous carbons for energy-related applications：A review ［J］. New Carbon Materials，2022，37 （1）：25-45.

［75］ Yuso A M D，Fina M D，Nita C，et al. Synthesis of sulfur-doped porous carbons by soft and hard templating processes for CO_2 and H_2 adsorption ［J］. Microporous and Mesoporous Materials，2016，243：135-146.

［76］ Jing Y，Guo X，Qi C D，et al. Fabrication of silica microspheres for HPLC packing with narrow particle size distribution and different pore sizes by hard template method for protein separation ［J］. Chromatographia，2022，85 （10-11）：985-995.

［77］ Gu S Y，Wang Y H，Zhang D F，et al. Utilization of porous carbon synthesized with textile wastes via calcium acetate template for tetracycline removal：The role of template agent and the formation mechanism ［J］. Chemosphere，2022，289：133148.

［78］ He X J，Yu H H，Fan L W，et al. Honeycomb-like porous carbons synthesized by a soft template strategy for supercapacitors ［J］. Materials Letters，2017，195：31-33.

［79］ Kuang Y X，Zhou S X，Hu Y L，et al. Research progress on the application of derived porous carbon materials in solid-phase microextraction ［J］. Chinese Journal of Chromatography，2022，40 （10）：882-888.

［80］ Wu F F，Li R Y，Huang L C，et al. Theme evolution analysis of electrochemical energy storage research based on CitNetExplorer ［J］. Scientometrics，2017，110 （1）：113-139.

［81］ De S，Balu A M，Van D，et al. Biomass-derived porous carbon materials：Synthesis and catalytic applications ［J］. ChemCatChem，2015，7 （11）：1608-1629.

［82］ Xu G H，Zhang W J，Du J，et al. Biomass-derived porous carbon with high drug adsorption capacity undergoes enzymatic and chemical degradation ［J］. Journal of Colloid And Interface Science，2022，622：87-96.

［83］ Guo X L，Duan J H，Li C J，et al. Modified bamboo-based activated carbon as the catalyst carrier for the gas phase synthesis of vinyl acetate from acetylene and acetic acid ［J］. International Journal of Chemical Reactor Engineering，2021，19 （4）：331-340.

［84］ Hao L，Zhao X S. Biomass-derived carbon electrode materials for supercapacitors ［J］. Sustainable Energy & Fuels，2017，1 （6）：1265-1281.

［85］ Lai S L，Zhu J Y，Zhang W B，et al. Ultralong-life supercapacitors using pyridine-derived porous carbon materials ［J］. Energy & Fuels，2021，35 （4）：3407-3416.

［86］ Gao Z W，Lang X L，Chen S，et al. Mini-review on the synthesis of lignin-based phenolic resin ［J］. Energy & Fuels，2021，35 （22）：18385-18395.

［87］ Lei S W，Guo Q G，Zhang D Q，et al. Preparation and properties of the phenolic foams with controllable nanometer pore structure [J]. Journal of Applied Polymer Science，2010，117（6）：3545-3550.

[88]　吴俊达．酚醛树脂基碳材料作为电极材料性能及研究 [D]．天津：天津工业大学，2019.

[89]　靳宝庆，王余莲，欧昌锐，等．三水碳酸镁催化酚醛聚合制备多孔炭及其性能研究 [J]．矿产保护与利用，2020，40（02）：139-145.

[90]　苏茹月，王馨博，栗丽，等．炭气凝胶/泡沫炭复合热防护材料的制备及性能研究 [J]．炭素技术，2021，40（02）：27-31.

[91]　尹纪伟，杜洁，王旭明，等．酚醛树脂基球形活性炭的制备及其吸附性能 [J]．河北大学学报：自然科学版，2020，40（03）：276-282.

[92]　黄婧，文婕，江成发，等．酚醛树脂基多孔炭的制备及应用研究进展 [J]．功能材料，2015，46（01）：1016-1021，1026.

[93]　Cheng Y，Ma Y，Dang Z，et al. The efficient absorption of electromagnetic waves by tunable N-doped multi-cavity mesoporous carbon microspheres [J]. Carbon，2023，201：1115-1125.

[94]　Wang Y，Zhu W，Zhao G，et al，Precise preparation of biomass-based porous carbon with pore structure-dependent VOCs adsorption/desorption performance by bacterial pretreatment and its forming process [J]. Environmental Pollution，2023，322：121134.

[95]　张莉．酚醛树脂球及其活性炭的制备研究 [D]．南京：南京林业大学，2013.

[96]　王芳芳．酚醛树脂基多孔炭微球的制备及其电化学性能研究 [D]．北京：北京化工大学，2015.

[97]　谢飞．酚醛树脂基球活性炭的制备及对有机物吸附性能的初步研究 [D]．鞍山：辽宁科技大学，2006.

[98]　代博文．酚醛树脂基多孔炭材料的制备/表征及若干性能探索 [D]．上海：华东理工大学，2017.

[99]　张仕伟．酚醛树脂废弃物基多孔炭制备及应用研究 [D]．鞍山：辽宁科技大学，2020.

[100]　Cai J J，Jiang L L，Wei H M，et al. Preparation of carbon/cobalt composite from phenolic resin and ZIF-67 for efficient tannic acid adsorption [J]. Microporous and mesoporous materials：The offical journal of the International Zeolite Association，2019，287：9-17.

[101]　Liang J S，Huo F L，Zhang Z Y，et al. Controlling the phenolic resin-based amorphous carbon content for enhancing cycling stability of Si nanosheets＠C anodes for lithium-ion batteries [J]. Applied Surface Science，2019，476（5）：1000-1007.

[102]　Zang J B，Tian P F，Yang G P，et al. A facile preparation of pomegranate-like porous carbon by carbonization and activation of phenolic resin prepared via hydrothermal synthesis in KOH solution for high performance supercapacitor electrodes [J]. Advanced Powder Technology：The internation Journal of the Society of Powder Technology，Japan，2019，30（12）：2900-2907.

[103]　Sun Y，Sun Y G. Precursor infiltration and pyrolysis cycle-dependent mechanical and microwave absorption performances of continuous carbon fibers-reinforced boron-containing phenolic resins for low-density carbon-carbon composites-science direct [J]. Ceramics International，2020，46（10）：15167-15175.

[104]　苏英杰．酚醛树脂废弃物基多孔炭的制备及其电化学性能研究 [D]．鞍山：辽宁科技大学，2022.

[105]　王乐．富氮分级孔炭材料的制备与电容性能研究 [D]．北京：北京化工大学，2019.

[106]　王强，陆闻超，候北华，等．来自香蒲的氮掺杂多孔碳电容性能研究 [J]．池州学院学报，2016，30（03）：39-42.

[107]　Guo J，Wu D L，Wang T，et al. P-doped hierarchical porous carbon aerogels derived from phenolic resins for high performance supercapacitor [J]. Applied Surface Science，2018，475（5）：56-66.

[108]　Wang K X，Yang L P，Li H X，et al. Surfactant pyrolysis-guided in situ fabrication of primary amine-rich ordered mesoporous phenolic resin displaying efficient heavy metal removal [J]. ACS Applied Materials ＆ Interfaces，2019，11（24）：21815-21821.

[109]　Yue L M，Rao L L，Wang L L，et al. Enhanced CO_2 adsorption on nitrogen-doped porous carbons derived from commercial phenolic resin [J]. Energy ＆ Fuels，2018，32（2）：2081-2088.

[110]　Wang S S，Miao J F，Liu M S，et al. Hierarchical porous N-doped carbon xerogels for high performance CO_2 capture and supercapacitor [J]. Colloids and Surfaces A Physicochemical and Engineering Aspects，2021，616：126285.

[111]　Liu H L，Wang P，Zhang B，et al. Enhanced thermal shrinkage behavior of phenolic-derived carbon aerogel-

reinforced by HNTs with superior compressive strength performance [J]. Ceramics International，2020，47（5）：6487-6495.

[112] 刘志．多孔碳材料的制备及其电磁波吸收性能的研究 [D]. 长春：吉林大学，2017.

[113] 许伟佳，邱大平，刘诗强，等．用于高性能超级电容器电极的栓皮栎基多孔活性炭的制备 [J]. 无机材料学报，2019，34（06）：625-632.

[114] 耿克奇，曹斌，宋怀河，等．磷酸活化制备棉杆基活性炭及其超级电容器性能研究 [J]. 炭素技术，2017，36（01）：53-57.

[115] 郭秉霖，侯彩霞，樊丽华，等．萃取温度对无灰煤结构及煤基活性炭电化学性能的影响 [J]. 无机化学学报，2018，34（09）：1615-1624.

[116] 李曦，王晨，蔡旻塾，等．基于 MOFs 和酚醛泡沫的多孔碳泡沫电容性能 [J]. 武汉大学学报：理学版，2019，65（04）：383-389.

[117] 付兴平，林维晟，刘瑞来，等．原位 MgO 模板法制备酚醛树脂基分级多孔碳材料及其特性研究 [J]. 电子元件与材料，2019，38（05）：38-44.

[118] 张智芳，高雯雯，陈碧．气相色谱-质谱法测定兰炭废水中有机污染物 [J]. 理化检验：化学分册，2014，50（01）：122-125.

[119] 水质 氨氮的测定 纳氏试剂分光光度法 [S]. HJ 535-2009.

[120] Liu J M，Wu L，Hu Y. Synthesis and carbonization of nickel-modified thermoplastic phenolic resin [C] //AEIC Academic Exchange Information Centre（China）. Proceedings of 2018 4th International Conference on Applied Materials and Manufacturing Technology（ICAMMT 2018）. IOP Publishing，2018：609-614.

[121] Wang D，Ding J，Wang B，et al. Synthesis and thermal degradation study of polyhedral oligomeric silsesquioxane（POSS）modified phenolic resin [J]. Polymers（Basel），2021，13（8）：1182.

[122] Shimkin A A. Methods for the determination of thegel time of polymer resins and prepregs [J]. Russian Journal of General Chemistry，2016，86（6）：1488-1493.

[123] El-shahawi M S，Bashammakh A S，Alwael H，et al. Adsorption characteristics of polycyclic aromatic hydrocarbons from non-aqueous media using activated carbon derived from phenol formaldehyde resin：kinetics and thermodynamic study [J]. Environmental Science and Pollution Research，2015，24（5）：4228-4240.

[124] 王海洋．催化剂种类对酚醛树脂成品中酚醛含量的影响 [D]. 沈阳：沈阳理工大学，2015.

[125] 刘元元，吴倩．活性炭碘吸附值测试标准的特点与适用性 [J]. 煤炭加工与综合利用，2021，06：75-80.

[126] Xiao K X，Liu H，Li Y，et al. Excellent performance of porous carbon from urea-assisted hydrochar of orange peel for toluene and iodine adsorption [J]. Chemical Engineering Journal，2020，382（8）：122997.

[127] 于鑫萍，周炎，张军，等．利用循环伏安法模拟技术理解电极过程可逆性 [J]. 化学教育：中英文，2020，41（24）：61-64.

[128] 吴美玲，赵帅，刘明．Cr 基有机金属框架材料的制备及电容特性分析 [J]. 大连交通大学学报，2022，43（03）：87-91，108.

[129] 苏小辉，谢启星，何青青，等．α-MnO$_2$@氮掺杂 TiO$_2$/碳纸多孔结构构筑高性能超级电容器 [J]. 复合材料学报，2022，39（04）：1628-1637.

[130] Ghorbani M，Konnerth J，Budjav E，et al. Ammoxidized fenton-activated pine kraft lignin accelerates synthesis and curing of resole resins [J]. Polymers：Basel，2017，9（2）：43.

[131] Chen J X，Zhang K，Zhang K Y，et al. Facile preparation of reprocessable and degradable phenolic resin based on dynamic acetal motifs [J]. Polymer Degradation and Stability，2022，196：109818.

[132] Ren Y，Xie J，He X，et al. Preparation of lignin-based high-ortho thermoplastic phenolic resins and fibers [J]. Molecules，2021，26（13）：3993.

[133] Huang R H，Zhang B P，Tang Y J. Application conditions for ester cured alkaline phenolic resin sand [J]. China Foundry，2016，13（04）：231-237.

[134] Gu C L，Lv Y H，Fan X Q，et al. Study on rheology and microstructure of phenolic resin cross-linked nonionic polyacrylamide（NPAM）gel for profile control and water shutoff treatments [J]. Journal of Petroleum Science and Engineering，2018，169：546-552.

[135] Ma J Z，Wu W W，Zhao K，et al. Viscosity master curves and predictions of phenolic resin solutions through early

aging [J]. Polymer, 2022, 261: 125405.

[136] Yaakob M, Roslan R, Salim N, et al. Structural and thermal behavior of lignin-based formaldehyde-free phenolic resin [J]. Materials Today: Proceedings, 2022, 51: 1388-1391.

[137] Liao Y, Wang J, Song X, et al. Lowcost and large mass producible phenolic resin for water disinfection and antibacterial coating under weak visible light LED or sunlight irradiation [J]. Applied Catalysis B Environmental, 2021, 292: 120189.

[138] Jeong H, Kang Y G, Ryu S S, et al. Fabrication of high-strength macroporous carbons with tunable pore size by a simple powder process using phenolic resin microspheres [J]. Ceramics International, 2021, 47: 8820-8825.

[139] 王亚俐, 王玉飞, 李健, 等. 兰炭废水主要酚类制备酚醛树脂及热解动力学研究 [J]. 北京大学学报: 自然科学版, 2020, 56 (06): 975-982.

[140] Aziz N A, Latip A F A, Peng L C, et al. Reinforced lignin-phenol-glyoxal (LPG) wood adhesives from coconut husk [J]. International Journal of Biological Macromolecules, 2019, 141: 185-196.

[141] Zhang J, Mei G H, Xie Z, et al. Firing mechanism of oxide-carbon refractories with phenolic resin binder [J]. Ceramics International, 2018, 44 (5): 5594-6000.

[142] 环境标准《污水综合排放标准（修订, GB 8978—1996）》简介 [Z]. 1996.

[143] Ge T, Tang K, Yu Y, et al. Preparation and Properties of the 3-pentadecyl-phenol In Situ Modified Foamable Phenolic Resin [J]. Polymers, 2018, 10 (10): 1124.

[144] 姚开安, 赵登山. 仪器分析 [M]. 南京: 南京大学出版社, 2017.

[145] Habid P A, Alen V L, Unnikrishnan G, et al. Fourier transform infra-red spectroscopy to determine formaldehyde to phenol ratio of phenol formaldehyde resole [J]. Journal of Elastomers & Plastics, 2022, 54 (4): 593-604.

[146] Zheng F J, Ren Z Y, Xu B, et al. Elucidating multiple-scale reaction behaviors of phenolic resin pyrolysis via TG-FTIR and ReaxFF molecular dynamics simulations [J]. Journal of Analytical and Applied Pyrolysis, 2021, 157: 105222.

[147] Guńka P A, Olejniczak A, Fanetti S, et al. Crystal structure of urotropine under high pressure and non-hydrostatic stress-induced phase transitions in cage compounds [J]. Chemistry: Weinheim an der Bergstrasse, Germany, 2020, 27 (3): 1094-1102.

[148] Mandolfino C, Cassettari L, Pizzorni M, et al. A response surface methodology approach to improve adhesive bonding of pulsed laser treated CFRP composites [J]. Polymers: Basel, 2022, 15 (1): 121.

[149] Zhang X, Ma X, Yu Z, et al. Preparation of high-value porous carbon by microwave treatment of chili straw pyrolysis residue [J]. Bioresour Technol, 2022, 360: 127520.

[150] Liu M, Gan L, Xiong W, et al. Development of MnO_2/porous carbon microspheres with a partially graphitic structure for high performance supercapacitor electrodes [J]. Journal of Materials Chemistry A, 2014, 2 (8): 2555-2562.

[151] Chang J, Gao Z, Wang X, et al. Activated porous carbon prepared from paulownia flower for high performance supercapacitor electrodes [J]. Electrochimica Acta, 2015, 157: 290-298.

[152] Ou J, Zhang Y, Chen L, et al. Nitrogen-rich porous carbon derived from biomass as a high performance anode material for lithium ion batteries [J]. Journal of Materials Chemistry A, 2015, 3 (12): 6534-6541.

[153] Tang M H, Huang X L, Peng Y Q, et al. Hierarchical porous carbon as a highly efficient adsorbent for toluene and benzene [J]. Fuel, 2020, 270: 117478.

[154] Huang L Q, Xiang Y, Luo M W, et al. Hierarchically porous carbon with heteroatom doping for the application of Zn-ion capacitors [J]. Carbon, 2021, 185: 1-8.

[155] Hunsom M, Autthanit C. Adsorptive purification of crude glycerol by sewage sludge-derived activated carbon prepared by chemical activation with H_3PO_4, K_2CO_3 and KOH [J]. Chemical Engineering Journal, 2013, 229: 334-343.

[156] Liu M Y, Zhu F, Cao W S, et al. Multifunctional sulfate-assistant synthesis of seaweed-like N, S-doped carbons as high-performance anodes for K-ion capacitors [J]. Journal of Materials Chemistry A, 2022, 10: 9612-9620.

[157] Mousavi M, Saba S A, Anderson E L, et al. Avoiding errors in electrochemical measurements: Effect of frit material on the performance of reference electrodes with porous frit junctions [J]. Analytical Chemistry, 2016, 88 (17): 8706-8713.

[158]   Zhang J，Chen H，Bai J，et al. N-doped hierarchically porous carbon derived from grape marcs for high-performance supercapacitors [J]. Journal of Alloys and Compounds，2021，854：157207.

[159]   Cheng Q，Chen W，Dai H，et al. Energy storage performance of electric double layer capacitors with gradient porosity electrodes [J]. Journal of Electroanalytical Chemistry，2021，889：115221.

[160]   Wang P，Zhang G，Li M Y，et al. Porous carbon for high-energy density symmetrical supercapacitor and lithium-ion hybrid electrochemical capacitors [J]. Chemical Engineering Journal，2019，375：122020.

[161]   Liu T Y，Liu G L. Block copolymer-based porous carbons for supercapacitors [J]. Journal of Materials Chemistry A，2019，7 (41)：23476-23488.

[162]   Liu H，Liu R，Xu C，et al. Oxygen-nitrogen-sulfur self-doping hierarchical porous carbon derived from lotus leaves for high-performance supercapacitor electrodes [J]. Journal of Power Sources，2020，479：228799.

[163]   张金亮. 多重造孔法制备酚醛树脂基多孔炭及其电容性能研究 [D]. 北京：中国矿业大学（北京），2018.

[164]   Tian H，Fang Q Q，Cheng R，et al. Molten salt template-assisted synthesis of N，S-codoped hierarchically porous carbon nanosheets for efficient energy storage [J]. Colloids and Surfaces A Physicochemical and Engineering Aspects，2021，614 (8)：126172.

[165]   Zhu J，Zhang Q，Chen H，et al. Setaria viridis-inspired electrode with polyaniline decorated on porous heteroatom-doped carbon nanofibers for flexible supercapacitors [J]. ACS Applied Materials And Interfaces，2020，12 (39)：43634-43645.

[166]   Zheng Y，Chen S，Zhang K，et al. Template-free construction of hollow mesoporous carbon spheres from a covalent triazine framework for enhanced oxygen electroreduction [J]. Journal of colloid and interface science，2021，608：3168-3177.

[167]   Liu L，Xie Z，Du X，et al. Large-scale mechanical preparation of graphene containing nickel，nitrogen and oxygen dopants as supercapacitor electrode material [J]. Chemical Engineering Journal，2021，430：132815.

[168]   Wang S，Liu Y，Liu X. Fabricating N，S Co-doped hierarchical macro-meso-micro carbon materials as pH-universal ORR electrocatalysts [J]. Chemistry Select，2022，7 (8)：1-9.

[169]   Wang Y H，Liu R N，Tian Y D，et al. Heteroatoms-doped hierarchical porous carbon derived from chitin for flexible all-solid-state symmetric supercapacitors [J]. Chemical Engineering Journal，2020，384：123263.

[170]   Aijaz A，Fujiwara N，Xu Q. From metal-organic framework to nitrogen-decorated nanoporous carbons：High CO_2 uptake and efficient catalytic oxygen reduction [J]. Journal of the American Chemical Society，2014，136 (19)：6790-6793.

[171]   Zou J Z，Liu P，Huang L，et al. Ultrahigh-content nitrogen-decorated nanoporous carbon derived from metal organic frameworks and its application in supercapacitors [J]. Electrochimica Acta，2018，271：599-607.

[172]   Wei F，Lv Y H，Zhang S Q，et al. 3D boron/nitrogen dual doped layered carbon for 2V aqueous symmetric supercapacitors [J]. Renewable Energy，2021，180：683-690.

[173]   Zhang W，Xu J，Hou D，et al. Hierarchical porous carbon prepared from biomass through a facile method for supercapacitor applications [J]. Journal of Colloid and Interface Science，2018，530：338-344.

[174]   Sikkabut S，Mungporn P，Yodwong B，et al. Comparative study of control approaches of Li-ion battery/supercapacitor storage devices for fuel cell power plant [J]. IEEE Transactions on Vehicular Technology，2015，58 (8)：3892-3904.

[175]   Wei Z，Zhao H X，Niu Y B，et al. Insights into the pre-oxidation process of phenolic resin-based hard carbon for sodium storage [J]. Materials Chemistry Frontiers，2021，5 (10)：3911-3917.

[176]   赵波波，王亮，李敬毓，等. 六次甲基四胺交联酚醛纤维的制备及其性能 [J]. 纺织学报，2022，43 (5)：58-62.